大学计算机应用基础

Computer Fundamental

汪洪 王爱红 主编

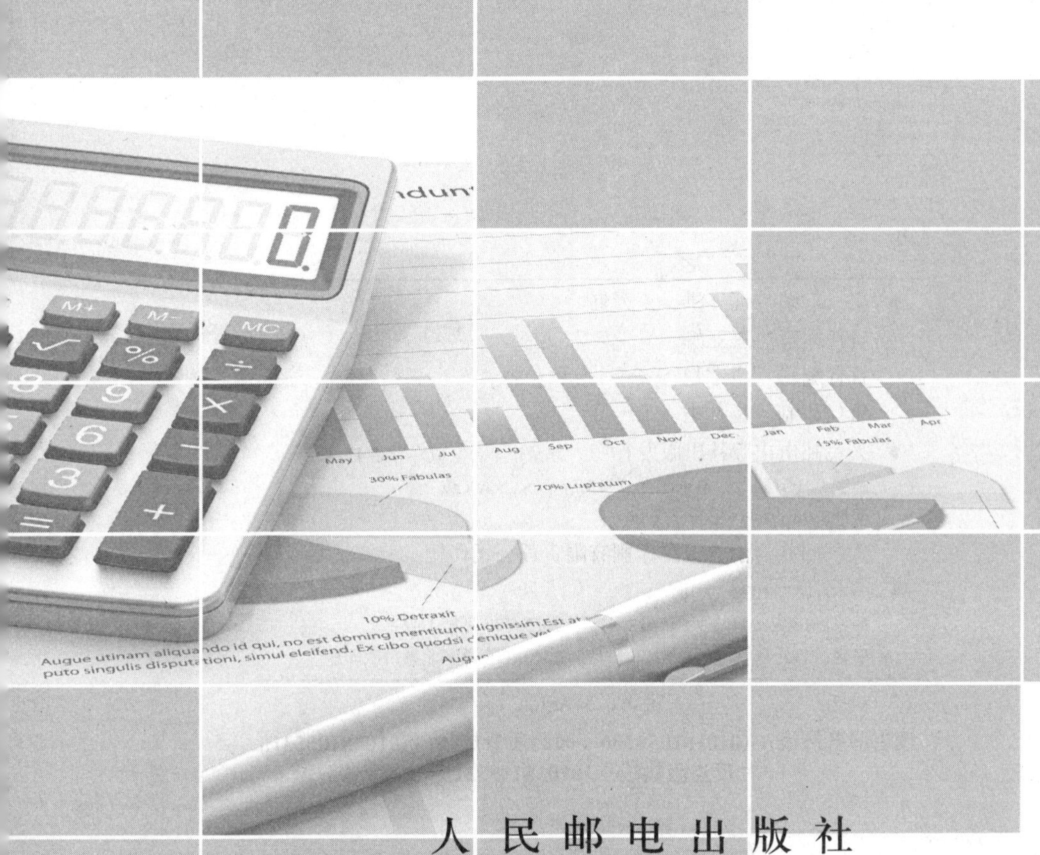

人 民 邮 电 出 版 社
北 京

图书在版编目（CIP）数据

大学计算机应用基础 / 汪洪，王爱红主编. -- 北京
: 人民邮电出版社，2013.9（2020.8重印）
ISBN 978-7-115-32643-0

Ⅰ. ①大… Ⅱ. ①汪… ②王… Ⅲ. ①电子计算机－
高等学校－教材 Ⅳ. ①TP3

中国版本图书馆CIP数据核字(2013)第182547号

内容提要

本书以 Windows 7 及 Microsoft Office 2010 为平台，采用项目式教学模式，以项目和任务引领教学内容，强调理论与实践相结合，突出对学生基本技能、实际操作能力及职业能力的培养。全书由 6 个项目构成，分别为认识计算机、操作系统应用、网络应用、图文排版、数据处理和演示文稿制作。

本书可作为高等职业院校的“计算机应用基础”课程的教材，也可以作为各类计算机应用基础培训教材，还可供计算机初学者自学参考。

◆ 主　　编　汪　洪　王爱红
责任编辑　王亚娜
执行编辑　肖　稳
责任印制　杨林杰

◆ 人民邮电出版社出版发行　　北京市丰台区成寿寺路 11 号
邮编　100164　　电子邮件　315@ptpress.com.cn
网址　http://www.ptpress.com.cn
大厂回族自治县聚鑫印刷有限责任公司印刷

◆ 开本：787×1092　1/16
印张：18.75　　2013 年 9 月第 1 版
字数：515 千字　　2020 年 8 月河北第11次印刷

定价：38.00 元

读者服务热线：(010)81055256　印装质量热线：(010)81055316
反盗版热线：(010)81055315

大学计算机应用基础编委会

主　编：汪　洪　王爱红

副主编：肖　佳　邓建萍　尉士华

编　委：赵　平　唐　林　杨力伦　但小岗　逄　菲

前言

随着计算机技术和网络技术的飞速发展，计算机的应用已成为现代社会生产发展的重要标志。本书针对高职教育的特点和社会的用人需求，以基于工作过程的项目式形式进行编写，强调理论与实践相结合，突出对学生基本技能、实际操作能力及职业能力的培养。

本书中的很多项目都是从企事业单位的经典案例中提取出来，并经过作者精心设计，同时融入了计算机应用领域最新发展技术而形成的，是对从学科教育到职业教育、从学科体系到能力体系两个转变进行的有益尝试。

本书通过工作项目和任务的形式，以当前主流系统软件Windows 7及应用软件Office 2010为平台，从公司日常工作角度出发，分6个项目展开讲解，将计算机基础的知识和技能融入以下6个项目中。

1. 本书内容

（1）认识计算机：以刚接触计算机的新手为角色，通过配置计算机、安装操作系统、正确使用和维护计算机，了解计算机最基本的常识，掌握计算机应用研究的基本技能。

（2）操作系统应用：从公司办公人员的计算机日常应用和管理出发，进行计算机用户环境的配置、管理计算机资源、安装和卸载软件，完成计算机的日常维护和系统优化。

（3）网络应用：根据现代化办公需要，通过宽带及局域网完成Internet的接入和安装，使用浏览器完成网上信息检索和文件下载等任务，并能对检索到的信息进行加工和处理，能以电子邮件系统为工具，借助计算机网络与他人交流。

（4）图文排版：以公司五周年庆典活动为主线，通过制作庆典工作中的策划方案、日程安排表、经费预算表、工作卡以及周年庆简报等工作，熟练运用Word软件进行文档排版。

（5）数据处理：以公司员工素材考评工作为出发点，通过制作考评成绩的录入、统计，制作打印报表，分析考评成绩等任务，熟练利用Excel软件进行数据处理和分析。

（6）演示文稿制作。以公司五周年庆典为背景，通过制作庆典演示文稿和美化、放映演示文稿等工作，熟练运用PowerPoint软件进行演示文稿的制作和展现。

2. 体系结构

本书中的6个项目均包含多个任务，每个任务按认知规律分为8个环节。

（1）任务描述：介绍工作情境，对工作任务的要求进行说明。

（2）任务目标：提炼出完成工作任务能够达到的知识和技能目标。

（3）任务流程：对工作任务进行分解，形成清晰的操作流程。

（4）任务解析：根据工作任务对任务实施中涉及的知识和操作进行铺垫。

（5）任务实施：根据任务流程对任务的具体完成过程进行描述。

（6）任务总结：对工作任务中涉及的知识和技能进行归纳总结。

（7）知识拓展：围绕工作任务，对相关的知识进行补充和拓展。

（8）实践训练：在工作任务完成基础上，完成举一反三的操作训练，强化知识和技能。

此外，在每个项目结束时，安排有相应的思考练习和项目检测，既可以复习和强化所学的知识和技能，也可作为计算机等级考试的模拟训练。

本书在附录中提供了全国计算机等级考试一级 MS Office 考试大纲和模拟题，可以为读者参加全国计算机等级考试一级 MS Office 考试提供指导和帮助。

3. 本书特色

本书的创新之处在于以完成实际工作项目和任务引领教学，将要完成的任务结果呈现在学生面前，以项目引领知识、技能和态度，让学生在完成任务的过程中学习相关知识、培养相关技能，发展学生的综合职业能力；教学内容紧凑实用，紧紧围绕完成项目和任务的需要来选择课程内容；注重知识的系统化设计，注重内容的实用性和针对性，使之符合学生学习的认知规律；构建以项目为核心、理论实践一体化的新的教学模式。

本书由汪洪、王爱红主编，由肖佳、邓建萍、尉士华任副主编。其中：项目二、项目五由汪洪编写，项目四由王爱红编写，项目一由肖佳编写，项目三由邓建萍编写，项目六由尉士华编写。全书由汪洪统稿，王爱红审核。参与本书编写的还有：赵平副教授、唐林副教授、杨力伦老师、但小岗老师和逄菲老师。

由于编者水平有限且时间仓促，书中难免有疏漏之处，恳请广大读者提出宝贵意见。

编　者

2013 年 6 月

CONTENTS 目录

目录 CONTENTS

项目一

认识计算机

【项目情境】

科源有限公司为了推进公司的信息化建设，新购置了一批计算机配件及办公设备。现由各部门根据申请的设备清单，验收设备和配件，组装计算机，并确保计算机能正常工作。公司希望对计算机操作还不够熟练的员工，尽快正确、熟练使用计算机进行日常办公。为此，公司各部门制定出了近期的几项工作安排：配置新计算机、正确使用计算机、维护计算机。

任务 1　配置新计算机

【任务描述】

为使新员工能尽快进入工作状态，跟上公司的信息化建设步伐，公司将购置一批新的计算机。员工需要对计算机有初步的认识和了解，特别是计算机的硬件组成，它是认识计算机的基础。现在，需要使用部门员工自己完成计算机购置和装配工作。装配完成的计算机如图 1.1 所示。

图 1.1　常见的微型计算机

【任务目标】

◈ 了解微型计算机的种类和特点
◈ 了解计算机的配件
◈ 能够正确连接计算机设备
◈ 会使用操作系统安装光盘为计算机安装操作系统

【任务流程】

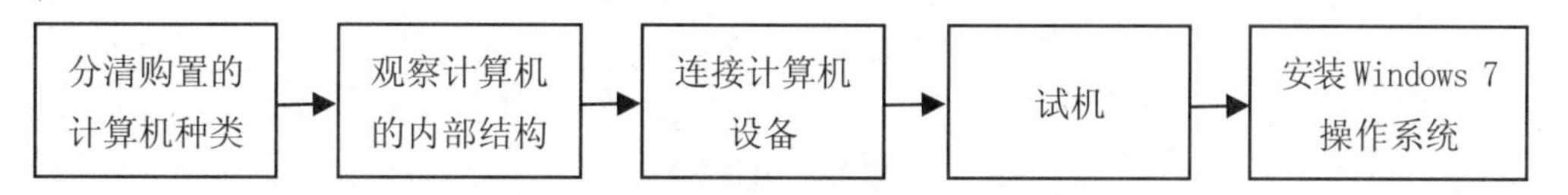

【任务解析】

1. 计算机定义

计算机（Computer/Calculation Machine）俗称电脑，是20世纪最伟大的科学技术发明之一。

计算机是一种在事先存入的程序控制下，能够接收、存储和处理数据，并提供处理结果的电子设备。在通常用语中，计算机一般指电子计算机中的个人电脑或者微型计算机（简称PC）。

2. 计算机的分类

从计算机的类型、运行、构成器件、操作原理和应用状况等方面划分，计算机有多种分类。

（1）按照原理分类。

① 数字机：速度快、精度高、自动化、通用性强。

② 模拟机：用模拟量作为运算量，速度快、精度差。

③ 混合机：集中前两者优点，避免其缺点，处于发展阶段。

（2）按照用途分类。

① 专用机：针对性强、特定服务、专门设计。

② 通用机：用于科学计算、数据处理、过程控制，解决各类问题。

（3）按照性能指标分类。

① 巨型机：速度快、容量大。图1.2所示为我国目前最先进的巨型机。

图1.2 “天河一号”巨型机

② 大型机：速度快，应用于军事技术和科研领域。

③ 小型机：结构简单、造价低、性价比突出。

④ 微型机：体积小、重量轻、价格低。一般工作中使用的计算机都为微型计算机。

3. 计算机系统

计算机系统结构如图1.3所示。它可分为硬件系统和软件系统两部分。一套完善的计算机软件系统包括系统软件和应用软件两大部分。

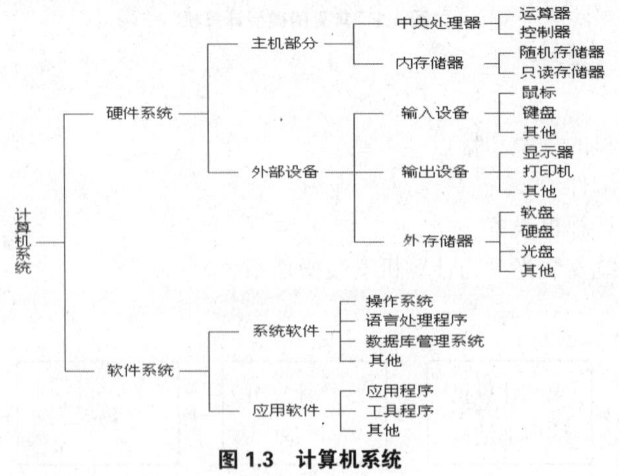

图1.3 计算机系统

（1）计算机的硬件系统。计算机硬件系统分为主机和外部设备两部分。这里提到的“主机”是狭义的“主机”，它只包含 CPU 和内存两部分，而除了这两部分以外的其他设备都属于外部设备。计算机硬件系统由运算器、控制器、存储器、输入设备和输出设备 5 大基本部件组成。

① 中央处理器（CPU）。运行速度通常用主频表示，主频＝外频×倍频，以赫兹（Hz）作为计量单位。CPU 的工作频率越高，速度就越快。CPU 的外观如图 1.4 所示。

中央处理器封装了运算器和控制器。

运算器在计算机中的功能是执行加、减、乘、除算术运算，以及与、非、或、移位等逻辑运算，因此，运算器又称为算术逻辑部件（Arithmetic Logic Unit，ALU）。

控制器是计算机硬件系统的指挥和控制中心。当系统运行时，由控制器发出各种控制信号，指挥系统的各个部分有条不紊地协调工作。

② 内存储器由存储单元组成。包括随机存储器（RAM）和只读存储器（ROM）。RAM 既可以从中读取数据，也可以写入数据。当机器电源关闭时，存于其中的数据就会丢失；而 ROM 一般用于存放计算机的基本程序和数据，信息一旦写入，即使机器掉电，这些数据也不会丢失。常见的计算机内存如图 1.5 所示。

图 1.4　常见的 CPU

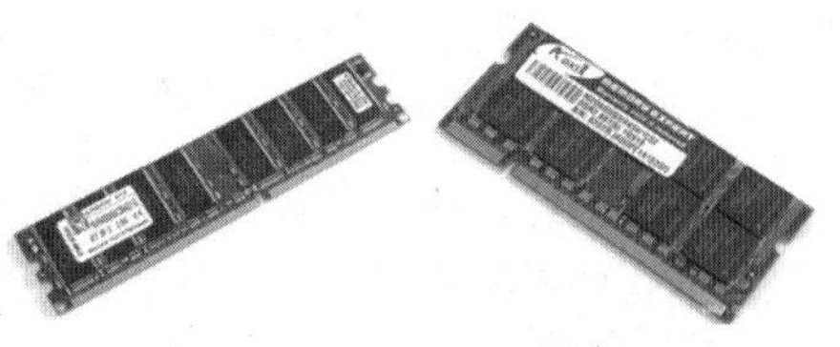

图 1.5　常见的内存

③ 外部存储器是存放程序和数据的“仓库”，可以长时间地保存大量信息。外存与内存相比容量要大得多，但外存的访问速度远比内存要慢。

硬盘是主要的外存设备，它的存储量大，读写速度相对较快。但由于硬盘是不可移动的，所以被固定于驱动器之中，也就是说，我们前面讲到的硬盘实际上是硬盘和硬盘驱动器的结合体。常见的硬盘如图 1.6 所示。

光盘驱动器，简称光驱，是外存中对硬盘的补充。光盘虽然读写速度较慢且存储量有限，但可以方便地从驱动器中取出，因此大多数计算机都会配备光驱。常见的光驱如图 1.7 所示。

图 1.6　常见的硬盘

图 1.7　常见的光驱

另外，由于闪存技术（比如我们常见的 U 盘，固态硬盘 SSD）的发展，光盘驱动器正在被其取代。

④ 输入设备接收用户输入的数据（含多媒体数据）、程序或命令，然后将它们经设备接口传送到计算机的存储器中。常见的输入设备有键盘、鼠标、扫描仪和声音识别设备等。

⑤ 输出设备将程序运行结果或存储器中的信息传送到计算机外部，提供给用户。常见的输出设备有显示器、打印机、绘图仪和音频输出设备等。常见的显示器如图 1.8 所示。

图 1.8　常见的显示器

⑥ 主板，以上所有的计算机主机部分都是

由专门的数据线直接连接，或通过显卡、声卡、网卡等设备间接连接在主板上面的。主板，英文名字叫做 Mainboard 或 Motherboard，简称 M/B。在它的身上，最显眼的是一排排的插槽，呈黑色和白色，长短不一。声卡、显卡、内存条等设备就是插在这些插槽里与主板联系起来的，或者直接集成在主板上。常见的计算机主板如图 1.9 所示。

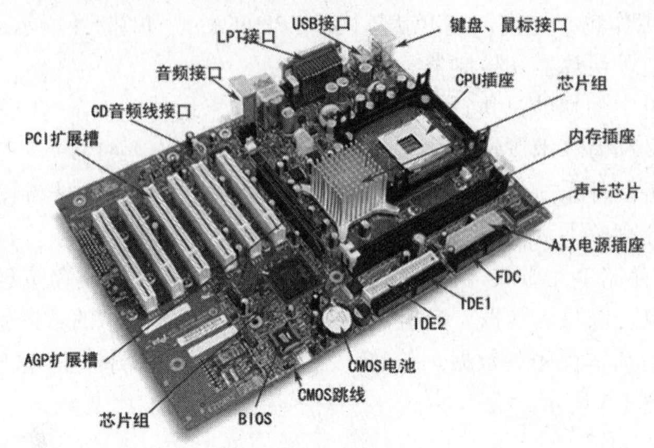

图 1.9 常见的主板

（2）计算机软件系统。计算机软件指在硬件设备上运行的各种程序、数据以及有关的资料。一套完善的计算机软件系统包括系统软件和应用软件两大部分。操作系统就是典型的系统软件，应用软件必须在操作系统之上才能运行。

① 系统软件是指管理、监控和维护计算机资源（包括硬件和软件）的软件。常见的系统软件有操作系统、各种语言处理程序以及各种工具软件等。操作系统是最底层的系统软件，它是对硬件系统功能的首次扩充，也是其他系统软件和应用软件能够在计算机上运行的基础。我们将会为计算机安装的操作系统软件为 Microsoft Windows 7。

语言处理程序软件。程序设计语言就是用户用来编写程序的语言，而要把这些语言翻译成计算机能够识别并正常运行的软件就是语言处理程序。

工具软件有时又称为服务软件，它是开发和研制各种软件的工具。常见的工具软件有诊断程序、调试程序和编辑程序等。

② 应用软件是指除了系统软件之外的所有软件，它是用户利用计算机及其提供的系统软件为解决各种实际问题而编制的计算机程序。常见的应用软件有：各种信息管理软件、办公自动化软件、各种文字处理软件、各种辅助设计软件和辅助教学软件，以及各种软件包等。

4. Windows 操作系统

Windows 操作系统是美国 Microsoft 公司研发的世界上应用最广的图形界面操作系统。Windows 从 1985 年发布以来，先后有 Windows 95、Windows 98、Windows 2000、Windows XP、Windows Vista、Windows 7 和 Windows 8 操作系统等版本发布。

将近 30 年的时间，Windows 基本就是操作系统的代名词，也是帮助 Microsoft 公司走向软件霸主的决定性力量。长期以来，尽管有包括垄断和安全性差等对于 Microsoft 及其产品的指责，但是客观上说，Microsoft 的视窗操作系统让 PC 用户开启了图形化操作时代，加快了计算机普及的步伐，极大地促进了现代 IT 产业的发展，提高了全世界信息产业的生产力，为人类的发展做出了重要贡献。特别是 Windows XP 版本，是迄今为止 Microsoft 公司最成功也是目前最流行的个人电脑操作系统。

【任务实施】

步骤 1　分清购置的计算机种类

（1）观察购置的 3 种微型计算机：台式机、一体机、笔记本电脑。

（2）台式机一般分为 3 部分，主机、显示器、键盘鼠标；一体机分为两部分，主机、键盘鼠标；笔记本电脑基本所有设备为一个整体。

步骤 2　观察电脑的内部结构

一体机和笔记本电脑多为品牌整机，非专业人员拆机比较困难，并伴有质保风险。因此，观察和了解计算机的内部结构，一般是观察台式机的机箱内部。台式机多为兼容机，且主机拆解相对简单。图 1.10 所示为一台计算机主机的拆机图。

如图 1.10 所示，拆开台式机的主机机箱盖后，可以看见主板放置在其中，并连接多种计算机设备。主板及其他设备由于品牌型号等不同，在外观上可能会有差别。另外，由于机箱的结构不同，设备放置的位置可能会有不同。

图 1.10　常见台式机内部图

如图 1.10 标注①所示，风扇下方放置的即为 CPU。由于 CPU 工作时温度比较高，需要在其上方加装散热片和散热风扇。

如图 1.10 标注②所示，内存插在对应的内存插槽中。

如图 1.10 标注③所示，该位置一般放置光盘驱动器，由数据线连接至主板。

如图 1.10 标注④所示，该位置一般放置硬盘，由数据线连接至主板。

机箱内可能还会其他设备，比如显卡、声卡、网卡等，可以由卡提供的外接口进行判断。

步骤 3　连接计算机设备

（1）购置的计算机有许多外部接口，可以连接各种计算机相关设备。观察台式机机箱背后的各种接口，清楚各个部分应该和哪些外部设备相连接，如图 1.11 所示。一体机和笔记本电脑接口位置会各不相同，但接口外观基本一致。

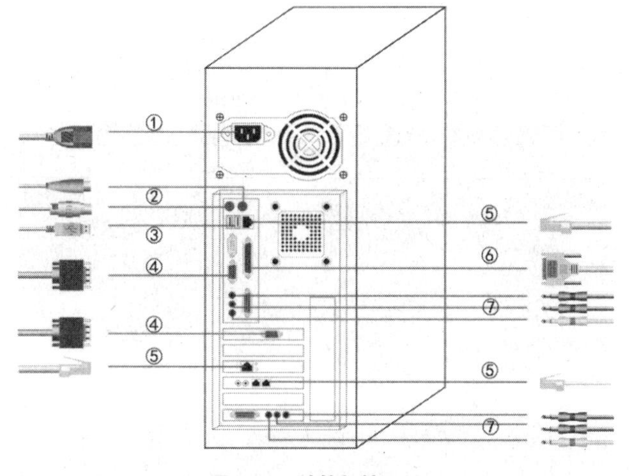

图 1.11　计算机接口图

（2）认识各类接口。

① 图 1.11 中的①为电源接口，插入电源线与外部电源相连。

② 图 1.11 中的②为 PS/2 接口，是键盘和鼠标接口。它们的外观结构是一样的，但是不能用错。为了便于识别，通常以不同的颜色来区分，绿色为鼠标接口，紫色为键盘接口。现在很多计算机的鼠标都采用 USB 接口。

③ 图 1.11 中的③为 USB 接口，是一种串行接口。

④ 图 1.11 中的④为 VGA 接口，都是接模拟视频信号的接口。一般计算机只有一个 VGA。

⑤ 图 1.11 中的⑤为网卡接口，插网线用。此接口为双绞以太网线接口，也称之为"RJ-45 接口"。这要主板集成了网卡才会提供的。它用于网络连接的双绞网线与主板中集成的网卡进行连接。

⑥ 图 1.11 中的⑥为并口，通常用于老式的并行打印机连接，也有一些老式游戏设备采用这种接口。

⑦ 图 1.11 中的⑦为音频口，是声卡输入/输出（I/O）接口。这也要在主板集成了声卡后才提供。不过现在的主板一般都集成声卡，所以通常在主板上都可以看到这 3 个接口。常用的只有 2 个，即输入和输出接口，通常也是用颜色来区分的。红色为输出接口，接音箱、耳机等音频输出设备；浅蓝色的为音频输入接口，用于连接麦克风、话筒之类音频外设。

（3）根据所介绍的机箱接口，找到相应的连接线，连接外部设备。如电源、键盘鼠标、网线、显示器、音响（耳机）、麦克风、打印机等。

步骤 4　试机

（1）检查安装状况。计算机组装完成后，应当进行全面的检查方可试机。

① 检查各个接线有无错接、漏接，连接插件是否连接可靠。

② 检查主板及各个配件是否有短路及不正常碰接问题。

③ 检查主板及各种配件的硬件设置是否正确。

（2）接通电源，启动计算机。在确认检查均无误后，开始试机。

① 将显示器的电源开关置于接通状态，待主机电源开关接通后显示器指示灯才会亮。

② 主机电源打开后，计算机进入自检和启动过程，这时机箱上的电源指示灯亮。许多主板在进行自检时还伴有"嘀、嗒"声，通常俗称为自检声。计算机将根据自检结果决定是否显示某种出错提示信息或从软盘或硬盘驱动器中读入操作系统。如出现其他异常现象，特别是冒烟、爆裂声、焦味等现象，应立即关机，检查原因。对于计算机开机后不进行自检或出现持续报警声等情况，也应关机，查明原因，排除问题后再试机。

步骤 5　安装 Windows 7 操作系统

（1）准备好 Windows 7 简体中文旗舰版安装光盘，并将光盘放入光驱，设置默认启动外设为光驱。正常情况下，可看到图 1.12 所示的欢迎界面，并进行设置语言。

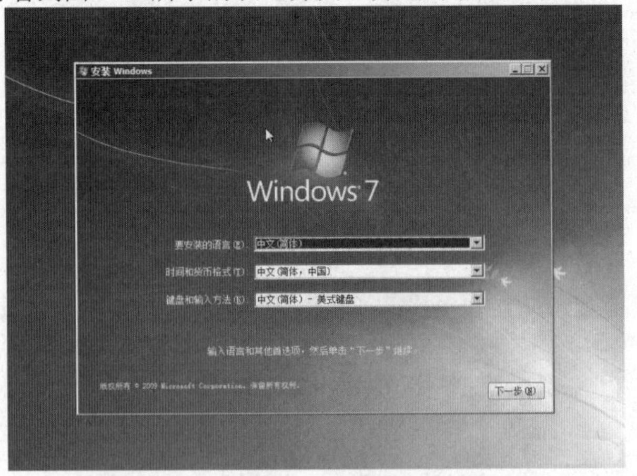

图 1.12　Windows 7 安装欢迎界面

（2）单击【下一步】按钮，进入图 1.13 所示的开始安装界面。

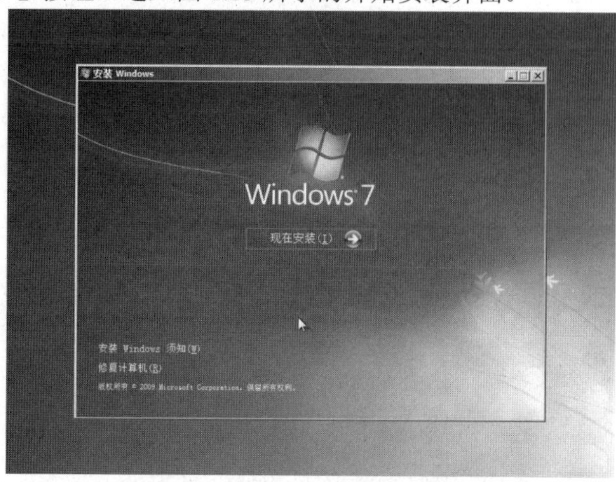

图 1.13　Window 7 开始安装界面

（3）单击【现在安装】按钮，出现图 1.14 所示的许可条款。

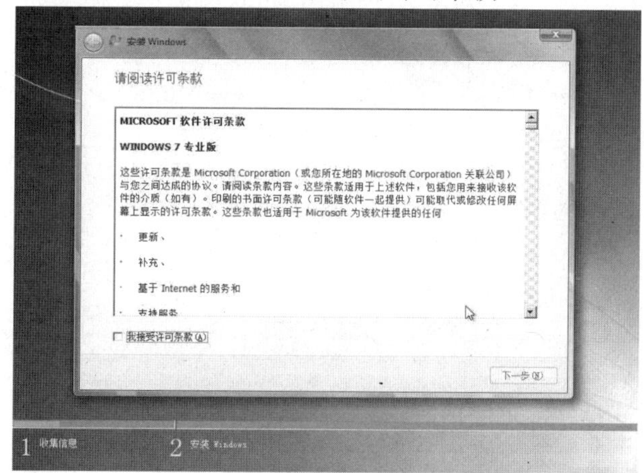

图 1.14　Windows 7 安装许可条款

（4）选中【我接受许可条款】复选框，并单击【下一步】按钮，进入图 1.15 所示的选择安装路径界面。

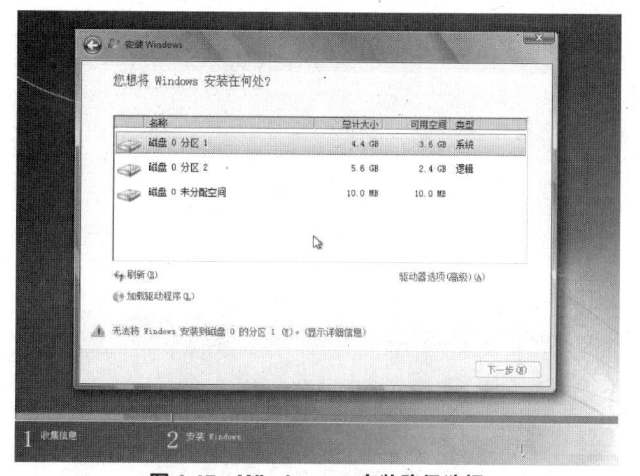

图 1.15　Windows 7 安装路径选择

① 选中需要安装的磁盘（一般为分区 1），单击【驱动器选项（高级）】，显示如图 1.16 所示的格式化界面。

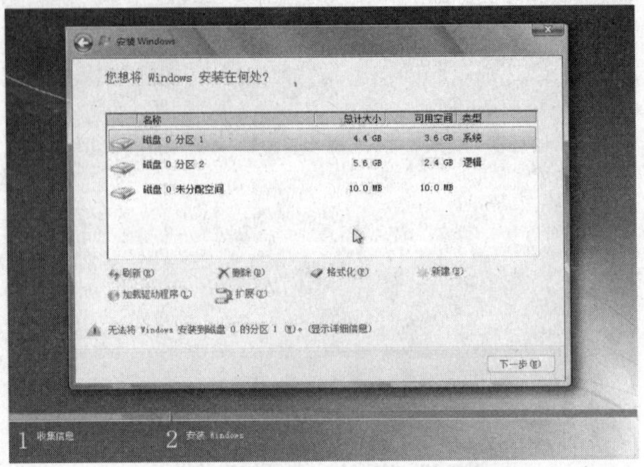

图 1.16　Windows 7 格式化安装磁盘

② 单击【格式化】选项，显示如图 1.17 所示的格式化安装磁盘警告。

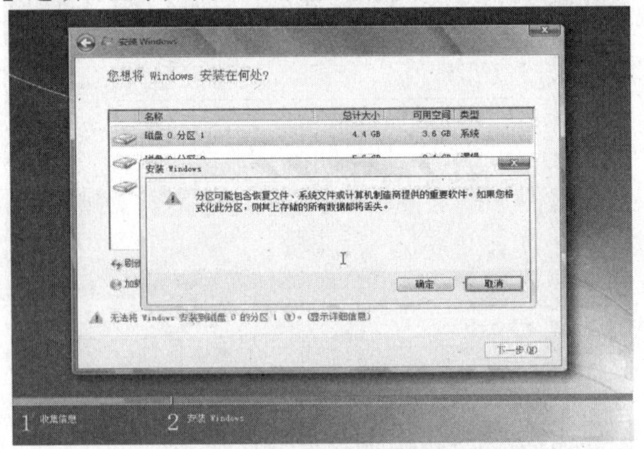

图 1.17　开始格式化磁盘

③ 单击【确定】按钮，开始格式化安装磁盘。

（5）格式化完成后，单击【下一步】按钮，显示如图 1.18 所示的安装过程，大约需要 15 min 的时间，中间可能有多次重启。

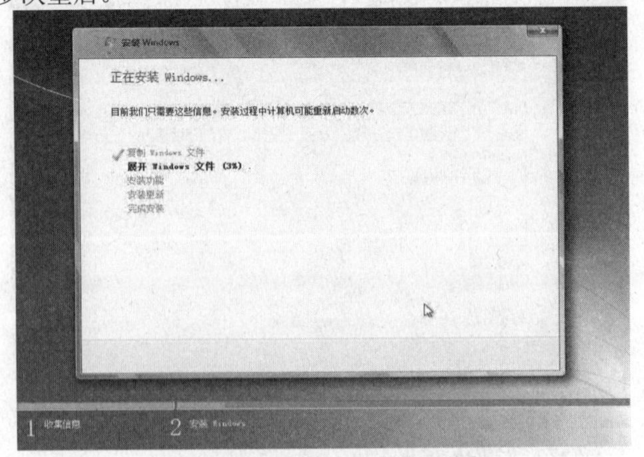

图 1.18　Windows 7 安装主进度

（6）最后一次重启后，进入网络用户名及计算机名设置，如图 1.19 所示。

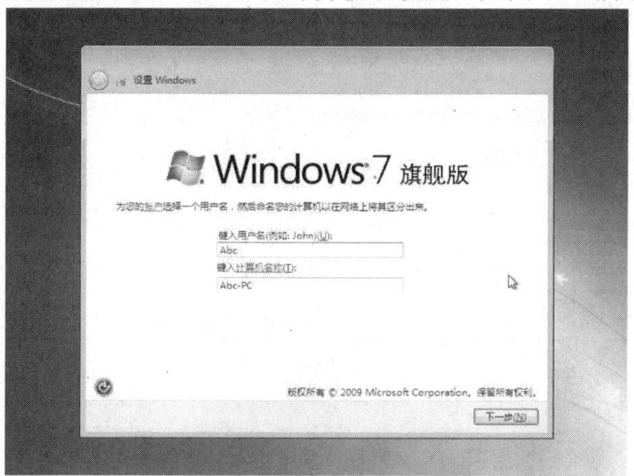

图 1.19　设置用户名和密码

（7）完成设置后，单击【下一步】按钮，进入如图 1.20 所示的账户密码设置界面。

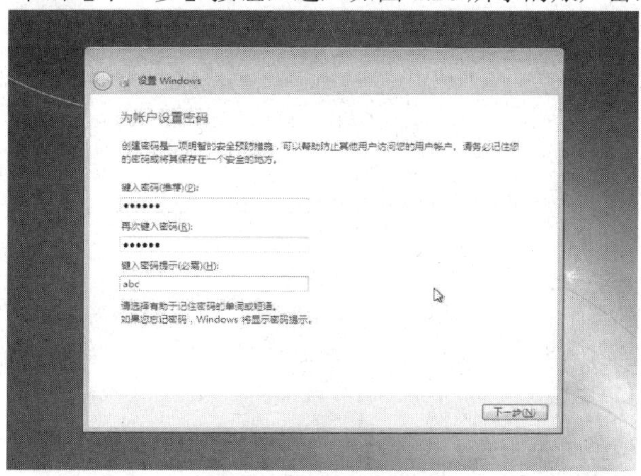

图 1.20　设置账户和密码

（8）完成账户设置，单击【下一步】按钮，进入如图 1.21 所示的序列号输入界面，序列号一般在说明书中。

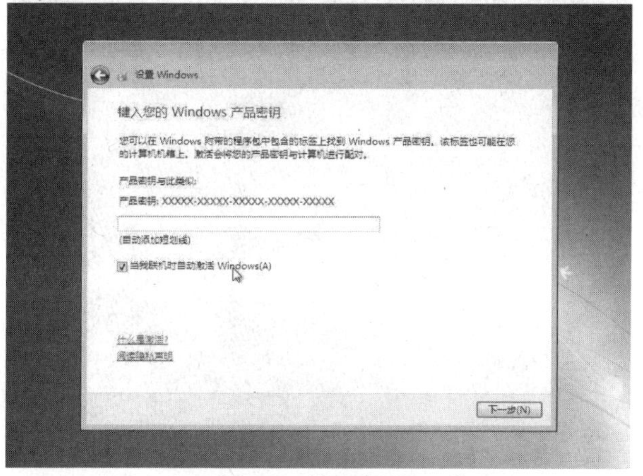

图 1.21　输入序列号

（9）完成序列号设置，单击【下一步】按钮，进入如图 1.22 所示的 Windows 7 更新配置界面。

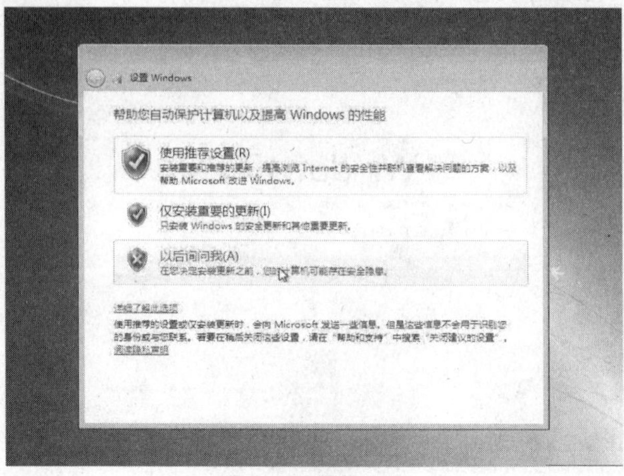

图 1.22　更新配置

（10）选择【使用推荐配置】选项后，进入如图 1.23 所示的时间日期设置界面。检查时间日期是否正确，然后单击【下一步】按钮。

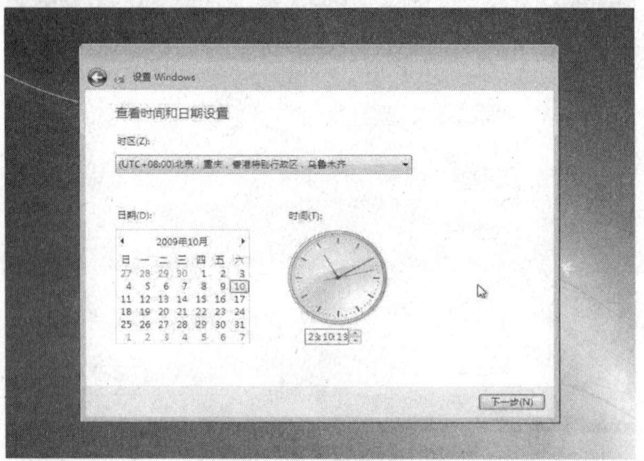

图 1.23　时间日期设置

（11）上述步骤设置完后，安装完成，进入 Windows 7 系统桌面，如图 1.24 所示。

图 1.24　Windows 7 安装完成

【任务总结】

本任务通过购置公司办公计算机，介绍了计算机系统的基本组成。通过对各种硬件设备的安装连接，介绍了各个硬件在计算机硬件系统中的地位和作用，并且在将各种设备连接上主机后，安装 Windows 7 操作系统，介绍了 Windows 7 操作系统安装的全过程，使计算机能供正常使用和操作。

【知识拓展】

1. 计算机的历史

1946 年 2 月 14 日，世界上第一台通用数字电子计算机 ENIAC 在美国宾夕法尼亚大学研制成功，宣告了人类从此进入电子计算机时代，如图 1.25 所示。

图 1.25　第一台通用数字电子计算机 ENIAC

ENIAC 长 30.48m，宽 1m，占地面积 170 ㎡，30 个操作台，重达 30 t，耗电量 150kw，造价 48 万美元。它使用 18000 个电子管，70000 个电阻，10000 个电容，1500 个继电器，6000 多个开关，每秒执行 5000 次加法或 400 次乘法，是继电器计算机的 1000 倍手工计算的 20 万倍 (而人最快的运算速度每秒仅 5 次加法运算)，还能进行平方和立方运算，计算正弦和余弦等三角函数的值及其他一些更复杂的运算。这样的速度在当时已经是人类智慧的最高水平。

但是，这种计算机的程序仍然是外加式的，存储容量也太小，尚未完全具备现代计算机的主要特征，重大突破是由科学家冯 • 诺伊曼领导的设计小组完成的。1945 年 3 月他们发表了一个全新的存储程序式通用电子计算机方案——电子离散变量自动计算机(EDVAC)。在此之后的计算机发展经历了电子管、晶体管、集成电路和大规模集成电路四个时代，如表 1.1 所示。

表 1.1　计算机发展历史

	起止年代	主要元件	主要原件图例	速度（次/秒）	特点与应用领域
第一代	1946 —1957	电子管		5 千~1 万	计算机发展初级阶段，体积巨大，运算速度较低，耗电量大，存储容量小，主要用来科学计算
第二代	1958 —1964	晶体管		几万~几十万	体积减少，耗电减少，运算速度高，价格下降，不仅用于科学计算，还用于数据处理和实物管理，并逐渐用于工业控制
第三代	1965 —1970	集成电路		几十万~几百万	体积功耗进一步减少，可靠性及速度进一步提高，应用领域进一步拓展到文字处理、企业管理、自动控制、城市交通管理方面
第四代	1970 至今	大规模集成电路		几千万~千百亿	性能大幅度提高，价格大幅度下降，广泛应用于社会生活的各个领域，进入办公室和家庭。在办公室自动化、电子编辑排版、数据库管理、图像识别、语音识别、专家系统等领域大显身手

2. 计算机的特点

计算机之所以能够应用于各个领域，完成各种复杂的处理任务，例如，计算机辅助设计(CAD)、计算机辅助教学（CAI)、计算机辅助制造（CAM)、办公自动化（OA）等，是因为它具有以下一些基本特点。

（1）计算机具有自动进行各种操作的能力。

计算机是由程序控制其操作过程的。只要根据应用的需要，事先编制好程序并输入计算机，计算机就能自动地、连续地工作，完成预定的处理任务。计算机中可以存储大量的程序和数据。存储程序是计算机工作的一个重要原则，这是计算机能自动处理的基础。

（2）计算机具有高速处理的能力。

计算机具有神奇的运算速度，这是以往其他一些计算工具无法做到的。例如，为了将圆周率π的近似值计算到小数点后 700 位，需要花费一个数学家十几年的时间，而如果用现代的计算机来完成的话，则只需要很短的时间。

（3）计算机具有超强的记忆能力。

在计算机中拥有容量很大的存储装置，它不仅可以存储所需要的原始数据信息、处理的中间结果与最后结果，还可以存储指挥计算机工作的程序。计算机不仅能保存大量的文字、图像、声音等信息资料，还能对这些信息加以处理、分析和重新组合，以满足在各种应用中对这些信息的需求。

（4）计算机具有很高的计算精度与可靠的判断能力。

人类在进行各种数值计算与信息处理的过程中，可能会由于疲劳、思想不集中、粗心大意等原因，导致各种计算错误或处理不当。另外，在各种复杂的控制操作中，往往由于受到人类自身体力、识别能力和反应速度的限制，使控制精度和控制速度达不到预定的要求。特别是对于高精度控制或高速操作任务，人类更是无能为力。可靠的判断能力，也有利于实现计算机工作的自动化，从而保证计算机控制的判断可靠、反应迅速、控制灵敏。

面对当今迅速膨胀的信息，人们愈加需要计算机来完成信息的收集、存储、处理、传输等各项工作。

3. 计算机的工作原理

科学家冯·诺依曼，对计算机的发展做出了巨大贡献。他提出了“程序存储、程序控制”的设计思想，同时指出计算机的构成包括以下几个方面。

（1）由运算器、存储器、控制器、输入设备、输出设备五大基本部件组成计算机系统，并规定了五大部件的基本功能。

（2）计算机内部应采用二进制表示数据和指令。

（3）程序存储、程序控制（将程序事先存入主存储器中，计算机在工作时能在不需要操作人员干预的情况下，自动逐条取出指令并加以执行)，其基本工作原理如图 1.26 所示。

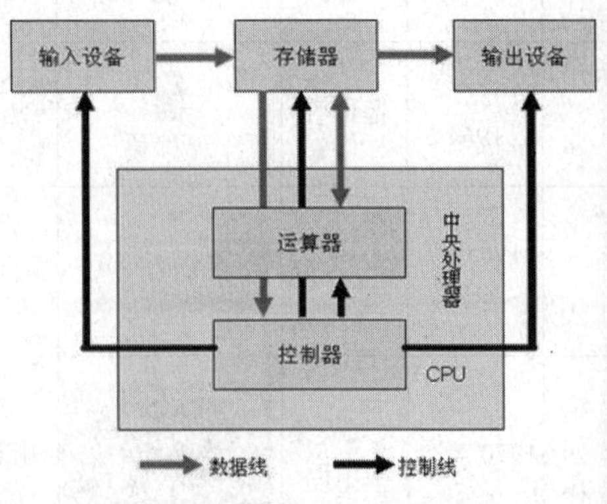

图 1.26 计算机基本工作原理图

【实践训练】

布置“第六届科技文化艺术节计算机技能比赛”主会场，配置好各种计算机软硬件。

1. 装配计算机

（1）将主机箱中的电源线正确连接到各个设备。

（2）连接主机、显示器、键盘和鼠标。

（3）试机，以计算机能正常打开，并看到主机电源指示灯亮，键盘指示灯闪烁，伴有“嘀”、“嗒”的计算机自检声为佳。

2. 安装操作系统

（1）为硬盘分区，并格式化硬盘。

（2）设置区域和语言。

（3）设置账户和密码。

（4）使安装好的 Windows 7 系统能正常使用。

任务2　正确使用计算机

【任务描述】

在日常的工作中，正确使用计算机，有利于提高工作效率。只有养成良好的使用习惯和掌握熟练的输入方法和技巧，才能让计算机成为我们工作的好工具、好伙伴。在本任务中，由公司的培训部门负责新员工计算机使用的基础培训。

【任务目标】

- ◈ 掌握正确的开关机方法。
- ◈ 能熟练使用鼠标。
- ◈ 能熟练使用键盘，并熟练输入中文、英文。

【任务流程】

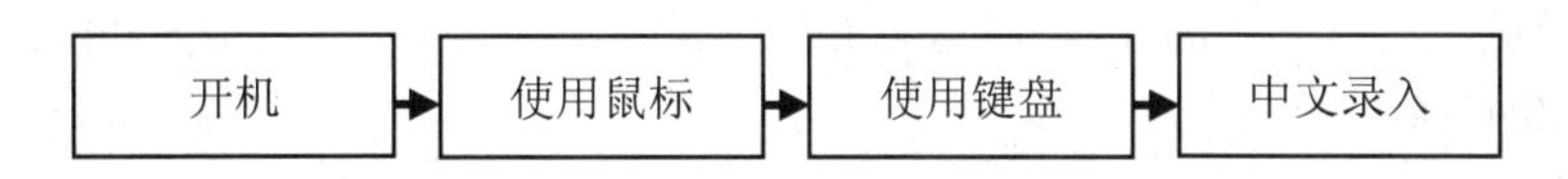

【任务解析】

1. 正确开关机

开机：先开显示器以及其他外部设备，再开主机。

关机：系统中点关闭计算机，然后关显示器。

2. 键盘的功能和布局

常用的键盘有 101 个键、104 个键或 107 个键几种不同的类型，分别排列成 5 个主要部分，即主键盘区、功能键区、编辑键区、辅助键区和状态指示区，

图 1.27　计算机键盘结构

如图 1.27 所示。

（1）主键盘区。它是键盘的主要组成部分，键位排列与英文打字机相似。该键区包括数字键、字母键、常用运算符以及标点符号键，除此之外还有几个控制键。

① 字母键：共 26 个，可通过【Shift】键和【Caps Lock】键来改变大小写字母的输入。

② 双字符键：即在同一个键上有上下两个符号，分别称为上挡字符和下挡字符。直接按键可输入下挡字符，按住【Shift】键不放的同时按字符键可输入上挡字符。

③ 大写字母锁定键【Caps Lock】：该键是一个开关键，用来转换字母大小写状态。通过按该键，若键盘右上角状态指示区 Caps Lock 指示灯亮起，则键盘处于大写字母锁定状态，按下字母键时输入大写字母；再按一次该键，Caps Lock 指示灯熄灭，大写字母锁定状态取消，按下字母键时输入小写字母。

④ 上挡键【Shift】：上挡键在主键盘区有两个，该键单独使用时不起作用，按住该键后再按字母键，可输入与当前字母大小写状态相反的字母，即原来的大写变小写，小写变大写。按住该键不放，同时按下双字符键可以输入上挡字符。

⑤ 回车键【Enter】：在文字编辑时使用该键，可将当前光标移至下一行首；在命令状态下使用，可使计算机执行某项指令。

⑥ 退格键【Back Space】：在主键盘区右上角。每按一次该键，将删除当前光标左方的一个字符。

⑦ 制表键【Tab】：用来将光标移动到下一个制表位。制表位的宽度一般为 8 个字符，也可以自己定义。

⑧ 控制键【Ctrl】和【Alt】：一般与其他键配合以实现软件中定义的不同功能。如在 DOS 下，同时按下【Ctrl】、【Alt】和【Del】键，可以重新启动计算机。在 Windows 操作系统中，同时按下【Ctrl】和【Esc】键可以打开“开始”菜单，同时按下【Alt】和【F4】键可以退出当前程序。此外，【Alt】键在很多软件中都有激活菜单的作用。

⑨ 空格键【Space】：键盘下方最长的条形键。每按一次该键，将在当前光标的位置上产生一个空格字符。

⑩ Windows 键：适用于 Windows 95 以上的操作系统，按下该键会出现 Windows 的“开始”菜单和任务栏。它也可以作为功能键，如同时按下该键与【E】键，可以打开“我的电脑”；按下该键与【D】键，可以显示桌面等。

⑪ 快捷菜单键：适用于 Windows 95 以上的操作系统，可代替鼠标右击的功能，按下该键可打开当前对象的快捷菜单。

（2）功能键区。

① 取消或退出键【Esc】：在操作系统和应用程序中，该键经常用来退出某一操作或正在执行的命令。

② 功能键【F1】～【F12】：在计算机系统中，这些键的功能由操作系统或应用程序所定义，例如按【F1】键常常可以得到相关的帮助信息。

（3）编辑键区。编辑键区主要用于文字的编辑和打印控制，常用按键的功能如下。

① 【Insert】键：插入键，插入/改写状态转换键。

② 【Delete】键：删除键，用来删除当前光标位置上的字符。

③ 【Home】键：该键可以使光标快速移动到行首。

④ 【End】键：该键可以使光标快速移动到行尾。

⑤ 【Page Up】键和【Page Down】键：用来实现光标的快速移动，每按一次可以使光标向前或向后移动一屏。

⑥ 【←】、【↑】、【→】、【↓】键：光标移动键，每按一次则使光标向箭头方向分别移动一格或一行。

⑦ 【Print Screen】键：屏幕拷贝键，在打印机已联机的情况下，按下该键可以将计算机屏幕上显示的内容通过打印机输出。在 Windows 环境下，按下该键可以复制当前屏幕内容到剪贴板上；按下【Alt】＋【Print Screen】组合键，则复制当前窗口、对话框等对象到剪贴板。

⑧ 【Scroll Lock】键：屏幕锁定键，按下该键屏幕停止滚动，直到再次按下该键为止。

⑨ 【Pause Break】键：暂停/中断键，按下该键可以使计算机暂停运行正在执行的命令或应用程序，直到按下键盘上任意一个键为止。同时按下【Ctrl】和【Break】键可以中断命令的执行或程序的运行。

3. 汉字录入法

输入汉字的方法主要有键盘输入、手写输入、语音输入、扫描输入和混合输入。

键盘输入中，拼音输入法简单易学，不需要去记忆一些字形、拆字规则，只要能说普通话，就可以轻松上手。接下来我们以微软拼音 ABC 输入风格为例，介绍使用拼音输入法输入汉字的方法。

（1）微软拼音 ABC 输入风格的状态条。

微软拼音 ABC 输入风格是中文 Windows 操作系统中自带的一种汉字输入方法，支持全拼输入、简拼输入、混拼输入、音形混合输入以及双打输入等。微软拼音 ABC 输入风格的指示器如图 1.28 所示。

图 1.28 “微软拼音 ABC 输入风格”指示器

① 【输入法切换】按钮：可以使用鼠标单击该按钮，打开输入法列表，选择其他输入法。

② 【中文/英文状态】按钮：可以使用鼠标单击该按钮，在“中文”和“英文”输入法间进行切换，也可以使用【Shift】键进行切换。

③ 【中/文标点】按钮：可用鼠标单击该按钮进行切换，也可用【Ctrl】＋【.】组合键切换。

④ 【功能菜单】按钮：单击该按钮，将打开图 1.29 所示的功能菜单，可以设置【输入选项】和【软键盘】，微软拼音 ABC 输入风格一共提供有 13 种软键盘，软键盘的默认状态为标准 PC 键盘。使用软键盘一般是为了输入一些特殊字符。

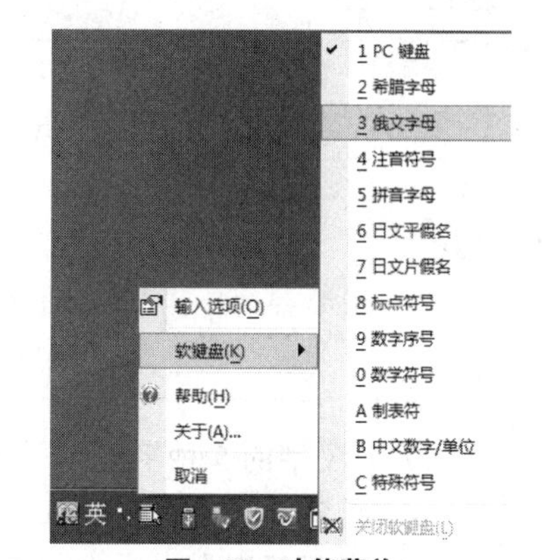

图 1.29 功能菜单

⑤ 【帮助】按钮：单击该按钮，可以打开“微软拼音输入法帮助”窗口，获取输入法帮助。

此外，如果要进行全角/半角状态切换，可使用【Shift】＋【Space】组合键进行切换。

（2）微软拼音 ABC 输入风格介绍。

① 全拼输入。如果对汉语拼音比较熟练，可以使用全拼输入法。全拼输入时输入的内容要多一些，但重码少，速度比较快。

输入规则为按规范的汉语拼音输入，输入顺序与书写拼音的顺序一样。如“中国”，需要输入“zhongguo”，然后按空格键即可。如果输入的词有同音的情况，只需按下需要词条前相应的数字键即可；若同音词太多，一页显示不完，可以使用【＝】键往后翻页，或使用【－】键往前翻页，再使用数字键选择。如果出现的列表中没有相应的词汇，则可以通过使用【Backspace】键重新选字。

② 简拼输入。如果对汉语拼音把握不甚准确，也可以使用简拼输入。简拼输入虽然输入的内容更少，但重码较多，速度较慢。

输入规则为取各个音节的第一个字母组成，对于zh、ch、sh开头的音节，也可以取前两个字母组成。如"计算机"，全拼输入为"jisuanji"，简拼输入为"jsj"；"长城"，全拼输入为"changcheng"，简拼输入为"cc"、"cch"、"chc"或"chch"均可。

在简拼输入时，为避免字词不分，可使用单引号来分隔。如"愕然"，简拼输入为"e' r"，然后按空格键即可。

③ 混拼输入。

这是一种开放式的输入方法，规则为对于两个音节以上的词语，输入时有的音节用全拼，有的音节用简拼，完毕后按空格键。如"中国"，可以输入"zhongg"、"zguo"或"zhguo"均可。

对于一些需要快速录入的情况，五笔字型输入法会更加高效，下面介绍五笔字型输入法。

五笔字型的基本思想是把汉字分为笔画、字根、单字3个层次。笔画组合产生字根，字根拼形构成汉字，按照书写习惯的顺序，以字根为基本单位，组字编码，拼形输入。

（1）基本概念。

① 汉字的笔画。汉字的笔画是构成汉字的最小单位，是一次连续写成的线段。汉字的基本笔画为横、竖、撇、捺、折等5种，依次用1、2、3、4、5来编码，称为笔画码，如表1.2所示。

表1.2 汉字的5种笔画

笔画码	名称	运笔方向	笔画及其变形	例字
1	横	从左到右，从左到右上	一 ㇀	画、二、凉、坦
2	竖	从上到下	丨 亅 刂	竖、归、到、利
3	撇	从右上到左下	丿	用、番、禾、种
4	捺（点）	从左上到右下	丶 ㇏	人、宝、术、点
5	折	带转折的笔画（竖左钩除外）	乙 ㇄ ㇉ ㇖	飞、已、孙、好

关于汉字的5种笔画，以下情况需要注意。

- 提笔属于横。如"江、冰、场、现、特"这几个字中，各字左部末笔都是"提"，但在五笔字型中视为"横"。
- 左竖钩属于竖。如亅，而右竖钩属于折笔。
- 从左上到右下的点笔都属于捺。例如"学、寸、心"这几个字中的"点"，在五笔字型中视为"捺"。
- 所有带转折的笔画都属于折。

② 汉字的字根。在五笔字型编码方案中，汉字的字根又称为码元，它是构成汉字的基本单位，它的主要组成部分是汉字的偏旁部首，如"氵"、"刂"、"灬"、"辶"等，同时还有少量的笔画结构，如"𠂉"、"丷"等。五笔字型所选择的字根有以下两个条件。

- 组字能力强，特别有用。如："王"、"土"、"大"、"木"、"工"等。
- 虽然能组成的汉字不多，但组成的字是特别常用的。如："白"（"白"可以组成最常用的汉字"的"）、"西"（"西"组成的"要"字也很常用）等。

根据以上条件，五笔字型86版共选择了130多个字根，98版共选择了245个字根，包括笔画、偏旁、部首等。一些汉字本身就是字根，不是字根的汉字都可拆分成字根。例如："张"

字由“弓”字和“长”字组成，“弓”字是字根，但“长”字不是，还需要将其分解成字根。也就是说，在五笔字型中一切汉字都是由字根组成的。

③ 汉字的字型。汉字的字型是指构成汉字的各个字根在整字中所处的位置关系。在五笔字型中，汉字的字型分为 3 种：左右型、上下型和杂合型。由于左右型的汉字最多，上下型的次之，杂合型的最少，因此将这 3 种字型的代号分别指定为 1、2、3。汉字的字型如表 1.3 所示。

表 1.3 汉字的字型

代号	字型	例字
1	左右型	体、位、树、招、部
2	上下型	杂、示、莫、落、架
3	杂合型	园、闭、回、夫、才

- 左右型。左右型汉字的主要特点是从整字的总体看，字根之间有一定的间距，呈左右排列状。左右型的汉字主要有 3 类：双合字（组成整字的两个字根左右排列，且字根间有一定的间距，如“根”、“线”、“仅”、“列”等）、三合字（组成整字的 3 个字根中的一个字根单独位于字的左边或右边，如“测”、“做”、“潭”、“卦”等）、四合字或多合字(组成整字的4个字根中的一个字根单独位于字的左边或右边,如“键”、“械”、“讹”等)。
- 上下型。上下型汉字的主要特点是从整字的总体看，字根之间有一定的间距，呈上下排列。上下型的汉字主要有 3 类：双合字（组成整字的两个字根上下排列，且字根间有一定的间距，如“分”、“安”、“军”、“芝”等）、三合字（组成整字的 3 个字根中的一个字根单独位于字的上边或下边，如“恕”、“努”、“型”、“落”、“范”等）、四合字或多合字（组成整字的 4 个字根中的一个单独位于字的上边或下边，如“赢”等）。
- 杂合型。杂合型汉字的主要特点是字根之间虽然有一定的间距，但是整字不分上下左右。杂合型的汉字主要有 3 类：单体型（本身独立成字的字，如“牛”、“犬”、“头”等）、内外型（通常由内外字根组成，外部字根完全包围内部字根，如“国”、“园”、“图”、“困”等）、包围型（通常由内外字根组成，外部字根不完全包围内部字根，如“旬”、“区”、“同”、“这”等）。

④汉字的结构。汉字的结构是指构成汉字的各个字根之间的关联关系。在五笔字型中，汉字的结构字型分为 4 种：单体结构、离散结构、连笔结构和交叉结构。

- 单体结构。单体结构是指字根本身单独成为一个汉字。如“八”、“用”、“手”、“车”、“马”、“雨”等。五笔字型 86 版共选择了 130 多个字根，98 版共选择了 245 个字根，它们的取码方法有专门规定，不需要判断字型。
- 离散结构。离散结构是指构成汉字的字根在两个或两个以上字根之间保持着一定的距离，不相连也不相交，如“相”、“部”、“呈”和“架”等。离散结构汉字的字型属于左右型或上下型。
- 连笔结构。指一个字根和一个笔画相连，如“丿”下连“目”成为“自”，“丿”下连“十”成为“千”，“月”下连“一”成为“且”等。另外，一个字根之前或之后的孤立点一律看作与字根相连，如“太”、“犬”和“术”等。连笔结构汉字的字型属于杂合型。

- 交叉结构。指一个字根与一个笔画（或一个字根）相交叉，如“心”与“丿”交叉成为“必”，“二”与“人”交叉成为“夫”，“一”与“弓”和“人”交叉成为“夷”。交叉结构汉字的字型属于杂合型。

（2）字根的键盘分布。

① 键盘编号。在将字根分布到键盘之前，首先按照汉字的 5 种笔画将键盘的 25 个字母键（Z 键除外）分成了如下的 5 个区，如图 1.30 所示。

- 1 区：横起笔区。
- 2 区：竖起笔区。
- 3 区：撇起笔区。
- 4 区：捺（或点）起笔区。
- 5 区：折起笔区。

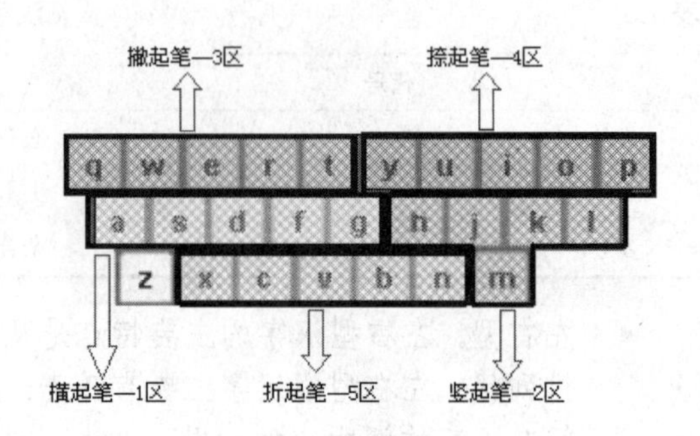

图 1.30　字根的 5 个区

5 个区中每个区都包括了 5 个键位，从 1 到 5 对它们进行编号，这样，位号和区号就共同组成了 25 个区位号。每个区位号由两位数字组成，其中个位数是位号，十位数是区号，而且每个区的位号都是从打字键区的中间向两端排序，如图 1.31 所示。

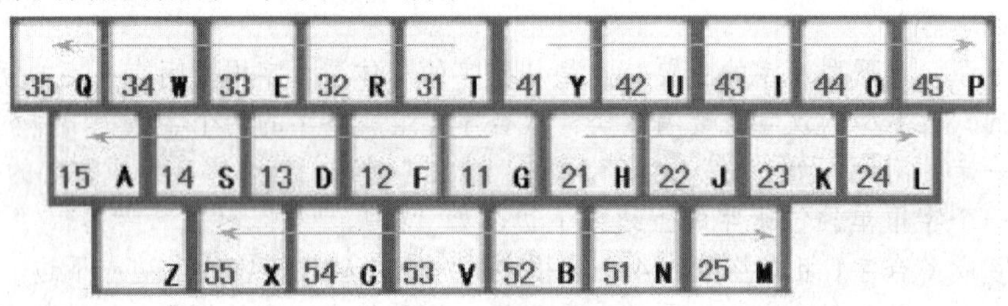

图 1.31　区位号分布图

② 字根分布。把字根分布到键盘上根据以下原则：字根根据起笔分配到相应的键盘区中，即横起笔类的字根放置在 1 区，竖起笔类的字根放置在 2 区，撇起笔类的字根放置在 3 区，捺（或点）起笔类的字根放置在 4 区，折起笔类的字根放置在 5 区。

同一类的字根有许多，而且每个键盘区又有 5 个键，根据以上原则，字根的具体分配方法如图 1.32 和图 1.33 所示。

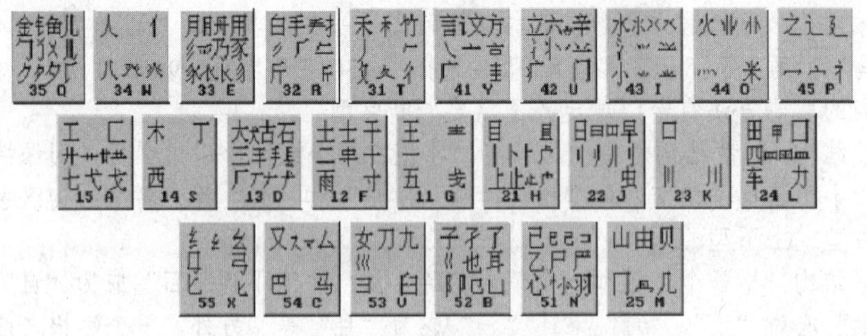

图 1.32　86 版字根分布图

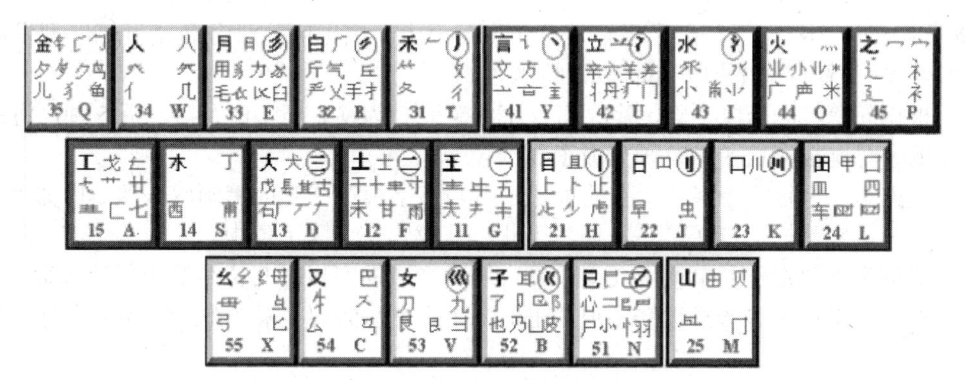

图 1.33　98 版字根分布图

③ 字根助记歌。为了更好地帮助大家记忆字根的键位分布，五笔字型的发明者还编制了一套字根助记歌。助记歌的每一句对应一个键位上的字根，背诵起来琅琅上口，对记忆字根非常有效。背过了助记歌，就等于记住了所有字根，因此每个学习五笔字型的人首先要背熟助记歌。

由于 98 版五笔字型的字根表与 86 版五笔字型的字根表有所不同，所以字根助记歌也不同。表 1.3 中列出了这两个版本的助记歌。

表 1.3　　五笔字型助记歌

98 版五笔字型助记歌	86 版五笔字型助记歌
11 王旁青头五夫一	11 王旁青头戋（兼）五一
12 土干十寸未甘雨	12 土士二干十寸雨
13 大犬戊其古石厂	13 大犬三羊古石厂
14 木丁西甫一四里	14 木丁西
15 工戈草头右框七	15 工戈草头右框七
21 目上卜止虎头具	21 目具上止卜虎皮
22 日早两竖与虫依	22 日早两竖与虫依
23 口中两川三个竖	23 口与川，字根稀
24 田甲方框四车里	24 田甲方框四车力
25 山由贝骨下框集	25 山由贝，下框几
31 禾竹反文双人立	31 禾竹一撇双人立，反文条头共三一
32 白斤气丘叉手提	32 白手看头三二斤
33 月用力豸毛衣臼	33 月（衫）乃用家衣底
34 人八登头单人儿	34 人和八，三四里
35 金夕鸟儿犭边鱼	35 金勺缺点无尾鱼，犭旁留又一点夕，氏无七
41 言文方点谁人去	41 言文方广在四一，高头一捺谁人去
42 立辛六羊病门里	42 立辛两点六门病
43 水族三点鳖头小	43 水旁兴头小倒立
44 火业广鹿四点米	44 火业头，四点米
45 之字宝盖补礻衤	45 之字宝盖，摘礻衤
51 已类左框心尸已	51 已半已满不出己，左框折尸心和羽
52 子耳了也乃框皮	52 子耳了也框向上
53 女刀九艮山西倒	53 女刀九臼山朝西
54 又巴牛厶马失蹄	54 又巴马，丢失矣
55 幺母贯头弓和匕	55 慈母无心弓和匕，幼无力

初看起来，字根似乎是杂乱无章地分布在键盘上，实际上这种分布是五笔字型发明者的匠心独运。字根在键盘上的分布有以下特点。

- 根据起笔笔画分区。五笔字型将汉字的笔画归为横、竖、撇、捺、折5种，将键盘上的字母键根据这5种笔画分成了5个区。
- 根据第2笔定位。字根所在的位号一般与该字根第2笔的笔画码一致。比如“王”字的第1笔是横，第2笔还是横，因此将其放置在1区1位中。
- 根据笔画数定位。单笔画及简单复合笔画形成的字根，其位号等于其笔画数。比如，在1区1位里有一横这个字根，在1区2位有两横的字根，在1区3位里有三横的字根。
- 字源或形态与键名字相近。字源或形态上相近的字根位于同一区的同一位。比如P键的键名字是“之”，所以“辶”、“廴”等字根也在这个键上，就连与它相像的“礻”字根也在此键上。

④ 键名字。将字根按照规律分布到25个字母键上后，平均每个键上都有七、八个字根。为了便于记忆，在每个区位中选取了一个最常用的字根作为键的名字，这就是键名字，如图1.34所示。

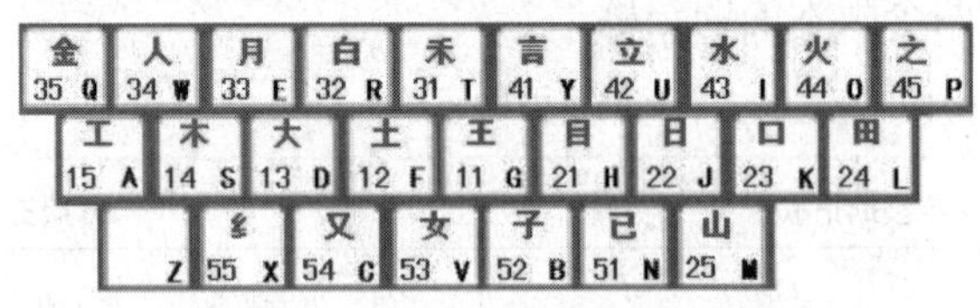

图 1.34 键名字

这些键名字既是组字能力很强的字根，同时又是很常用的汉字。比如字母键G（区位号为“11”）上面有“王、龶、五、一”等字根，而“王”字的使用频率最高，就选取“王”作为键名字。其他各键的键名字也都遵循这个规律。

（3）键面字输入

① 键名字的输入方法。键名字一共有25个，位于每个字母键（Z键除外）的左上角，也就是“字根助记歌”中的第1个字根。键名字是一些组字频率很高，且形体上又有一定代表性的字根。输入键名字时无须将其拆分，连续敲击4次该字所在的键位即可。例如：

- 1区1位键名字“王”的编码为GGGG;
- 2区1位键名字“目”的编码为HHHH;
- 3区2位键名字“白”的编码为RRRR;
- 4区3位键名字“水”的编码为I I I I;
- 5区4位键名字“又”的编码为CCCC。

② 成字字根的输入方法。在键盘的25个字母键上除了键名字外，自己本身也是汉字字根的称为成字字根。与键名字一样，成字字根除了具有较强的组字能力外，其本身也属于常用汉字。五笔字型特别为其制定了拆分规则和编码规则。

- 拆分规则：根据汉字的书写顺序，将成字字根拆分成笔画。
- 编码规则：字根+首笔+次笔+末笔（不足4码加空格）。

具体输入方法：首先敲击一下成字字根所在的键位（又叫“报户口”），再依次敲击其第1、第2及最末一个单笔画所在的键位。不足4码时，按空格键补足。例如：

- “雨” = “雨”（字根F）+ “一”（首笔G）+ “丨”（次笔H）+ “、”（末笔Y），

编码为 FGHY。

- “甲”=“甲”（字根 L）+“丨”（首笔 H）+“ ”（次笔 N）+“丨”（末笔 H），编码为 LHNH。
- “八”=“八”（字根 W）+“丿”（首笔 T）+“丶”（次笔 Y）+空格，编码为 WTY。
- “辛”=“辛”（字根 U）+“丶”（首笔 Y）+“一”（次笔 G）+“丨”（末笔 H），编码为 UYGH。
- “马”=“马”（字根 C）+“ ”（首笔 N）+“㇉”（次笔 N）+“一”（末笔 G），编码为 CNNG。

（4）合体字输入。

合体字是指由两个或两个以上的独体字构成的汉字。五笔字型中的合体字则引伸为由两个或两个以上的字根构成的汉字，也就是说除了键名字和键面字外，其他汉字均属于合体字。输入合体字需要掌握拆分规则、编码规则和识别码。

① 拆分规则。合体字在汉字中占绝大部分，为了能对它们进行准确地编码，就必须掌握合体字的拆分规则。合体字的拆分规则有 5 条，归纳为用 4 个字来说明一条规则的口诀：“笔顺勿乱、取大优先、兼顾直观、能连不交、能散不连”。

- 笔顺勿乱。在拆分合体字时，一定要根据汉字正确的书写顺序进行。汉字正确的书写顺序是：先左后右，先上后下，先横后竖，先撇后捺，先内后外，先中间后两边，先进门后关门等。
- 取大优先。在拆分合体字时，应按照书写顺序拆分成几个字根，以拆分后的字根总数越少越好。例如：“年”字的正确拆分方法是取“𠂉”、“丨”和“十”，而不是取“𠂉”、“一”、“丨”和“十”。
- 兼顾直观。为了照顾字根的完整性，不得不违反“笔顺勿乱”和“取大优先”规则。例如“国”字：根据书写顺序的规则应取“冂”、“王”、“丶”、“一”，如果这样拆分，同样不能使字根直观易辨，因此五笔字型将“国”字拆分为“囗”、“王”、“丶”。
- 能连不交。如果字既可以按相连关系拆分，又可以按相交的关系拆分，则要按相连的关系拆分，因为通常“连”比“交”更为直观易记。例如：“丑”字正确的拆分是“乛”、“土”，因为这两个字根之间的关系是相连的，如果取“刀”、“二”，二者为相交关系。
- 能散不连。如果字可以看作是几个基本字根散的关系，就不要看作是连的关系。例如：“占”字正确拆分是“卜”、“口”，二者间按“连”处理是杂合型汉字，如果按“散”处理则是上下型汉字。此时，按“散”处理。

② 编码规则。从字根的构成数量来看，可以将合体字分为以下 4 类：二元字（由两个字根构成的汉字）、三元字（由 3 个字根构成的汉字）、四元字（由 4 个字根构成的汉字）和多元字（由 4 个以上的字根构成的汉字）。每种类型的合体字它们的编码规则也不尽相同，下面分别说明。

- 二元字。输入全部字根，再输入一个末笔交叉识别码（简称识别码。末笔交叉识别码在后面介绍）。例如：“她”字先取“女”、“也”两个字根，然后再输入末笔交叉识别码“N”。“杜”字先取“木”、“土”两个字根，然后再输入末笔交叉识别码“G”。
- 三元字。输入全部字根，再输入一个末笔交叉识别码。例如：“串”字是先取“口”、“口”、“丨”，再输入末笔交叉识别码“K”。“桔”字是先取“木”、“士”、“口”，再输入末笔交叉识别码“G”。

- 四元字。按照书写顺序取 4 个字根的编码。例如："型"字的书写顺序是"一"、"廾"、"刂"、"土"，其编码为 GAJF。"得"字的书写顺序是"彳"、"日"、"一"、"寸"，其编码为 TJGF。
- 多元字。按照书写顺序取第 1、第 2、第 3 个字根和最后一个字根。例如："输"字的书写顺序是"车"、"人"、"一"、"月"、"刂"，取该字的第 1、第 2、第 3 个字根和最后一个字根，其编码为 LWGJ。"编"字的书写顺序是"纟"、"丶"、"尸"、"冂"、"廾"，取该字的第 1、第 2、第 3 个字根和最后一个字根，其编码为 XYNA。

③ 识别码。二元字和三元字的编码均不足 4 个，如果只输入字根的编码则很容易造成重码，从而影响输入速度。例如：同是"口"、"八"两个字根，当"口"和"八"是上下型的位置关系时，可以构成"只"字，而当两者是左右型的位置关系时，则可以构成"叭"字。如果只输入"口"和"八"两个字根的编码 KW，系统无法判别用户需要的汉字是"只"还是"叭"。

当同一个键上的字根分别与另一字根组成汉字时，也会出现重码的情况。例如：S 键上有"木"、"丁"、"西" 3 个字根，当它们与 I 键上的"氵"字根组成汉字"沐"、"汀"、"洒"时，3 个字的编码都是 IS。如果只输入 IS，系统同样无法确定输入的是哪个汉字。

为了尽可能地减少重码，五笔字型编码方案引入了末笔交叉识别码。它是由汉字的末笔笔画和字型信息共同构成的，也就是说当汉字的编码不足 4 个时（一般称这种情况为信息量不足），便根据该字最后一笔所在的区号和该字的字型号取一个编码，加到字根编码的后面，这便是末笔交叉识别码。

五笔字型将汉字的笔画归纳为 5 种类型，即"横、竖、撇、捺、折"，而汉字字型有左右型（代号为 1）、上下型（代号为 2）、杂合型（代号为 3）3 种。通过将笔画和字型信息进行组合，就得出了 15 种末笔交叉识别码，如表 1.4 所示。

表 1.4　　末笔交叉识别码

字型识别码 / 末笔	左右型（1）	上下型（2）	杂合型（3）
横（1）	G（11）	F（12）	D（13）
竖（2）	H（21）	J（22）	K（23）
撇（3）	T（31）	R（32）	E（33）
捺（4）	Y（41）	U（42）	I（43）
折（5）	N（51）	B（52）	V（53）

末笔交叉识别码有以下快速记忆方法。

- 对于左右型（1 型）汉字，当输完字根后，补打 1 次末笔笔画所在键位，即等同于加了"识别码"。例如："沐" = "氵"（I）+ "木"（S），"沐"字的末笔是"㇏"，其"识别码"即为"㇏"所在的键位 Y，因此"沐"字的完整编码为 ISY。"汀" = "氵"（I）+ "丁"（S），"汀"字的末笔是"丨"，其"识别码"即为"丨"所在的键位 H，因此"汀"字的完整编码为 ISH。
- 对于上下型（2 型）汉字，当输完字根后，补加一个由两个末笔笔画复合构成的"字根"，即等同于加了"识别码"。例如："华" = "亻"（W）+ "匕"（X）+ "十"（F），"华"字的末笔是"丨"，其"识别码"即为"刂"所在键位 J，因此"华"字的完整编码为 WXFJ。“字” = “宀” + “子”，“字”这个字的末笔是“一”，其“识别码”即为“二”所在键位F，因此“字”这个字的完整编码为 PBF。

- 对于杂合型（3 型）汉字，当输完字根后，补加一个由 3 个末笔笔画复合构成的“字根”，即等同于加了“识别码”。例如：“同” = “冂”（M）+ “一”（G）+ “口”（K），“同”字的末笔是“一”，其“识别码”即为“三”所在的键位D，因此“同”字的完整编码为 MGKD。“串” = “口”（K）+ “口”（K）+ “丨”（H），“串”字的末笔是“丨”，其“识别码”即为“川”所在的键位K，因此“串”字的完整编码为 KKHK。

（5）简码输入。

五笔字型为了提高输入速度，将一些常用字的输入码进行了简化，只取其 1~3 码，再加空格键即可输入，这便是一、二、三级简码。通过简码输入，大部分常用字只取其 1~3 码即可输入，大大提高了汉字输入的速度。

① 一级简码。一级简码又叫高频字，就是将现代汉语中使用频率最高的 25 个汉字，分布在键盘的 25 个字母键上（见图 1.35），输入时只需按一下简码字所在的键，再按一下空格键即可。

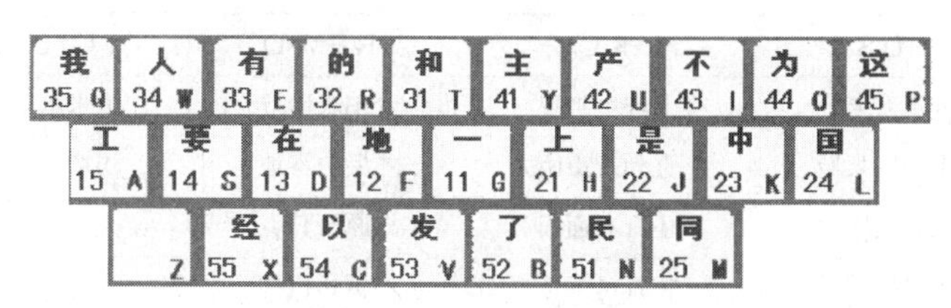

图 1.35 一级简码键盘分布

② 二级简码。二级简码共有 600 多个，86 版二级简码如表 1.5 所示，98 版二级简码如表 1.6 所示，输入时只输入前两个字根，再按一下空格键即可。

表 1.5 86 版二级简码

	GFDSA	HJKLM	TREWQ	YUIOP	NBVCX
G	五于天末开	下理事画现	玫珠表珍列	玉平不来琮	与屯妻到互
F	二寺城霜载	直进吉协南	才垢圾夫无	坟增示赤过	志地雪支坶
D	三夺大厅左	丰百右历面	帮原胡春克	太磁砂灰达	成顾肆友龙
S	本村枯林械	相查可楞杨	格析极检构	术样档杰棕	杨李要权楷
A	七革基苛式	牙划或功贡	攻匠菜共区	芳燕东蒌芝	世节切芭药
H	睛睦睚盯虎	止旧占卤贞	睡睥肯具餐	眩瞳步眯瞎	卢　眼皮此
J	量时晨果虹	早昌蝇曙遇	昨蝗明蛤晚	景暗晃显晕	电最归紧昆
K	呈叶顺呆呀	中虽吕另员	呼听吸只史	嘛啼吵噗喧	叫啊哪吧哟
L	车轩因困轼	四辊加男轴	力斩胃办罗	罚较　辚边	思团轨轻累
M	同财央朵曲	由则迥崭册	几贩骨内风	凡赠峭赕迪	岂邮　凤嶷
T	生行知条长	处得各务向	笔物秀答称	入科秒秋管	秘季委么第
R	后持拓打找	年提扣押抽	手折扔失换	扩拉朱搂近	所报扫反批
E	且肝须采肛	胩胆肿肋肌	用遥朋脸胸	及胶膛膦爱	甩服妥肥脂
W	全会估休代	个介保佃仙	作伯仍从你	信们偿伙侬	亿他分公化
Q	钱针然钉氏	外旬名甸负	儿铁角欠多	久匀乐炙锭	包凶争色镄

续表

	GFDSA	HJKLM	TREWQ	YUIOP	NBVCX
Y	主计庆订度	让刘训为高	放诉衣认义	方说就变这	记离良充率
U	闰半关亲并	站间部曾商	产瓣前闪交	六立冰普帝	决闻妆冯北
I	汪法尖洒江	小浊澡渐没	少泊肖兴光	注洋水淡学	沁池当汉涨
O	业灶类灯煤	粘烛炽烟灿	烽煌粗粉炮	米料炒炎迷	断籽娄烃糨
P	定守害宁宽	寂审宫军宙	客宾家空宛	社实宵灾之	官字安它
N	怀导居怵民	收慢避惭届	必怕　愉懈	心习悄屡忱	忆敢恨怪尼
B	卫际承阿陈	耻阳职阵出	降孤阴队隐	防联孙耿辽	也子限取陛
V	姨寻姑杂毁	叟旭如舅妯	九姝奶臾婚	妨嫌录灵巡	刀好妇妈姆
C	骊对参骠红	骒台劝观	矣牟能难允	驻骈　驼	马邓艰双
X	线结顷缥红	引旨强细纲	张绵级给约	纺弱纱继综	纪弛绿经比

表 1.6　98 版二级简码

	GFDSA	HJKLM	TREWQ	YUIOP	NBVCX
G	五于天末开	下理事画现	麦珀表珍万	玉来求亚琛	与击妻到互
F	十寺城某域	直刊吉雷南	才垢协零地	坊增示赤过	志城雪支坶
D	三夺大厅左	还百右面而	故原历其克	太辜砂矿达	成破肆友龙
S	本票顶林模	相查可柬贾	枚析杉机构	术样档杰枕	札李根权楷
A	七革苦莆式	牙划或苗贡	攻区功共匹	芳蒋东蘑芝	艺节切芭药
H	睛睦非盯瞒	步旧占卤贞	睡脾肯具餐	虔瞳步虚瞎	虑眼眸此
J	量时晨果晓	早昌蝇曙遇	鉴蚯明蛤晚	影暗晃显蛇	电最归坚昆
K	号叶顺呆呀	足虽吕喂员	吃听另只兄	唁咬吵嘛喧	叫啊啸吧哟
L	车团因困轼	四辊回田轴	略斩男界罗	罚较辘连	思团轨轻累
M	赋财央崧曲	由则迴崭册	败冈骨内见	丹赠峭赃迪	岂邮峻幽
T	年等知条长	处得各备身	铁稀务答稳	入冬秒秋乏	乐秀委么每
R	后质拓打找	看提扣押抽	手折拥兵换	搞拉泉扩近	所报扫反指
E	且肚须采肛	毡胆加舆觅	用貌朋办胸	肪胶膛脏边	力服妥肥脂
W	全什估休代	个介保佃仙	八风佣从你	信你偿伙伫	亿他分公化
Q	钱针然钉工	外旬名甸负	儿勿角欠多	久匀尔炙锭	包迎争色错
Y	证计诚订试	让刘训亩市	放义衣认询	方详就亦亮	记离良充率
U	半斗头亲并	着间问闸端	道交前闪次	六立冰普	闷疗妆痛北
I	光汗尖浦江	小浊溃泗油	少汽肖没沟	济洋水渡党	沁波当汉涨
O	精庄类床席	业烛燥库灿	庭粕粗府底	广粒应炎迷	断籽数序鹿
P	家守害宁赛	寂审宫军宙	客宾农空宛	社实宵灾之	官字安它
N	那导居懒异	收慢避惭届	改怕尾恰懈	心飞尿屡忱	已敢恨怪尼
B	卫际承阿陈	耻阳职阵出	降孤阴队陶	及联孙耿辽	也子限取陛
V	建寻姑杂既	肃旭如姻妯	九婢姐妗婚	妨嫌录灵退	恳好妇妈姆
C	马对参牺戏	台观	矣能难物	叉	予邓艰双
X	线结顷缚红	引旨强细贯	乡绵组给约	纺弱纱继综	纪级绍弘比

③ 三级简码。只要某个汉字的前 3 个字根编码在五笔字型中是唯一的，这个字都可以用三级简码来输入。在五笔字型中，三级简码共有 4 000 多个。虽然三级简码在输入时也需要敲击 4 次键，但因为有很多字不用再追加末笔交叉识别码，无形中提高了汉字的输入速度。

（6）词组输入。

为了更快地输入汉字，五笔字型除了提供简码输入外，还允许直接输入词组，而且并没有增加编码的数量，仍然使用四码。也就是说无论一个词组有多长，都只需敲击 4 次键即可输入，这样就大幅度地提高了汉字的输入速度。

词组是由两个或两个以上的汉字组合而成的，一般分为双字词、三字词、四字词及多字词 4 种。在五笔字型中，词组的类型不同，其编码规则也有所区别。

① 双字词。双字词就是由两个汉字组成的词组，它的编码规则是：按书写顺序取每个字的前两个编码。例如：

- "汉字" = "氵"（I）+ "又"（C）+ "宀"（P）+ "子"（B）
  编码为 ICPB
- "实践" = "宀"（P）+ "冫"（U）+ "口"（K）+ "止"（H）
  编码为 PUKH
- "操作" = "扌"（R）+ "口"（K）+ "亻"（W）+ "𠂉"（T）
  编码为 RKWT

② 三字词。三字词就是由 3 个汉字组成的词组，它的编码规则是：取前两个字的第 1 码加最后一个字的前两个码。例如：

- "海南省" = "氵"（I）+ "十"（F）+ "小"（I）、"丿"（T）
  编码为 IFIT
- "劳动者" = "艹"（A）+ "二"（F）+ "土"（F）+ "丿"（T）
  编码为 AFFT

③ 四字词。由 4 个汉字组成的词组称为四字词，四字词的编码规则是各取 4 个汉字的第 1 码。例如：

- "五笔字型" = "五"（G）+ "竹"（T）+ "宀"（P）+ "一"（G）
  编码为 GTPG
- "国际合作" = "囗"（K）+ "阝"（B）+ "人"（W）+ "亻"（W）
  编码为 LBWW

④ 多字词。由 4 个以上汉字组成的词组称为多字词，多字词的编码规则是取前 3 个字加最后一个字的第 1 码。例如：

- "工程技术人员" = "工"（A）+ "禾"（T）+ "扌"（R）+ "口"（K）
  编码为 ATRK
- "对外经济贸易部" = "又"（C）+ "夕"（Q）+ "纟"（X）+ "立"（U）
  编码为 CQXU

（7）万能键"Z"。

用五笔字型输入汉字时，对一时记不清或拆分不准的任何字根，都可用 Z 键来代替。例如：当要输入"键"字却忘了该字第 2、第 3 字根的键位时，可以用 Z 键来代替第 2、第 3 字根的键位，即输入"QZZP"，则在重码提示

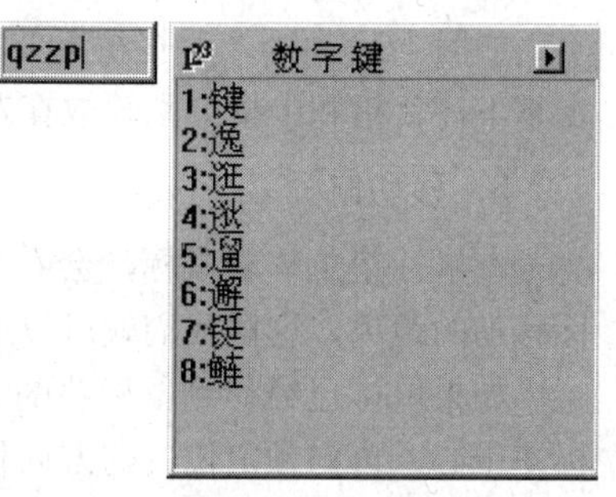

图 1.36 使用 Z 键代替字根的键位

项目一 认识计算机

窗口中会出现包括“键”字在内的所有首字根在 Q 上末字根在 P 上的字，如图 2-36 所示。由于 Z 键具有帮助学习的作用，它可以代替其他键位和汉字的任何字根，所以称 Z 键为“万能学习键”。初学五笔字型时，可以充分利用 Z 键来帮助学习。

【任务实施】

步骤 1　开机

1. 开机

（1）打开外部设备（如显示器、打印机等）的电源开关。

（2）打开主机箱的电源开关（“Power” 按钮）。

2. 重新启动计算机

计算机在运行过程中，由于某种原因需要重新启动。重新启动计算机通常有 3 种方法。

（1）在 Windows 操作系统中，单击【开始】→【关机】右侧的 ▷ 按钮，打开如图 1.37 所示的菜单，选择【重新启动】命令。

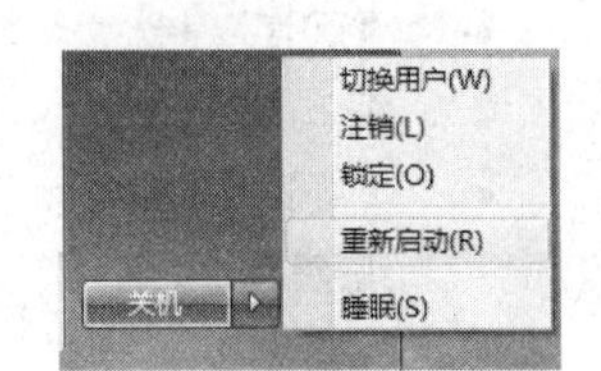

图 1.37　重新启动计算机

（2）在前一种方法不行的情况下，可直接在主机箱上按下“Reset”复位按钮，让计算机重新启动。

（3）如果前两种方法都不行，不得已的情况下，直接按下主机箱上的“Power”按钮 4 秒以上，让计算机关闭，再如同第一次开机时一样，重新开机。

步骤 2　使用鼠标

1. 认识鼠标

鼠标的标准名称为“鼠标器”，英文为 Mouse，如图 1.38 所示。使用鼠标可以代替键盘那烦琐的指令，使计算机的操作更加简便。现在系统普遍使用的是二键或三键的鼠标。二键鼠标有左、右两键，左按键又叫做主按键，大多数的鼠标操作是通过主按键的单击或双击完成的；右按键又叫做辅按键，主要用于一些专用的快捷操作。

图 1.38　鼠标

提示： 因为我们常用的 Windows 操作系统的绝大部分操作是基于鼠标来设计的，因此在学习 Windows 之前就应首先学会使用鼠标，掌握鼠标的使用方法。

2. 正确握住鼠标

如图 1.39 所示，手握得不要太紧，就像把手放在自己的膝盖上一样，使鼠标的后半部分恰好在掌下，食指和中指分别轻放在左右按键上，拇指和无名指轻夹两侧。

3. 移动鼠标

在鼠标垫上移动鼠标，会看到显示屏上的鼠标指针也在移动，鼠标指针移动的距离取决于鼠标移动的距离，这样我们就可以通过鼠标来控制显示屏上鼠标指针的位置。

如果鼠标已经移到鼠标垫的边缘，而鼠标指针仍没有达到预定的位置，只要拿起鼠标放回鼠标垫中心，再向预定位置的方向移动鼠标，这样反复移动即可达到目标，如图 1.40 所示。

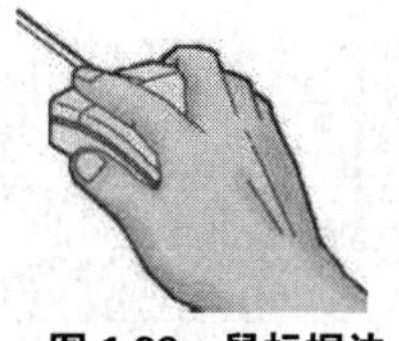

图 1.39　鼠标握法

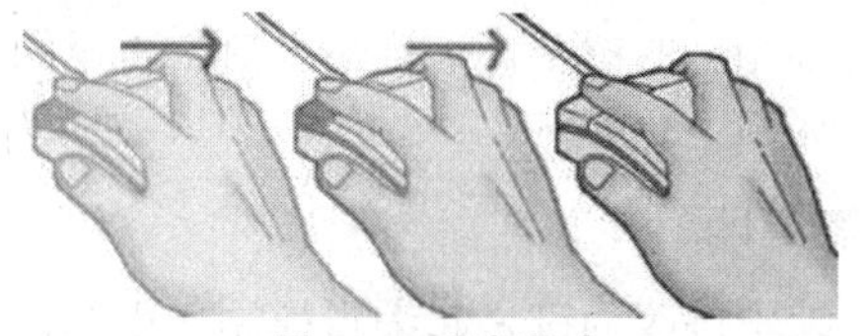

图 1.40　鼠标拖曳

4. 单击

快速按下并释放鼠标左键。单击一般用于选定一个操作对象。

5. 双击

连续两次快速按下鼠标左键并释放。双击一般用于打开窗口、启动应用程序。

6. 鼠标拖曳

先移动鼠标指针到选定对象，按下左键不要松开，通过移动鼠标指针将对象移到预定位置，然后松开左键，这样可以将一个对象由一处移动到另一处，如图 1.40 所示。拖曳一般用于选择多个操作对象、复制或移动对象等。

7. 鼠标右击

手指快速按下并释放鼠标右键。鼠标右击一般用于打开一个与操作相关的快捷菜单。

步骤 3　使用键盘

1. 观察键盘结构

键盘结构如图 1.27 所示。按功能划分，键盘总体上可分为 4 个大区，分别为：功能键区、主键盘区、编辑键区和数字键盘区。

2. 找基本键

主键盘区是我们平时最为常用的键区，通过它，可实现各种文字和控制信息的录入。主键盘区的正中央有 8 个基本键，即左边的【A】、【S】、【D】、【F】键和右边的【J】、【K】、【L】、【;】键，如图 1.41 所示，其中的【F】、【J】两个键上都有一个凸起的小棱杠，以便于盲打时手指能通过触觉定位。

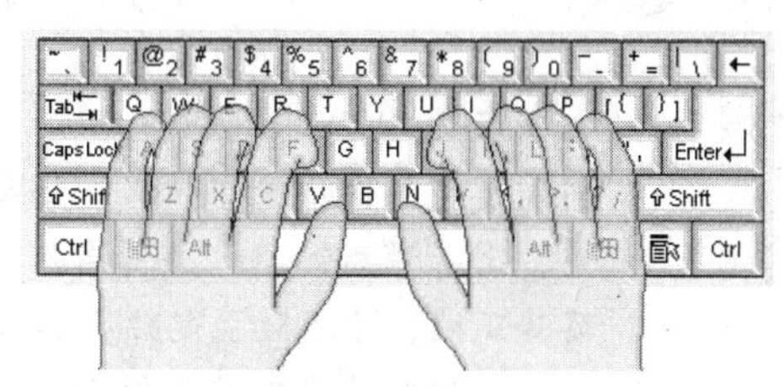

图 1.41　基本键实例

开始打字前，左手小指、无名指、中指和食指应分别虚放在【A】、【S】、【D】、【F】键上，右手的食指、中指、无名指和小指应分别虚放在【J】、【K】、【L】、【;】键上，两个大拇指则虚放在空格键上。基本键是打字时手指所处的基准位置，击打其他任何键，手指都从这里出发，而且击打完后又须立即退回到基本键位。

3. 键盘指法

掌握了基本键及其指法，就可以进一步掌握主键盘区的其他键位了。左手食指负责的键位有【4】、【5】、【R】、【T】、【F】、【G】、【V】、【B】共 8 个键，中指负责【3】、【E】、【D】、【C】共 4 个键，无名指负责【2】、【W】、【S】、【X】4 个键，小指负责【1】、【Q】、【A】、【Z】及其左边的所有键位；右左手食指负责【6】、【7】、【Y】、【U】、【H】、【J】、【N】、【M】8 个键，中指负责【8】、【I】、【K】、【,】4 个键，无名指负责【9】、【O】、【L】、【.】4 个键，小指负责【0】、【P】、【;】、【/】及其右边的所有键位。这么一划分，整个键盘的手指分工就一清二楚了，击打任何键，只需把手指从基本键位移到相应的键上，正确输入后，再返回基本键位即可，如图 1.42 所示。

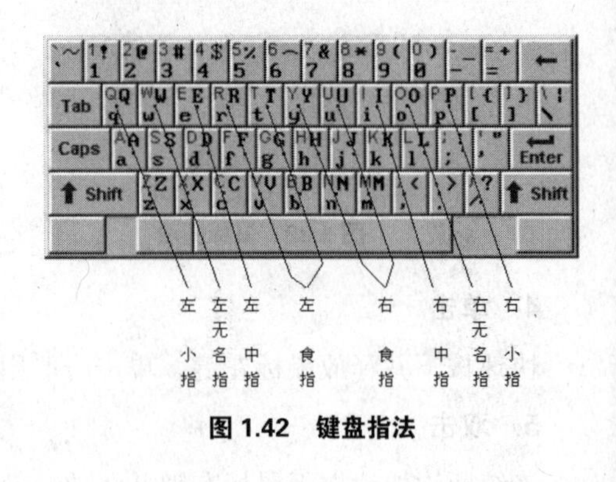

图 1.42 键盘指法

4. 使用编辑键区

顾名思义，编辑键区的键是起编辑控制作用的，如文字的插入、删除，上下左右移动以及翻页等。其中【Ctrl】键、【Alt】键和【Shift】键往往又与别的键结合使用，以完成特定的功能，如我们最常用的热启动就是【Ctrl】+【Alt】+【Delete】组合键，意思是三键同时按下时才起作用。

5. 使用功能键区

一般键盘上都有【F1】～【F12】共 12 个功能键，有的键盘可能有 14 个，它们最大的特点是按下即可完成一定的功能，如【F1】键往往被设成所运行程序的帮助键。

6. 使用数字键盘区

数字键盘区的键其实和主键盘区、编辑键区的某些键是重复的，主要是为了方便集中输入数字，因为主键盘区的数字键一字排开，大量输入数字时很不方便，而数字键盘区数字键集中放置，可以很好地解决这个问题。

步骤 4　中文录入

选择一种中文输入法，比如拼音输入法、五笔输入法或者趣味输入法，根据输入法的编码规则，录入相应的字母和数字键的组合，即可输入中文。比如在拼音输入法中，要输入“计”字，则需要录入字母“j”“i”，找到输入法中对应的“计”的编号，用数字键选择进行输入。

提示： 打字需要注意以下事项。

（1）了解了键位分工情况，还要注意打字的姿势。打字时，全身要自然放松，腰背挺直，上身稍离键盘，上臂自然下垂，手指略向内弯曲，自然虚放在对应键位上，只有姿势正确，才不致引起疲劳和错误。

（2）打字时尽量不要看键盘，即一定要学会使用盲打，这一点非常重要。初学者因记不住键位，往往忍不住要看着键盘打字。一定要避免这种情况，实在记不住，可先看一下键盘，然后移开视线，再按指法要求键入。只有这样，才能逐渐做到凭手感而不是凭记忆去体会每一个键的准确位置。

（3）要严格按规范运指。既然各个手指已分工明确，就得各司其职，不要越权代劳，一旦敲错了键，或是用错了手指，一定要用右手小指击打退格键，重新输入。

【任务总结】

本任务介绍了正确使用计算机过程中的一般性问题，包括开、关机，鼠标和键盘的使用。通过此次任务，掌握正确的键盘指法和鼠标使用方法，养成良好的计算机使用习惯。

【知识拓展】

1. 常用数制

“进位制”也叫“数制”，是指用一组固定的数字符号和统一的规则表示数的方法。讨论进位制要涉及两个基本问题：基数和权。在进位制中，每个数位（数字位置）所用到的不同数字的个数叫做基数。例如人们习惯使用的十进制，是采用0～9这10个数字表示的，它的基数是10。在一个数中，数字在不同的数位所代表的数值是不同的。每个数字所表示的数值等于它本身乘以与所在数位有关的常数，这个常数叫做位权，简称权。例如十进制数个位的位权是1，十位的位权是10，百位的位权是100，千位的位权是1 000……

一个数的数值大小就等于它的各位数码乘以相应位权的总和。例如：十进制数 987＝9×100＋8×10＋7×1。

（1）计算机中常用的进位制有二进制、八进制、十进制和十六进制。

① 十进制。在计算机中，常使用的由10个数字0～9组成，基数是10，小数点左边从右至左其各位的权依次是：10^0、10^1、10^2、10^3、…，小数点右边从左至右其各位的位权依次是：10^{-1}、10^{-2}、10^{-3}、…。例如十进制数678.5可以表示为：$678.5=6\times10^2+7\times10^1+8\times10^0+5\times10^{-1}$。

② 二进制。由两个数字0、1组成，基数是2，小数点左边从右至左其各位的位权依次是：2^0、2^1、2^2、2^3、…，小数点右边从左至右其各位的位权依次是：2^{-1}、2^{-2}、2^{-3}、…。

③ 八进制。由于用二进制表示数字太长，因此在计算机中还经常使用八进制和十六进制。八进制数由8个数字 0～7 组成，基数是8，小数点左边从右至左其各位的权依次是：8^0、8^1、8^2、8^3、…，小数点右边从左至右其各位的位权依次是：8^{-1}、8^{-2}、8^{-3}、…。

④ 十六进制。由16个符号（数字 0～9、符号 A、B、C、D、E、F）组成，基数是16，小数点左边从右至左其各位的位权依次是：16^0、16^1、16^2、16^3、…，小数点右边从左至右其各位的位权依次是：16^{-1}、16^{-2}、16^{-3}…。其中符号A～F仅仅是占位的作用，其代表的数值分别是10～15。

应当指出的是，二、八、十和十六进制都是计算机中常用的数制，所以在一定数值范围内直接写出它们之间的对应表示也是经常遇到的。表1.7列出了16个十进制数与其他3种数制的对应关系。

表1.7 各种进制数的比较

十进制数	二进制数	八进制数	十六进制数
0	0000	0	0
1	0001	1	1
2	0010	2	2
3	0011	3	3
4	0100	4	4
5	0101	5	5
6	0110	6	6
7	0111	7	7
8	1000	10	8
9	1001	11	9
10	1010	12	A
11	1011	13	B
12	1100	14	C
13	1101	15	D
14	1110	16	E
15	1111	17	F

（2）数制之间的相互转换。

① 十进制数转换成其他进制数。

把十进制数转换成其他进制数的方法较多，通常采用以下方法：整数转换采用“除以基数取余倒排法”，除以基数所得的第一个余数为最低位，最后一个余数为最高位；小数转换采用“乘以基数取整顺排法”，所得的第一个整数为最高位，最后一个整数为最低位。

十进制数转换成二进制数：整数转换采用除以 2 取余法，小数转换采用乘以 2 取整法。

例如，把十进制数 14.125 转换成二进制数，需要对整数和小数部分分别转换，然后把它们拼接到一起，如图 1.43 所示。

```
2|14                      .125
 2|7 ……0              0 ×   2
  2|3 ……1             ──────
   2|1 ……1             .250
     0 ……1             0 ×   2
                        ──────
                         .500
                        1 ×   2
                        ──────
                         .000
```

图 1.43　整数和小数的转换

整数部分按照“除以 2 取余倒排法”得到（1110），小数部分按照“乘以 2 取整顺排法”得到（.001），再把整数和小数部分加起来得到转换结果，即$(14.125)_{10}=(1110.001)_2$。

注意，小数部分有时通过有限次乘法得不到 1.0 的结果，则应按照精度要求截取适当的位数。

同理，把十进制数转换成八进制数，其整数转换采用除 8 取余法，小数转换采用乘 8 取整法。把十进制数转换成十六进制数，其整数转换采用除 16 取余法，小数转换采用乘 16 取整法。

② 其他进制数转换成十进制数。

方法是把其他进制数按各数位的权值展开求和。

a．二进制数转换成十进制数。

$(1110.1)_2=1\times2^3+1\times2^2+1\times2^1+0\times2^0+1\times2^{-1}=(14.5)_{10}$

即二进制数 1110.1 等于十进制数 14.5。

b．八进制数转换成十进制数。

$(4\,567)_8=4\times8^3+5\times8^2+6\times8^1+7\times8^0=(2\,423)_{10}$

即八进制数 4 567 等于十进制数 2 423。

c．十六进制数转换成十进制数。

$(56AF)_{16}=5\times16^3+6\times16^2+10(A)\times16^1+15(F)\times16^0=(22\,191)_{10}$

即十六进制数 56AF 等于十进制数 22 191。

③ 其他进制数之间的转换。

a．二进制数与八进制数之间的转换。

把二进制数转换成八进制数，方法是以小数点为界，整数部分向左（小数部分向右）每 3 位二进制数组成一位八进制数，不足 3 位者以 0 补齐（整数部分左补 0，小数部分右补 0）。

例如，把$(10110.1)_2$转换成八进制数：

$(10110.1)_2=(010110.100)_2=(26.4)_8$

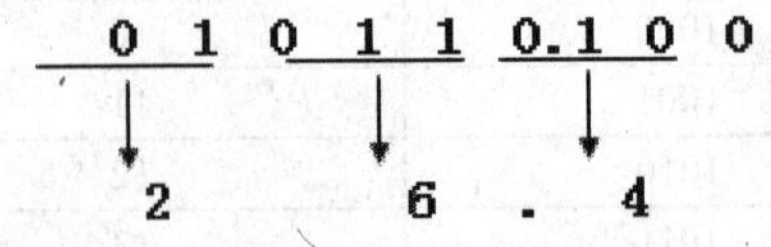

要把八进制数转换成二进制数，只需把每位八进制数用 3 位二进制数表示即可。

例如，把$(32.5)_8$转换成二进制数：

$(32.5)_8=(011010.101)_2$

b．二进制数与十六进制数之间的转换。

把二进制数转换成十六进制数，方法是以小数点为界，整数部分向左（小数部分向右）每 4 位二进制数组成一位十六进制数，不足 4 位者以 0 补齐（整数部分左补 0，小数部分右补 0）。

要把十六进制数转换成二进制数，只需把每位十六进制数用 4 位二进制数表示即可。例如，把$(10110.1)_2$转换成十六进制数：

$(10110.1)_2=(00010110.1000)_2=(16.8)_{16}$

又如，把$(3A.5)_{16}$转换成二进制数：

$(3A.5)_{16}=(00111010.0101)_2$

2. 计算机中的信息编码

（1）计算机中的信息单位。

计算机中对信息表示的单位有位、字、字长及字节等，它们是用来表示信息的量的大小的基本概念。

① 位：计算机中数据存储的最小单位是一个二进制位，简称位，英文为 bit，音译为比特，可用小写字母 b 表示。

② 字节：八位二进制位称为一个字节，英文为 Byte，可用大写字母 B 表示，是计算机存储的基本单位。一个字节的 8 位二进制数，其位编号自左至右为 b_7、b_6、b_5、b_4、b_3、b_2、b_1、b_0。在计算机中，往往用字节数来表示存储容量，容量可以以 KB、MB、GB、TB 为单位，它们相互之间的转换关系如下：

$1KB=2^{10}B=1\,024B$

$1MB=2^{10}KB=1\,024KB$

$1GB=2^{10}MB=1\,024MB$

$1TB=2^{10}GB=1\,024GB$

③ 字：计算机在存储、传送或操作时，作为一个整体单位进行操作的一组二进制数，称为一个计算机字，简称字。

④ 字长：每个字所包含的位数称为字长。由于字长是计算机一次可处理的二进制数的位数，因此它与计算机处理数据的速率有关，是衡量计算机性能的一个重要因素。

（2）字符的编码。

① ASCII 码。

计算机只能识别二进制数，因此计算机中的数字、字母、符号也必须用二进制进行编码。编码方法有多种，微型机中普遍采用的是 ASCII 码（美国标准信息交换码）。ASCII 码现已被国际标准化组织（ISO）接收为国际标准，称为 ISO-646。ASCII 码有 7 位版本和 8 位版本两种，国际上通用的 ASCII 码是 7 位版本。7 位版本的 ASCII 码包含 10 个阿拉伯数字、52 个英文大小写字母、32 个标点符号和运算符以及 34 个控制码，共 128 个字符，所以可用 7 位二进制数表示。7 位 ASCII 码字符见表 1.8。

表 1.8 ASCII 码字符表

b7b6b5 b4b3b2b1	000	001	010	011	100	101	110	111
0000	NUL	DLE	空格	0	@	P	`	p
0001	SOH	DC1	!	1	A	Q	a	q
0010	STX	DC2	“	2	B	R	b	r
0011	ETX	DC3	#	3	C	S	c	s
0100	EOT	DC4	$	4	D	T	d	t
0101	ENQ	NAK	%	5	E	U	e	u
0110	ACK	SYN	&	6	F	V	f	v

续表

b7b6b5 b4b3b2b1	000	001	010	011	100	101	110	111
0111	BEL	ETB	‘	7	G	W	g	w
1000	BS	CAN	(	8	H	X	h	x
1001	HT	EM	)	9	I	Y	I	y
1010	LF	SUB	*	:	J	Z	j	z
1011	VT	ESC	+	;	K	[	k	{
1100	FF	FS	,	<	L	\	l	|
1101	CR	GS	-	=	M	]	m	}
1110	SO	RS	.	>	N	^	n	~
1111	SI	US	/	?	O	_	o	DEL

要确定一个数字、字母、符号或控制字符的 ASCII 码，可在表中先找出它的位置，然后确定它所对应的十进制值或二进制值。例如小写字母“a”的 ASCII 码其十进制值是 97，二进制值是 1100001B（B 表示二进制数），若转换成十六进制，其值是 61H（H 表示十六进制数）。从表 1.3 中可以看出，数字 0～9 的 ASCII 码是 30H～39H（后缀 H 表示是十六进制数），大写字母 A～Z 的 ASCII 码是 41H～5AH，小写字母 a～z 的 ASCII 码是 61H～7AH。字符大小的比较就是看它的 ASCII 码值的大小。

表中，NUL、BEL、LF、FF、CR、DEL 等是控制字符，NUL 表示空，BEL 是告警符，BS 是退格符，LF 是换行符，FF 是换页符，CR 是回车符，SP 是空格符，DEL 是删除符。

② BCD 码。

用计算机处理数字时，要进行二进制与十进制的相互转换，这就要用二进制对十进制数进行编码，BCD（Binary Coded Decimal）码是二进制编码的十进制数。最常用的 BCD 码就是 8421BCD 码，它是用 4 位二进制数为一组表示一个十进制数字，4 位二进制数从左到右其位权依次为 8、4、2、1，它可以组合成 16 种状态，对 0～9 这 10 个数字的编码只取 0000～1001 这前 10 种状态，其余 6 种状态不用。为了能对一个多位十进制数进行编码，需要有和十进制数的位数一样多的 4 位二进制组，按顺序分别进行编码。表 1.9 所示为 8421BCD 码与十进制数的对应关系。

表 1.9　BCD 码与十进制对应关系

十进制数	8421BCD 码	十进制数	8421BCD 码
0	0000	6	0110
1	0001	7	0111
2	0010	8	1000
3	0011	9	1001
4	0100	10	0001 0000
5	0101	11	0001 0001

③ Unicode 编码。

ASCII 码提供了 128 个字符，扩展的 ASC 码提供了 256 个字符，但用来表示世界各国的文字编码还显得不够，还需要表示更多的字符和意义，因此又出现了 Unicode 编码。

Unicode 是一种 16 位的编码，能够表示 65 000 多个字符或符号。目前世界上的各种语言一般所使用的字母或符号在 34 000 个左右，所以 Unicode 编码可以用于任何一种语言。Unicode 编码与现在流行的ASCII码完全兼容，两者的前256个符号是一样的。

（3）汉字的编码。

汉字是一种象形文字，字数极多（现代汉字中仅常用字就有六七千个，总字数高达5万个以上），且字形复杂，每一个汉字都有“音、形、义”三要素，同音字、异体字也很多，这些都给汉字的计算机处理带来了很大的困难。要在计算机中处理汉字，必须解决以下几个问题。首先是汉字的输入，即如何把结构复杂的方块汉字输入到计算机中去，这是汉字处理的关键。其次，汉字在计算机内如何表示和存储？如何与西文兼容？最后，如何将汉字的处理结果从计算机内输出？为此，必须将汉字代码化，即对汉字进行编码。对应于上述汉字处理过程中的输入、内部处理及输出这3个主要环节，每一个汉字的编码都包括输入码、交换码、内部码和字形码。在计算机的汉字信息处理系统中，处理汉字时要进行如下的代码转换：输入码→交换码→内部码→字形码。以上简述了对汉字进行计算机处理的基本思想和过程，下面具体介绍汉字的4种编码。

① 输入码。

为了利用计算机上现有的标准西文键盘来输入汉字，必须为汉字设计输入编码。输入码也称为外码。目前，已申请专利的汉字输入编码方案有六七百种之多，而且还不断有新的输入方法问世，以至于有“万码奔腾”之喻。按照不同的设计思想，可把这些数量众多的输入码归纳为4大类：数字编码、拼音码、字形码和音形码。其中，目前应用最广泛的是拼音码和字形码。

a．数字编码：数字编码是用等长的数字串为汉字逐一编号，以这个编号作为汉字的输入码，如区位码、电报码等都属于数字编码。此种编码的编码规则简单，易于与汉字的内部码转换，但难于记忆，仅适用于某些特定部门。

b．拼音码：拼音码是以汉字的读音为基础的输入码。拼音码使用方法简单，一学就会，易于推广，缺点是重码率较高（因汉字同音字多），在输入时常要进行屏幕选字，对输入速度有影响。拼音码是按照汉语拼音编码输入，因此在输入汉字时，要求读音标准，不能使用方言。拼音码特别适合于对输入速度要求不是太高的非专业录入人员。

c．字形码：字形码是以汉字的字形结构为基础的输入编码。在微型计算机上广为使用的五笔字型码（王码）是字形码的典型代表。五笔字型码的主要特点为输入速度快，目前最高记录为每分钟输入293个汉字（该记录为兰州军区一女兵所保持），如此高的输入速度已达到人眼扫描的极限。但这种输入方法因要记忆字根、练习拆字，前期学习花费的时间较多。此外，有极少数的汉字拆分困难，给出的编码与汉字的书写习惯不一致。

d．音形码：音形码是兼顾汉字的读音和字形的输入编码。目前使用较多的音形码是自然码。

② 交换码。

交换码用于汉字外码和内部码的交换。我国于1981年颁布的《信息交换用汉字编码字符集·基本集》（代号为GB 2312—80）是交换码的国家标准，所以交换码也称为国标码。国标码是双字节代码，即有两个字节为一个汉字编码，每个字节的最高位为“1”。国标GB 2312—80收入常用汉字6 763个（其中一级汉字3 755个，按拼音顺序排列；二级汉字3 008个，按部首顺序），其他字母及图形符号（如序号、数字、罗马数字、英文字母、日文假名、俄文字母和汉语注音等）682个，总计7 445个字符。将这7 445个字符按94行×94列排列在一起，组成GB 2312—80字符集编码表，表中的每一个汉字都对应于唯一的行号（称为区号）和列号（称为位号），根据区位号确定汉字的国标码值，分别用两个字节存放。由于篇幅所限，本书未列出GB 2312—80字符编码表，读者可参看有关书籍。

③ 内部码。

内部码是汉字在计算机内的基本表示形式，是计算机对汉字进行识别、存储、处理和传输所用的编码。内部码也是双字节编码，将国标码两个字节的最高位都置为“1”，即转换成汉字的内部码。计算机信息处理系统就是根据字符编码的最高位是“1”还是“0”来区分汉字字符和 ASCII 码字符的。

④ 字形码。

字形码是表示汉字字形信息（汉字的结构、形状、笔画等）的编码，用来实现计算机对汉字的输出（显示、打印）。由于汉字是方块字，因此字形码最常用的表示方式是点阵形式，有 16×16 点阵、24×24 点阵和 48×48 点阵等。例如，16×16 点阵的含义为：有 256（16×16=256）个点来表示一个汉字的字形信息，每个点有“亮”或“灭”两种状态，用一个二进制数的“1”或“0”来对应表示。因此，存储一个 16×16 点阵的汉字需要 256 个二进制位，共 32（256 位/8 位）个字节。以上的点阵可根据汉字输出的不同需要进行选择，点阵的点数越多，输出的汉字就越精确、美观。汉字的字形点阵要占用大量的存储空间，通常将其以字库的形式存放在机器的外存中，需要时才检索字库，输出相应汉字的字形。

【实践训练】

“第六届科技文化艺术节计算机技能比赛”文字录入训练。

（1）根据《第六届科技文化艺术节计算机技能比赛文字录入比赛英文范本》录入以下文字，并保存为文本文档。

Each of the young princesses had a little plot of ground in the garden, where she might dig and plant as she pleased. One arranged her flower-bed into the form of a whale; another thought it better to make hers like the figure of a little mermaid; but that of the youngest was round like the sun, and contained flowers as red as his rays at sunset. She was a strange child, quiet and thoughtful; and while her sisters would be delighted with the wonderful things which they obtained from the wrecks of vessels, she cared for nothing but her pretty red flowers, like the sun, excepting a beautiful marble statue. It was the representation of a handsome boy, carved out of pure white stone, which had fallen to the bottom of the sea from a wreck. She planted by the statue a rose-colored weeping willow. It grew splendidly, and very soon hung its fresh branches over the statue, almost down to the blue sands. The shadow had a violet tint, and waved to and fro like the branches; it seemed as if the crown of the tree and the root were at play, and trying to kiss each other.

（2）根据《第六届科技文化艺术节计算机技能比赛文字录入比赛中文范本》录入以下文字，并保存为文本文档。

在花园里，每一位小公主有自己的一小块地方，在那上面她可以随意栽种。有的把自己的花坛布置得像一条鲸鱼，有的觉得最好把自己的花坛布置得像一个小人鱼。可是最年幼的那位却把自己的花坛布置得圆圆的，像一轮太阳，同时她也只种像太阳一样红的花朵。她是一个古怪的孩子，不大爱讲话，总是静静地在想什么东西。当别的姊妹们用她们从沉船里所获得的最奇异的东西来装饰她们的花园的时候，她除了像高空的太阳一样艳红的花朵以外，只愿意有一个美丽的大理石像。这石像代表一个美丽的男子，它是用一块洁白的石头雕出来的，跟一条遭难的船一同沉到海底。她在这石像旁边种了一株像玫瑰花那样红的垂柳。这树长得非常茂盛。它新鲜的枝叶垂向这个石像、一直垂到那蓝色的砂底。它的倒影带有一种紫蓝的色调。像它的枝条一样，这影子也从不静止，树根和树顶看起来好像在做着互相亲吻的游戏。

任务3　维护计算机

【任务描述】

在日常的工作中，正确维护计算机，实际上是在保护自己的劳动成果。只有养成良好的使用和维护的习惯，才不会因为这样那样的计算机故障而浪费宝贵时间，甚至使完成的工作或数据丢失。多注意计算机的软、硬件维护，不但可以尽量地延长机器的使用寿命，最主要的是能让计算机工作在正常状态，能让它更好地为我们服务。在信息社会中，了解一定的信息安全知识也是一个职业人必备的基本素质。在本任务中，将从计算机软、硬件维护和计算机安全常识入手对公司员工进行培训。

【任务目标】

◈ 了解计算机的硬件维护。

◈ 了解计算机的软件维护。

◈ 掌握计算机病毒的防范和清除。

◈ 了解一定的计算机安全常识。

【任务流程】

【任务解析】

1. 计算机的日常维护

计算机日常维护分为硬件维护和软件维护。硬件维护主要针对计算机硬件部分，软件维护则针对计算机病毒防范和计算机犯罪。

2. 计算机病毒的定义及种类

（1）计算机病毒的定义。

计算机病毒是一种人为的非法程序，它能将自己精确拷贝或有修改地拷贝到其他程序上，并在某种条件成立时中断其他程序而执行自己。它的传播行为类似于生物病毒的“传染”，对计算机系统的正常运行造成破坏或影响，所以人们将这种程序称为“计算机病毒”。

（2）计算机病毒的来源。主要有如下几种。

① 计算机系统在安全性、完整性和并发控制方面的脆弱性是计算机病毒产生的技术原因。

② 恶作剧、社会犯罪、报复心态在计算机领域的表现。

③ 微型计算机的普及、硬件和软件知识的透明度、使用方法的通用性、软盘的随意使用和软件的非法拷贝等，给计算机病毒的产生与传播提供了良好环境。

3. 计算机病毒的症状

一旦计算机出现病毒，通常表现为如下几种症状。

（1）计算机系统运行速度减慢，经常无故发生死机。

（2）计算机中的文件长度发生变化，存储的容量异常减少。

（3）系统引导速度减慢。

（4）使不应驻留内存的程序驻留内存。

（5）计算机系统的蜂鸣器出现异常声响，屏幕上出现异常显示。

（6）系统不识别硬盘，磁盘卷标发生变化，对存储系统异常访问。

（7）文件的日期、时间、属性等发生变化，丢失文件或文件损坏。

（8）文件无法正确读取、复制或打开。

（9）Windows 操作系统无故频繁出现错误，系统异常重新启动。

（10）Word 或 Excel 提示执行“宏”。

4. 计算机病毒的特点

（1）隐蔽性。病毒程序是一种短小精干的可存储、可执行的非法程序，它可以直接或间接地运行，附在可执行文件和数据文件中而不被察觉和发现。

（2）传染性。计算机病毒的再生机制是计算机病毒最本质的特征。病毒程序一旦进入系统，与系统中的程序连接，就会在运行这一被传染的程序后开始传染其他程序。在大型计算机网络中，计算机病毒可以很快在各个计算机之间进行传播；在微机系统中，计算机病毒也可以迅速在内存、软盘、硬盘之间进行传染。

（3）潜伏性。计算机病毒具有依附于其他媒体而寄生的能力。当计算机被病毒感染后，并不一定立即发作，可以在几周、几月或更长时间内隐藏在合法文件之中，对系统进行传染而不被发现。

（4）激发性。计算机病毒的发作，一般是在某种特定的外界条件激发下，或者激活一个病毒的传染机制使之进行传染，或者激活计算机病毒的表现部分或破坏部分。

（5）破坏性。任何计算机病毒发作时，都会对计算机系统造成一定程度的破坏或影响，有些病毒对系统有极大的破坏作用。

5. 计算机病毒的分类

计算机病毒种类繁多，我们主要介绍按破坏程度和入侵途径对病毒的分类。

（1）按破坏程度分类可分为如下种类。

① 良性病毒：指那些目的在于表现自己而不破坏系统数据导致系统瘫痪的病毒。此种病毒多数为恶作剧者的产物，一般只占用系统存储空间、降低系统运行速度、干扰屏幕显示等。

② 恶性病毒：指那些目的在于破坏系统数据，删除文件或对硬盘格式化等，从而导致系统瘫痪的病毒。

（2）按入侵途径分类可分为如下几类。

① 源码病毒：此种病毒在源程序编译之前插入到用高级语言 FORTRAN、PASCAL、COBOL、C 等编写的源程序中，被感染程序经编译后运行时，病毒开始传播。

② 入侵病毒：此种病毒是将自身侵入到现有程序之中，使之变成合法文件的一部分。不破坏合法程序通常很难删除此类病毒。

③ 操作系统病毒：此种病毒最常见，它侵入并改变操作系统的合法程序，可导致系统瘫痪；或侵入磁盘引导区，影响系统启动。

④ 外壳病毒：此种病毒将自己隐藏在主程序的周围，一般对原来程序不做修改。此种病毒容易编写，较为常见，也易于检测或被清除。

6. 计算机病毒的传染方式和途径

（1）传染方式。不同种类病毒的传染方式是不同的，总体上可以分为引导区（包括主引导区）传染类和可执行文件传染类病毒。这两类病毒的区别在于：引导区传染类病毒是以病毒程序的全部或部分代码替代原有的正常程序；文件传染类病毒是以病毒程序的全部链接于原文件中，当然也存在病毒程序替代原正常程序中的一个或部分模块的现象。

（2）传染途径。任何一种计算机病毒都是通过一定的传染载体进入计算机系统的。计算机病毒传染的人为因素和社会因素决定了其对系统的传染途径。

① 通过磁盘传染载体进行病毒传染的途径有：外出人员在外工作期间磁盘偶然染上病毒，归来后在本单位计算机上使用；各种游戏软盘、国外带回的软盘有可能是计算机病毒的传染载体；对销售商而言，由用户或买主反馈回来的磁盘也可能带有病毒。

② 通过被传染系统的移动而造成传染的途径有：单位之间相互借用计算机主机系统遭致传染；买方送修的系统在销售处遭致传染。

③ 通过电子通讯传染的途径有：综合数据网络，通过远程链接，执行远程系统的可执行文件，拨号连接，网关。

7. 计算机病毒防范

计算机病毒的防范分为预防、检测和清理，坚持“预防为主”的方针，从加强管理入手，采取切实可行的措施。

【任务实施】

步骤 1　维护计算机硬件

1. 选择计算机比较适宜的外部环境

（1）计算机最适宜的工作环境是：温度在 5℃～35℃之间、相对湿度在 30%～80%之间、远离电磁干扰。温度太高或太低可能使机器无法正常工作。

（2）环境太潮湿可能引起短路，太干燥则可能引起静电。

（3）防止震动，以避免计算机中部件的损坏（如硬盘的损坏或数据的丢失等）。

2. 养成良好的使用习惯

（1）开机先开外设（显示器、打印机等）后开主机，而关机正好相反。

（2）不要频繁地开、关机，每次开、关机的间隔应大于 30s。

（3）在增、删硬件设备（如换网卡）时，应确保计算机断电，并且操作者本人不带静电。

提示：操作者可以触摸水管或其他与大地相连的金属物体，放掉自身静电。

（4）不要将液体或金属物体放入机箱。

3. 定期清洁计算机

有些电脑故障往往是由于机箱内灰尘较多引起的。这就要求我们在使用计算机的过程中，注意观察故障机内外是否有较多的灰尘，如果是，应该先进行除尘。在除尘时，要特别注意风道和 CPU 风扇的清洁以及插头、座、槽、板卡金属片部分的清洁。

风道、风扇的清洁中，最好在清除其灰尘后，在风扇轴处点一点儿钟表油，加强润滑。在清洁金属片时，可以用橡皮擦拭金属片部分，或用酒精棉擦拭。去除插头、座、槽的金属引脚上的氧化膜时，可以用酒精擦拭，或是用金属片（如小一字改锥）在金属引脚上轻轻刮擦。

4. 维护计算机电源

保持电源插座及多用插座的接触良好，摆放合理，不易碰绊，尽可能杜绝意外掉电，一定要做到关机后离开。注意电源的稳定性，若条件允许，可配置UPS。

5. 维护硬盘

（1）硬盘正在进行读、写操作时不可突然断电。只有当硬盘指示灯停止闪烁，硬盘完成读、写操作后方可重启或关机。

（2）硬盘运转时不能强烈震动计算机。

6. 维护键盘

（1）保持键盘清洁，在关机状态下用柔软干净的湿布来擦拭。

（2）避免将液体洒到键盘上。

（3）按键要力度适中，动作要轻柔，强烈的敲击会缩短键盘的寿命。

（4）不要带电插拔键盘。

7. 维护鼠标

（1）避免摔碰鼠标和强力拉拽导线。

（2）按鼠标时不要用力过度，以免损坏弹性开关。

步骤2　预防计算机病毒

1. 计算机病毒的预防

（1）谨慎使用公用软件，防止病毒扩散。

（2）对新购置的系统，应先利用杀毒软件进行查、杀毒。

（3）对具有重要用途的系统重点保护，实行专机专用、专盘专用。

（4）对一些常用的重要文件应集中管理、经常备份，并对软盘进行写保护，以防不测。

（5）注意计算机系统出现的异常现象，一旦发现要及时诊断，迅速加以解决。

（6）对计算机系统进行定期检查，以便及时发现和清除病毒。

（7）软件加密保护。

2. 计算机病毒的检测和清除

（1）人工检测和清除计算机病毒。通过 DEBUG 等软件提供的功能进行检测和清除病毒。

（2）自动检测和清除计算机病毒。通过防反病毒软件对病毒进行自动检测和清除，如金山公司开发的金山毒霸等。及时更新杀毒软件，定期进行查、杀毒。

步骤3　防范计算机犯罪

（1）建立单位的管理制度，以法律武器来与犯罪分子作斗争，用规章制度规范系统设计、维护和操作人员的行为。

（2）加强对计算机技术人员的思想、道德品质教育，加强计算机安全的教育，关心他们的生活、学习、工作环境条件。

（3）不使用他人提供的、未经确认的软件，不允许他人随意操作自己的计算机，注意保管自己的密码、口令，定期修改口令和保密措施。

（4）在配置系统时就要考虑安全措施。

（5）对重要的系统要加强出入口管理，当确定要调出工作人员时，应当立即停止其工作，并马上办理移交手续，迅速交出掌握的各种技术资料和存储器件，同时更改系统的保密措施。

（6）对记录有重要数据、资料的纸张和存储器件要严格管理，有关废弃物要集中销毁。

（7）对所有通过网络传送的信息进行登记，对重要文件的输人、输出、更改等情况要按时间、操作员、变动情况、备份数、动用的密码等记录到不可随意更改的文件中。

（8）对重要的计算机系统，安装电子监控系统。

【任务总结】

本任务介绍了如何维护计算机，包括硬件和软件的维护。通过此次任务，掌握正确的计算机维护方法，养成良好的计算机使用习惯。同时，树立良好的信息安全意识，也是一个社会公民应有的职业意识和道德。

【知识拓展】

1. 计算机的法律及道德问题

（1）不侵犯他人的知识产权。

1990 年 9 月我国颁布了《中华人民共和国著作权法》，把计算机软件列为享有著作权保护的作品。1991 年 6 月，颁布了《计算机软件保护条例》，规定计算机软件是个人或者团体的智力产品，同专利、著作一样受法律的保护，任何未经授权的使用、复制都是非法的，按规定要受到法律的制裁。

因此，人们在使用计算机软件或数据时，应遵照国家有关法律规定，尊重其作品的版权，这是使用计算机的基本道德规范。建议人们养成良好的道德规范，具体做法如下。

① 使用正版软件，坚决抵制盗版，尊重软件作者的知识产权。

② 不对软件进行非法复制。

③ 不要为了保护自己的软件资源而制造病毒保护程序。

④ 不要擅自篡改他人计算机内的系统信息资源。

（2）不做危害计算机信息安全的事情。

计算机安全是指计算机信息系统的安全。计算机信息系统是由计算机及其相关的和配套的设备、设施（包括网络）构成的，为维护计算机系统的安全，防止病毒的入侵，我们应该注意以下几点。

① 不要蓄意破坏和损伤他人的计算机系统设备及资源。

② 不要制造病毒程序，不要使用带病毒的软件，更不要有意传播病毒给其他计算机系统（传播带有病毒的软件）。

③ 要采取预防措施，在计算机内安装防病毒软件；要定期检查计算机系统内文件是否有病毒，如发现病毒，应及时用杀毒软件清除。

④ 维护计算机的正常运行，保护计算机系统数据的安全。

⑤ 被授权者对自己享用的资源负有保护责任，口令密码不得泄露给他人。

（3）遵守相关网络行为规范。

计算机和计算机网络正在改变着人们的行为方式、思维方式乃至社会结构，它对于信息资源的共享起到了无与伦比的巨大作用，并且蕴藏着无尽的潜能。但是网络的作用不是单一的，在它广泛的积极作用背后，也有使人堕落的陷阱，这些陷阱产生着巨大的反作用，主要表现在：网络文化的误导，传播暴力、色情内容；网络诱发着不道德和犯罪行为；网络的神秘性“培养”了计算机“黑客”等。

① 法律法规：约束人们使用计算机以及在计算机网络上的行为。

我国公安部公布的《计算机信息网络国际联网安全保护管理办法》中规定，任何单位和个人不得利用 Internet 制作、复制、查阅和传播下列信息。

a．煽动抗拒、破坏宪法和法律、行政法规实施的。

b．煽动颠覆国家政权，推翻社会主义制度的。

c．煽动分裂国家、破坏国家统一的。

d．煽动民族仇恨、破坏国家统一的。

e．捏造或者歪曲事实，散布谣言，扰乱社会秩序的。

f．宣扬封建迷信、淫秽、色情、赌博、暴力、凶杀、恐怖，教唆犯罪的。

g．公然侮辱他人或者捏造事实诽谤他人的。

h．损害国家机关信誉的。

i．其他违反宪法和法律、行政法规的。

② 道德规范：在使用计算机时应该抱着诚实的态度、无恶意的行为，并要求自身在智力和道德意识方面取得进步。

a．不应该在 Internet 上传送大型的文件和直接传送非文本格式的文件，从而浪费网络资源。

b．不能利用电子邮件作广播型的宣传，这种强加于人的做法会造成别人的信箱充斥无用的信息而影响正常工作。

c．不应该使用他人的计算机资源，除非得到了准许或者作出了补偿。

d．不应该利用计算机去伤害别人。

e．不能私自阅读他人的通信文件（如电子邮件），不得私自拷贝不属于自己的软件资源。

f．不应该到他人的计算机里去窥探，不得蓄意破译别人的口令。

2. 数字版权管理

数字版权管理（Digital Rights Management，DRM）指的是出版者用来控制被保护对象的使用权的一些技术，这些技术保护的有数字化内容（例如：软件、音乐、电影）以及硬件，处理数字化产品的某个实例的使用限制。数字版权管理主要采用的技术为数字水印、版权保护、数字签名和数据加密。

数字版权管理是针对网络环境下的数字媒体版权保护而提出的一种新技术，一般具有以下六大功能。

（1）数字媒体加密：打包加密原始数字媒体，以便进行安全可靠的网络传输。

（2）阻止非法内容注册：防止非法数字媒体获得合法注册，从而进入网络流通领域。

（3）用户环境检测：检测用户主机硬件信息等行为环境，从而进入用户合法性认证。

（4）用户行为监控：对用户的操作行为进行实时跟踪监控，防止非法操作。

（5）认证机制：对合法用户的鉴别并授权对数字媒体的行为权限。

（6）付费机制和存储管理：包括数字媒体本身及打包文件、元数据（密钥、许可证）和其他数据信息（例如数字水印和指纹信息）的存储管理。

【实践训练】

维护“第六届科技文化艺术节计算机技能比赛”的计算机软硬件。

1. 维护计算机硬件

（1）清洁计算机。

（2）维护计算机电源。

（3）维护计算机硬盘。

（4）维护计算机的键盘、鼠标等输入设备。

2. 维护计算机软件

（1）安装杀毒软件。

（2）检测计算机病毒。

（3）清除发现的病毒。

【思考练习】

1. 当前使用的计算机，其主要部件是由（　　）构成的。

A. 电子管　B. 集成电路　C. 晶体管　D. 大规模集成电路

2. 存储程序的概念是由（　　）提出的。

A. 冯•诺依曼　B. 贝尔　C. 巴斯卡　D. 爱迪生

3. 目前使用的微型计算机硬件主要是采用（　　）的电子器件。

A. 真空　B. 晶体管　C. 集成电路　D. 超大规模集成电路

4. 计算机的发展是（　　）。

A. 体积愈来愈大　B. 容量愈来愈小

C. 速度愈来愈快　D. 精度愈来愈低

5. 计算机辅助教学的英文缩写为（　　）。

A. CAI　B. CAD　D. CAM　D. OA

6. 通常人们称一个计算机系统是指（　　）。

A. 硬件和固件　B. 计算机的 CPU

C. 系统软件和数据库　D. 计算机硬件和软件系统

7. 关于计算机病毒的传播途径，不正确的说法是（　　）。

A. 通过软件的复制　B. 通过共用软盘

C. 通过共同存放软盘　D. 通过借用他人的软盘

8. 常用的计算机汉字输入方法有：（　　）。

⑴全拼输入法⑵双拼输入法⑶智能 ABC 输入法

⑷五笔字形⑸ASCII 码⑹数字码

A. ⑴，⑵，⑷，⑹　B. ⑴，⑵，⑶，⑷

C. ⑴，⑵，⑶，⑷，⑸，⑹　D. ⑶，⑷，⑸，⑹

9. 同时按下【Ctrl】+【Alt】+【Delete】三键会产生什么结果？（　　）。

A. 冷启动计算机　B. 热启动计算机

C. 删除系统配置　D. 建立系统文件

10. 程序是指（　　）。

A. 指令的集合　B. 数据的集合

C. 文本的集合　D. 信息的集合

11. 计算机能直接识别的语言是（　　）。

A. 汇编语言　B. 自然语言　C. 机器语言　D. 高级语言

12. 应用软件是指（　　）。

A. 所有能够使用的软件

B. 能被各应用单位共同使用的某种软件

C．所有微机上都应使用的基本软件
D．专门为某一应用目的而编制的软件
13．计算机的显示器是一种（　　）设备。
A．输入　　B．输出　　C．打印　　D．存储
14．计算机病毒是一种（　　）。
A．破坏硬件的程序　　B．输入设备
C．微生物“病毒体”　　D．程序
15．微型计算机的核心部件是（　　）。
A．I/O 设备　　B．外存　　C．中央处理器　　D．存储器
16．下面（　　）组设备依此为：输出设备、存储设备、输入设备。
A．CRT、CPU、ROM　　B．绘图仪、键盘、光盘
C．绘图仪、光盘、鼠标器　　D．磁带、打印机、激光打印机
17．指挥计算机工作的程序集构成计算机的（　　）。
A．硬件系统　　B．软件系统　　C．应用系统　　D．数据库系统
18．对于内存中的 RAM，其存储的数据在断电后（　　）丢失。
A．部分　　B．不会　　C．全部　　D．有时
19．容量为 1MB 的磁盘最多可以存储（　　）。
A．1 000 000 个英文字母　　B．1024 个汉字
C．1000 000 个汉字　　D．512 个汉字
20．在计算机中，指令主要存放在（　　）中。
A．寄存器　　B．存储器　　C．键盘　　D．CPU
21．存储容量的基本单位 Byte 表示什么？（　　）。
A．一个二进制位　　B．一个十进制位
C．两个八进制位　　D．八个二进制位
22．一个 ASCII 码字符用几个 Byte 表示？（　　）。
A．1　　B．2　　C．3　　D．4
23．计算机键盘是一个（　　）。
A．输入设备　　B．输出设备　　C．控制设备　　D．监视设备
24．计算机能直接执行的程序是（　　）。
A．源程序　　B．机器语言程序
C．BASIC 语言程序　　D．汇编语言程序
25．操作系统是一种（　　）。
A．系统软件　　B．操作规范　　C．语言编译程序　　D．面板操作程序
26．为防止计算机病毒，以下说法正确的是（　　）。
A．不要将软盘和有病毒软盘放在一起
B．定期对软盘格式化
C．保持机房清洁
D．在写保护口上贴胶带
27．用计算机进行图书资料检索工作，属于计算机应用中的（　　）。
A．科学计算　　B．数据处理　　C．人工智能　　D．实时控制
28．计算机可以直接执行的程序是（　　）。

A．一种数据结构　B．一种信息结构　C．指令序列　　D．数据集合

29．计算机发展到今天，仍然是基于（　　）提出的基本工作原理。

A．冯.诺依曼　　B．贝尔　　C．巴斯卡　　D．爱迪生

30．个人微机之间病毒传染的媒介是（　　）。

A．硬盘　　B．软盘　　C．键盘　　D．电磁波

31．专门为某种用途而设计的数字计算机称为（　　）计算机。

A．专用　　B．通用　　C．普通　　D．模拟

32．目前我们使用的计算机是（　　）。

A．电子数字计算机　　B．混合计算机

C．模拟计算机　　D．特殊计算机

33．最早计算机的用途是（　　）。

A．科学计算　　B．自动控制　　C．系统仿真　　D．辅助设计

34．关于计算机特点，以下论述中（　　）是错误的。

A．运算速度高　　B．运算精度高

C．具有记忆和逻辑判断能力

D．运行过程不能自动、连续，需要人工干预

35．硬盘 1GB 的存储容量等于（　　）。

A．1024kB　　B．100kB　　C．1024MB　　D．1000MB

36．一个完整的计算机系统包括（　　）。

A．硬件系统和软件系统　　B．主机和实用程序

C．运算器、控制器、存储器　　D．主机和外设

37．在外设中，绘图仪是属于（　　）。

A．输入设备　　B．输出设备　　C．外存储器　　D．内存储器

38．用来存储程序和数据的地方是（　　）。

A．输入单元　　B．输出单元　　C．存储单元　　D．控制单元

39．在计算机中访问速度最快的存储器是（　　）。

A．光盘　　B．软盘　　C．磁盘　　D．RAM

40．应用软件是指（　　）。

A．所有能够使用的软件

B．能被各应用单位共同使用的某种软件

C．所有微机上都应使用的基本软件

D．专门为某一应用目的而编制的软件

41．专门负责整个计算机系统的指挥与控制的部件是（　　）。

A．输入单元　　B．输出单元　　C．控制单元　　D．存储单元

42．计算机系统中的输入、输出设备以及外接的辅助存储器统称为（　　）。

A．存储系统　　B．操作系统　　C．硬件系统　　D．外部系统

43．内存储器 RAM 的功能是（　　）。

A．可随意地读出和写入　　B．只读出，不写入

C．不能读出和写入　　D．只能写入，不能读出

44．计算机运算的结果由（　　）显示出来。

A．输入设备　　B．输出设备　　C．控制器　　D．存储器

45．微型计算机的主机应该包括（　　）。

A．内存、打印机　B．CPU 和内存　C．I/O 和内存　D．I/O 和 CPU

46．磁盘的每一面都划成很多的同心圆圈，这些圆圈称为（　　）。

A．扇区　B．磁道　C．磁柱　D．磁圈

47．下列软件系统中（　　）是操作系统。

A．CCED　B．WPS　C．UNIX　D．FoxPro

48．为了防止系统软盘或专用数据盘感染病毒，一般要（　　）。

A．不使用计算机命令　B．打开写保护标签

C．贴上写保护标签　D．格式化软盘

49．十进制整数 100 化为二进制数是(　　)。

A．1100100　B．1101000　C．1100010　D．1110100

50．一台完整的计算机是由（　　）、控制器、存储器、输入设备、输出设备等部件组成的。

A．运算器　B．软盘　C．键盘　D．硬盘

51．计算机辅助制造的英文缩写为（　　）。

A．CAI　B．CAD　C．CAM　D．OA

52．个人计算机属于（　　）计算机。

A．数字　B．大型　C．小型　D．微型

53．计算机的内存比外存（　　）。

A．更便宜　B．存取速度快　C．存储信息多　D．存取速度慢

54．CPU 与（　　）组成了计算机主机。

A．运算器　B．内存储器　B．外存储器　D．控制器

55．软盘加上写保护后，可以对它进行的操作是（　　）。

A．只能读　B．读和写　C．只能写　D．不能读、写

56．计算机的主存储器一般由（　　）组成。

A．ROM 和 RAM　B．ROM 和 A 盘　C．RAM 和 CPU　D．ROM 和 CPU

57．下列设备中（　　）不是计算机的输出设备。

A．鼠标　B．显示器　C．绘图仪　D．打印机

58．键盘是目前使用最多的（　　）。

A．存储器　B．微处理器　C．输入设备　D．输出设备

59．外存储器比内存储器（　　）。

A．更贵　B．存储更多信息

C．存取时间快　D．更贵，但存储更少信息

60．第 1 代计算机使用（　　）作为主要零件。

A．真空管　B．晶体管　C．集成电路　D．超大规模集成电路

61．二进制数 00111101 转换成十进制数为(　　)。

A．57　B．59　C．61　D．63

62．计算机病毒是一种计算机程序，主要通过（　　）进行传染。

A．硬件　B．键盘　C．软盘　D．接触

63．计算机向使用者传递计算、处理结果的设备称为（　　）。

A．输入设备　B．输出设备　C．微处理器　D．存储器

64．硬盘的读写速度比软盘快得多，容量与软盘相比（　　）。

A．大得多　　B．小得多　　C．差不多　　D．小一点

65．会计电算化属于计算机应用中的（　　）。

A．科学计算　　B．数据处理　　C．人工智能　　D．实时控制

66．文件是（　　）。

A．一批逻辑上独立的离散信息的无序集合

B．存在外存储器中全部信息的总称

C．可以按名字访问的一组相关信息的集合

D．尚未命名的变量

67．中央控制单元是由（　　）组成的。

A．内存储器和控制器　　B．控制器和运算器

C．内存储器和运算器　　D．内存储器、控制器和运算器

68．第一台电子计算机是1946年在美国研制的，该机的英文缩写名是（　　）。

A．ENIAC　　B．EDVAC　　C．EDSAC　　D．MARK-II

项目检测

1．一个字长为5位的无符号二进制数能表示的十进制数值范围是（　　）。

A．1～32　　B．0～31　　C．1～31　　D．0～32

2．计算机病毒是指能够侵入计算机系统并在计算机系统中潜伏、传播，破坏系统正常工作的一种具有繁殖能力的（　　）。

A．流行性感冒病毒　　B．特殊小程序

C．特殊微生物　　D．源程序

3．在计算机中，每个存储单元都有一个连续的编号，此编号称为（　　）。

A．地址　　B．位置号　　C．门牌号　　D．房号

4．在所列出的：①字处理软件，②Linux，③UNIX，④学籍管理系统，⑤Windows Xp和⑥Office 2010这6个软件中，属于系统软件的有（　　）。

A．①,②,③　　B．②,③,⑤　　C．①,②,③,⑤　　D．全部都不是

5．一台微型计算机要与局域网连接，必需具有的硬件是（　　）。

A．集线器　　B．网关　　C．网卡　　D．路由器

6．在下列字符中，其ASCII码值最小的一个是（　　）。

A．空格字符　　B．0　　C．A　　D．a

7．十进制数100转换成二进制数是（　　）。

A．0110101　　B．01101000　　C．01100100　　D．01100110

8．1kB的准确数值是（　　）。

A．1024B　　B．1000B　　C．1024bit　　D．1000bit

9．DVD－ROM属于（　　）。

A．大容量可读可写外存储器　　B．大容量只读外部存储器

C．CPU可直接存取的存储器　　D．只读内存储器

10．在下列设备中，不能作为微机输出设备的是（　　）。

A．打印机　　B．显示器　　C．鼠标器　　D．绘图仪

11．控制器的功能是（　　）。

A．指挥、协调计算机各部件工作　　B．进行算术运算和逻辑运算

C．存储数据和程序　　D．控制数据的输入和输出

12．1946 年首台电子数字计算机 ENIAC 问世后，冯·诺依曼（Von Neumann）在研制 EDVAC 计算机时，提出两个重要的改进，它们是（　　）。

A．引入 CPU 和内存储器的概念　　B．采用机器语言和十六进制

C．采用二进制和存储程序控制的概念　　D．采用 ASCII 编码系统

13．汇编语言是一种（　　）。

A．依赖于计算机的低级程序设计语言　　B．计算机能直接执行的程序设计语言

C．独立于计算机的高级程序设计语言　　D．面向问题的程序设计语言

14．假设某台式计算机的内存储器容量为 128MB，硬盘容量为 10GB。硬盘的容量是内存容量的（　　）。

A．40 倍　　B．60 倍　　C．80 倍　　D．100 倍

15．在 CD 光盘上标记有“CD-RW”字样，此标记表明这光盘（　　）。

A．只能写入一次，可以反复读出的一次性写入光盘

B．可多次擦除型光盘

C．只能读出，不能写入的只读光盘

D．RW 是 Read and Write 的缩写

16．计算机的硬件主要包括：中央处理器(CPU)、存储器、输出设备和（　　）。

A．键盘　　B．鼠标　　C．输入设备　　D．显示器

17．根据汉字国标 GB2312－80 的规定，二级次常用汉字个数是（　　）。

A．3000 个　　B．7445 个　　C．3008 个　　D．3755 个

18．已知英文字母 m 的 ASCII 码值为 109，那么英文字母 p 的 ASCII 码值是（　　）。

A．112　　B．113　　C．111　　D．114

19．控制器的功能是（　　）。

A．指挥、协调计算机各部件工作　　B．进行算术运算和逻辑运算

C．存储数据和程序　　D．控制数据的输入和输出

20．计算机系统软件中最核心的是（　　）。

A．语言处理系统　　B．操作系统

C．数据库管理系统　　D．诊断程序

项目二
操作系统应用

【项目情境】

科源有限公司经过一段时间的宣传和动员工作，员工的信息化意识逐步增强，但部分员工对于 Windows 7 操作系统的使用、计算机资源的规范管理及系统维护的技能还有待提高。公司聘请了老师对员工进行专门培训。培训老师根据员工日常工作中存在的问题，制定了以下几个任务：熟悉 Windows 工作环境、配置用户环境、管理计算机资源、维护和优化系统。希望通过这几项任务，使员工能按照各自工作的需求在办公室公用计算机中建立自己的账户、配置自己的用户环境、安装所需的应用程序、合理的放置和管理自己的文件，并能自己做好日常的系统维护。

任务 1　熟悉 Windows 7 工作环境

【任务描述】

Windows 7 操作系统是目前最流行并广泛使用的操作系统之一。对公司刚入职的普通新员工或无计算机基础的人员而言，要使用计算机进行工作，需要先熟悉 Windows 7 工作环境，逐步掌握 Windows 7 的基本操作，为提高日常工作效率打下基础。

【任务目标】

- ◈ 能正确启动和退出 Windows 7 操作系统。
- ◈ 熟悉桌面的组成和基本操作。
- ◈ 熟悉窗口的组成和基本操作。
- ◈ 认识对话框。
- ◈ 能熟练启动和退出应用程序。

【任务流程】

【任务解析】

1. 认识桌面

（1）桌面的组成。Windows 7 启动后，显示如图 2.1 所示的“桌面”，主要包括桌面图标、桌面背景、任务栏、【开始】按钮和指示区等。

图 2.1　Windows 7 桌面

① 桌面图标。图标是某个应用程序、文档或设备的快捷方式。桌面上图标分为系统图标和快捷图标，双击这些图标可以直接帮助用户打开相应的窗口和程序，如图 2.2 和图 2.3 所示的分别为系统图标和快捷图标。

图 2.2　系统图标

图 2.3　快捷图标

② 桌面背景。丰富桌面内容，增强用户的操作体验，对操作系统没有实质性的作用。

③ 任务栏。任务栏一般位于桌面的底部，任务栏包括【开始】按钮，“快速启动区”、“指示区”和【显示桌面】按钮，如图 2.4 所示。

图 2.4　任务栏

④【开始】按钮。【开始】按钮位于任务栏的最左端，为具有 Windows 标志的圆形按钮。单击【开始】按钮，弹出【开始】菜单，如图 2.5 所示，其中“最近使用的程序”栏中列出了最近使用的常用程序列表，通过它可快速启动这些程序；“当前用户”图标显示当前系统使用的图标，便于用户识别，单击它可设置用户账户；另外还包括“所有程序”菜单、“搜索”框，以及“系统控制区”。

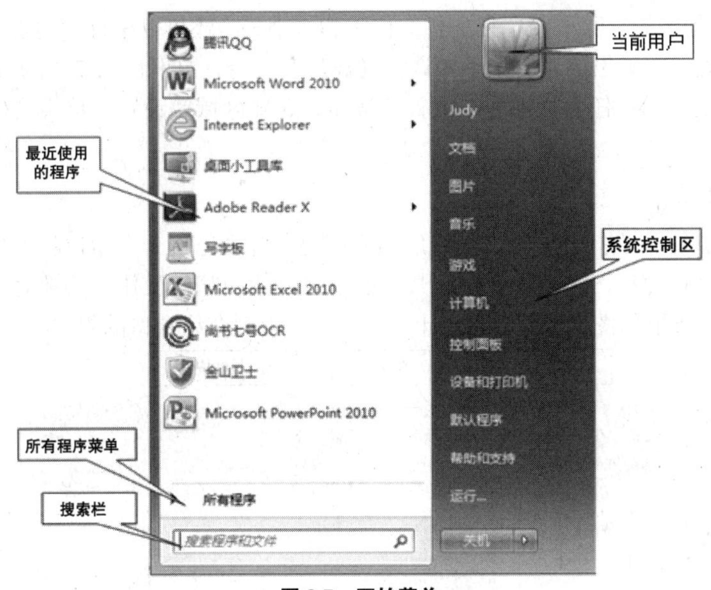

图 2.5 开始菜单

⑤ 快速启动区。用户可以把常用的工具或程序的图标拖放到此，以便快速启动应用程序，另外在此区域中显示已打开的窗口或程序。使用该图标可以进行还原窗口到桌面、切换和关闭窗口等操作，用鼠标拖动这些图标可以改变它们的排列顺序。

⑥ 指示区。显示音量控制器、输入法指示器、网络连接、杀毒软件和时钟等图标。

⑦ 【显示桌面】按钮。单击该按钮可以在当前打开的窗口与桌面之间进行切换。

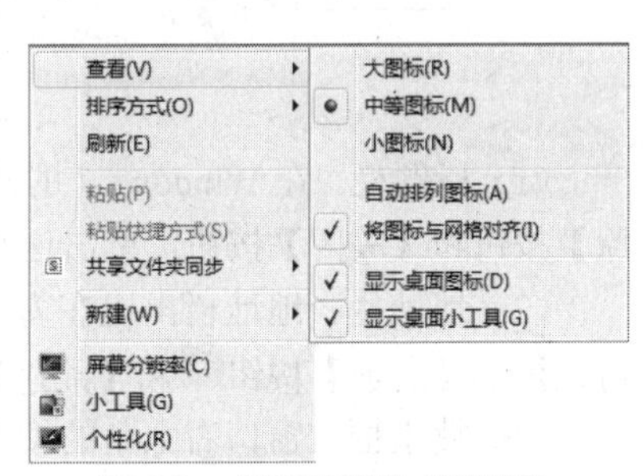

图 2.6 “查看图标”快捷菜单

（2）桌面图标的操作方法如下。

① 激活图标。用鼠标左键单击某一图标，该图标将显示一个图框，即被激活。

② 移动图标。将鼠标指针移到某一图标，按住左键不放，拖曳图标到某一位置后再释放，图标就被移动到该位置。

③ 执行图标。用鼠标左键双击某图标，将会执行该图标所代表的应用程序或打开该图标所代表的文档或窗口。

④ 查看排列图标。用鼠标右键单击桌面上空白处，弹出如图 2.6 所示的快捷菜单，选择【查看】命令，可按“大图标”、“中等图标”、“小图标”等方式显示图标。另外如选择【排序方式】可按“名称”、“大小”、“项目类型”或“修改日期”等方式排序桌面图标。

（3）设置任务栏。

① 移动任务栏。任务栏的默认位置在桌面的底部，如果需要也可以用鼠标拖曳的方法将其移动到桌面的顶部或者两侧。

② 改变任务栏的大小。用鼠标拖曳方式还可以改变任务栏的大小。将鼠标指针向任务栏的边缘，此时指针变为一个双向箭头形状，然后用鼠标拖曳，即可改变任务栏的大小。

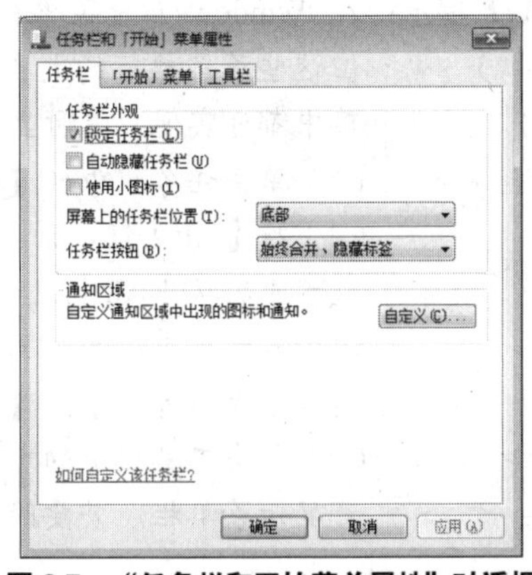

图 2.7 “任务栏和开始菜单属性”对话框

③ 任务栏其他设置。除了设置任务栏的位置和大小外，还可以进行其他设置。用鼠标右键单击任务栏的空白处，在弹出的快捷菜单中选择【属性】命令，打开图 2.7 所示的“任务栏和开始菜单属性”对话框，可对任务栏外观、位置、按钮、通知区域等设置，单击【确定】按钮，设置将生效。

2. 认识窗口

在 Windows 7 中，当打开一个文件或应用程序时，都会出现一个窗口。窗口是屏幕上一块矩形区域，无论是哪种窗口，它们都有一些共同的基本元素和基本操作。熟悉对窗口的操作，有利于提高工作效率。下面以图 2.8 所示的“计算机”窗口为例介绍窗口的组成。

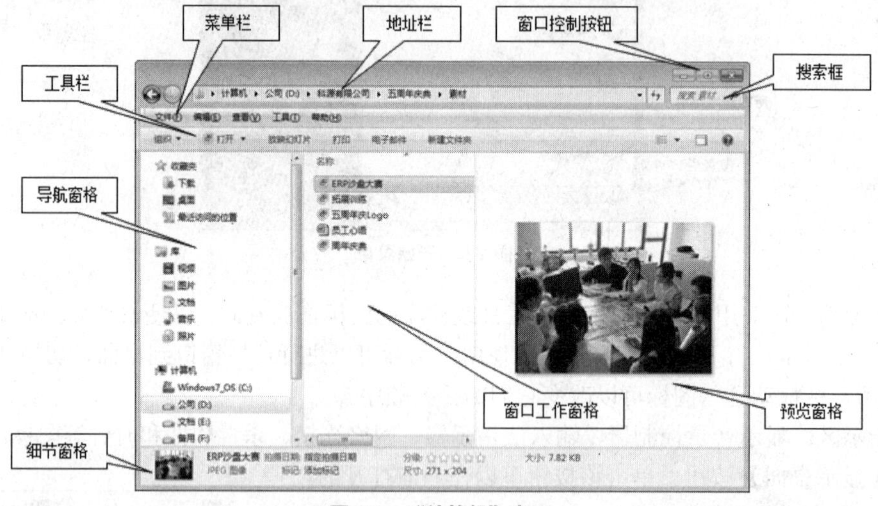

图 2.8 “计算机”窗口

（1）标题栏。在 Windows 7 的系统窗口中，只显示了窗口的【最小化】按钮、【最大化】/【还原】按钮和【关闭】按钮，单击这些按钮可对窗口执行相应的操作。

（2）地址栏。地址栏出现在窗口的顶部，将您当前的位置显示为以箭头分隔的一系列链接。可以单击【后退】按钮和【前进】按钮，导航至已经访问的位置，就像浏览 Internet 一样。

（3）搜索框。窗口右上角的搜索框与【开始】菜单中“搜索程序和文件”搜索框的使用方法和作用相同，都具有在计算机中搜索各类文件和程序的功能。

提示： 在 Windows7 中菜单栏在默认情况下处于隐藏状态。如果需要，可以显示这些菜单，但这些菜单执行的大多数任务在工具栏或者在右键单击某个文件或文件夹时出现的菜单中都可实现。临时显示菜单栏的步骤如下。

（1）单击任务栏中的【Windows 资源管理器】按钮，显示资源管理器窗口。

（2）按【Alt】键。菜单栏将显示在工具栏上方。若要隐藏菜单栏，请单击任何菜单项或者再次按【Alt】键。

永久显示菜单栏的步骤如下。

（1）单击任务栏中的【Windows 资源管理器】按钮，显示资源管理器窗口。

（2）单击工具栏中的【组织】按钮，从打开的列表中选择【布局】→【菜单栏】选项，可显示菜单栏。若要隐藏菜单栏，请按照相同的步骤操作。

（4）窗格。Windows 7 的“计算机”窗口中有多个窗格类型，其中包括导航窗格、预览窗格和细节窗格。

① 导航窗格：可以使用导航窗格（左窗格）来查找文件和文件夹。还可以在导航窗格中将项目直接移动或复制到目标位置。如果在已打开窗口的左侧没有看到导航窗格，请单击【组织】，指向【布局】，然后单击【导航窗格】以将其显示出来。

② 预览窗格：用于显示当前选择的文件内容，从而可预览文件的大致效果。

③ 细节窗格：显示出文件大小、创建日期等文件的详细信息。其调用方法与导航窗格一样。

（5）窗口工作区。窗口工作区用于显示当前窗口的内容或执行某项操作后显示的内容，图 2.8 所示为打开“计算机”窗口后，窗口工作区显示的内容。如果窗口工作区的内容较多，将在其右侧和下方出现滚动条，通过拖动滚动条可查看其他未显示的内容。

3. 窗口的操作

窗口的操作在 Windows 系统中是最常用的。其操作主要包括打开、缩放、移动、排列和切换等。

（1）打开窗口常用的方法有如下几种。

① 双击桌面的快捷图标。

② 从【开始】菜单中单击相应的选项。

③ 用鼠标右键单击图标，从弹出的快捷菜单中选择【打开】命令。

（2）关闭窗口常用的方法有如下几种。

① 单击窗口右上角的【关闭】按钮。

② 将鼠标移到标题栏，单击鼠标右键，在弹出的快捷菜单中选择【关闭】命令。

③ 在当前窗口下，按【Alt】+【F4】组合键。

④ 用鼠标右键单击任务栏中对应的窗口图标，在弹出的快捷菜单中选择【关闭窗口】命令。

（3）最大化窗口常用的方法有如下几种。

① 单击窗口标题栏上的【最大化】按钮。

② 将窗口的标题栏拖动到屏幕的顶部。

③ 双击上边缘正下方的打开窗口的顶部。

④ 在任务栏上，按住【Shift】，并用鼠标右键单击任务栏按钮或已打开窗口的图标，然后单击【最大化】按钮。

⑤ 窗口显示状态下，通过按 Windows 徽标键【⊞】+ 【↑】组合键可最大化窗口。

⑥ 将鼠标移到标题栏，单击鼠标右键，在弹出的快捷菜单中选择【最大化】命令。

（4）还原窗口常用的方法有如下几种。

① 已最大化窗口的还原单击窗口标题栏上的【向下还原】按钮。

② 已最大化窗口的还原将窗口的标题栏拖离屏幕的顶部。

③ 已最大化窗口的还原双击上边缘正下方的打开窗口的顶部。

④ 已最小化窗口，需调出其窗口再按上述方法进行还原。

⑤ 窗口最大化状态下，连续按住 Windows 徽标键【⊞】+ 【↓】组合键依次进行还原、最小化窗口。

（5）最小化窗口常用的方法有如下几种。

① 单击窗口标题栏上的【最小化】按钮。

② 将鼠标移到标题栏，单击鼠标右键，在弹出的快捷菜单中选择【最小化】命令。

（6）移动窗口的方法主要有如下几种。

① 用鼠标指向窗口标题栏，拖曳窗口到希望的位置释放鼠标即可。

② 将鼠标移到标题栏，单击鼠标右键，在弹出的快捷菜单中选择【移动】命令，拖曳窗口到希望的位置释放鼠标即可，或使用键盘方向键移动窗口。

（7）调整窗口的大小可通过如下方法实现。

① 调整窗口的大小（使其变小或变大），指向窗口的任意边框或角。当鼠标指针变成双箭头时，拖动边框或角可以缩小或放大窗口。

② 将鼠标移到标题栏，单击鼠标右键，在弹出的快捷菜单中选择【大小】命令，拖曳窗口到希望的大小释放鼠标即可，或使用键盘方向键调整窗口大小。

（8）排列窗口。

在桌面上打开一些窗口，然后右键单击任务栏的空白区域，单击【层叠窗口】、【堆叠显示窗口】或【并排显示窗口】可排列窗口。

（9）切换窗口。

如果打开了多个程序或文档，桌面会快速布满杂乱的窗口。通常不容易跟踪已打开了哪些窗口，因为一些窗口可能部分或完全覆盖了其他窗口。Windows 7 提供了多种窗口切换方法，常用的操作如下。

① 单击任务栏上窗口对应的按钮，该窗口将出现在所有其他窗口的前面成为活动窗口，即当前正在使用的窗口。

② 使用【Alt】+【Tab】组合键。通过按【Alt】+【Tab】组合键可以切换到先前的窗口，或者按住【Alt】键不放，并重复按【Tab】键循环切换所有打开的窗口和桌面。释放【Alt】键可以显示所选的窗口。

③ 使用 Aero 三维窗口切换。按住 Windows 徽标键【 】+【Tab】可打开三维窗口切换。当按下 Windows 徽标健【 】时，重复按【Tab】键或滚动鼠标滚轮可以循环切换打开的窗口。图 2.9 所示为 Aero 三维窗口切换。

图 2.9　Aero 三维窗口切换

④ 按【Alt】+【Esc】组合键，在所有打开的窗口之间进行切换（不包括最小化的窗口）

图 2.10　“文件夹选项”对话框

4. 对话框

对话框是一种特殊的窗口，可以通过选择选项来执行任务，或者提供信息。与常规窗口不同，对话框无法最大化、最小化或调整大小。图 2.10 所示为“文件夹选项”对话框。

5. 使用 Windows 帮助

Windows 帮助文件，可以帮助我们查找一些遇到的问题以及提供一些操作的技巧。单击【开始】→【帮助和支持】命令，打开如图 2.11 所示的“帮助和支持”窗口。Windows 7 提供多种类型的帮助，可以在“搜索帮助”中直接输入内容后单击【搜索】按钮进行搜索。如果不能确定从哪里开始，可以先进行选择帮助主题，还可以进行联机帮助等。

【任务实施】

步骤 1　启动 Windows 7 系统

接通主机和显示器电源，打开显示器等外部设备电源，按下主机 Power 按钮，系统就会进行自检。等待几十秒钟，自检完毕后启动 Windows 7，屏幕上出现 Windows 桌面，如图 2.11 所示。

提示：启动计算机，进入 Windows 7 操作系统时，我们看到的整个屏幕称为“桌面”，它是用户和计算机进行交流的窗口。“桌面”可以存放用户经常使用的应用程序、文件以及根据用户自身需要在桌面上添加的各种快捷方式图标。

图 2.11　“帮助和支持”窗口

步骤 2　调整任务栏

1. 调整任务栏

（1）解锁任务栏。用鼠标右键单击任务栏上的空白区域，将弹出如图 2.12 所示的“任务栏”快捷菜单。可见【锁定任务栏】前有复选标记，说明任务栏已锁定。通过单击【锁定任务栏】可以解除任务栏锁定。

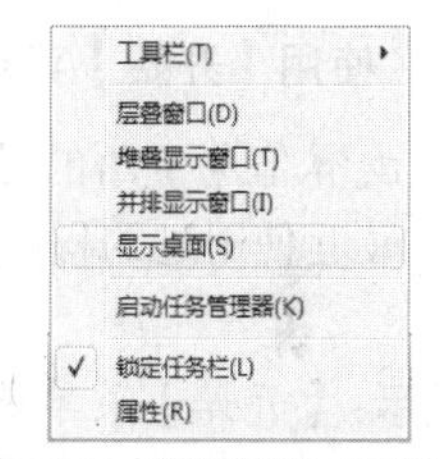

图 2.12　“任务栏”快捷菜单

（2）调整任务栏的位置。单击任务栏上的空白区域，然后按下鼠标左键并拖动任务栏到桌面的 4 个边缘之一，当任务栏出现在所需的位置时，释放鼠标左键。

（3）调整任务栏的大小。鼠标指针指向任务栏的边缘，直到指针变为双箭头↕，然后拖动边框将任务栏调整为所需大小。

（4）调整任务栏属性。用鼠标右键单击任务栏上的空白区域，在弹出的快捷菜单中选择【属性】命令，打开如图 2.13 所示的“任务栏和［开始］菜单属性”对话框，切换到“任务栏”选项卡，可设置任务栏的属性，包括“锁定任务栏”、“自动隐藏任务栏”、“使用小图标”、“任务栏按钮”等。

图 2.13　“任务栏和［开始］菜单属性”对话框

2. 将程序锁定到任务栏

将程序（特别是经常使用的程序）直接锁定到任务栏，以便快速方便地打开该程序，而无需在【开始】菜单中查找该程序。其方法如下。

（1）如果此程序正在运行，则用鼠标右键单击任务栏上此程序的按钮，从跳转列表中选择【将此程序锁定到任务栏】命令，如图 2.14 所示的锁定“Word 2010 应用程序”到任务栏。

图 2.14　“Word 2010 应用程序”跳转列表

（2）如果此程序未运行，单击【开始】按钮，从【开始】菜单中找到此程序的图标，用鼠标右键单击此图标，然后选择【锁定到任务栏】命令。如图 2.15 所示，也可锁定“Word 2010 应用程序”到任务栏。

（3）将程序的快捷方式从桌面或【开始】菜单拖到任务栏来锁定程序。

图 2.15 从锁定“Word”到任务栏

提示：若要从任务栏中删除某个锁定的程序，则用鼠标右键单击该程序图标，从快捷菜单中选择【将此程序从任务栏解锁】命令即可。

步骤 3 使用【开始】菜单

1. 使用【开始】菜单启动最近使用过的应用程序

单击屏幕左下角的【开始】按钮，在开始菜单左侧列出了最近使用过的程序，单击程序名即可启动该程序。

提示：【开始】菜单是计算机程序、文件夹和设置的主门户。它提供一个选项列表，就像餐馆里的菜单那样。使用【开始】菜单可执行以下常见的活动：启动程序、打开常用的文件夹、搜索文件、文件夹和程序、调整计算机设置、获取有关 Windows 操作系统的帮助信息、关闭计算机和注销 Windows 或切换到其他用户账户等。若要打开【开始】菜单，请单击屏幕左下角的【开始】按钮。或者按键盘上的 Windows 徽标键【】。

2. 使用【开始】菜单启动不常用程序

单击【开始】按钮，如果看不到所需的程序，可单击【开始】菜单左边窗格底部的【所有程序】，将在左边窗格会按字母顺序显示程序的长列表，后跟一个文件夹列表。单击其中一个程序图标即可启动对应的程序。图 2.16 所示为启动【附件】中的“记事本”程序的“开始菜单”状态。

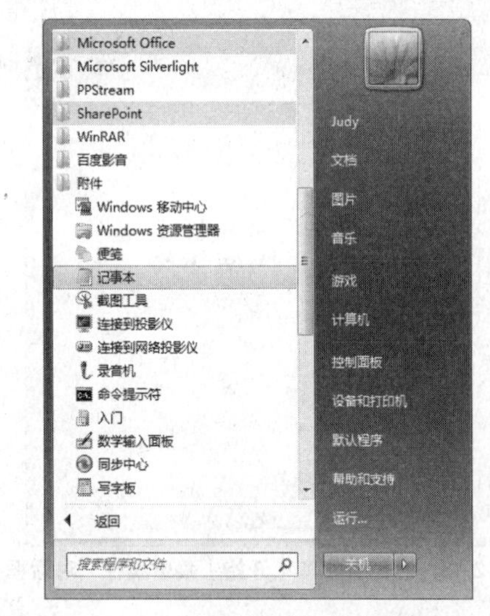

图 2.16 使用【开始】菜单启动“记事本”程序

提示：“所有程序”菜单集合了电脑中的所有程序。使用 Windows 7 的“所有程序”菜单可以方便快速地寻找某个程序，并不会产生凌乱的感觉。“搜索”框具有快捷的搜索功能，只需在标有“搜索程序和文件”的搜索框中输入需要查找的内容或对象，便能迅速地查找到。

3. 利用【开始】菜单搜索文件

单击【开始】按钮，在打开的【开始】菜单底部的搜索框中输入需要的程序、文件或文件夹。如输入“Word”，结果将以“程序”、“文件”和“文件夹”作为搜索结果显示，如图 2.17 所示。

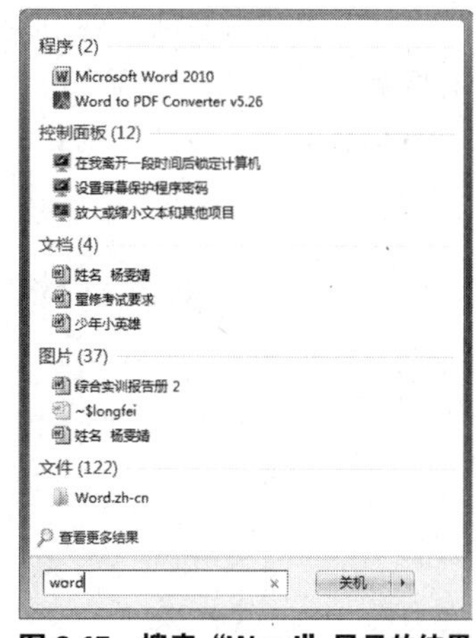

图 2.17　搜索“Word”显示的结果

提示：在搜索框中输入搜索内容时，在开始输入关键字时，搜索就开始进行了。随着输入关键字越来越完整，符合条件的内容也将越来越少，直到搜索出符合条件的内容为止。这种在输入关键字的同时就进行搜索的方式称为“动态搜索功能”。在使用搜索时需要注意，打开哪个窗口（如在 D 盘窗口），并在搜索框中输入内容，表示只在该文件夹窗口中搜索，而不是在整个计算机资源进行搜索。

4. 利用【开始】菜单打开个人文件夹等操作

单击【开始】按钮，可在【开始】菜单的右边窗格选择“打开个人文件夹”、“文档”、“图片”、“音乐”、“游戏”和“计算机”等选项。

5. 自定义【开始】菜单

（1）用鼠标右键单击“任务栏”空白区域，从弹出的快捷菜单中选择【属性】命令，打开“任务栏和［开始］菜单属性”对话框。

（2）切换到如图 2.18 所示的“[开始]菜单”选项卡，单击【自定义】按钮，打开如图 2.19 所示的“自定义[开始]菜单”对话框。

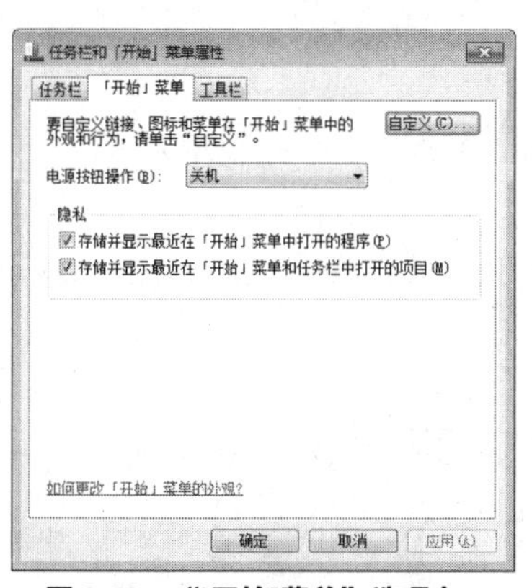

图 2.18　“[开始]菜单”选项卡

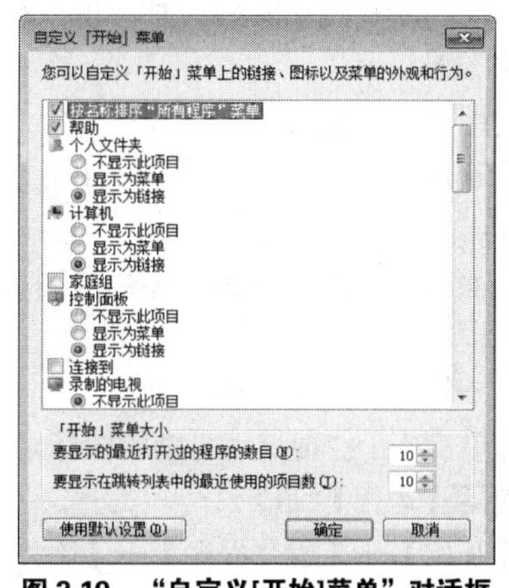

图 2.19　“自定义[开始]菜单”对话框

（3）在对话框中选择相应的选项进行设置。

6. 使用 Windows 帮助和支持

在 Windows 使用过程中，对于一些不太清楚或不熟悉的操作，可使用“Windows 帮助和支持”来进行了解。如查找“怎样安装本地打印机？”的帮助信息操作如下。

（1）单击【开始】→【帮助和支持】命令，打开“Windows 帮助和支持”窗口。

（2）在“搜索帮助”框中输入关键字“打印机”，单击【搜索】按钮，将显示如图 2.20 所示的搜索结果窗口。

（3）单击【安装打印机】命令，将显示如图 2.21 所示的“安装打印机”帮助信息。

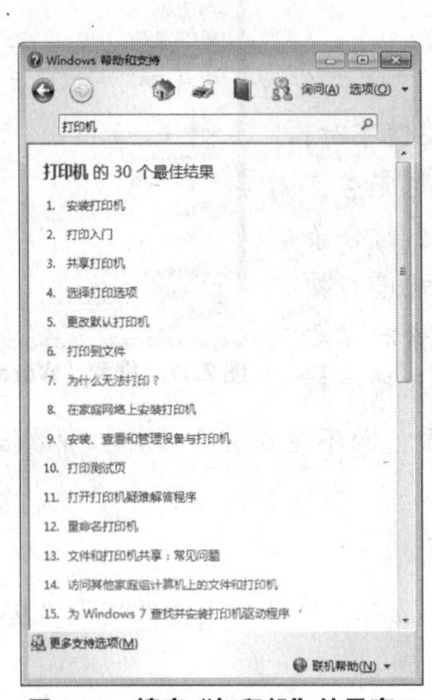

图 2.20　搜索“打印机”结果窗口

图 2.21　“安装打印机”帮助信息

步骤 4　启动和退出应用程序

1. 启动应用程序

启动应用程序的方法有好几种，现以启动“记事本”应用程序为例进行介绍，其他软件的启动方法与此类似。

（1）使用【开始】菜单。

单击【开始】→【所有程序】→【附件】→【记事本】命令，启动记事本程序。

（2）双击桌面的快捷图标。

如果桌面有要使用的应用程序快捷图标，如记事本程序快捷图标，双击该图标可启动应用程序。

（3）单击快捷启动栏图标。

用户可单击位于快捷启动栏中的图标来快速启动这个应用程序，如启动启动记事本应用程序。

（4）使用【运行】命令。

单击【开始】→【所有程序】→【附件】→【运行】命令，打开如图 2.22 所示的“运行”对话框，输入应用程序名称“notepad.exe”，单击【确定】按钮可启动记事本程序。

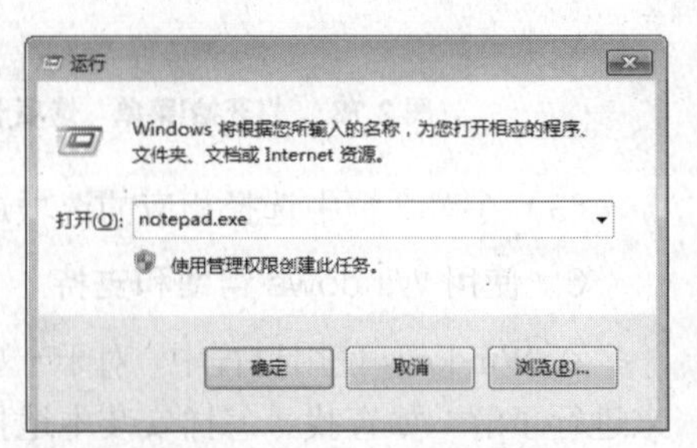

图 2.22　“运行”对话框

（5）双击应用程序文件。

在磁盘上找到需要启动的程序文件，双击该文件图标启动应用程序。如启动记事本，在系统盘（如 C 盘）“C:\Windows\System32”中双击“记事本”应用程序文件图标即可。

（6）通过打开已有的文档启动程序。

如果磁盘中有相应程序制作的文档，可以利用文档和程序的关联性，通过打开已有文档来启动应用程序，如打开文本文件可启动记事本程序。

2. 退出应用程序

退出应用程序，即终止程序的运行，常用的方法如下。

（1）单击窗口右上角的【关闭】按钮。

（2）单击窗口左上角的控制菜单图标，从控制菜单中选择【关闭】命令。

（3）按组合键【Alt】+【F4】。

（4）选择【文件】→【退出】命令。

（5）若遇到异常情况，则按组合键【Ctrl】+【Alt】+【Delete】，然后选择【启动任务管理器】选项，打开“Windows 任务管理器”，从“应用程序”选项卡中选择要关闭的程序，再单击【结束任务】按钮。

步骤 5　退出 Windows 系统

单击【开始】→【关机】按钮，关闭计算机主机。等正常关闭结束后，关闭其外部设备并切断电源。

【任务总结】

本任务通过启动和退出 Windows 7 操作系统、认识桌面组成和桌面操作、认识窗口和对话框，熟悉了 Windows 7 的工作环境。在此基础上，了解了启动和退出应用程序的方法，掌握了 Windows 7 的基本操作，为提高日常工作效率打下一定的基础。

【知识拓展】

1. 操作系统的定义

操作系统是能够控制和管理计算机软、硬件资源的系统软件，它是用户和计算机之间的接口。操作系统是最基本的系统软件，是所有系统软件的核心。

操作系统在计算机和用户之间传递信息，并负责管理计算机的内部设备和外部设备。它替用户管理日益增多的文件，使用户方便地找到和使用这些文件；它替用户管理磁盘，随时报告磁盘的使用情况；它替计算机管理内存，使计算机能更高效而安全地工作；它还负责管理各种外部设备，如打印机等，有了它的管理，这些外设就能有效地为用户服务了，如图 2.23 所示。操作系统具有的五大功能：处理机管理、存储管理、文件管理、设备管理和作业管理。

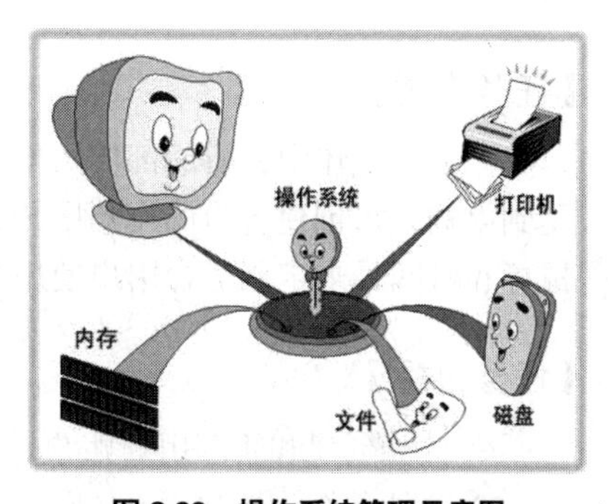

图 2.23　操作系统管理示意图

2. 操作系统的分类

操作系统除了 Microsoft 出品的 Windows 以外，常见的还有 DOS、Linux、Unix 和 Mac OS 等。

（1）按用户数目进行分类，操作系统可分为单用户操作系统和多用户操作系统。

（2）按使用环境分类，操作系统可分为批处理操作系统、分时操作系统和实时操作系统。

① 批处理操作系统：系统对作业的处理成批地执行。

② 分时操作系统：一台主机上连接多个带有显示器和多个键盘的终端，每个用户都使用自己的终端以交互的方式使用计算机。

③ 实时操作系统：系统能及时响应外部事件的请求，在规定的时间内完成对该事件的处理。

（3）按硬件结构分类，操作系统可分为网络操作系统、分布式操作系统和多媒体操作系统。

3. Windows 7 介绍

Windows 7 是由微软公司（Microsoft）开发的操作系统，核心版本号为 Windows NT 6.1。Windows 7 可供家庭及商业工作环境、笔记本电脑、平板电脑、多媒体中心等使用。2009 年 10 月 22 日，微软于美国正式发布 Windows 7。Windows 7 的版本较多，常见的有 Windows 7 简易版、Windows 7 家庭普通版、Windows 7 家庭高级版、Windows 7 专业版、Windows 7 企业版和 Windows 7 旗舰版。其中 Windows 7 旗舰版拥有 Windows 7 家庭高级版和 Windows 7 专业版的所有功能，当然硬件要求也是最高的。这本教材在编写过程中采用的是 Windows 7 旗舰版。故有些功能在其他版本中没有，造成操作方法和界面可能有所不同，如 Windows 7 家庭普通版或 Windows 7 简易版中不包含 Aero 等。

【实践训练】

为“第六届科技文化艺术节计算机技能比赛”现场布展准备计算机。

（1）测试 Windows 7 操作系统能否正常启动和退出。

（2）检查桌面是否能正常显示。

（3）检查窗口和对话框能否正常使用。

（4）测试应用程序是否能正常启动和退出。

（5）检查能否调用帮助。

任务 2　配置用户环境

【任务描述】

在实际工作中，有的部门可能会由几个同事共同使用一台计算机。为了避免相互之间的操作受到影响，可创建各自的用户账户，并按各用户的需要和个性习惯，设置桌面、显示器、键盘、鼠标和时间，来定制适合用户使用习惯的个性化计算机环境。

【任务目标】

◈ 能创建和管理用户账户。

◈ 能熟练设置桌面。

◈ 会设置输入法、鼠标等。

◈ 会安装打印机。

【任务流程】

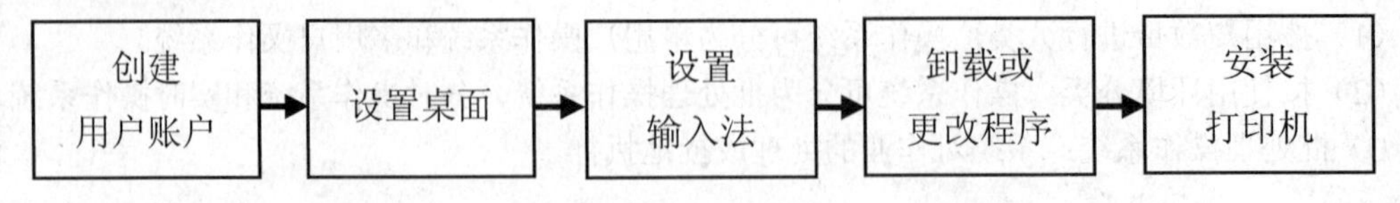

【任务解析】

1. 用户账户

通过用户账户管理，多个用户可以轻松地共享一台计算机。每个人都可以有一个具有唯一设置和首选项（如桌面背景或屏幕保护程序）的单独的用户账户。用户账户可控制用户可以访问的文件和程序，以及可以对计算机进行的更改的类型。通常，大多数计算机用户创建标准账户。有了用户账户，用户创建保存的文档将存储在自己的“我的电脑”文件夹中，而与使用该计算机的其他用户的文档分开。

提示：Windows 7 系统有 3 种类型的账户。每种类型为用户提供不同的计算机控制级别。标准账户适用于日常计算。管理员账户可以对计算机进行最高级别的控制，但只在必要时才使用。来宾账户主要针对需要临时使用计算机的用户。

创建用户账户的步骤如下。

（1）单击【开始】→【控制面板】→【用户账户和家庭安全设置】→【用户账户】。

（2）单击【管理其他账户】。如果系统提示输入管理员密码或进行确认，请键入该密码或提供确认。

（3）单击【创建一个新账户】。

（4）键入要为用户账户提供的名称，选择账户类型，单击【创建账户】。

提示：控制面板（control panel）是 Windows 图形用户界面的一部分。通过它用户可查看并操作基本的系统设置和控制，比如添加硬件、添加/删除软件、控制用户账户、更改辅助功能选项、查看设置网络等。控制面板常用的开启方法如下。

（1）单击【开始】→【控制面板】。

（2）鼠标右键单击【开始】按钮，打开资源管理器，单击【控制面板】。

（3）双击桌面的【计算机】图标，打开“计算机”窗口，再单击【控制面板】。

（4）用鼠标右键单击桌面空白处，从快捷菜单中选择【个性化】命令，再单击【控制面板主页】。

（5）在运行命令行中输入“Control”直接访问【控制面板】。

2. 配置个性化环境

有了自己的用户账户，就可以设置自己喜欢的计算机环境，主要包括桌面背景、声音效果、显示、桌面小工具等。

其基本方法如下。

（1）单击【开始】→【控制面板】，进入控制面板窗口。

（2）单击【外观和个性化】主题。

（3）根据自己的喜好，单击各个主题进行设置。

【任务实施】

步骤 1　创建用户账户

（1）启动计算机，进入 Windows 7 桌面环境。

（2）选择【开始】→【控制面板】命令，打开如图 2.24 所示的“控制面板”窗口。

（3）在“控制面板”窗口中，单击【用户账户和家庭安全设置】选项，打开如图 2.25 所示的“用户账户和家庭安全设置”窗口。

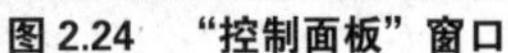

图 2.24 “控制面板”窗口

图 2.25 “用户账户和家庭安全设置”窗口

（4）单击选择【用户账户】选项，打开如图 2.26 所示的“用户账户”窗口。

（5）单击【管理其他账户】，打开如图 2.27 所示的“管理账户”窗口。

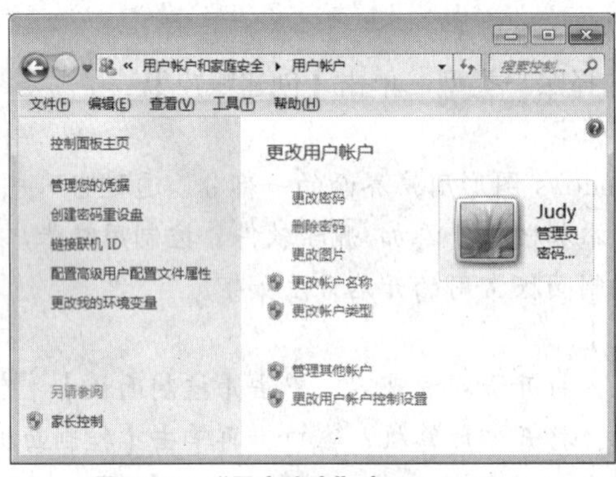

图 2.26 “用户账户”窗口

图 2.27 “管理账户”窗口

（6）单击【创建一个新账户】选项，打开如图 2.28 所示的“创建新账户”窗口。键入用户账户名称“ky_kenana”，选择账户类型【标准用户】。

（7）单击【创建账户】按钮，返回“管理账户”窗口，显示新创建的账户“ky_kenana”，如图 2.29 所示。

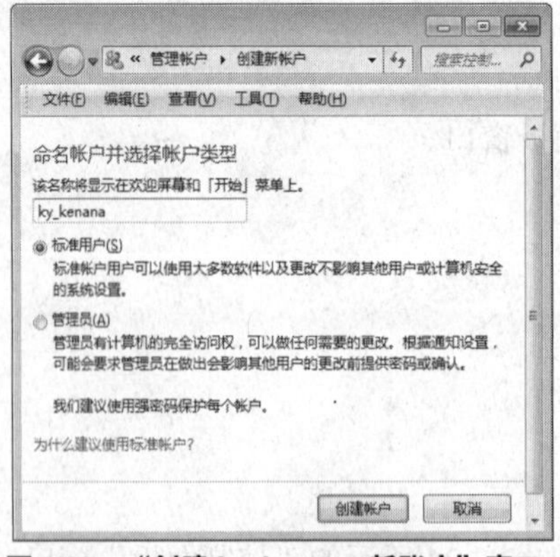

图 2.28 “创建 ky_kenana 新账户”窗口

图 2.29 新创建的账户“ky_kenana”

提示：Windows 7 用户账户类型主要有“管理员”、“标准用户”和“来宾账户”3 种账户。

管理员账户：管理员对整个计算机拥有完全的访问权限，并且可以执行任意的操作，包括 Windows 7 系统下载安装应用软件，修改系统时间等需要管理特权的任务。这些操作不仅可以对管理员本身产生影响，还可能对整个计算机和其他用户造成影响。

标准用户：标准用户账户使用计算机的大多数功能。可以使用计算机上安装的大多数程序，并可以更改影响用户账户的设置；但是，无法安装或卸载某些软件和硬件，无法删除计算机工作所需的文件，也无法更改影响计算机的其他用户或安全的设置。

来宾账户：可以临时访问您的计算机。使用来宾账户的人无法安装软件或硬件，更改设置或者创建密码。

一台计算机至少有一个管理员账户，一般人员建议使用标准用户。

（8）单击【ky_kenana】账户，进入如图 2.30 所示的“更改 ky_kenana 账户”窗口，在此窗口中可以更改账户信息，如“更改账户名称”、“创建密码”、“更改图片”等。

（9）单击【创建密码】选项，显示如图 2.31 所示的“创建密码”窗口。输入和确认密码，键入密码提示。单击【创建密码】按钮，密码创建成功。

（10）单击【开始】→【关机】→【注销】命令，可重新进入登录界面，选中“ky_kenana”账户，可进入“ky_kenana”的账户桌面。

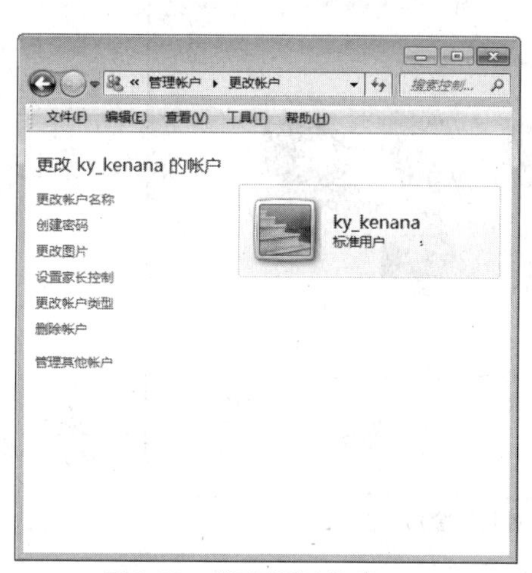

图 2.30 “更改账户”窗口

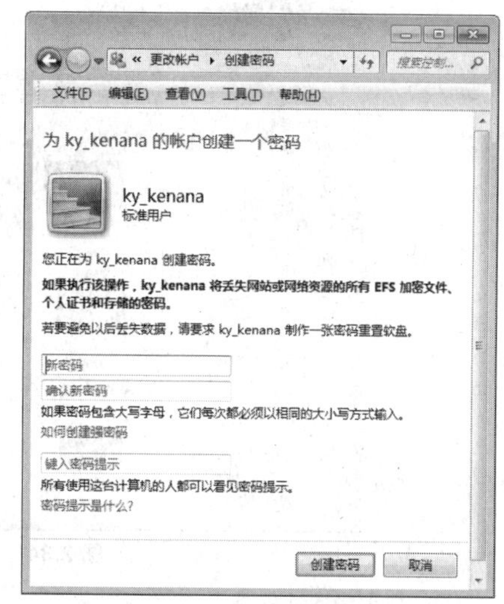

图 2.31 “创建密码”窗口

步骤 2 设置桌面

（1）设置个性化桌面背景。桌面背景是用户打开电脑进入 Windows 7 系统之后所出现的桌面背景颜色或图片，图 2.32 所示为新创建的“ky_kenana”账户的默认桌面环境，用户可根据自己的个性设置喜欢的桌面背景。

图 2.32 “ky_kenana”账户的默认桌面

① 单击【开始】→【控制面板】，打开“控制

面板”窗口，单击【外观和个性化】选项，打开如图 2.33 所示的“外观和个性化”窗口。

② 单击“个性化”中的【更改桌面背景】，打开“选择桌面背景”窗口，选择自己喜欢的图片作为桌面背景，单击【保存修改】按钮，桌面背景设置生效。

图 2.33 “外观和个性化”窗口

提示：设置桌面背景也可以直接单击【个性化】选项，打开如图 2.34 所示的“个性化”窗口，选择 Aero 主题，再单击【桌面背景】，选择自定义桌面背景。

图 2.34 “个性化”窗口

提示：主题是计算机上的图片、颜色和声音的组合。它包括桌面背景、屏幕保护程序、窗口边框颜色和声音方案等。某些主题也可能包括桌面图标和鼠标指针。

（2）自定义桌面图标。

① 在“个性化”窗口中，单击【更改桌面图标】命令，打开如图 2.35 所示的“桌面图标设置”对话框。

② 在“桌面图标设置”对话框中，若选中“计算机”、“用户的文件”、“网络”、“回收站”等复选框，将在桌面上添加相应图标。

③ 单击【确定】按钮，关闭对话框。

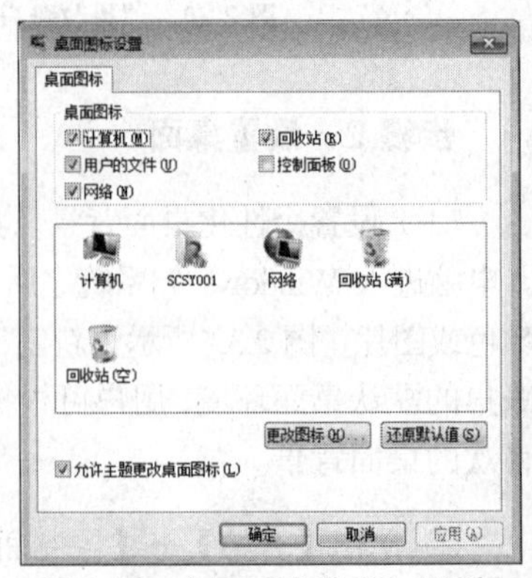

图 2.35 “桌面图标设置”对话框

提示：若想改变桌面默认的图标，可选中要更改的图标，单击【更改图标】按钮后，重新设置合适的图标。

（3）添加桌面小工具。Windows 7 新增了桌面小工具，利用它可以设置个性化桌面，增加桌面的生动性，而且这些小工具也很有用处。

① 在桌面空白处单击鼠标右键，在弹出的菜单中选择【小工具】命令，打开如图 2.36 所示的“小工具”窗口。

② 在打开的窗口中选择喜欢和需要的小工具，然后双击小工具图标或将其拖到桌面上，完成后关闭“小工具”窗口即可，如拖动“日历”到桌面上，效果如图 2.37 所示。

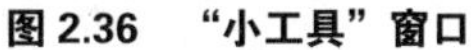

图 2.36 “小工具”窗口

图 2.37 添加的日历小工具

步骤 3 设置输入法

Windows 7 提供了多种中文输入法，如简体中文全拼、双拼，郑码，微软拼音 ABC 等。此外，用户还可以根据自身需要添加或删除输入法。

（1）单击【开始】→【控制面板】命令，在“控制面板”窗口中，单击【更改键盘或其他输入法】，打开如图 2.38 所示的“区域和语言”对话框。

（2）选择“键盘和语言”选项卡，单击【更改键盘】按钮，打开如图 2.39 所示的“文本服务和输入语言”对话框。

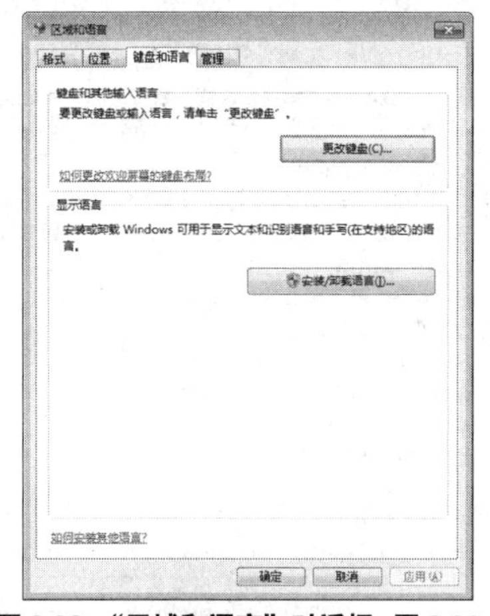

图 2.38 “区域和语言”对话框

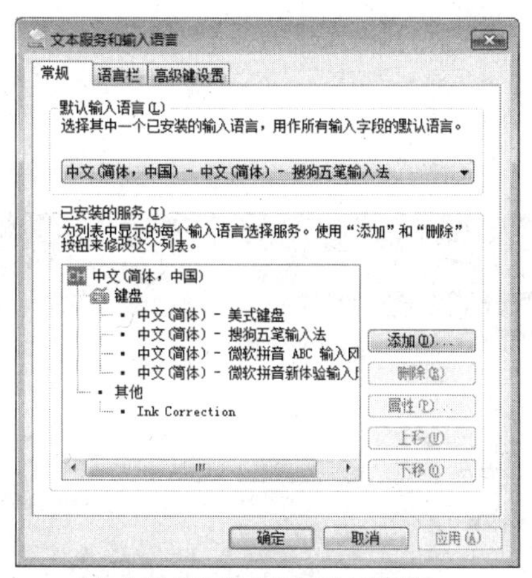

图 2.39 “文本服务和输入语言”对话框

（3）单击【添加】按钮，打开如图 2.40 所示“添加输入语言”对话框。选择需要的输入法，单击【确定】按钮，完成输入法的设置。

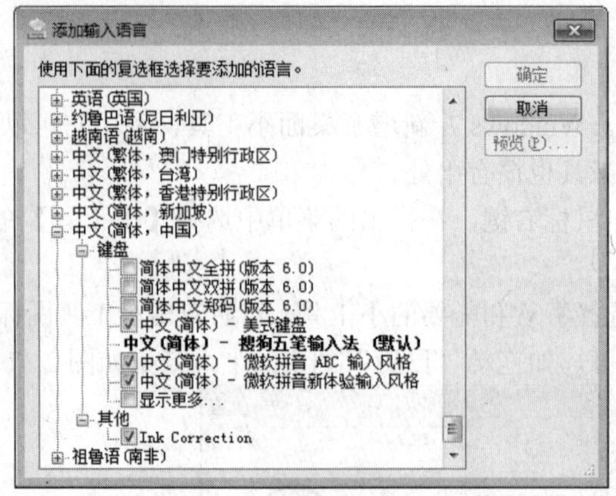

图 2.40　“添加输入语言”对话框

提示：添加或删除输入法，也可以用鼠标右键单击“任务栏”中的【输入法】指示器，从快捷菜单中选择【设置】命令。打开“文本服务和输入语言”对话框进行添加或删除输入法。

步骤 4　卸载或更改程序

如果不再使用某个程序，或者希望释放硬盘上的空间，则可以从计算机上卸载该程序。可以使用“程序和功能”卸载程序，或通过添加或删除某些选项来更改程序配置。

（1）打开或关闭 Windows 功能。

① 单击【开始】→【控制面板】，在“控制面板”窗口中选择【程序】，显示如图 2.41 所示的“程序”窗口。

② 选择【程序和功能】中的【打开或关闭 Windows 功能】选项，打开如图 2.42 所示的“打开或关闭 Windows 功能”对话框。若要打开某个 Windows 功能，选择该功能旁边的复选框。若要关闭某个 Windows 功能，清除该复选框。设置完后，单击【确定】按钮。

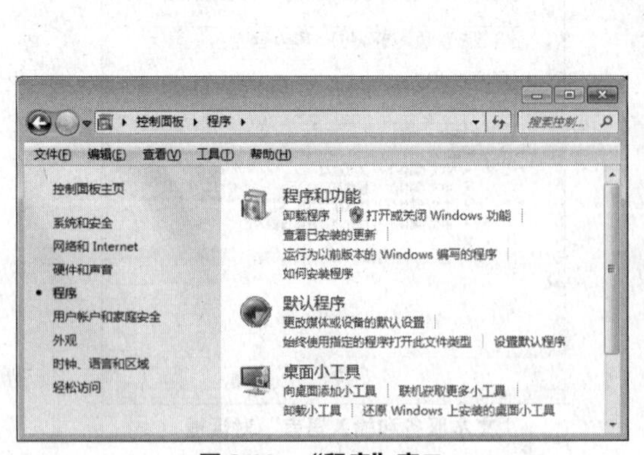

图 2.41　“程序”窗口

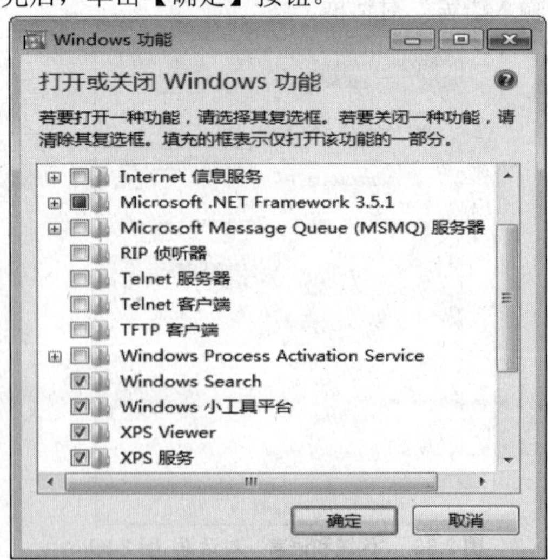

图 2.42　“打开或关闭 Windows 功能”对话框

提示：如果是标准用户，系统提示您输入管理员密码或进行确认，请键入该密码或提供确认。

（2）卸载或更改程序。

① 在“程序”窗口中，选择【卸载程序】选项，打开“卸载或更改程序”窗口。

② 选中要卸载的程序，可单击【卸载】、【更改】或【修复】对程序进行操作，如图 2.43 所示。

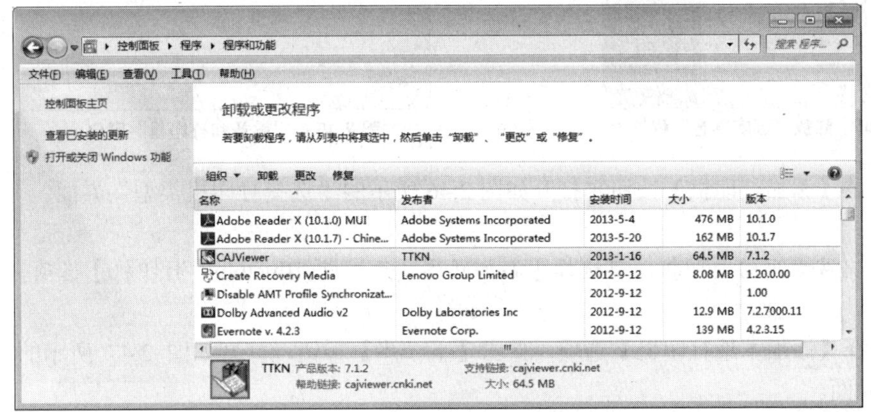

图 2.43 “卸载或更改程序”窗口

提示：除了卸载选项外，某些程序还包含更改或修复程序选项，但许多程序只提供卸载选项。若要更改程序，单击【更改】或【修复】。有些软件提供了卸载程序，则可以单击【开始】→【所有程序】，找到需要卸载的程序，单击【卸载】选项，图 2.44 所示为卸载“百度影音”程序。

步骤 5 安装打印机

在办公过程中，经常需要将一些文件以书面的形式输出，如果安装了打印机就可以打印文档和图片等内容，为用户的工作和学习提供极大的方便。将打印机连接到计算机的方式有好几种。选择哪种方式取决于设备本身，以及您是在家中还是在办公室。现将以安装本地打印机为例介绍打印机的安装。

（1）连接打印机。在安装打印机之前首先要进行打印机的硬件连接，把打印机的信号线与计算机的 LPT1 端口相连，并接通电源。

提示：打印机的数据线与计算机的连接有多种，大多数打印机都具有通用串行总线 (USB)连接器，但某些较旧型号可能连接到并行或串行端口。在典型的 PC 上，并行端口通常被标记为 "LPT1" 或者标上打印机形状的小图标。如果打印机是通用串行总线 (USB) 型号，在插入后，Windows 将自动检测并安装此打印机（驱动程序）。

（2）安装打印机的驱动程序。由于 Windows 7 自带了一些硬件的驱动程序，在启动计算机的过程中，系统会自动搜索新硬件并加载其驱动程序，在任务栏上会提示其安装的过程，如“查找新硬件”、“发现新硬件”和“已经安装好可以使用了”等信息。现以“安装联想 LJ2000 打印机”手动安装驱动程序为例安装打印机，安装过程如下。

① 单击【开始】→【设备和打印机】选项，打开如图 2.45 所示的“设备和打印机”窗口。

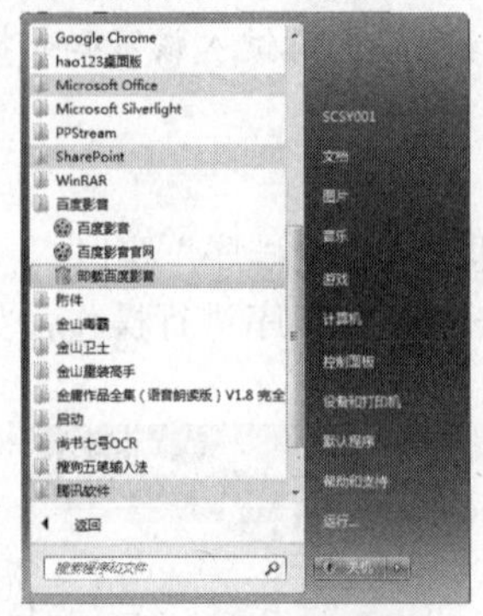

图 2.44　卸载“百度影音”程序

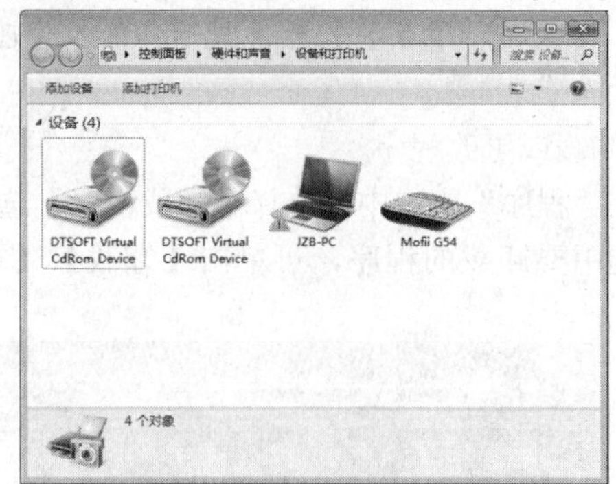

图 2.45　“设备和打印机”窗口

② 单击【添加打印机】按钮，打开如图 2.46 所示的“选择打印机类型”界面。

提示：*若安装网络打印机，可选择【添加网络、无线或 Bluetooth 打印机】选项。*

③ 选择【添加本地打印机】选项，单击【下一步】按钮，打开如图 2.47 所示的“选择打印机端口”界面。

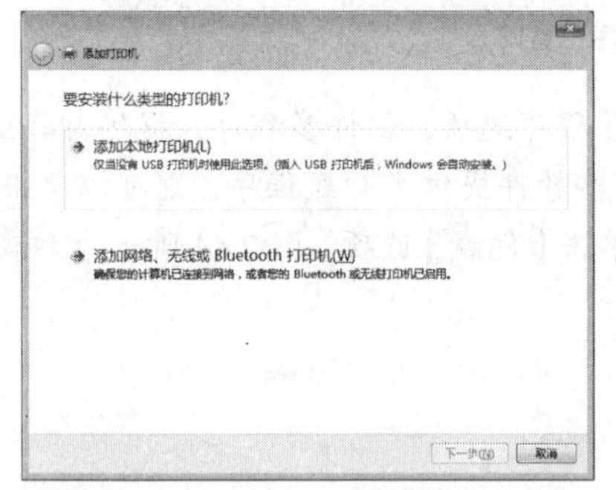

图 2.46　“选择打印机类型”对话框

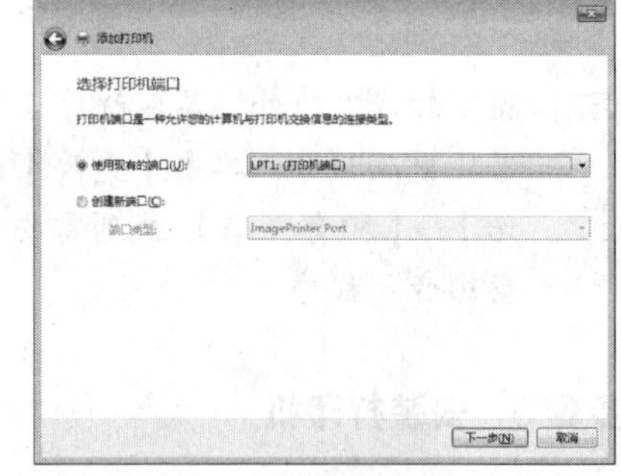

图 2.47　“选择打印机端口”界面

④ 选择安装打印机使用的端口“LPT1”，单击【下一步】按钮，打开如图 2.48 所示的“安装打印机驱动程序”界面，从左侧的“厂商”列表选择打印机的厂商，再从右侧的“打印机列表中选择打印机型号。

⑤ 单击【下一步】按钮，打开如图 2.49 所示的“键入打印机名称”界面。系统将以打印机型号作为默认的打印机名称，也可重新输入名称。

图 2.48　“安装打印机驱动程序”界面

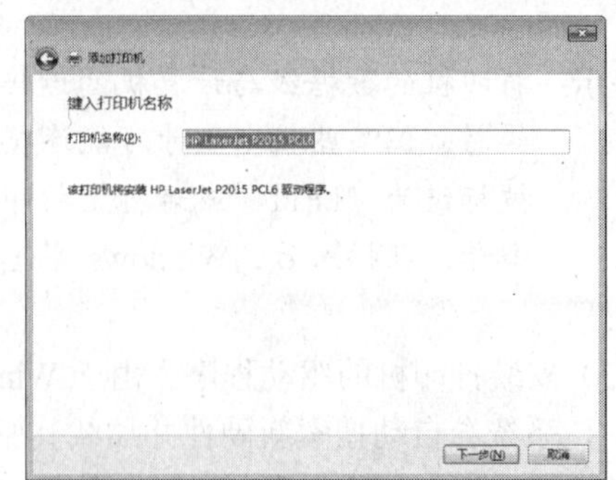

图 2.49　“键入打印机名称”界面

⑥ 单击【下一步】按钮，打开如图 2.50 所示的“打印机共享”界面。若选择【不共享这台打印机】选项，则不共享打印机；若选择【共享】，需要键入“共享名称”、“位置”等。

⑦ 单击【下一步】按钮，打开如图 2.51 所示的“打印测试页”界面。如果需要确认打印机是否连接正确，并且是否顺利安装了驱动程序，则单击【打印测试页】按钮进行测试。

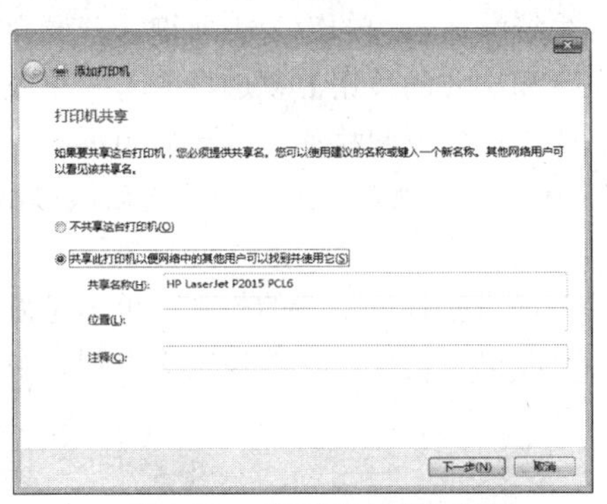

图 2.50 “打印机共享”界面

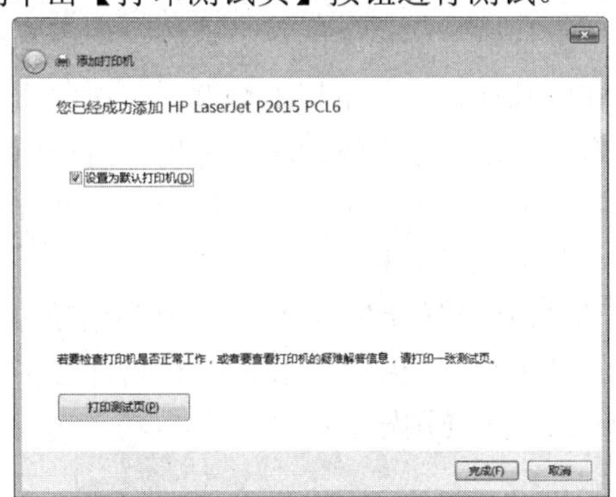

图 2.51 “打印测试页”界面

⑧ 单击【完成】按钮，计算机开始安装打印机驱动程序，并在“设备和打印机”窗口中会出现刚添加的打印机的图标。如果设置其为默认打印机，在图标旁边会有一个带“√”标志。

【任务总结】

本任务通过创建用户账户、为新用户设置桌面环境，熟悉了 Windows 7 用户环境的配置。在此基础上，通过安装输入法和打印机、卸载或更改程序，了解了 Windows 7 的常用硬件的设置、程序的安装和卸载的基本方法，为规范计算机日常管理、提高工作效率打下一定的基础。

【知识拓展】

1. 家庭组

使用家庭组，可轻松在家庭网络上共享文件和打印机。可以与家庭组中的其他人共享图片、音乐、视频、文档以及打印机。其他人无法更改您共享的文件，除非您授予他们执行此操作的权限。

如果家庭网络上不存在家庭组，则在设置运行此版本的 Windows 7 的计算机时，会自动创建一个家庭组。如果已存在一个家庭组，则您可以加入该家庭组。创建或加入家庭组后，可以选择要共享的库。您可以阻止共享特定文件或文件夹，也可以在以后共享其他库。您可以使用密码帮助保护您的家庭组，并可以随时更改该密码。

使用家庭组是一种共享家庭网络上的文件和打印机的最简便的方法，也可以使用其他方法来实现此操作。

提示： 只有运行 Windows 7 的计算机才能加入家庭组。所有版本的 Windows 7 都可使用家庭组。在 Windows7 简易版和 Windows7 家庭普通版中，您可以加入家庭组，但无法创建家庭组。家庭组仅适用于家庭网络。家庭组不会将任何数据发送到 Microsoft。

2. 设置鼠标和键盘

鼠标和键盘是计算机中常用的输入设备，在安装系统时已经自动进行了配置，但默认的配置并不一定符合用户个人的使用习惯。用户可以按个人喜好对鼠标和键盘进行调整。

（1）设置鼠标。

① 单击【开始】→【控制面板】→【硬件和声音】→【鼠标】主题，打开如图 2.52 所示的“鼠标属性”对话框。

② 设置鼠标键。

在“鼠标键”选项卡的“鼠标键配置”选项中，系统默认左边的键为主要键。若要交换鼠标左右按钮的功能，在“鼠标键配置”下选中【切换主要和次要的按钮】复选框。若要更改双击的速度，在“双击速度”下，将“速度”滑块向“慢”或“快”方向移动。若要启用不需一直按着鼠标按钮就可以突出显示或拖曳项目的“单击锁定”，在“单击锁定”下，选中【启用单击锁定】复选框，单击【确定】按钮。

③ 切换到如图 2.53 所示“指针”选项卡，若要为所有指针提供新的外观，单击【方案】下拉按钮，从下拉列表中选择新的鼠标指针方案。若要更改单个指针，在“自定义”列表中选择更改的指针，单击【浏览】按钮。

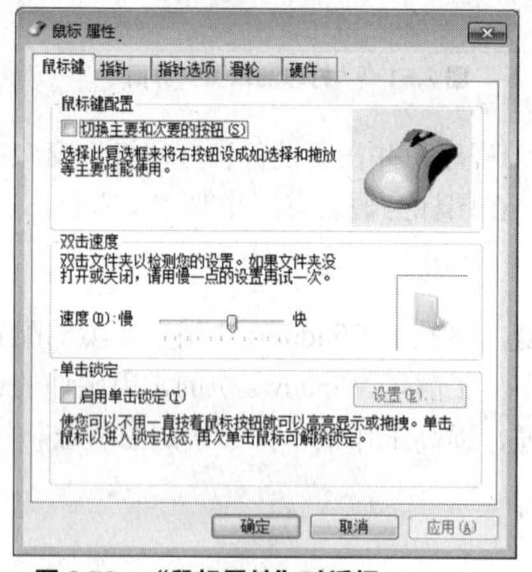

图 2.52 “鼠标属性”对话框

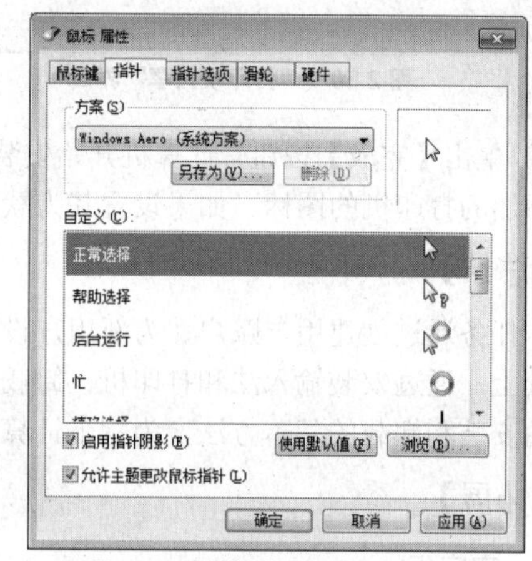

图 2.53 “指针”选项卡

④ 切换到如图 2.54 所示“指针选项”选项卡，可以设置鼠标移动的速度、显示指针踪迹等操作。

（2）设置键盘。

① 单击【开始】→【控制面板】，打开“控制面板”窗口。

② 在“控制面板”窗口的搜索框中输入“键盘”，打开如图 2.55 所示搜索到的“键盘”窗口。

图 2.54 “指针选项”选项卡

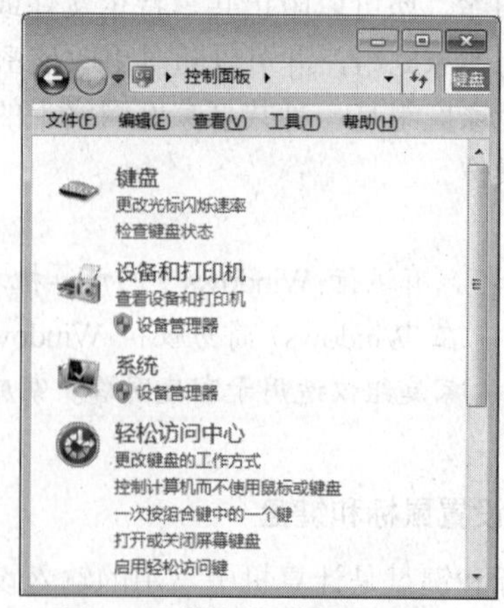

图 2.55 搜索的“键盘”窗口

提示： 通过“控制面板”进行设置时，有时无法找到需要设置的对象，可以在“搜索框”输入关键字，自动搜索对象。

③ 单击【键盘】选项，打开如图 2.56 所示的“键盘属性”对话框。

④ 在“速度”选项卡下的“字符重复”选项中，拖曳“重复延迟”滑块，可调节重复输入同一按键内容的间隔时间，即在键盘上按住一个键需要多长时间才开始重复输入该键；拖曳“重复速度”滑块，可调整输入重复字符的速度；在“光标闪烁频率”选项中，拖曳水平滑块，可以调整光标的闪烁频率。设置完成后，单击【确定】按钮确认所作的设置。

3. 设置时间和日期

（1）单击【开始】→【控制面板】，打开“控制面板”窗口。

（2）在“控制面板”窗口中，单击【时间、语言或区域】选项，显示“时间、语言或区域”窗口，单击【日期和时间】选项，打开如图 2.57 所示的“日期和时间”对话框。

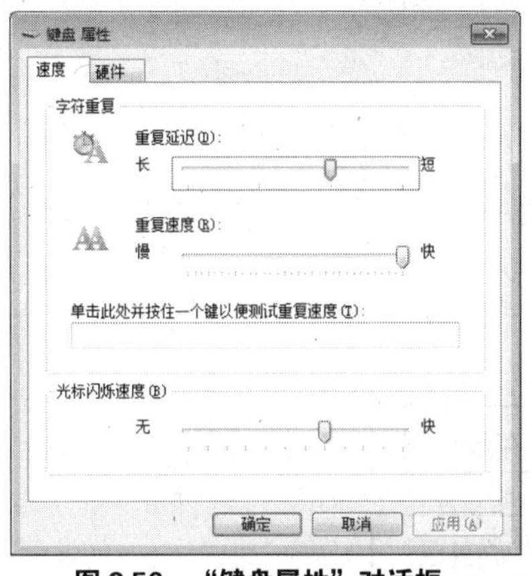

图 2.56 “键盘属性”对话框

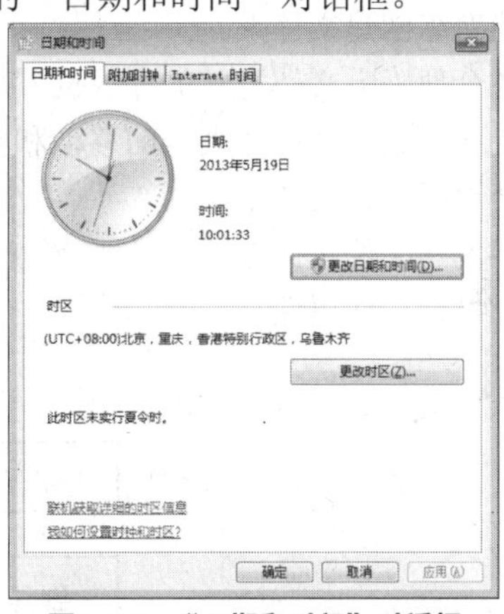

图 2.57 “日期和时间”对话框

（3）在【日期和时间】选项卡中，单击【更改日期和时间】按钮，打开如图 2.58 所示的“日期和时间设置”对话框。若要更改小时，双击小时，然后单击箭头增加或减少该值；若要更改分钟，双击分钟，然后单击箭头增加或减少该值；若要更改秒，请单击秒，然后单击箭头增加或减少该值。更改完时间设置后，单击【确定】按钮。

提示： 单击任务栏右下角的时间显示区，单击【更改日期和时间设置】，也可打开如图 2.58 所示的“日期和时间”对话框。

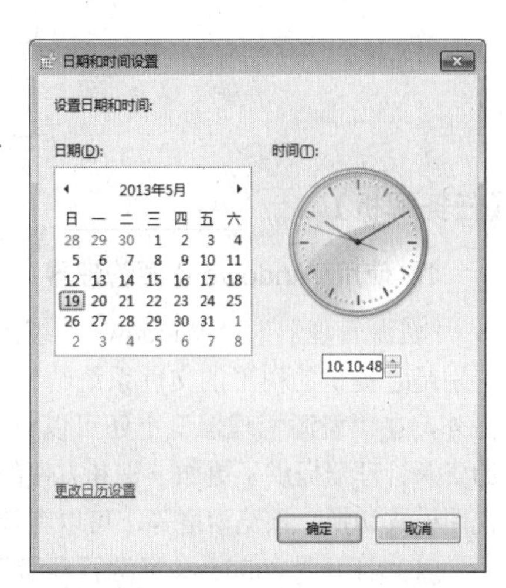

图 2.58 “日期和时间设置”对话框

【实践训练】

为“第六届科技文化艺术节计算机技能比赛”现场的计算机配置用户环境。

（1）创建科技文化节登录账户。

（2）设置以科技文化节为主题的桌面背景、屏幕保护。

（3）为科技文化节日文录入比赛安装日文输入法。

（4）安装科技文化节要使用的相关软件，如 Office 2010、Photoshop、Dreamweaver 等软件。

（5）安装打印机。

任务3 管理计算机资源

【任务描述】

为推进公司信息化建设，公司要求各部门应规范计算机中的文件管理，能够做到分类管理，方便保存和迅速提取，随时做好重要数据文档的备份。由于公司行政部属于综合事务部门，所管理的文件繁多，本任务以行政部为例，实现计算机中文件的高效管理。

【任务目标】

◈ 熟悉“Windows 资源管理器”和“库”。
◈ 能熟练创建文件夹。
◈ 能合理确定文档资料的存放位置。
◈ 能熟练进行文件（夹）的移动和复制操作。
◈ 会设置文件夹共享。
◈ 能创建文件快捷方式。
◈ 会设置文件属性。

【任务流程】

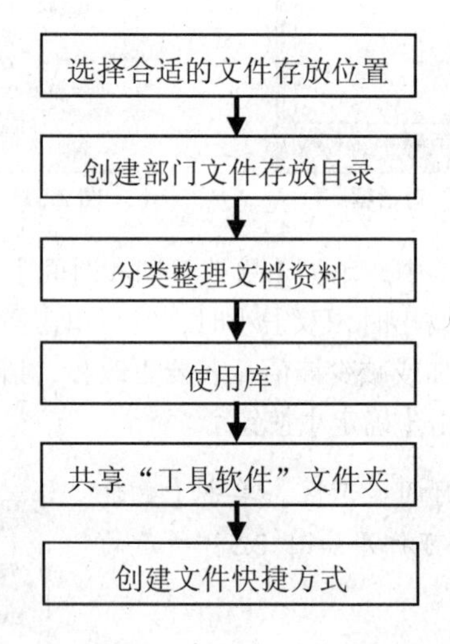

【任务解析】

1. 使用 Windows 资源管理器

“资源管理器”是 Windows 系统提供的资源管理工具，利用它可以查看本计算机的所有资源，特别是它提供的树形的文件系统结构，使我们能更清楚、更直观地认识计算机的文件和文件夹。另外，在“资源管理器”中还可以对文件进行各种操作，如：打开、复制和移动等。Windows 7的资源管理器提供了更加丰富和方便的功能，比如高效的搜索框、库功能、灵活的地址栏、丰富的视图模式切换、预览窗格等，可以有效帮助我们轻松提高文件操作效率。

（1）打开“Windows 资源管理器”。打开“Windows 资源管理器”的常用方法如下。

① 双击桌面“计算机”图标，打开如图 2.59 所示的“计算机”Windows 资源管理器。

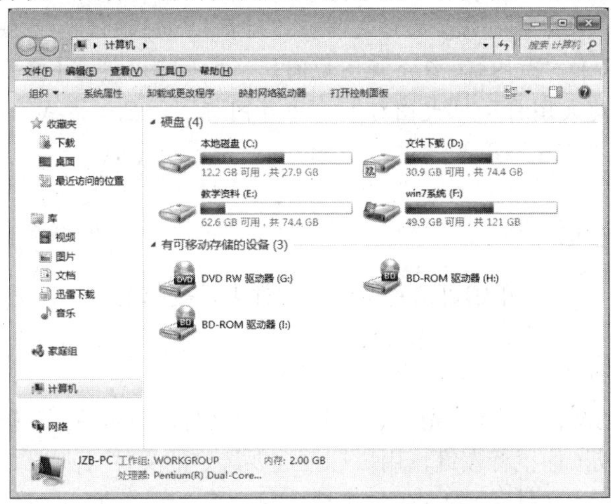

图 2.59 “计算机”Windows 资源管理器

② 单击任务栏的【资源管理器】图标，打开 Windows 资源管理器。

③ 右击任务栏【资源管理器】图标，打开跳转列表，单击【Windows 资源管理器】命令。

④ 单击【开始】→【计算机】，打开 Windows 资源管理器。

⑤ 用鼠标右键单击【开始】按钮，从弹出的快捷菜单中选择【打开 Windows 资源管理器】命令。

⑥ 按下【 】+【E】组合键打开 Windows 资源管理器。

（2）使用“Windows 资源管理器”。Windows 7 资源管理器窗口左侧的导航窗格中包含收藏夹、库、计算机和网络等资源，如果设置有家庭组还会有家庭组等其他项。

① 收藏夹。在“收藏夹”里有“下载、桌面、最近访问的位置”这 3 项信息，其中“最近访问的位置”非常有用，可以帮我们轻松跳转到最近访问的文件和文件夹位置。

② 库。库用于管理文档、音乐、图片和其他文件的位置，可以使用与在文件夹中浏览文件相同的方式浏览文件，也可以查看按属性（如日期、类型和作者）排列的文件。在某些方面，库类似于文件夹。例如，打开库时将看到一个或多个文件。但与文件夹不同的是，库可以收集存储在多个位置中的文件，而无需从其存储位置移动这些文件。有 4 个默认库（文档、音乐、图片和视频），也可以新建库用于其他集合。

③ 在 Windows 资源管理器。左侧导航窗格显示了收藏夹、库、计算机和网络等资源，单击▷标记可展开此文件夹，显示其子文件夹内容；反之，单击◢标记可折叠此文件夹。当单击左侧导航窗格中的磁盘或文件夹名称时，窗格工作区将显示选中的磁盘或文件夹的内容。单击窗格工作区的文件时，右侧的预览窗格的将显示选中的文件内容。

2. 改变文件显示方式

在资源管理器中，为了不同的目的，经常需要改变文件的显示方式，操作方法是单击工具栏上“视图”下拉按钮，显示如图 2.60 所示的下拉菜单，单击某个视图或移动滑块以更改文件和文件夹的外观。可以将滑块移动到某个特定视图（如“详细信息”视图），或者通过将滑块移动到小图标和超大图标之间的任何点来微调图标大小。

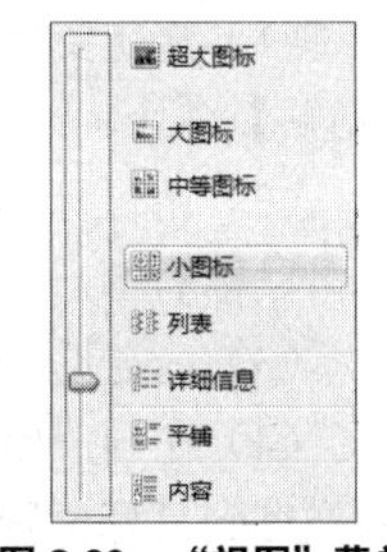

图 2.60 “视图”菜单

提示： 要在视图之间快速切换，可直接单击“视图”按钮，而不是它的下拉箭头。每单击一次，文件夹将在“列表”、“详细信息”、“平铺”、“内容”和“大图标”5个视图之间切换。也可以单击【查看】菜单选择“超大图标”、“大图标”、“中等图标”等显示方式。图2.61所示为“查看”菜单。

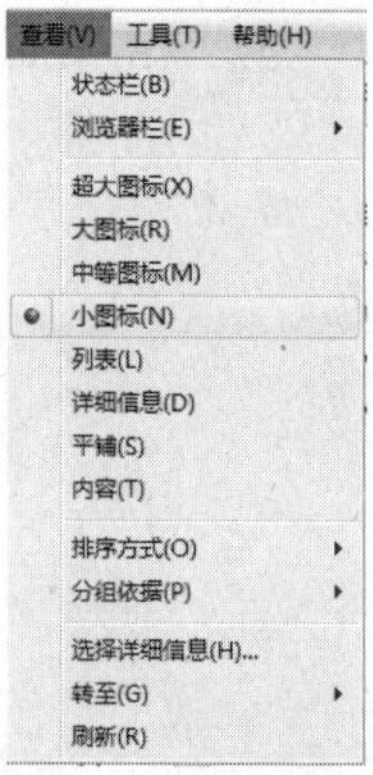

图 2.61　“查看”菜单

3. 选定文件或文件夹

（1）选定单个文件（夹）。单击可选定文件或文件夹，被选定的文件呈高亮显示。

（2）选定多个文件（夹）。

① 选定多个连续的文件（夹）。先单击选中第一个文件（夹），按住【Shift】键不放，再单击最后一个文件（夹）；或按住鼠标左键，用鼠标框选要选定的文件（夹）。

② 选定多个不连续的文件（夹）。先单击选中第一个文件（夹），按住【Ctrl】键不放，再依次单击要选的文件（夹）。

③ 选定所有文件（夹）。选择【编辑】→【全选】命令；或按【Ctrl】+【A】组合键，选择全部对象；或单击工具栏上【组织】按钮，从下拉列表中选择【全选】命令。

④ 反向选定文件。当要选择多个文件时，可以先选定不需要的文件（夹），再选择【编辑】→【反向选择】命令。

4. 移动文件（夹）

移动文件（夹）的常用方法如下。

（1）选定要移动的文件（夹），选择【编辑】→【剪切】命令，选定目标位置，再选择【编辑】→【粘贴】命令。

（2）用鼠标右键单击要移动的文件（夹），从快捷菜单中选择【剪切】命令，选定目标位置，单击鼠标右键，从快捷菜单中选择【粘贴】命令。

（3）选定要移动的文件（夹），按【Ctrl】+【X】组合键，选定目标位置，按【Ctrl】+【V】组合键。

（4）在同一磁盘中，直接用鼠标拖动到目标位置。若为不同磁盘，先按住【Shift】键不放，再用鼠标拖曳到目标位置。

（5）按住鼠标右键拖曳要移动的对象到目标位置，松开鼠标，从快捷菜单中选择【移动到当前位置】命令。

5. 复制文件（夹）

复制文件（夹）的常用方法如下。

（1）选定要复制的文件（夹），选择【编辑】→【复制】命令，选定目标位置，再选择【编辑】→【粘贴】命令。

（2）用鼠标右键单击要复制的文件（夹），从快捷菜单中选择【复制】命令，选定目标位置，单击鼠标右键，从快捷菜单中选择【粘贴】命令。

（3）选定要移动的文件（夹），按【Ctrl】+【C】组合键，选定目标位置，按【Ctrl】+【V】组合键。

（4）在同一磁盘中，按住【Ctrl】键不放，再用鼠标拖曳到目标位置。若为不同磁盘直接用鼠标拖曳到目标位置。

（5）按住鼠标右键拖曳要复制的对象到目标位置，松开鼠标，从快捷菜单中选择【复制到当前位置】命令。

6. 删除文件（夹）

删除文件（夹）的常用方法如下。

（1）选定要删除的文件（夹），按键盘上的【Delete】键，弹出如图 2.62 所示的“确认文件删除”提示框，单击【是】按钮，将该文件（夹）放入回收站中。

（2）选定要删除的文件（夹），选择单击【文件】→【删除】命令。

（3）用鼠标右键单击要删除的文件（夹），从快捷菜单中选择【删除】命令。

（4）按住鼠标左键将要删除的文件（夹）拖曳到回收站中。

提示：从硬盘中删除文件（夹）时，不会立即将其删除。而是将其存储在回收站中，直到清空回收站为止。若要永久删除文件（夹）而不是先将其移至回收站，选定该文件（夹），然后按【Shift】+【Delete】组合键。如果从网络文件夹或 USB 闪存驱动器删除文件（夹），则可能会永久删除该文件（夹），而不是将其存储在回收站中。如果无法删除某个文件，则可能是当前运行的某个程序正在使用该文件。关闭该程序或重新启动计算机以解决该问题。

7. 恢复/永久删除回收站中的文件（夹）

（1）恢复回收站中的文件（夹）。双击桌面上的“回收站”，打开“回收站”窗口，选定如图 2.63 所示要恢复的文件（夹），单击工具栏上【还原选定的项目】按钮，被选定的文件将还原到它们在计算机上的原始位置。

（2）永久删除回收站中的文件（夹）。在回收站窗口中，若要永久性删除某个文件，单击该文件，按【Delete】键，然后单击【是】。若要删除所有文件，在工具栏上，单击【清空回收站】按钮，然后单击【是】。

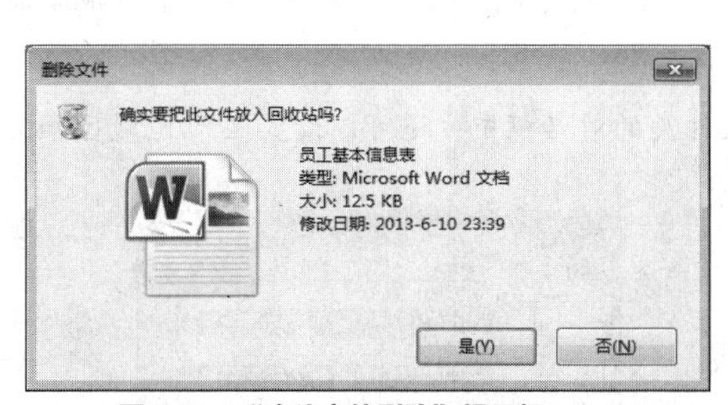

图 2.62 “确认文件删除”提示框

图 2.63 恢复回收站中的项目

8. 重命名文件（夹）

重命名文件（夹）的常用方法如下。

（1）选中要重命名的文件（夹），选择【文件】→【重命名】命令，输入新的名称。

（2）按【F2】键，进行重命名的操作。

（3）单击要重命名的文件（夹），将鼠标移动到文件（夹）名的位置，再单击鼠标，进行重命名的操作。

（4）用鼠标右键单击要重命名的文件（夹），从快捷菜单中选择【重命名】命令。

提示：一次重命名多个文件，这为相关项目分组很有帮助。先选择这些文件，然后按照上述步骤之一进行操作。键入一个名称，然后每个文件都将用该新名称来保存，并在结尾处附带上不同的顺序编号。图 2.64 所示为“一次重命名多个文件”窗口。

9. 查看和设置文件（夹）属性

（1）选中要设置属性的文件（夹）。

（2）选择【文件】→【属性】命令，出现如图 2.65 所示的设置“文件属性”对话框，可设置“只读”、“隐藏”、“存档”等属性。

图 2.64 “一次重命名多个文件”窗口

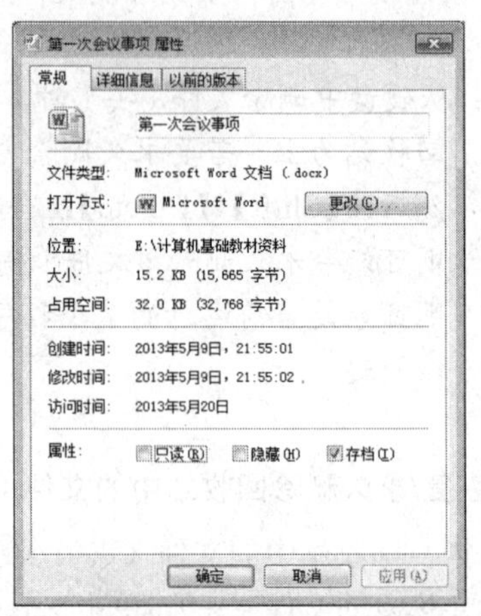

图 2.65 设置“文件属性”对话框

10. 显示隐藏文件（夹）

（1）选择【工具】→【文件夹选项】命令，打开如图 2.66 所示的“文件夹选项”对话框。

（2）切换到“查看”选项卡，选中如图 2.67 所示的【显示隐藏的文件、文件夹和驱动器】单选按钮，然后单击【确定】按钮。

提示：在图 2.67 所示的显示隐藏文件、文件夹的对话框中，还可以设置显示/隐藏已知文件类型的扩展名。

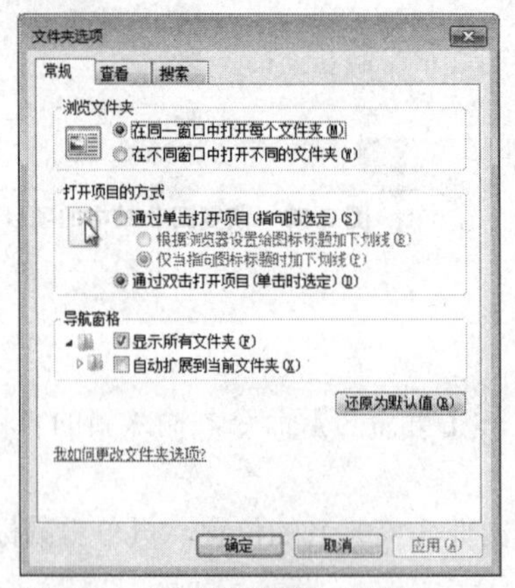

图 2.66 “文件夹选项”对话框

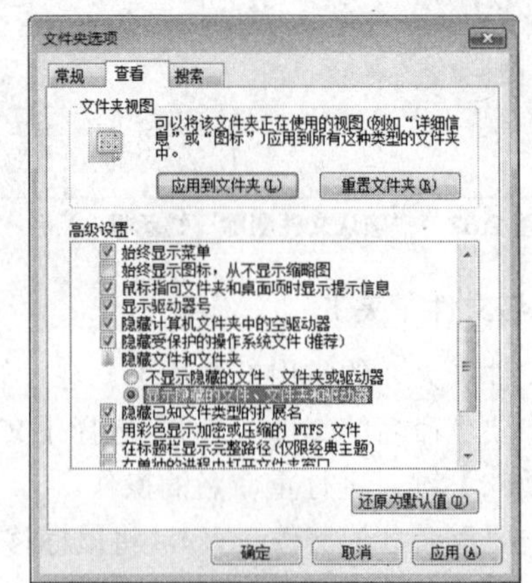

图 2.67 显示隐藏的文件、文件夹

【任务实施】

步骤 1　选择合适的文件存放位置

查看磁盘分区的可用空间。在“计算机”资源管理器窗口中，用鼠标右键单击各磁盘分区图标，从快捷菜单中选择【属性】命令，查看每个磁盘分区的可用空间，如图 2.68 所示，选择其中一个作为数据存储专用分区。

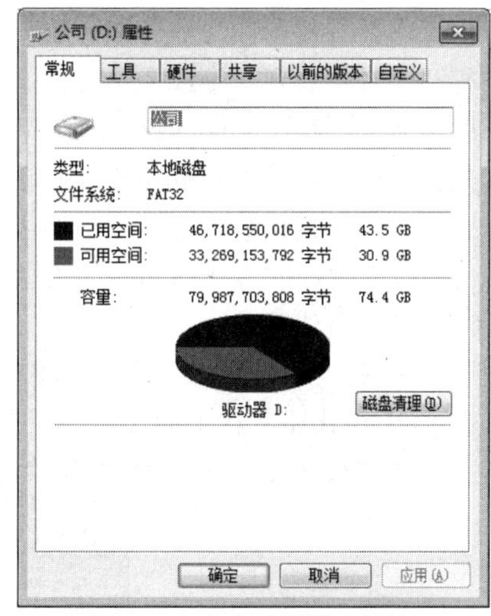

图 2.68　“磁盘属性”对话框

提示：计算机内一般有多个磁盘分区，通常应该明确规定各自的用途。如有 3 个分区，可将操作系统和应用软件安装在 C 盘，D 盘作为资料存储盘，E 盘作为临时盘。当然，实际工作中可根据磁盘分区情况来做合适的分配。

步骤 2　创建部门文件存放目录

（1）双击“计算机”窗口中的“本地磁盘（D:）”图标，打开 D 盘。

（2）创建“公司文档资料”文件夹。单击工具栏中的【新建文件夹】按钮，在 D 盘上出现一个文件夹图标，默认名称为“新建文件夹”，输入新的文件夹名称“公司文档”，按【Enter】键确认。

（3）创建各种资料文件夹。

① 双击打开创建好的“公司文档资料”文件夹。

② 单击工具栏中的【新建文件夹】按钮，分别新建名为“工具软件”、“公司文件”、“公司制度”、“会议纪要”、“其他事务性文件”、“通知”、“公司宣传照片”及“外单位文件”文件夹，如图 2.69 所示。

图 2.69　各种资料文件夹

步骤 3　分类整理文档资料

建立好公司文件和各类文档资料文件夹后，我们可以按建立好的文件夹类别将计算机上原有的文件分别移到对应的文档资料文件夹中。这里，我们以原存放在 E 盘上的“企业考察照片”文件夹为例，将其移动至建好的“公司宣传照片”文件夹中。

（1）打开 E 盘，选中“企业考察照片”文件夹。

（2）选择【编辑】→【剪切】命令。

（3）打开 D 盘上“公司文档资料”文件夹中的“公司宣传照片”文件夹，选择【编辑】→【粘贴】命令。

类似地，将其他需要归档的文档资料移至对应的文件夹中。

步骤 4　使用库

库是 Windows 7 中的新增功能之一。可以使用与在文件夹中浏览文件相同的方式浏览文件，也可以查看按属性（如日期、类型和作者）排列的文件。在某些方面，库类似于文件夹。例如，打开库时将看到一个或多个文件。但与文件夹不同的是，库可以收集存储在多个位置中的文件。库实际上不存储文件本身，而仅保存文件快照（类似于快捷方式）。库提供一种更加快捷的管理方式。例如，如果在硬盘和外部驱动器上的文件夹中有音乐文件，则可以使用音乐库同时访问所有音乐文件。默认情况下，库适用于管理文档、音乐、图片和其他文件的位置。根据实际使用，也可通过新建库的方式增加库的类型。

（1）新建库。

① 打开“计算机”窗口，单击选中左侧导航窗格中的【库】。

② 单击工具栏上的【新建库】按钮，添加一个默认名称为“新建库”的库。

③ 键入库的名称“照片”，然后按【Enter】确认，如图 2.70 所示。

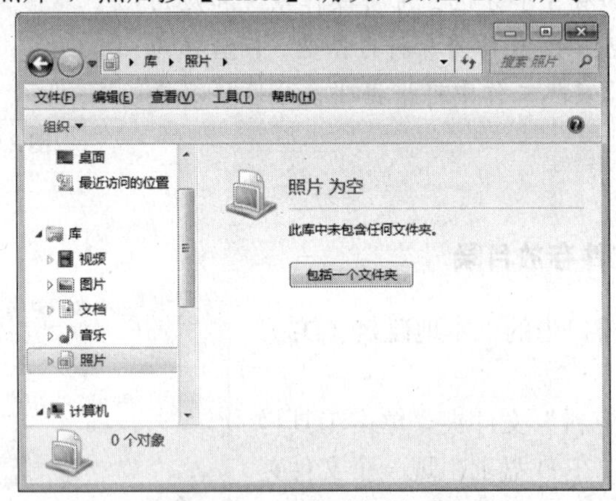

图 2.70 创建“照片”库

（2）添加文件到库。

① 在任务栏中，单击【Windows 资源管理器】按钮。

② 选中“D:\公司文档资料\公司宣传照片”文件夹中的“企业考察照片”文件夹，然后单击（不是双击）该文件夹。

③ 在工具栏中，单击“包含到库中”，然后从图 2.71 所示的列表中选择“照片”库。这样就将 D 盘中的“企业考察照片”文件夹包含到“照片”库中，同时显示出“企业考察照片”的原始位置，如图 2.72 所示。

图 2.71 将文件夹包含到库

图 2.72 文件夹包含到库的效果

提示：如果不需要将某些文件（夹）通过库来进行管理，可以将其从库中删除，删除文件（夹）时，不会从原始位置中删除该文件夹及其内容。其步骤如下。

（1）在任务栏中，单击【Windows 资源管理器】按钮，打开资源管理器。

（2）在导航窗格中，用鼠标右键单击要从库中删除的文件夹，在弹出的快捷菜单中，选择【从库中删除位置】命令。

同理，如果不需要某些库项目，也可用鼠标右键单击要删除的库，在弹出的快捷菜单中，选择【删除】命令进行删除。

步骤 5　共享“工具软件”文件夹

在 Windows 7 系统中，可以轻松地与家里或办公室中的人们共享文档、音乐、照片及其他文件。要享受共享，最简单、最方便的办法是建立“家庭组”或加入“家庭组”。

（1）建立“家庭组”。

① 单击【开始】→【控制面板】→【网络和 Internet】→【家庭组】选项，打开如图 2.73 所示的“创建家庭组”窗口。

图 2.73　“创建家庭组”窗口

提示：如果网络上已存在一个家庭组，则 Windows 会询问您是否愿意加入该家庭组而不是新建一个家庭组。如果您没有家庭网络，则需要在创建家庭组之前设置一个家庭网络。如果您的计算机属于某个域，则您可以加入家庭组，但无法创建一个家庭组。您可以访问其他家庭组计算机上的文件和资源，但无法与该家庭组共享您自己的文件和资源。

② 单击【创建家庭组】按钮。打开如图 2.74 所示的“选择共享内容”窗口，选择需要共享的内容。

③ 单击【下一步】按钮，自动生成一组家庭组密码，如图 2.75 所示，使用此家庭组密码添加其他计算机。

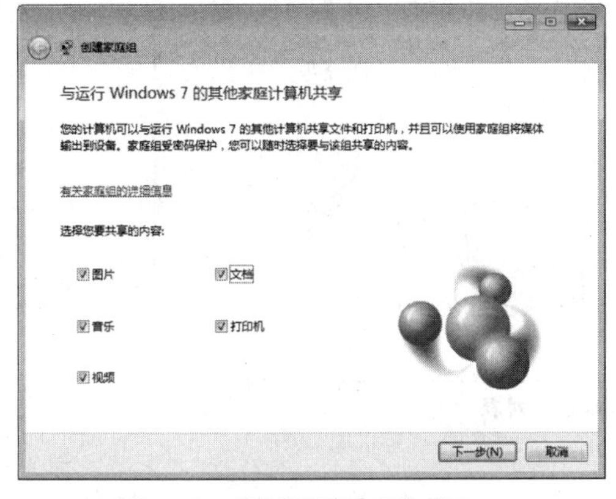

图 2.74　“选择共享内容”窗口

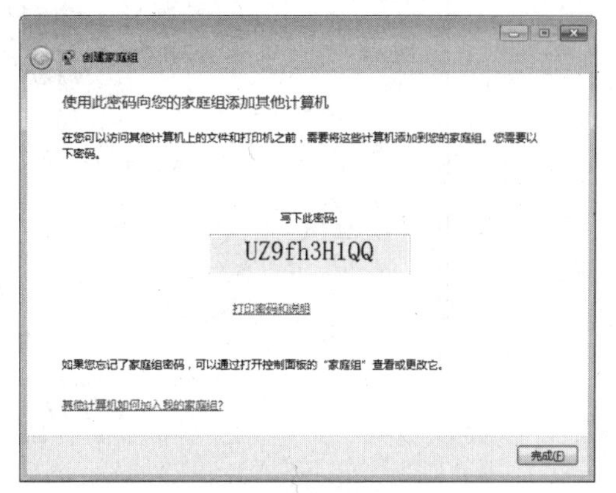

图 2.75　“生成家庭组密码”窗口

④ 单击【完成】，完成家庭组的创建。

提示：如果忘了家庭组密码，可以通过打开控制面板的家庭组查看或更改。如图 2.76 所示的“更改家庭组设置”窗口。在这个窗口中可以完成“设置共享库和打印机”、“查看或打印家庭组密码”、“更改密码”和“离开家庭组”等操作。

图 2.76 “更改家庭组设置”窗口

（2）共享“工具软件”文件夹。

① 在任务栏中，单击“ Windows 资源管理器”按钮，打开资源管理器。

② 选中 D 盘“公司文档资料”文件夹中的“工具软件”文件夹。

③ 单击工具栏上【共享】按钮，打开如图 2.77 所示的“共享对象”列表，选择【家庭组（读取）】选项。

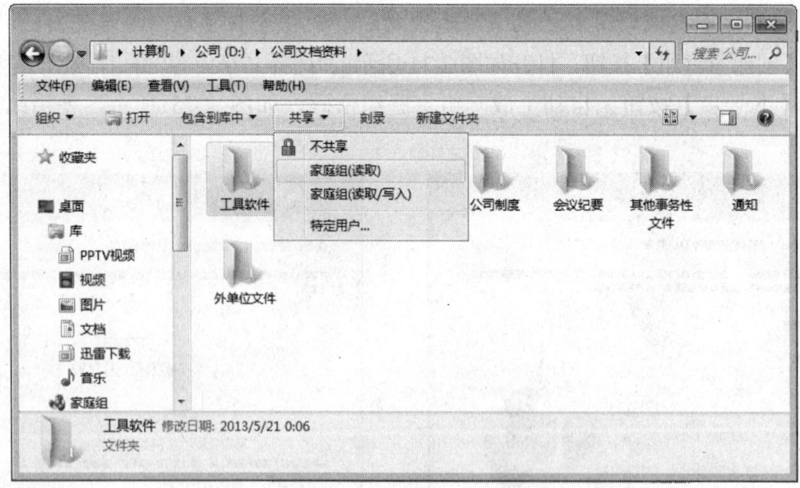

图 2.77 “共享对象”列表

提示：最常见的选项有【不共享】，表示此选项使项目成为专用项目，这样只有自己才能访问；“家庭组(读取)”表示此选项使项目以只读权限方式供家庭组使用；“家庭组(读取/写入)”

表示此选项使项目以读/写权限方式供家庭组使用；“特定用户”表示此选项将打开文件共享向导，这样可以选择与其共享的特定用户。

（3）查看共享文件。

① 单击【开始】按钮，然后单击自己的用户账户名。

② 在导航窗格中，选择“家庭组”，单击要访问其文件或文件夹的用户账户名称，如图 2.78 所示。在右侧的窗格中显示出共享的文件夹“工具软件”。

图 2.78　通过“家庭组”查看共享文件

提示： 除了通过家庭组查看共享文件外，也可以通过网络文件夹查找文件或文件夹。其步骤为：单击【开始】→【网络】，在导航窗格中，单击要访问其文件或文件夹的用户账户名称，如图 2.79 所示。如果该计算机没有加入家庭组，则将要提供存储密码、证书和其他凭据来登录，如图 2.80 所示。

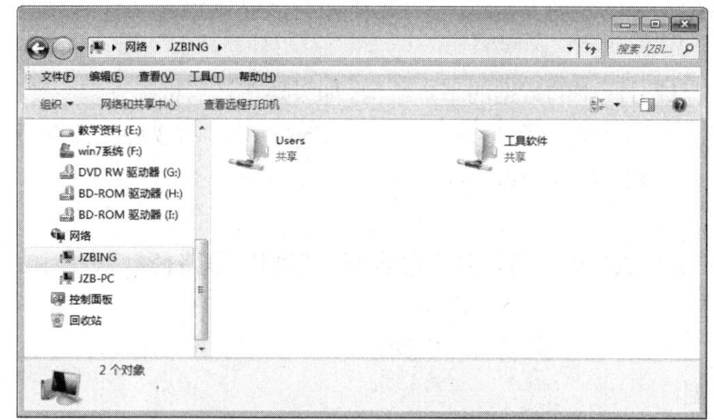

图 2.79　通过“网络”查看共享文件

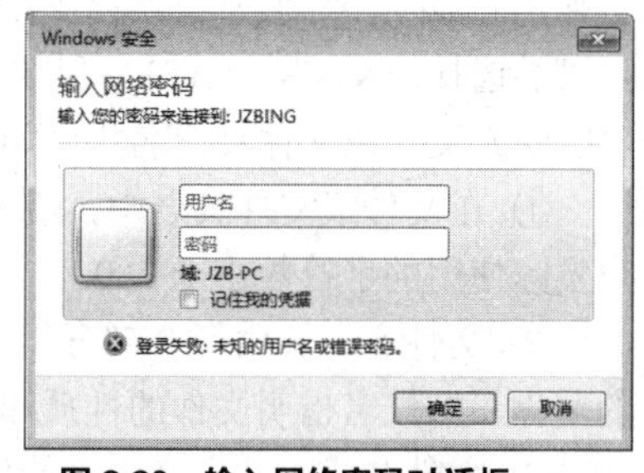

图 2.80　输入网络密码对话框

步骤 6　创建文件快捷方式

在日常的办公过程中，如果我们经常要快捷访问文件或文件夹，可以为其创建“快捷方式”，再将生成的快捷方式图标移动到经常停留的地方。同样地，对于经常使用的软件，也可以在桌面上创建其快捷图标。

1. 创建桌面快捷方式图标

（1）单击【开始】按钮，在“搜索程序或文件”输入 Word 应用程序的关键字“Word”。

（2）在搜索到的“Word”应用程序，用右键单击该文件图标，从弹出的快捷菜单中选择【发送到】→【桌面快捷方式】命令，在桌面上创建起 Word 程序的快捷图标。

提示：可以将桌面的快捷图标拖到任务栏中去。

2. 创建文件快捷方式

（1）选择到要创建快捷方式的文件。

（2）用鼠标右键单击文件，从弹出的快捷菜单中选择【创建快捷方式】命令。

（3）将创建的快捷方式移动到需要的位置。

【任务总结】

本任务通过对公司行政部的文档资料进行归类管理，介绍了通过“Windows 资源管理器”进行文档的存放规划、创建文件夹、移动或复制文件、设置文件共享等操作。此外，为方便文档的操作，为经常使用的文件创建了快捷方式，以提高文件使用和管理的效率。

【知识拓展】

1. 文件与文件夹

（1）文件是存储在磁盘上信息的集合，文件可以是程序、文档或图片等。根据文件类型（扩展名）的不同，文件会以不同的图标显示。

（2）文件夹是用来组织和管理磁盘文件的一种数据结构。文件夹不但可以包含文件，而且可包含下一级文件夹。

（3）文件系统是计算机用来组织硬盘或分区中的数据的基本结构。如果要在计算机中安装新硬盘，必须先用文件系统对该硬盘进行格式化，然后才能使用该硬盘。在 Windows7 中，有 3 种文件系统选项可供选择：NTFS、FAT32 和 FAT。NTFS 是 Windows7 的首选文件系统。

（4）文件或文件夹命名规则如下。

① 在文件或文件夹名中，最多可以有 260 个字符，其中包含驱动器和完整路径信息，因此用户实际使用的字符数小于 260。

② 文件名一般由两个部分组成，主文件名和扩展名，中间以“.”隔开。主文件名体现文件的名称，扩展名指明文件的性质和类型。

③ 文件名或文件夹名中不能使用的字符有：\ / ? : * ″ ><和|。

④ 文件名或文件夹名不区分英文大小写，例如 A1 与 a1 是同一个文件名。

⑤ 文件名或文件夹名中可以使用汉字，例如“四川 sc.txt”。

⑥ 文件名可以使用多个分隔符，例如“四川.成都.exe”。

⑦ 同一个文件夹中不能出现完全相同的两个文件名。

2. 路径

用户在磁盘上寻找文件时，所历经的文件夹线路叫路径，用反斜杠“\”隔开的一系列文件夹名来表示。

路径分为绝对路径和相对路径。绝对路径是从磁盘根文件夹开始的路径，如“D:\科源有限公司\行政部”。相对路径是从当前文件夹开始的路径。如“科源有限公司\行政部”。既可能在D盘，也有可能在C盘。

3. 快捷方式

快捷方式是一个链接对象的图标，是指向对象的指标，而不是对象本身。一般快捷方式图标的左下角带有一个指向右上角的箭头，如 公司制度。

4. 剪贴板

剪切板是从一个地方复制或移动并打算在其他地方使用的信息的临时存储区域。可以选择文本或图形，然后使用【剪切】或【复制】命令将所选内容移至剪贴板，在使用【粘贴】命令将该内容插入到其他地方之前，它会一直存储在剪贴板中。例如，要复制网站上的一部分文本，然后将其粘贴到电子邮件中。大多数 Windows 程序中都可以使用剪贴板。

【实践训练】

合理规划和管理“第六届科技文化艺术节”文档资料。

（1）用现场的一台计算机创建一个“家庭组”，并把其余的计算机加入到这个“家庭组”中去。

（2）选择D盘作为“第六届科技文化艺术节”文档资料存放位置。

（3）创建“第六届科技文化艺术节”文档资料文件夹“第六届科技文化艺术节”，并在该文件夹中创建子文件夹“策划”、“宣传”、“作品”、“比赛”、“成绩”及“照片”。

（4）将科技文化节中各类文档资料移动或复制到相应的文件夹中。

（5）将“第六届科技文化艺术节”文件夹设置为“共享”、权限为“只读”。

（6）创建名为“第六届科技文化艺术节”的库，并把D盘的“第六届科技文化艺术节”文件夹包含到“第六届科技文化艺术节”的库中。

（7）在桌面创建“第六届科技文化艺术节”文件夹的快捷方式。

（8）将“作品”文件夹设置为“隐藏”属性。

（9）显示计算机中所有文件和文件夹。

任务4　维护和优化系统

【任务描述】

刚安装好的 Windows 7 系统性能优良，但随着计算机的使用时间的加长，系统的速度就变得越来越慢，并且经常出现非法操作，甚至蓝屏死机等故障。为避免以上情况给我们工作带来负面的影响，应注意计算机在日常使用过程中的维护。Windows 7 为了方便用户管理和维护计算机，提供了很多系统工具。如计算机使用一段时间后系统变慢，可用自带磁盘管理工具等进行优化和维护，使我们的工作变得得心应手。

【任务目标】

- ◈ 了解系统维护的方法。
- ◈ 会使用磁盘清理工具进行磁盘清理。
- ◈ 了解系统优化的方法。

◈ 会使用磁盘碎片整理程序进行碎片整理。

【任务流程】

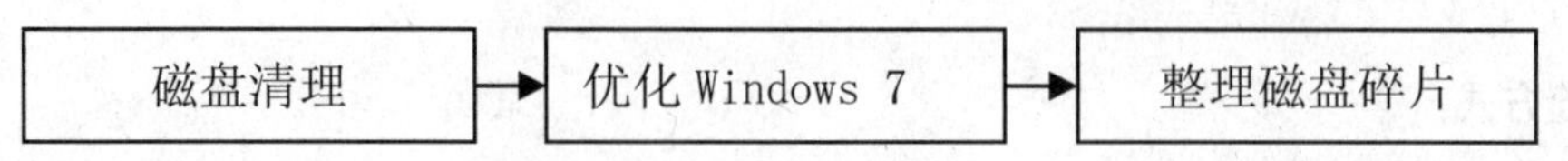

【任务解析】

不管计算机新买时速度多快或外表多漂亮，用上一段时间后，似乎都会越来越慢。最先进计算机在安装了数十个程序、反间谍软件和防病毒工具并从 Internet 上下载了无数垃圾信息之后，运行速度可能就没那么快了。

1. 使用疑难解答

首先可以尝试的疑难解答，它能够自动查找并解决问题。疑难解答会检查可能会降低你的计算机性能的问题。例如，当前多少用户登录到该计算机上，以及多个程序是否同时在运行等。现以启动“运行维护任务”介绍怎样使用疑难解答。

（1）单击【开始】→【控制面板】，单击右上角“查看方式”的【大图标】，很快找到“疑难解答”选项。单击【疑难解答】，打开如图 2.81 所示的“疑难解答”窗口。

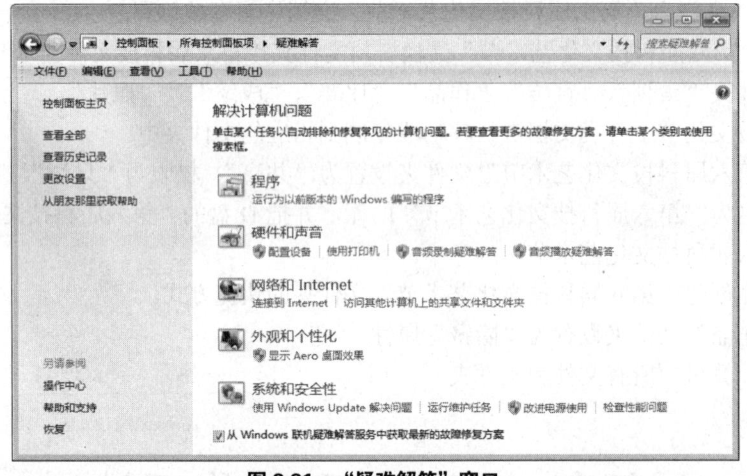

图 2.81 “疑难解答”窗口

提示：控制面板中的“疑难解答”包含多个疑难解答程序，这些程序可以自动解决计算机存在的某些常见问题，例如网络、硬件和设备、使用 Web 和程序兼容性存在的问题。虽然疑难解答程序不能解决每个问题，但它们对您还是很有用的，应首先尝试使用，它们通常可以节约您的时间和精力。

（2）单击“系统和安全性”中的【运行维护任务】选项，并单击【高级】，打开如图 2.82 所示的“系统维护”疑难解答对话框。

（3）单击【下一步】，使用“系统维护”疑难解答自动查找并解决问题。例如，查找您可以清理或删除的未使用文件和快捷方式，以便您的计算机运行速度更快。

（4）自动检测完毕后，可单击【查看详细】，打开如图 2.83 所示的“疑难解答报告”，通过它可以了解系统存在的潜在问题。

图 2.82 “系统维护”疑难解答对话框

图 2.83 “疑难解答报告”对话框

提示：在运行疑难解答程序时，它可能会询问您一些问题，或重置一些常用设置，以解决问题。如果疑难解答程序已解决问题，则可以关闭疑难解答程序。如果疑难解答程序无法解决问题，则可以查看将让您联机尝试并找到答案的多个选项。在任何一种情况下，您始终可以查看所做更改的完整列表。

2. 备份

无论我们怎样维护和管理计算机，都无法绝对保证我们的系统永远不会出现问题甚至崩溃，因为系统很有可能因操作失误或者其他我们无法预料的因素导致无法正常工作，造成系统或文件出现问题。所以我们很有必要在系统出现故障之前，先采取一些安全和备份措施，做到防患于未然。Windows 提供了以下备份工具：文件备份、系统映像备份、早期版本和系统还原。

（1）单击【开始】→【控制面板】→【备份与还原】，打开如图 2.84 所示的“备份或还原”窗口。

（2）单击【设置备份】，打开如图 2.85 所示的“设置备份目标选择”对话框。

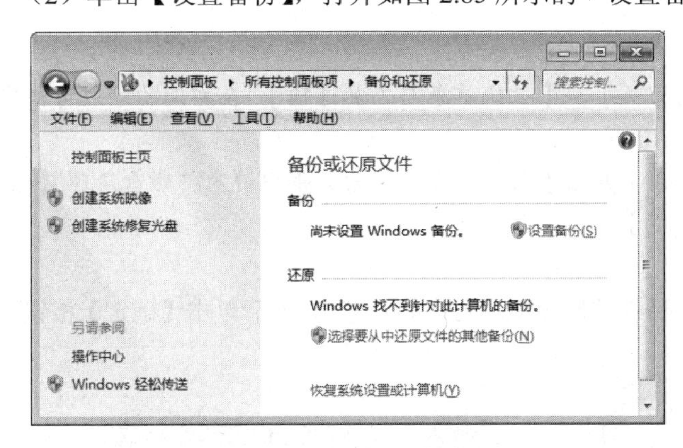

图 2.84 “备份或还原”窗口

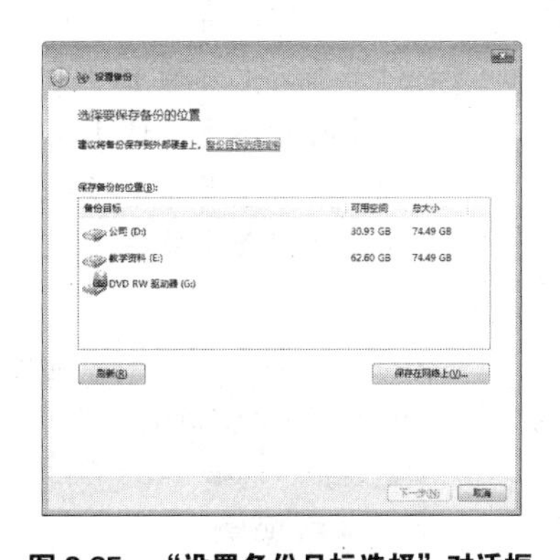

图 2.85 “设置备份目标选择”对话框

（3）选择要备份的磁盘，单击【下一步】按钮。打开如图 2.86 所示的“选择备份内容”对话框。

（4）选择【让我选择】单选按钮，单击【下一步】按钮，打开如图 2.87 所示的“选择备份项目”对话框。

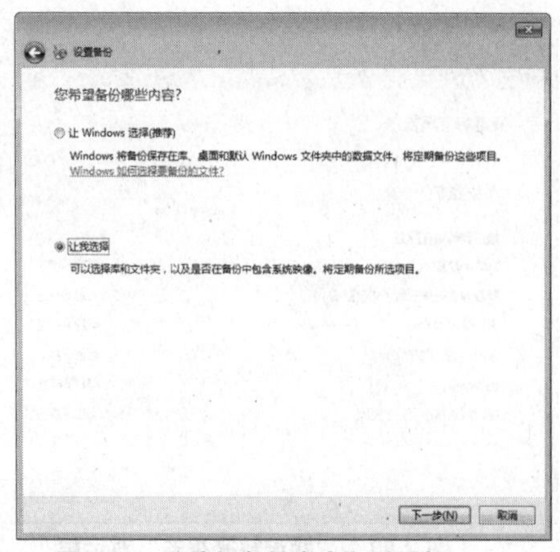

图 2.86　“选择备份内容”对话框

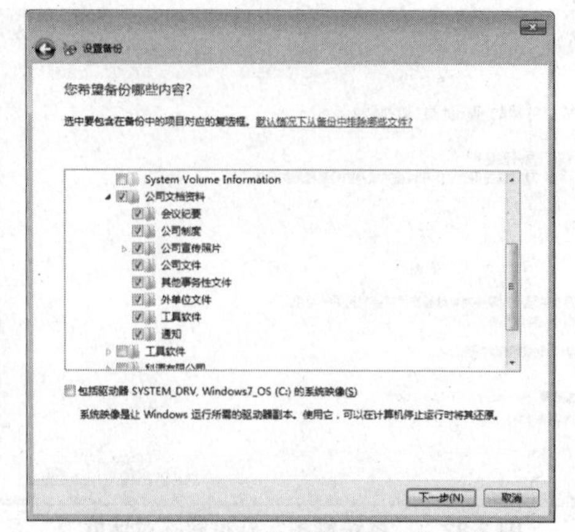

图 2.87　“选择备份项目”对话框

（5）单击【下一步】按钮继续向导，直到完成。

【任务实施】

步骤 1　磁盘清理

Windows 为了提供更好的性能，往往会采用建立临时文件的方式加速数据的存取，但如果不对这些临时文件进行定期清理，磁盘中许多空间就会被悄悄占用，而且还会影响整体系统的性能。所以定期对磁盘进行清理是非常有必要的。

磁盘清理可搜索指定的驱动器，然后列出临时文件、Internet 缓存文件和可以安全删除的不需要的程序，使用磁盘清理程序删除这些文件中的部分或全部。

（1）单击【开始】→【所有程序】→【附件】→【系统工具】→【磁盘清理】命令，打开如图 2.88 所示的“选择驱动器”对话框。

提示：打开“磁盘清理”的其他方法如下。

（1）单击【开始】→【控制面板】→【性能信息与工具选项】，在左侧的导航窗格中选择【打开磁盘清理】选项。

（2）单击【开始】按钮，打开【开始】菜单。在“搜索”框中键入“磁盘清理”，然后在结果列表中单击【磁盘清理】。

（2）在“驱动器”列表中，选择要清理的硬盘驱动器（如 C 盘），然后单击【确定】按钮，出现如图 2.89 所示的“磁盘清理”提示框。

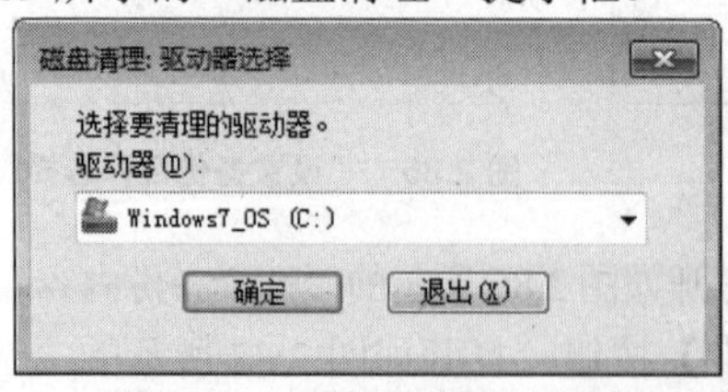

图 2.88　“选择驱动器”对话框

图 2.89　“磁盘清理”提示框

（3）磁盘清理程序对系统进行扫描后，显示如图 2.90 所示的“磁盘清理”对话框。

（4）选中要删除文件的复选框，单击【确定】按钮，对磁盘进行清理。

提示： 在“要删除的文件”列表中选中要删除的文件，包括 Internet 临时文件、已下载的程序文件、回收站和临时文件等。

若要清除计算机上的系统文件，单击如图 2.90 所示的【清理系统文件】按钮，可打开图 2.91 所示的“其他选项”选项卡。

“其他选项”选项卡在选择清理计算机上所有用户的文件时可用。此选项卡包含用于释放更多磁盘空间的两种其他方法。

（1）单击“程序和功能”中的【清理】按钮，可以卸载不需要使用的程序。“程序和功能”中的“大小”列显示了每个程序使用的磁盘空间大小。

（2）单击“系统还原和卷影副本”中的【清理】按钮，可以删除磁盘上的所有还原点（最近创建的还原点除外）。系统还原使用还原点将系统文件及时还原到早期的还原点。如果计算机运行正常，可以通过删除先前恢复点的方式来节省磁盘空间。

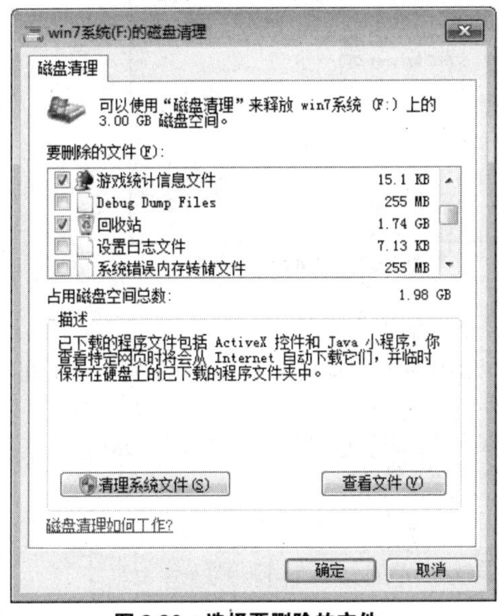

图 2.90　选择要删除的文件

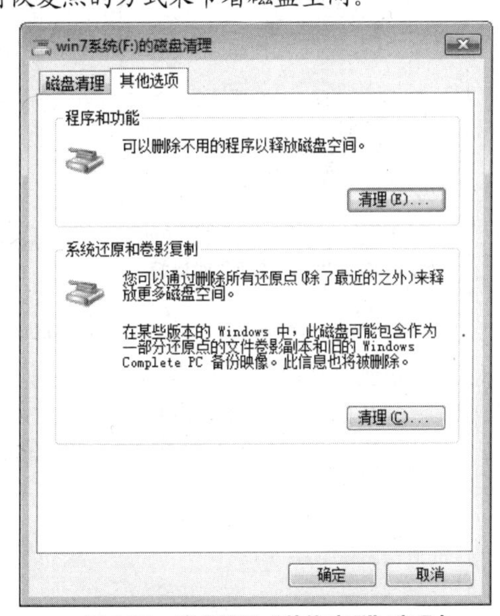

图 2.91　磁盘清理“其他选项”选项卡

步骤 2　优化 Windows7

1. 关闭视觉效果

如果 Windows 运行缓慢，可以禁用一些视觉效果来加快运行速度。这就涉及到外观和性能何者更优先的问题了。您是愿意让 Windows 运行更快，还是外观更漂亮呢？如果您的计算机运行速度足够快，则不必面对牺牲外观的问题；但如果您的计算机仅能勉强支持 Windows 7 的运行，则减少使用不必要的视觉效果会比较有用。

您可以逐个选择要关闭的视觉效果，也可以让 Windows 替您选择。您可以控制 20 种视觉效果，如透明玻璃外观、菜单打开或关闭的方式以及是否显示阴影。

调整所有视觉效果以获得最佳性能的步骤如下。

（1）单击【开始】→【控制面板】→【性能信息与工具】选项，在左侧的导航窗格中单击【调整视觉效果】，打开如图 2.92 所示的“性能选项”对话框。

（2）在“视觉效果”选项卡中，选中【调整为最佳性能】单选按钮，单击【确定】按钮。

提示：打开“性能选项”对话框的另一种方法：单击【开始】按钮，在“搜索”框中键入“视觉”，然后在结果列表中单击“调整 Windows 外观和性能”。

2. 优化系统开机速度

很多软件的供应商都希望他们的程序使用起来方便快捷，因此就会将程序设置成开机自动在后台运行。而所有的软件在启动和运行的时候都会占用内存空间和 CPU。因此，要优化计算机的性能，最好关闭一些不必要的自启动程序。

（1）单击【开始】→【所有程序】→【附件】→【运行】命令，打开“运行”对话框，输入“msconfig”命令，如图 2.93 所示。

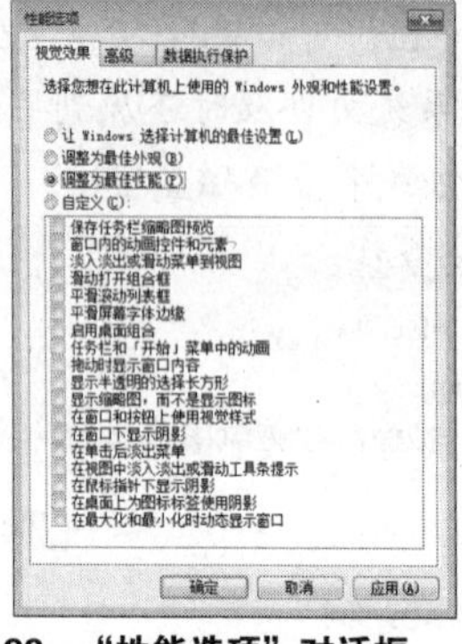

图 2.92 “性能选项”对话框

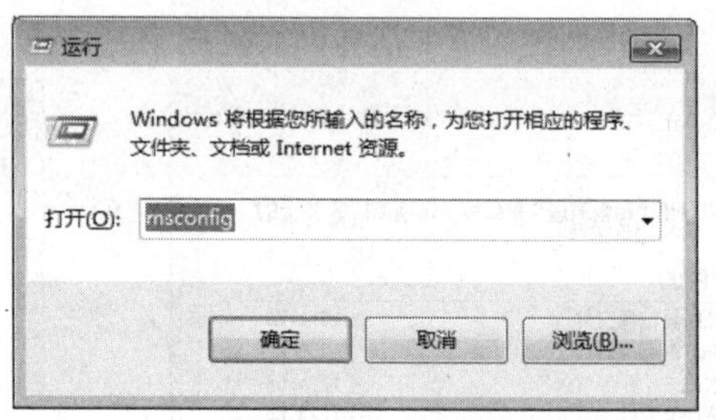

图 2.93 “运行”对话框

（2）单击【确定】按钮，打开如图 2.94 所示的“系统配置”对话框。

（3）切换到“启动”选项卡，在启动列表中，显示出系统启动时自动运行的程序，在列表中清除不需要自动运行的项目，以提高启动速度，如图 2.95 所示。

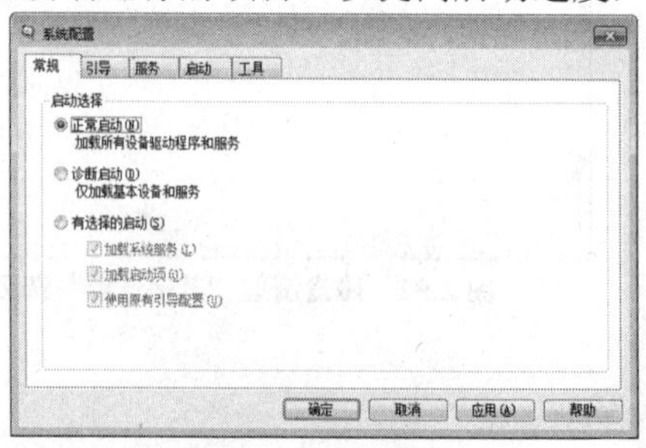

图 2.94 “系统配置”对话框

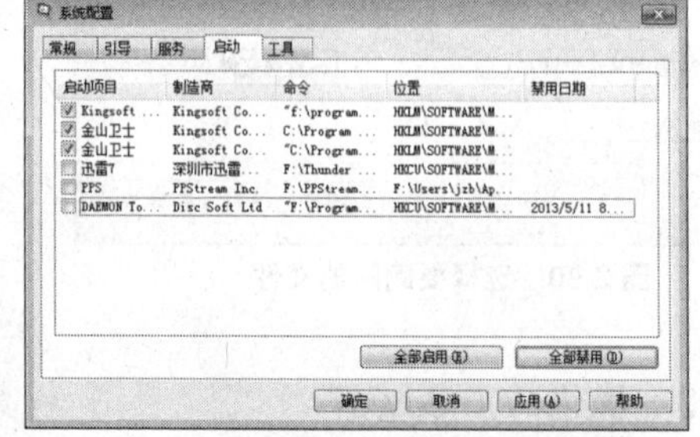

图 2.95 “系统配置”对话框“启动”选项卡

（4）单击【确定】按钮，然后重新启动计算机，更改的设置就可以生效了。

提示：系统配置是一种工具，它可以帮助确定可能阻止 Windows 正确启动的问题。通过系统配置我们可以设置启动方式或清除一些不必要的程序，以缩短计算机的启动时间。常规选项卡中的启动选项有如下几种。

（1）正常启动。以正常方式启动 Windows。使用其他两种模式解决问题后，使用此模式启动 Windows。

（2）诊断启动。在只使用基本的服务和驱动程序的情况下启动 Windows。此模式可以帮助排除基本 Windows 文件造成此问题的可能性。

（3）选择性启动。在使用基本服务和驱动程序以及选择的其他服务和启动程序的情况下，启动 Windows。

步骤 3　整理磁盘碎片

磁盘碎片整理是合并硬盘或存储设备上的碎片数据，以便使硬盘或存储设备能够更高效地工作的过程。

用户在保存、更改或删除文件时，随着时间的推移，硬盘或存储设备上会产生碎片。所保存的对文件的更改通常存储在硬盘或存储设备上与原始文件所在位置不同的位置。这不会改变文件在 Windows 中的显示位置，而会改变组成文件的信息片段在实际硬盘或存储设备中的存储位置。随着时间推移，文件和硬盘或存储设备本身都会碎片化，使得计算机打开单个文件时需要查找不同的位置，导致计算机也随之变慢。

磁盘导致计算机也随之变慢，碎片整理程序是重新排列硬盘或存储设备上的数据并重新合并碎片数据的工具，它有助于计算机更高效地运行。在 Windows 7 中，磁盘碎片整理程序可以按计划自动运行，因此不必记得去运行该程序。但是，仍然可以手动运行该程序或更改该程序使用的计划。

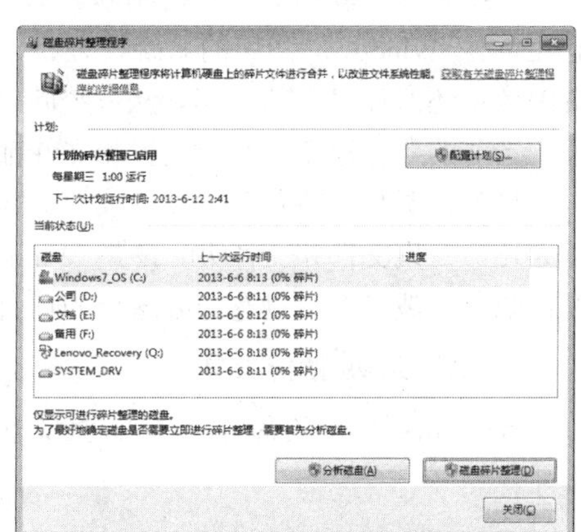

图 2.96　“磁盘碎片整理程序”对话框

对硬盘进行碎片整理的步骤如下。

（1）单击【开始】→【所有程序】→【附件】→【系统工具】→【磁盘碎片整理程序】命令，打开如图 2.96 所示的“磁盘碎片整理程序”对话框。

（2）在“当前状态”列表中，选择要进行碎片整理的磁盘。

（3）若要确定是否需要对磁盘进行碎片整理，请单击“分析磁盘”。

（4）在 Windows 完成分析磁盘后，可以在“上一次运行时间”列中检查磁盘上碎片的百分比。如果数字高于 10%，则应该对磁盘进行碎片整理。

（5）单击【磁盘碎片整理】按钮，运行磁盘碎片整理程序。磁盘碎片整理程序可能需要几分钟到几小时才能完成，具体时间取决于硬盘碎片的大小和程度。在碎片整理过程中，仍然可以使用计算机。

提示：单击【配置计划】按钮，打开如图 2.97 所示的“磁盘碎片整理程序：修改计划”对话框，然后执行下列操作之一。

（1）若要更改磁盘碎片整理程序运行的频率，单击“频率”右侧的下拉按钮，选择单击“每天”、“每周”或“每月”。

（2）如果将频率设置为“每周”或“每月”，单击“日期”右侧的下拉按钮，以选择希望磁盘碎片整理程序在每周或每月的哪一天运行。

（3）若要更改磁盘碎片整理程序在一天中的运行时间，单击“时间”右侧的下拉按钮，然后选择时间。

（4）若要更改计划进行碎片整理的卷，请单击【选择磁盘】按钮，然后按照说明执行操作。

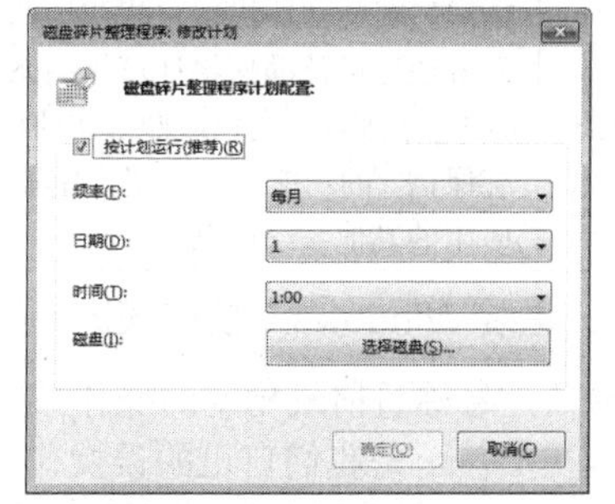

图 2.97　“磁盘碎片整理程序：修改计划”对话框

【任务总结】

本任务通过“磁盘清理”、“优化 Windows7 系统”以及“整理磁盘碎片”的操作，介绍了如何利用Windows 7的Windows 疑难解答解决我们常见的问题，从而帮助我们快速处理计算机问题，以及加快计算机的处理速度，提升计算机的安全性能。

【知识拓展】

1. 系统映像

系统映像是驱动器的精确副本。默认情况下，系统映像包含 Windows 运行所需的驱动器。它还包含 Windows 和您的系统设置、程序及文件。如果硬盘或计算机无法工作，则可以使用系统映像来还原计算机的内容。从系统映像还原计算机，将进行完整还原，不能选择个别项进行还原，当前的所有程序、系统设置和文件都将被系统映像中的相应内容替换。

尽管此类型的备份包含个人文件，但还是建议使用 Windows 备份定期备份文件，以便根据需要还原个别文件和文件夹。设置 Windows 备份时，可以让 Windows 选择要备份的内容，包括系统映像，或者您可以选择要备份的项目以及是否要包括系统映像。

2. Windows 备份工具

Windows 提供的备份工具如表 2.1 所示。

表 2.1　Windows 提供的备份工具

工具	描述
文件备份	Windows 备份允许为使用计算机的所有人员创建数据文件的备份。可以让 Windows 选择备份的内容或者由您选择要备份的个别文件夹、库和驱动器。默认情况下，将定期创建备份。可以更改计划，并且可以随时手动创建备份。设置 Windows 备份之后，Windows 将跟踪新增或修改的文件和文件夹，并将它们添加到您的备份中
系统映像备份	Windows 备份提供创建系统映像的功能，系统映像是驱动器的精确映像。系统映像包含 Windows 和您的系统设置、程序及文件。如果硬盘或计算机无法工作，则可以使用系统映像来还原计算机的内容。从系统映像还原计算机时，将进行完整还原，不能选择个别项进行还原，当前的所有程序、系统设置和文件都将被替换。尽管此类型的备份包括个人文件，但还是建议您使用 Windows 备份定期备份文件，以便根据需要还原个别文件和文件夹。设置计划文件备份时，可以选择是否要包含系统映像。此系统映像仅包含 Windows 运行所需的驱动器。如果要包含其他数据驱动器，可以手动创建系统映像
早期版本	早期版本是 Windows 作为系统保护的一部分自动保存的文件和文件夹的副本。可以使用早期版本还原意外修改、删除或损坏的文件或文件夹。根据文件或文件夹的类型，可以打开、保存到其他位置，或者还原早期的版本。早期版本非常有用，但不应将其视为备份，因为文件会被新版本替换，在驱动器出现故障时早期版本会不可用
系统还原	系统还原可帮助您将计算机的系统文件及时还原到早期的还原点。此方法可以在不影响个人文件（如电子邮件、文档或照片）的情况下，撤销对计算机所进行的系统更改。系统还原使用名为“系统保护”的功能在计算机上定期创建和保存还原点。这些还原点包含有关注册表设置和 Windows 使用的其他系统信息的信息。还原点可以手动创建

3. 重装 Windows 7 前必须进行的备份工作

即便是号称目前最稳定的操作系统 Windows 7，也会由于各种原因，如软件损坏、病毒侵袭、黑客骚扰，甚至是我们自己的误操作而造成系统崩溃。系统崩溃或产生了重大错误以后，最好的办法就是重装系统，但是，在重装系统之前，我们首先应该做哪些备份工作呢？

（1）备份硬盘数据。

（2）备份注册表。
（3）备份驱动程序。
（4）备份邮件账号。
（5）备份个人资料。
（6）备份 IE 收藏夹。
（7）备份系统分区。

【实践训练】

为“第六届科技文化艺术节计算机技能比赛”现场的计算机做好系统优化和维护工作。
（1）为防范比赛过程中由于 U 盘而导致的病毒危害，做好重要文件的备份并安装杀毒软件。
（2）优化系统性能，关闭不必要的自动启动程序。
（3）进行磁盘清理，删除计算机上的临时文件。
（4）整理碎片，保证比赛时数据的读取速度。

【思考练习】

一、单项选择题

1. 在 Windows 7 的各个版本中，支持的功能最少的是（　　）。
A. 家庭普通版　B. 家庭高级版　C. 专业版　D. 旗舰版
2. 在 Windows 7 的各个版本中，支持的功能最多的是（　　）。
A. 家庭普通版　B. 家庭高级版　C. 专业版　D. 旗舰版
3. 在 Windows 7 操作系统中，将打开窗口拖动到屏幕顶端，窗口会（　　）。
A. 关闭　B. 消失　C. 最大化　D. 最小化
4. 在 Windows 7 操作系统中，显示桌面的快捷键是（　　）。
A.【Win】+【D】　B.【Win】+【P】
C.【Win】+【Tab】　D.【Alt】+【Tab】
5. 在 Windows 7 操作系统中，打开外接显示设置窗口的快捷键是（　　）。
A.【Win】+【D】　B.【Win】+【P】
C.【Win】+【Tab】　D.【Alt】+【Tab】
6. 在 Windows 7 操作系统中，显示 3D 桌面效果的快捷键是（　　）。
A.【Win】+【D】　B.【Win】+【P】
C.【Win】+【Tab】　D.【Alt】+【Tab】
7. 安装 Windows 7 操作系统时，系统磁盘分区必须为（　　）格式才能安装。
A. FAT　B. FAT16　C. FAT32　D. NTFS
8. 文件的类型可以根据（　　）来识别。
A. 文件的大小　B. 文件的用途　C. 文件的扩展名　D. 文件的存放位置
9. 在下列软件中，属于计算机操作系统的是（　　）。
A. Windows 7　B. Word 2010　C. Excel 2010　D. Powerpoint 2010
10. 为了保证 Windows 7 安装后能正常使用，采用的安装方法是（　　）。
A. 升级安装　B. 卸载安装　C. 覆盖安装　D. 全新安装

二、多项选择题

1. 在 Windows 7 中个性化设置包括（　　）。
A. 主题　B. 桌面背景　C. 窗口颜色　D. 声音

2. 在 Windows 7 中可以完成窗口切换的方法是（　　）。

A. 【Alt】+【Tab】　　B. 【Win】+【Tab】

C. 单击要切换窗口的任何可见部位　　D. 单击任务栏上要切换的应用程序按钮

3. 下列属于 Windows 7 控制面板中的设置项目的是（　　）。

A. Windows Update　　B. 备份和还原

C. 恢复　　D. 网络和共享中心

4. 在 Windows 7 中，窗口最大化的方法是（　　）。

A. 按最大化按钮　　B. 按还原按钮

C. 双击标题栏　　D. 拖曳窗口到屏幕顶端

5. 使用 Windows 7 的备份功能所创建的系统映像可以保存在（　　）上。

A. 内存　　B. 硬盘　　C. 光盘　　D. 网络

6. 在 Windows 7 操作系统中，属于默认库的有（　　）。

A. 文档　　B. 音乐　　C. 图片　　D. 视频

7. 以下网络位置中，可以在 Windows 7 里进行设置的是（　　）。

A. 家庭网络　　B. 小区网络　　C. 工作网络　　D. 公共网络

8. 当 Windows 系统崩溃后，可以通过（　　）来恢复。

A. 更新驱动　　B. 使用之前创建的系统映像

C. 使用安装光盘重新安装　　D. 卸载程序

项目检测

1．在 D 盘上以自己的姓名为名创建一个文件夹作为考生文件夹。

2．在所建的考生文件夹中创建名为“kaoshi”、“Test”的文件夹。

3．在“Test”的文件夹中创建“A1.txt”、“A2.docx”、“A3.xlsx”和“A4.pptx”文件。

4．将“Test”的文件夹中的“A1.txt”文件复制到考生文件夹中，并重命名为“photo.bmp”。

5．将“Test”的文件夹中的“A4.pptx”文件移动到考生文件夹下的“kaoshi”文件夹中，并设置属性为只读。

6．为考生文件夹下“Test”的文件夹中的“A2.docx”文件创建快捷方式。

7．将考生文件下“Test”的文件夹中的“A4.pptx”文件删除。

网络应用

【项目情境】

科源有限公司在经营管理中逐步发展壮大，经营规模不断扩大，最近还在外地设立了分公司，新建的办公大楼已投入使用。公司准备搭建自己的信息化平台，一方面可以提高办事效率、缩减不必要的出差开支；另一方面，为推进信息化发展、逐步实现网上办公做好准备。为此，首先需要做好办公场所的综合布线，连接 Internet，能够上网搜索一些信息，了解企业或行业的发展趋势，查阅和借鉴一些先进的管理手段，通过电子邮件传阅公司资料或文件等。

任务 1　连接 Internet

【任务描述】

随着公司规模的不断扩展，新盖的办公楼近期已投入使用，公司的一些部门搬进了新办公楼。为了尽快实现公司各部门间的信息共享，需要将刚搬进去的多台计算机进行组网，而且能通过局域网访问 Internet。

【任务目标】

◈ 能够通过 ADSL 拨号方式连接到 Internet。
◈ 能够通过局域网连接到互联网 Internet。
◈ 能够设置 IP 地址和 DNS 地址。

【任务流程】

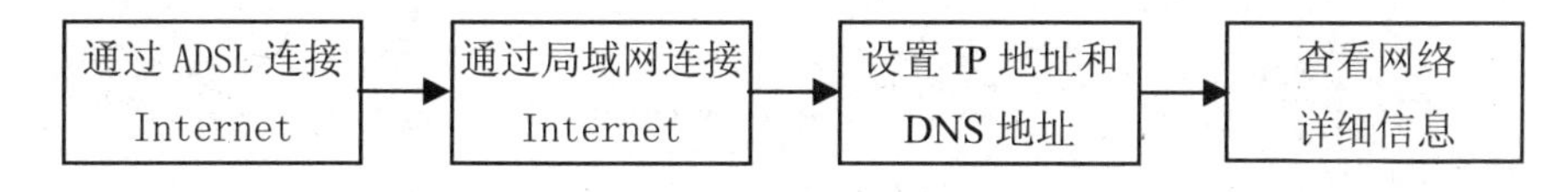

【任务解析】

1. 连接 Internet

在接入互联网时，目前可供选择的接入方式主要有拨号接入、局域网接入、ISDN 拨号接入、ADSL 接入、有线电视网接入和无线电视网接入等，它们各有各的优缺点。

ADSL 是目前最常用的上网方式之一，单位用户或者家庭用户都可以申请使用。Windows 7 提供了用户通过 ADSL 连接网络的方法，还可以通过它提供的“网络和共享中心”，快速连接网络。

2. 设置 IP 地址和 DNS 地址

Windows 提供了两种设置 IP 地址和 DNS 地址的方法，一种是自动设置，另一种是手动设置。手动设置需要知道本地网络的 IP 地址网段和 DNS 地址。

用鼠标右键或者左键单击 Windows 7 桌面右下角的“网络连接标志”图标，选择【打开网络和共享中心】命令，打开“网络和共享中心”窗口，可进行相应的设置。

【任务实施】

步骤 1　通过 ADSL 连接 Internet

（1）将 ADSL 调制解调器取出，按照说明书，一端接到电话线，另一端接到计算机的网卡端口，再连通电源。

（2）设置网络连接。

① 选择【开始】→【控制面板】命令，打开如图 3.1 所示的“控制面板”窗口。

② 单击【网络和 Internet】选项，打开如图 3.2 所示的“网络和 Internet”窗口。

③ 选择【网络和共享中心】选项，打开如图 3.3 所示的“网络和共享中心”窗口。

图 3.1　“控制面板”窗口

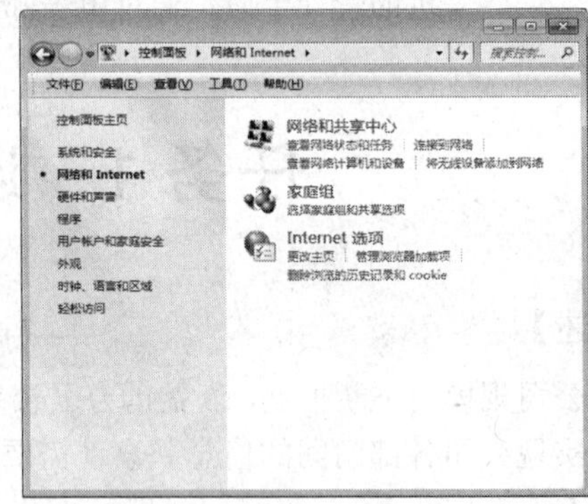

图 3.2　“网络和 Internet”窗口

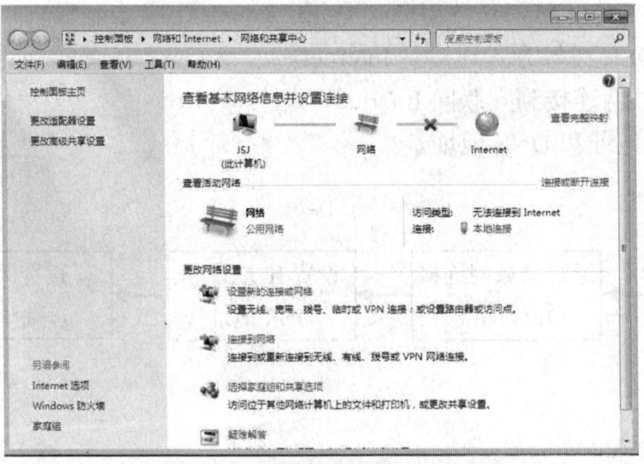

图 3.3　“网络和共享中心”窗口

④ 在“网络和共享中心”窗口中，单击【设置新的连接或网络】选项，打开如图 3.4 所示的“设置连接选项”对话框。

⑤ 选择“连接到 Internet”，并单击【下一步】按钮，出现如图 3.5 所示的“键入 Internet 服务

提供商（ISP）提供的信息”界面，在此处输入 ADSL“用户名”和“密码”，默认的连接名称为“宽带连接”。

图 3.4　“设置连接选项”对话框

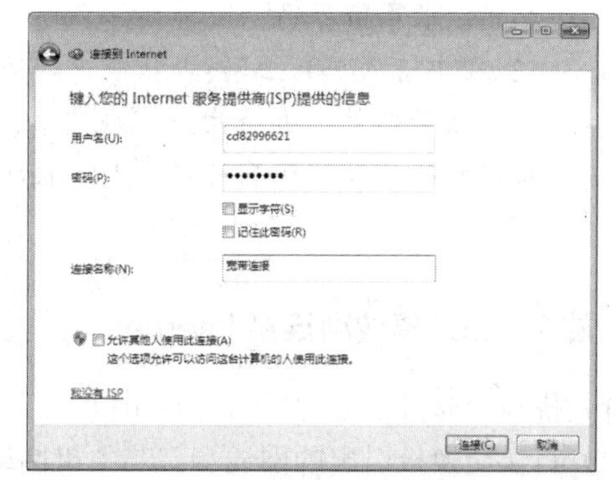

图 3.5　“ADSL 用户名和密码设置”对话框

⑥ 单击【连接】按钮，计算机将自动通过调制解调器与 Internet 服务接入商的服务器进行连接，如图 3.6 所示。

⑦ 连通网络之后，将会出现如图 3.7 所示的“选择网络位置”对话框，要求选择当前计算机工作的网络位置。

图 3.6　“正在连接宽带”对话框

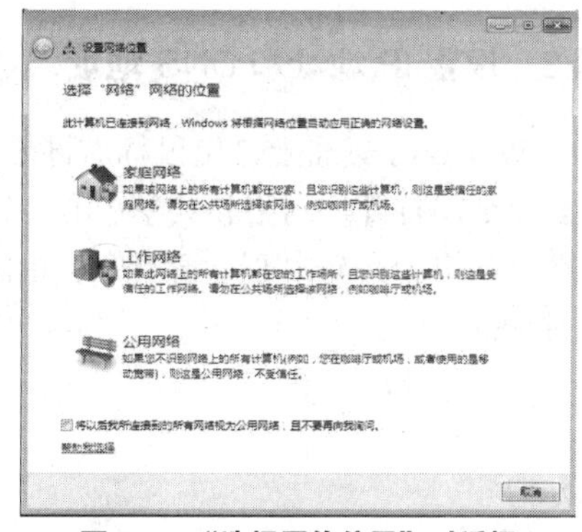

图 3.7　“选择网络位置”对话框

⑧ 选择网络位置为“工作网络”之后，出现如图 3.8 所示的“网络连通”界面，“此计算机”、“网络”和“Internet”3 个图标之间，有线条进行联系，则表示网络连接成功。

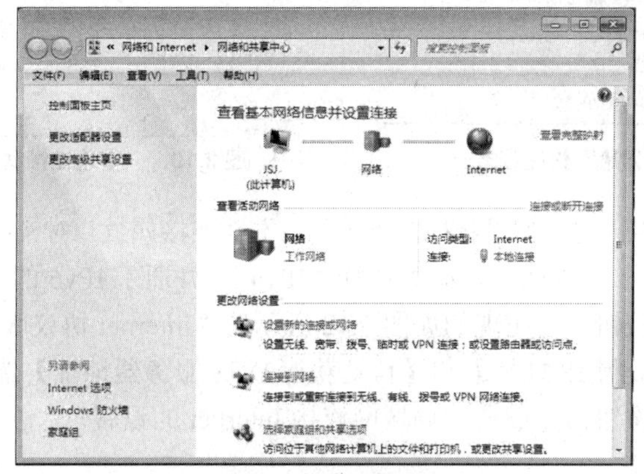

图 3.8　网络连通图

提示：（1）ADSL 上网，必须预先在本地电信或者网通公司申请宽带服务，得到一个合法的ADSL 账号和密码。

（2）在申请 ADSL 上网，电信或者网通公司在硬件安装完成后，会给用户留下一个 PPPoE 虚拟拨号软件，并帮用户完成安装，用户只需要在桌面上点击它的快捷图标，并输入正确的账号和密码就可以连上互联网。

步骤 2　通过局域网连接 Internet

（1）找到计算机主机背后的网络端口。

（2）将从交换机引出的网线端口与主机网络端口连接，只有网线端口方向正确才可以插入。当听到“咔”的一声时说明连接到位，同时轻轻拉一下网线，以确保网络被准确固定。

（3）观察计算机的桌面，在任务栏右下角出现，则表示网络物理连接成功。

提示：当计算机无法通过局域网连接互联网时，可首先查看任务栏右下角的网络连接图标，判断电脑网线物理连接是否完好。

步骤 3　设置 IP 地址和 DNS 地址

（1）在 Windows 桌面上，用鼠标右键单击“网络”图标，出现如图 3.9 所示的快捷菜单，选择【属性】命令，打开“网络和共享中心”窗口。

（2）在“网络和共享中心”窗口中，单击“本地连接”链接，出现如图 3.10 所示的“本地连接状态”对话框。

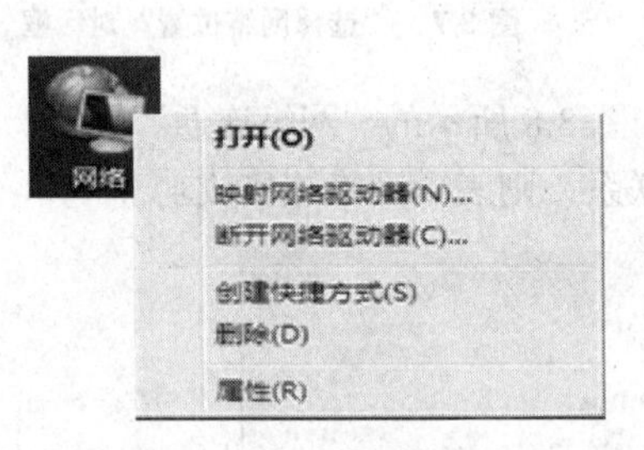

图 3.9　“网络”快捷菜单

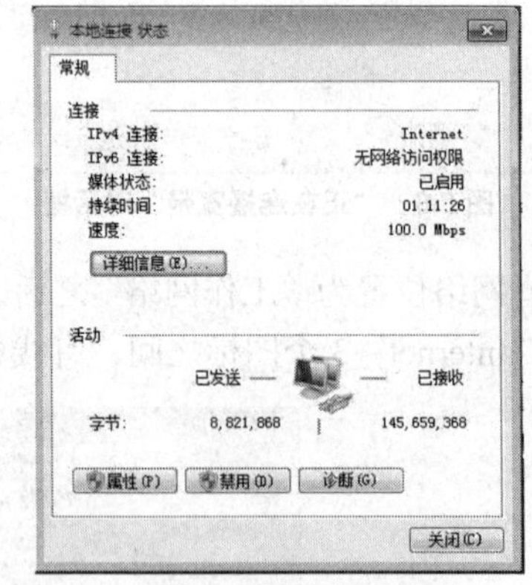

图 3.10　“本地连接状态”对话框

（3）单击【属性】按钮，打开如图 3.11 所示的“本地连接属性”对话框，此时会看到有“IPv6”和“IPv4”这两个 Internet 协议版本。此处选择“IPv4”（开通了 IPv6 的地区可以选择 IPv6）。

（4）单击【属性】按钮，在出现的如图 3.12 所示的“Internet 协议版本 4（TCP/IPv4）属性”对话框中，选择【自动获得 IP 地址】和【自动获得 DNS 服务器地址】选项。

（5）单击【确定】按钮，完成通过局域网连接 Internet 的设置。

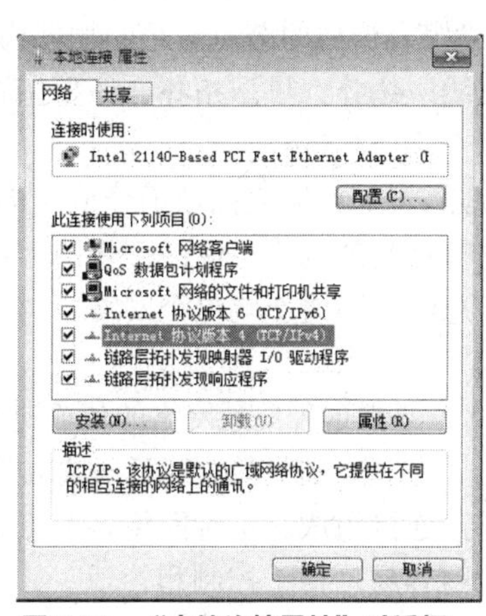

图 3.11 “本地连接属性”对话框

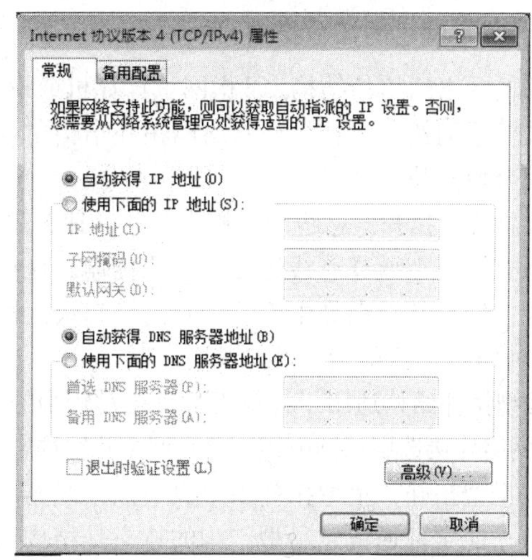

图 3.12 “Internet 协议属性”对话框

步骤 4 查看网络详细信息

（1）在 Windows 桌面右下角，用鼠标右键单击网络连通的图标，从快捷菜单中选择【打开网络和共享中心】命令，打开“网络和共享中心”窗口。

（2）单击【本地连接】，在打开的对话框中，单击【详细信息】按钮，出现如图 3.13 所示“网络连接详细信息”对话框，可查看当前计算机的 IP 地址和 DNS 地址等信息。

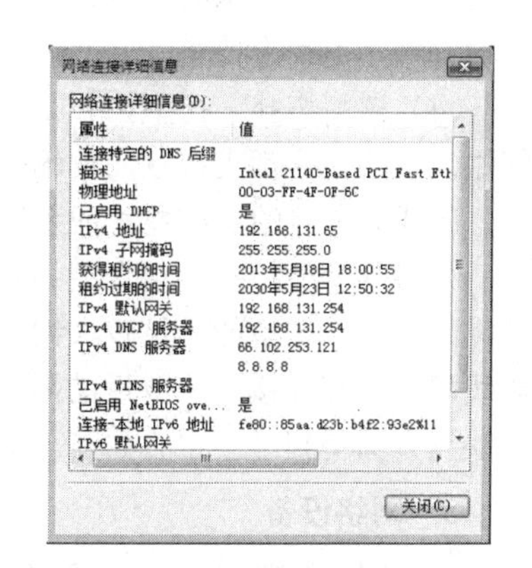

图 3.13 “网络连接详细信息”对话框

【任务总结】

本任务通过“ADSL 连接 Internet”、“局域网连接 Internet”及“设置 IP 地址和 DNS 地址”等操作，掌握宽带连网和通过局域网连网的方法，了解了与计算机网络、网络设备、Internet 等有关的知识，学会配置 TCP/IP 协议，查看 IP 地址，观察网络连接状态，为使用 Internet 打下了很好的基础。

【知识拓展】

1. 计算机网络的概念及分类

（1）所谓计算机网络，就是指两台及两台以上的计算机，通过通信技术手段进行连接，能够实现相互共享资源（硬件、软件和数据等），而又具备独立功能的计算机系统的集合。

（2）计算机网络的种类很多，根据标准不同，可以分成不同类型的网络。计算机网络通常是按照规模大小和延伸范围来分类的，常见的划分如下。

① 局域网 LAN（Local Area Network）：是指在一个较小地理范围内的各种计算机及网络设备互联在一起的计算机网络，可以包含一个或者多个子网，通常局限在几千米的范围之内。

② 城域网 MAN（Metropolitan Area Network）：是在一个城市范围之内所建立的计算机网络，是在 LAN 的发展基础上提出的，在技术上与 LAN 有许多相似之处，只是范围更大。

③ 广域网 WAN（Wide Area Network）：是在广泛地理范围内所建立的计算机网络，其范围可以超越城市和国家以至全球。

2. 计算机网络的拓扑结构

计算机网络的拓扑结构，是指网上计算机或设备与传输媒介形成的节点与线的物理构成模式，主要由通信子网决定。计算机网络的拓扑结构主要有：总线型拓扑、星型拓扑、环型拓扑、树型拓扑和混合型拓扑。

（1）总线型拓扑。总线型结构由一条高速公用主干电缆（即总线）连接若干个节点构成网络。网络中所有的节点通过总线进行信息的传输。这种结构的特点是结构简单灵活，建网容易，使用方便，性能好。其缺点是主干总线对网络起决定性作用，总线故障将影响整个网络。总线型拓扑是使用最普遍的一种网络。

总线型拓扑结构适用于计算机数目相对较少的局域网络，通常这种局域网络的传输速率在 100 Mbit/s，网络连接选用同轴电缆。总线型拓扑结构曾流行了一段时间，典型的总线型局域网有以太网。

（2）星型拓扑。星型拓扑由中央节点集线器与各个节点连接组成。这种网络各节点必须通过中央节点才能实现通信。星型结构的特点是结构简单，建网容易，便于控制和管理。其缺点是中央节点负担较重，容易形成系统的“瓶颈”，线路的利用率也不高。

（3）环型拓扑。环型拓扑由各节点首尾相连形成一个闭合环型线路。环型网络中的信息传送是单向的，即沿一个方向从一个节点传到另一个节点，每个节点需安装中继器，以接收、放大、发送信号。这种结构的特点是结构简单，建网容易，便于管理。其缺点是当节点过多时，将影响传输效率，不利于扩充。

（4）树型拓扑。树型拓扑是一种分级结构。在树型结构的网络中，任意两个节点之间不产生回路，每条通路都支持双向传输。这种结构的特点是扩充方便、灵活，成本低，易推广，适合于分主次或分等级的层次型管理系统。

（5）混合型拓扑。混合型拓扑可以是星型结构和总线型结构的网络结合在一起的网络结构，这样的拓扑结构更能满足较大网络的拓展，解决星型网络在传输距离上的局限，而同时又解决了总线型网络在连接用户数量的限制。这种网络拓扑结构同时兼顾了星型网与总线型网络的优点，在缺点方面得到了一定的弥补。

3. 网络设备

（1）网卡。网卡（NIC）也称为网络适配器，在局域网中用于将用户计算机与网络相连接。一般可分为有线网卡和无线网卡。

（2）交换机。交换机（Switch）是一种用于电信号转发的网络设备，它可以为接入交换机的任意两个网络节点提供独享的电信号通路，是局域网计算机中信息传递的重要设备。

（3）路由器。路由器（Router）是连接各局域网、广域网的设备，它会根据信道的情况自动选择和设定路由，以最佳路径，按前后顺序发送信号。路由器是互联网络的枢纽，已经广泛应用于各行各业，各种不同档次的产品已经成为实现各种骨干网内部连接、骨干网间互联、骨干网与互联网互联互通业务的主力军。

（4）调制解调器。调制解调器（Modem）是一个通过电话拨号接入互联网的硬件设备。它的作用就是当计算机发送信息时，将计算机内部使用的数字信号转换成可以用电话线传输的模拟信号（调制），通过电话线发送出去；接收信息时，把电话线上传来的模拟信号转换成数字信号（解调）传送给计算机，供其接收和处理。

（5）网络传输设备主要有如下几种。

① 同轴电缆。同轴电缆是指有两个同心导体、而导体和屏蔽层又共用同一轴心的电缆。最常见的同轴电缆由绝缘材料隔离的铜线导体组成，在里层绝缘材料的外部是另一层环形导体及其绝

缘体，整个电缆由聚氯乙烯或特氟纶材料的护套包住。

② 双绞线。双绞线是综合布线工程中最常用的一种传输介质。它是由一对相互绝缘的金属导线绞合而成。采用这种方式，不仅可以抵御一部分来自外界的电磁波干扰，而且可以降低自身信号对外的干扰。把两根绝缘的铜导线按一定密度互相绞在一起，一根导线在传输中辐射的电波会被另一根线上发出的电波抵消。双绞线分为屏蔽双绞线（Shielded Twisted Pair，STP）与非屏蔽双绞线（Unshielded Twisted Pair，UTP）。屏蔽双绞线在双绞线与外层绝缘封套之间有一个金属屏蔽层。屏蔽双绞线分为 STP 和 FTP。STP 指每条线都有各自的屏蔽层；而 FTP 只在整个电缆均有屏蔽装置，并且在两端都正确接地时才起作用。

③ 光纤。光纤是一种利用光在玻璃或塑料制成的纤维中的全反射原理而达成的光传导工具。微细的光纤封装在塑料护套中，使得它能够弯曲而不至于断裂。通常，光纤一端的发射装置使用发光二极管（Light Emitting Diode，LED）或一束激光将光脉冲传送至光纤，光纤另一端的接收装置使用光敏元件检测脉冲。由于光在光导纤维的传导损耗比电在电线传导的损耗低得多，光纤被用于长距离的信息传递。

④ 通信卫星。用作无线电通信中继站的人造地球卫星，卫星通信系统的空间部分。通信卫星转发无线电信号，实现卫星通信地球站（含手机终端）之间或地球站与航天器之间的通信。

4. Internet 概念

Internet（因特网）是一组全球信息资源的总汇。有一种粗略的说法，认为 Internet 是由许多小的网络（子网）互联而成的一个逻辑网。每个子网中连接着若干台计算机（主机）。Internet 以相互交流信息资源为目的，基于一些共同的协议，并通过许多路由器和公共互联网连接而成。它是一个信息资源和资源共享的集合。

5. IP 地址系统与域名地址系统

（1）IPv4 地址。Internet 上的每台主机(Host)都有一个唯一的 IP 地址。IP 协议就是使用这个地址在主机之间传递信息，这是 Internet 能够运行的基础，当前有 V4 和 V6 两个版本，常说的 IP 地址即指 IPv4。IPv4 地址的长度为 32 位，分为 4 段，每段 8 位，用十进制数字表示，每段数字范围为 0～255，段与段之间用句点隔开，例如 159.226.1.1。IPv4 地址由两部分组成，一部分为网络地址，另一部分为主机地址。IPv4 地址分为 A、B、C、D、E 共 5 类，可从地址第 1 段加以区分。A 类：1 ～126（127 是为回路和诊断测试保留的）；B 类：128～191；C 类：192～223；D 类：224～239（保留，主要用于 IP 组播）；E 类：240～254（保留，研究测试用），常用的是 B 和 C 两类。IP 地址就像是我们的家庭住址一样，如果你要写信给一个人，你就要知道他（她）的地址，这样邮递员才能把信送到。计算机发送信息就好比是邮递员，它必须知道唯一的“家庭地址”才能不至于把信送错人家。只不过我们的地址是用文字来表示的，计算机的地址用十进制数字表示。

（2）IPv6 地址。IPv6 是未来替代 IPv4 的下一代互联网协议。IPv6 的地址长度为 128 位二进制，由两个逻辑部分组成：一个 64 位的网络前缀和一个 64 位的主机地址，主机地址根据物理地址自动生成。128 位地址通常写作 8 组，每组为 4 个十六进制数的形式，例如：FE80:0000:0000:0000:AAAA:0000:00C2:0002 是一个合法的 IPv6 地址，可以用零压缩法来缩减其长度。如果几个连续段位的值都是 0，那么这些 0 就可以简单地以::来表示，上述地址就可以写成 FE80::AAAA:0000:00C2:0002。只能简化连续段位的 0，其前后的 0 都要保留。零压缩法对一个 IPv6 地址只能使用一次，比如 AAAA 后面的 0000 就不能再次简化。

（3）域名。由于 IP 地址是数字标识，使用时难以记忆和书写，因此在 IP 地址的基础上又发展出一种符号化的地址方案，来代替数字型的 IP 地址。每一个符号化的地址都与特定的 IP 地址对应，这样网络上的资源访问起来就容易得多了。这个与网络上的数字型 IP 地址相对应的字符型地址，就被称为域名。它由一串用点分隔的名字组成。域名可分为不同级别，包括顶级域名、二级域名等。顶级域名又分为国家或地区顶级域名和国际顶级域名，分别如表 3.1 和表 3.2 所示。

表 3.1　国家或地区顶级域名

国家或地区名	域名	国家或地区名	域名
中国	CN	中国香港	**HK**
中国台湾	TW	中国澳门	MO
英国	GB	美国	US
俄罗斯	RU	法国	FR
日本	JP	德国	**DE**

表 3.2　国际顶级域名

组织名	域名	组织名	域名
工商组织	COM	教育机构	EDU
互联网络	NET	政府部门	GOV
军事	MIL	非盈利组织	ORG

（4）DNS 服务器。DNS 服务器在互联网中的作用是：把域名转换成为网络可以识别的 IP 地址。简单地说，就是为了方便我们浏览互联网上的网站而不用去刻意记住每个主机的 IP 地址，DNS 服务器就应运而生，它提供将域名解析为 IP 地址的服务，从而使我们上网的时候能够用简短而好记的域名来访问互联网上的静态 IP 的主机。

6. ADSL

ADSL（Asymmetric Digital Subscriber Line，非对称数字用户环路）是一种新的数据传输方式。它因为上行和下行带宽不对称，被称为非对称数字用户线环路。它采用频分复用技术把普通的电话线分成了电话、上行和下行 3 个相对独立的信道，从而避免了相互之间的干扰。即使边打电话边上网，也不会发生上网速率和通话质量下降的情况。通常 ADSL 在不影响正常电话通信的情况下可以提供最高 3.5Mbit/s 的上行速度和最高 24Mbit/s 的下行速度。

7. Wi-Fi

Wi-Fi 是一种能够将个人电脑、手持设备（如 iPad、手机）等终端以无线方式互相连接的技术。Wi-Fi 是一个无线网络通信技术的品牌，由 Wi-Fi 联盟所持有。它的英文全称为 Wireless Fidelity，在无线局域网的范畴是指“无线相容性认证”，实质上是一种商业认证，同时也是一种无线联网技术，自 2010 年以后，电脑开始通过无线电波来联网。

8. AP 热点

AP 是英文 Access Point 的缩写，即访问接入点。AP 热点概念的出现是在无线网络、无线设备开始兴起的时候。它相当于一个连接有线网络和无线网络的桥梁，其主要作用是将各个无线网络客户端连接到一起，然后将无线网络接入 Internet。目前常用的 AP 热点就是无线路由器。

【实践训练】

接到第六届科技文化艺术节的任务，将 10 台用于展示的电脑，移动到指定位置，并将它们连成局域网，并通过局域网连接的方式连入到互联网络。

（1）10 台电脑，10 张电脑桌，两台一组进行摆放，分别用于展示不同项目。

（2）用 10 根网线，将每台电脑连接到 1 台 24 口交换机，通电，观察网线是否连通。

（3）用 1 根网线，将交换机连接到学院外网端口上。

（4）对每台电脑重新设置 IP 地址以及 DNS 地址。

（5）打开任意网页，检测能否正常访问 Internet。

任务 2　上网搜索信息

【任务描述】

计算机网络的主要功能就是实现资源共享。当计算机连上 Internet 后，可应用 IE 浏览器软件，从网络上众多的共享资源中搜索需要的信息，并且能够将搜索到的信息下载到本地计算机长期保存，以方便随时调用。在公司的信息化建设中，有不少资料和信息可以从网络获取，如人力资源部为了规范员工档案资料的管理，可从网上搜索各类优秀的人力资源管理表格及资料。

【任务目标】

◈　能够正确使用 IE 浏览器。

◈　能够使用常用搜索引擎。

◈　能够保存网络资料。

◈　能够从网上下载文件。

◈　能够简单使用压缩文件。

【任务流程】

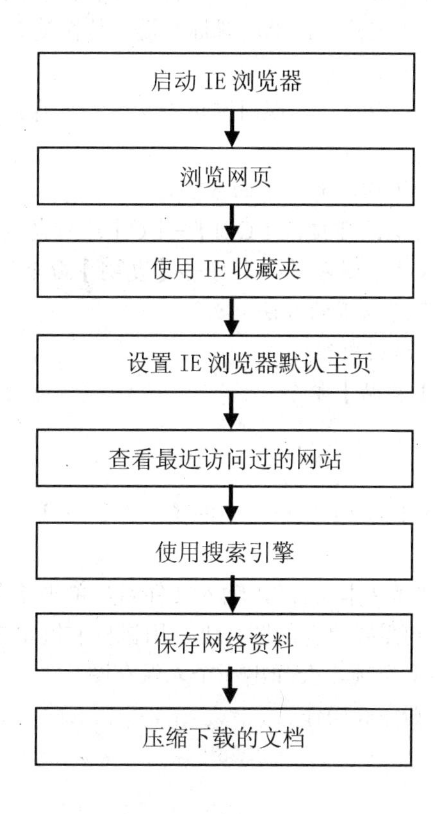

【任务解析】

1. 浏览器的使用

IE 浏览器是 Windows Internet Explorer 的简称，是微软公司推出的一款网页浏览器。IE 浏览器的窗口主要由标题栏、菜单栏、工具栏、主窗口、状态栏等组成，如图 3.14 所示。

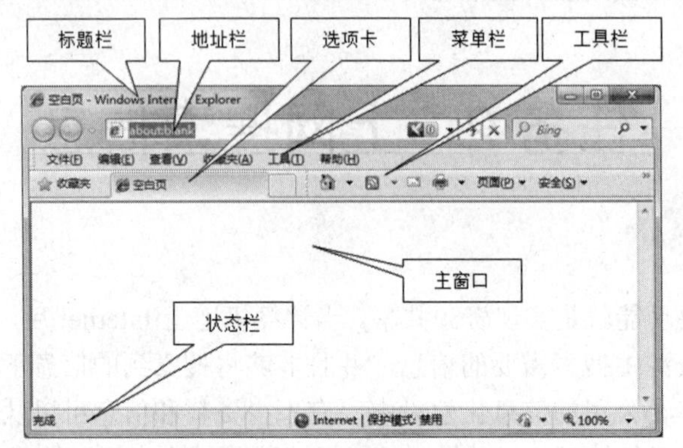

图 3.14 IE 浏览器的窗口组成

IE 浏览器可以显示网页服务器或者文件系统的 HTML 文件内容，并允许用户与这些文件进行交互的一种软件。网页浏览器主要通过 HTTP 与网页服务器交互并获取网页。这些网页由 URL 指定，文件格式通常为 HTML。

2. 网页资源保存

（1）有选择地保存文本。

① 用鼠标选中需要保存的文本部分，单击 IE 工具栏上的【复制】按钮，进行复制。

② 打开文字编辑软件，在新建文档中，单击鼠标右键，从快捷菜单中选择【粘贴】命令，即可把复制的文字粘贴到文档中。

③ 选择【文件】→【另存为】命令，实现对网页中文本的保存。

提示： 进行网页上文本复制的操作还有以下的方法。

（1）选中需要复制的文本，直接按【Ctrl】+【C】进行复制。

（2）选中需要复制的文本，选择【编辑】→【复制】命令。

进行文本粘贴的操作还有以下的方法。

（1）按【Ctrl】+【V】进行粘贴。

（2）选择【编辑】→【粘贴】命令。

（2）将网页保存为文本文件。

① 打开要保存的网页，选择 IE 浏览器窗口中的【文件】→【另存为】命令，打开如图 3.15 所示的“保存网页”对话框。

② 在“保存类型”中，选择“文本文件”，输入文件名，单击【保存】按钮即可。

（3）保存图片。将鼠标移动到需要保存的图片上，用鼠标右键单击图片，弹出如图 3.16 所示的快捷菜单，选择【图片另存为】选项，会弹出一个“保存图片”对话框，选择保存位置，输入文件名，再单击【保存】按钮，则完成操作。

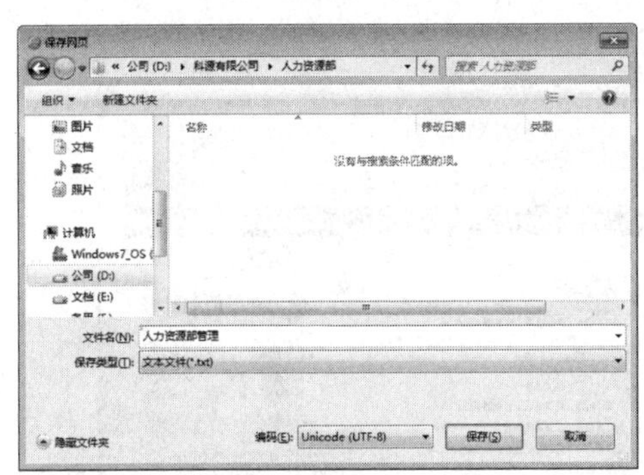

图 3.15 “保存网页”对话框

图 3.16 保存图片快捷菜单

（4）保存完整网页。

① 打开要保存的网页，选择 IE 浏览器窗口中的【文件】→【另存为】命令，打开“保存网页”对话框。

② 在“保存类型”中，选择“网页，全部”，输入文件名，单击【保存】按钮即可。

3. 压缩软件使用

经过压缩软件压缩的文件称为压缩文件。压缩的原理是把文件的二进制代码压缩，把相邻的 0.1 代码减少。比如有 000000，以把它变成 6 个 0 的写法 60，来减少该文件的空间。

WinRAR 是目前比较流行的压缩软件之一。WinRAR 是一个强大的压缩文件管理工具。它能备份你的数据，减少你的 E-mail 附件的大小，解压缩从 Internet 上下载的 RAR、zip 和其他格式的压缩文件，并能创建 RAR 和 zip 格式的压缩文件。

（1）安装压缩软件。

（2）压缩文件。

① 选择要制作成压缩包的文件或文件夹，当然也可以多选，方法同资源管理器，即按住【Ctrl】或【Shift】再选择文件（文件夹）。

② 用鼠标右键单击要生成压缩包的文件或文件夹，从快捷菜单中选择【添加到压缩文件】命令，进行文件压缩。

（3）解压文件。

用鼠标右键单击要解压缩的压缩包，从快捷菜单中选择【解压文件】命令，在“解压路径和选项”对话框中设置相应的参数后，单击【确定】按钮，进行解压缩处理。

【任务实施】

步骤 1 启动 IE 浏览器

单击任务栏的 IE 浏览器图标，打开如图 3.17 所示的 IE 浏览器窗口。

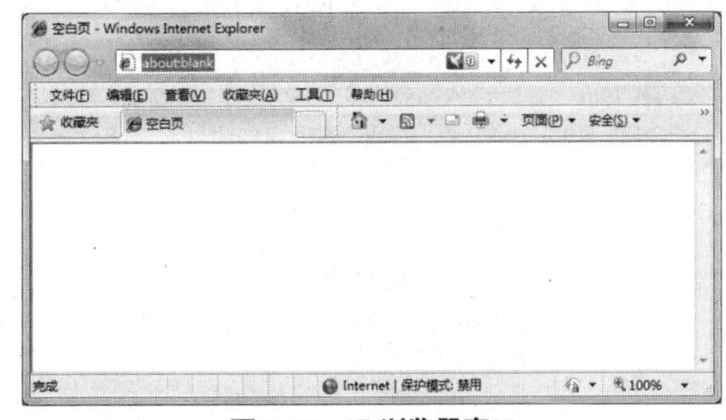

图 3.17 IE 浏览器窗口

步骤 2 浏览网页

（1）在 IE 浏览器的地址栏中输入要访问的地

址“http://www.ciia.org.cn/”。

（2）按【Enter】键，打开如图 3.18 所示的“中国信息化网”网站的首页面。

图 3.18　中国信息化网站

（3）单击首页导航栏中的“企业信息化”超链接，可访问到相应的网页信息，如图 3.19 所示。

图 3.19　首页链接“企业信息化”

步骤 3　使用 IE 收藏夹

（1）单击导航栏中的“首页”超链接，返回网站首页面。

（2）单击菜单栏里的“收藏夹”，打开如图 3.20 所示的“收藏”菜单。

（3）选择【添加到收藏夹】命令，弹出如图 3.21 所示“添加收藏”对话框。输入收藏名称后，单击【添加】按钮，将访问的网址保存到了 IE 浏览器收藏夹中。

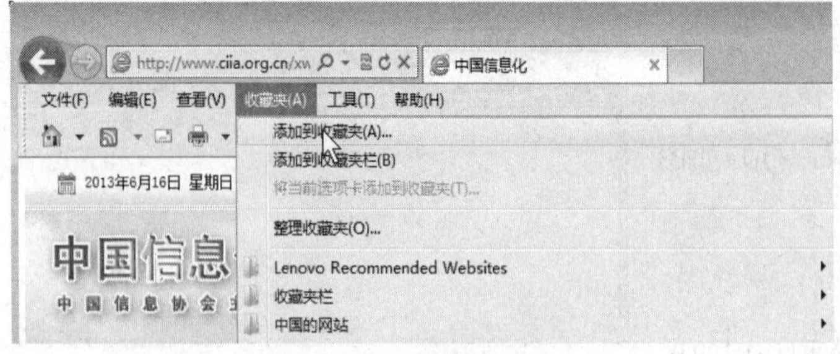

图 3.20　“收藏”菜单

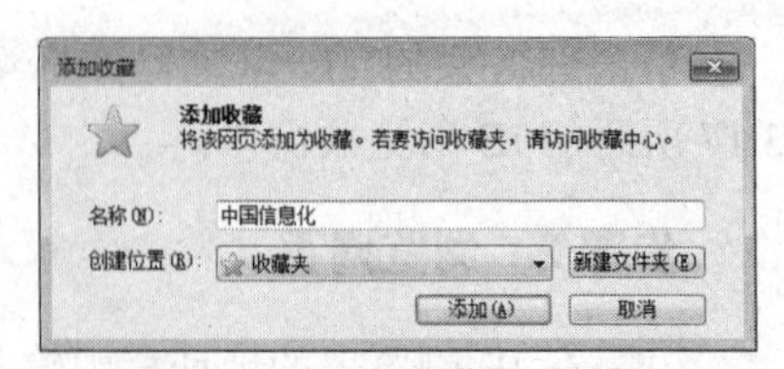

图 3.21　“添加收藏”对话框

步骤 4　设置 IE 浏览器默认主页

（1）在 IE 浏览器窗口中，选择【工具】→【Internet 选项】命令，打开如图 3.22 所示的“Internet 选项”对话框。

（2）在“常规”选项卡中的“主页”文本框中输入中国信息化网站的网址“http://www.ciia.org.cn”。

（3）单击【确定】按钮，将该网页设置为 IE 浏览器默认主页。再次启动 IE 的时候，就会首先打开此网页。

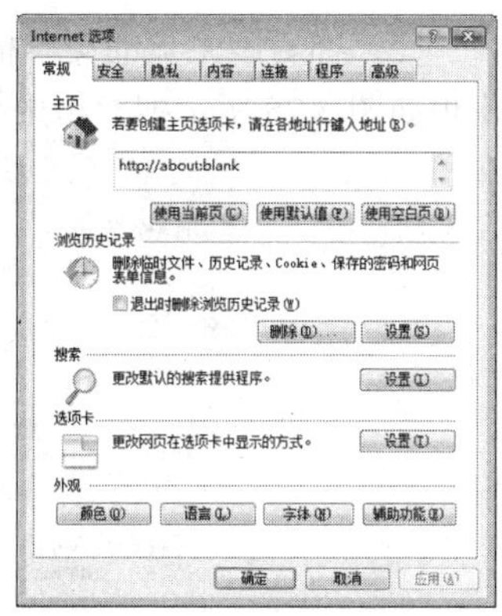

图 3.22　“Internet 选项”对话框

提示：单击【使用当前页】按钮，则将当前正打开的网页作为 IE 的主页；单击【使用空白页】按钮，则将 IE 的主页设置为空白页，每次打开 IE，都只在地址栏显示“about:blank”，没有任何网页被打开。

步骤 5　查看最近访问过的网站

（1）单击 IE 浏览器中的【收藏夹】按钮，将在 IE 浏览器的左侧显示“历史记录”窗格。

（2）单击“历史记录”选项卡，再单击“今天”，则在其下方显示今天曾经访问过的网站，如图 3.23 所示。

图 3.23　“历史记录”访问框

提示：在历史记录中，可以按照“日期”、“站点”、“访问次数”、“今天的访问顺序”来进行查看，方便快速定位到指定网站。“搜索历史记录”，可以在曾经打开过的网站中，搜索出现过指定内容的网站。

步骤 6　使用搜索引擎

（1）在 IE 浏览器的地址栏中输入“www.baidu.com”，按【Enter】键，打开“百度”搜索引擎，如图 3.24 所示。

图 3.24　百度搜索主页

（2）在百度主页的文本框中输入要搜索的关键字“人力资源表格”，单击【百度一下】按钮，出现如图 3.25 所示搜索结果页面。

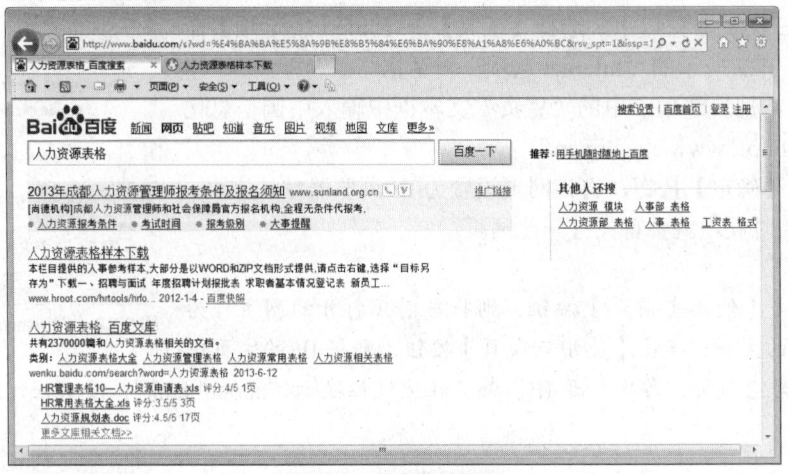

图 3.25　搜索结果页面

（3）从列出的网页中单击“人力资源表格样本下载”超链接，可访问如图 3.26 所示页面。

步骤 7　保存网络资料

在图 3.26 所示的网页中找到需要的资料后，可将其保存到本地硬盘中。

图 3.26　访问链接页面

（1）将鼠标指针指向需要下载的项目，鼠标指针会变成手形，用鼠标右键单击要下载的项目，弹出如图 3.27 所示的快捷菜单。

（2）从快捷菜单中选择【目标另存为】命令，出现如图 3.28 所示的“另存为”对话框。

（3）选择保存文件的位置为“D:\科源有限公司\人力资源部”文件夹，保存文件名为“求职者基本情况登记表”，保存类型为“Microsoft Word 97-2003 文档”。

图 3.27　保存快捷菜单

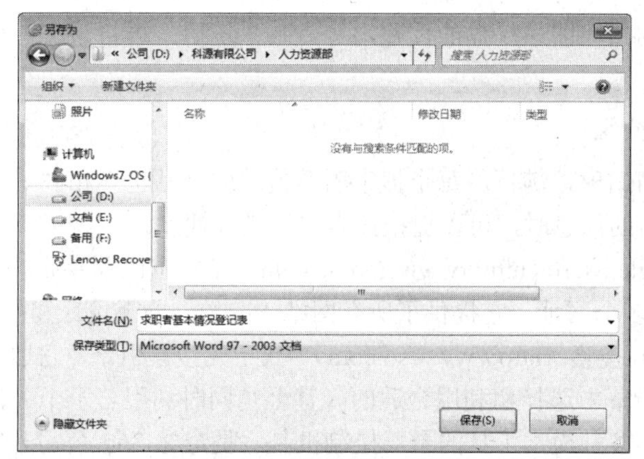

图 3.28 “另存为”对话框

（4）单击【保存】按钮，会出现保存进度窗口，当进度达到100%的时候，完成保存操作。

步骤 8 压缩下载的文档

为了节省网络传输的时间，网上下载的资料大多是经过压缩处理的。压缩的目的是把二进制信息中相同的字符串以特殊字符标记起来，可以减小文件容量。对于网络用户，使用压缩文件能够保证在相同的网络速度下实现更快的传输，此外还可以减少文件的磁盘占用空间。

目前最流行的是 WinRAR 软件，它可以轻松地创建、管理和控制压缩文件，并且已经很好地整合到 Windows 资源管理器中了。

（1）用鼠标右键单击所要压缩的文件，从弹出的快捷菜单中选择【添加到压缩文件】命令，打开如图 3.29 所示的对话框。

（2）单击【确定】按钮，开始进行文件压缩。

（3）压缩完成后，会在当前文件夹中生成压缩文件包 求职人员基本情况登记表，其大小比原文件小得多。

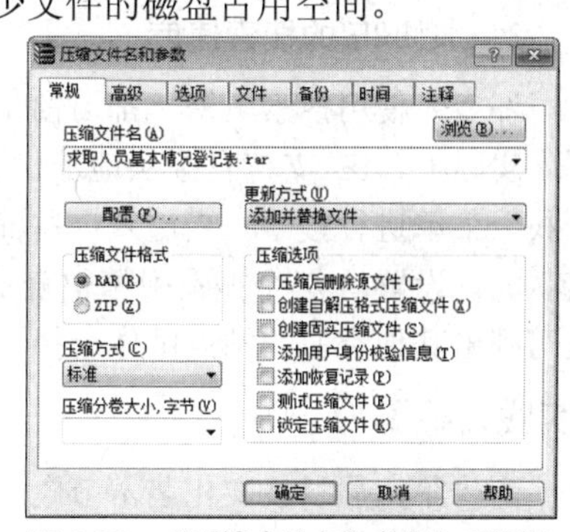

图 3.29 “压缩文件名和参数”对话框

提示：解压缩的方法：用鼠标右键单击要解压缩的文件，在弹出的快捷菜单中可选择“解压到”指定位置，或者是选择其他压缩软件进行解压。

【任务总结】

本任务通过“上网搜索信息”的操作，掌握了运用 IE 浏览器访问网络，使用各种搜索引擎从网络上众多的信息中搜索有用的资料，并能够用多种方法完成下载，方便随时随地进行查阅。在此基础上，能够使用压缩软件对资料进行压缩处理，为文档的存储和发送带来了方便。

【知识拓展】

1. 收藏夹管理

重装操作系统后，IE 收藏夹中收藏的网址将不存在。为了保留收藏夹中保存的内容，可以将其预先复制一份，其位置默认为“C：\Documents and Settings\”，在该目录下有一个名为“收藏夹”

的文件夹，将其复制到其他非系统盘的位置，等重装系统后，再将该文件夹复制到其默认位置并替换原文件夹即可。

2. 常用搜索引擎介绍

目前的搜索引擎网站琳琅满目，每个搜索引擎搜集的网站也不相同，所以当用户使用某个搜索引擎未能搜索到所需的信息时，可以更换搜索引擎进行搜索。

（1）google。Google 网站（http://www.google.com）是一个比较专业的搜索引擎网站，它的网站目录中收录了 10 亿多个网址，它提供了所有网站、图像、网上论坛和网页目录 4 大搜索模块。

（2）360 搜索。360 搜索（http://www.so.com），属于元搜索引擎，它通过一个统一的用户界面帮助用户在多个搜索引擎中选择和利用合适的（甚至是同时利用若干个）搜索引擎来实现检索操作，是对分布于网络的多种检索工具的全局控制机制，是奇虎 360 公司开发的基于机器学习技术的第三代搜索引擎，具备“自学习、自进化”能力，能够发现用户最需要的搜索结果。

（3）网易。网易搜索（http://search.163.com）提供了关键字搜索与分类目录搜索两种方式。在网易搜索引擎中搜索到的结果以文章类居多，其次是网页。该搜索引擎适合搜索小说和杂志等。

（4）搜狗。搜狗是搜狐公司的旗下子公司，于 2004 年推出，目的是增强搜狐网的搜索技能，主要经营搜狐公司的搜索业务。全球首个百亿规模中文搜索引擎，收录 100 亿网页，再创全球中文网页收录量新高，并且每日网页更新达 5 亿，用户可直接通过网页搜索而非新闻搜索，获得最新新闻资讯。在搜索业务的同时，搜狗也推出输入法、免费邮箱、企业邮箱等业务。

3. 加快 IE 的搜索速度

许多人使用搜索引擎，都习惯于进入其网站后再输入关键词搜索，这样大大降低了搜索的效率。实际上，IE 支持直接从地址栏中进行快速高效地搜索。也支持通过“转到/搜索”或“编辑/查找”菜单进行搜索。当键入一些简单的文字或在其前面加上“go”、“find”或“?”，IE 就可直接从默认设置的 9 个搜索引擎中查找关键词，并自动找到与您要搜索的内容最匹配的结果，同时还可列出其他类似的站点供你选择。

【实践训练】

为“第六届科技文化艺术节电子报刊制作”项目比赛进行资料准备。

（1）使用搜索引擎，搜索与第六届科技文化艺术节主题有关的资料和信息。

① 本届科技活动节电子报刊的主题是“低碳生活”。

② 打开 IE 浏览器，使用百度搜索引擎搜索相关信息。

（2）下载搜索到的资料并保存到本地硬盘。

（3）从网上搜索有关“低碳”和“环保”的图片，保存到本地硬盘。

（4）用压缩软件将收集到的资料进行压缩，压缩后的文件名为“电子报刊素材”，保存到“D:\第六届科技文化艺术节\作品”文件夹中。

任务 3　使用电子邮件

【任务描述】

随着 Internet 的普及，使用电子邮件已成为人们日常工作和生活中传递信息的主要方式。电子邮件实现了信件的收、发、读、写的电子化，它不仅可以收发文本，还可以收发声音、影像等多媒体资料。在本任务中，人力资源部的员工需要及时将下载的“人力资源表格”发送给同事。

【任务目标】

◈ 能够独立申请电子邮箱。
◈ 能够完成普通邮件的收发。
◈ 能够正确进行带附件收发邮件。
◈ 能够使用 Outlook 软件来收发邮件。

【任务流程】

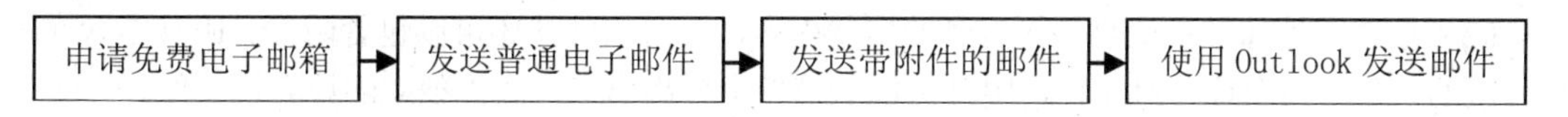

【任务解析】

1. 电子邮箱

电子邮箱（E-mail BOX）是通过网络电子邮局为网络客户提供的网络交流电子信息空间。电子邮箱具有存储和收发电子信息的功能，是因特网中最重要的信息交流工具。

在网络中，电子邮箱可以自动接收网络任何电子邮箱所发的电子邮件，并能存储规定大小的多种格式的电子文件。电子邮箱具有单独的网络域名，其电子邮局地址在@后标注。电子邮箱一般格式为：用户名@域名，即 user@mail.server.name。其中“user”是收件人的用户名，“mail.server.name”是收件人的电子邮件服务器名或者域名。例如 jsj2013jc@126.com，其中“jsj2013jc”是收件人的用户名，“@”（读作“at”）用于连接用户名和电子邮件服务器名，是电子邮箱的标志符号，“126.com”表示提供电子邮件服务的域名。

邮件服务商主要分为两类，一类主要针对个人用户提供个人免费电子邮箱服务，另外一类针对企业提供付费企业电子邮箱服务。对于个人免费电子邮箱，注册后可立刻使用。

2. 申请免费邮箱的操作

（1）选择一个设有免费信箱的网站。国内外很多网站都为广大网民提供免费的通信服务，常见的个人免费邮箱有 163 邮箱、126 邮箱、新浪邮箱、搜狐邮箱、QQ 邮箱等。可根据需要选择一个网站进行申请。

（2）设置和确定自己的电子邮箱地址。

一般电子邮箱地址由用户名.@.域名三部分组成。其中第一部分是自己网名的代号，可由英文字母或数码字组成，还可以混合排列，中间也可加“_”符号，网名最长不能超过 16 个字。中间的“@”是电子邮箱地址（信箱号）的通用标志。而右面的第三部分就是网站的网址（或域名），说明你用的是哪个网站的信箱。可根据自己的情况设置，但应以简单、易记、不与别人重复为原则。这样，便可在网上应用而不会发生重复和混淆，成为唯一的网民代号。

（3）上网进行申请。

① 通过 IE 浏览器进入你要申请的网站。

② 在网站的首页中，单击“注册邮箱”之类链接。

③ 填写注册信息，在要求填写（键入）的各个项目中前面带“*”号的项目为必填项，如账户名、密码、密码保护问题等。

④ 注册校验。

⑤ 同意服务条款。

⑥ 网站的管理服务器核对无误后，就会弹出窗口，提示申请成功，并将你的电子邮箱地址（ID）和你的网名（也叫会员名、户名、账号）显示出来。

3. 电子邮件的格式

一封完整的电子邮件都由两个基本部分组成：信头和信体。

（1）信头一般有下面几个部分。

① 收信人，即收信人的电子邮件地址。

② 抄送，表示同时可以收到该邮件的其他人的电子邮件地址，可有多个。

③ 主题，概括地描述该邮件内容，可以是一个词，也可以是一句话或几句话，由发信人自拟。

（2）信体。信体是希望收件人看到的信件内容，有时信件体还可以包含附件。附件是含在一封信件里的一个或多个计算机文件，附件可以从信件上分离出来，成为独立的计算机文件。

【任务实施】

步骤 1　申请免费电子邮箱

免费电子邮箱是由众多互联网服务企业，为提高自身影响力，方便用户应用电子邮箱业务而提供的免费使用的一种互联网服务。目前比较有影响力的是网易、搜狐、新浪等企业提供的免费电子邮箱服务，下面介绍在网易中申请 126 免费邮箱。

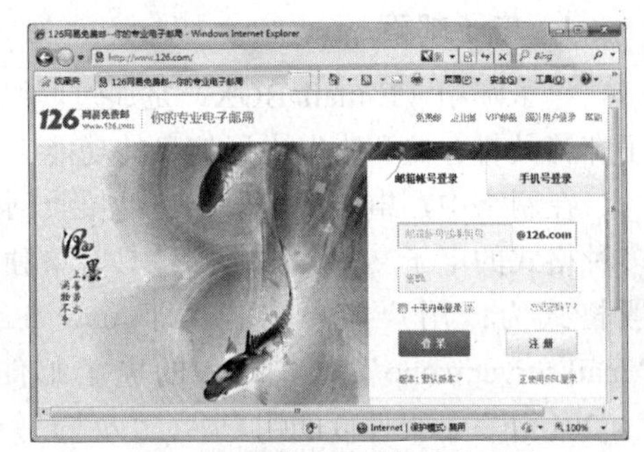

图 3.30　免费电子邮箱的主页面

（1）双击桌面 IE 浏览器图标，打开 IE 浏览器，在地址栏输入“www.126.com”，则进入网易 126 免费邮箱的主页面，如图 3.30 所示。

（2）在主页面中，单击【注册】按钮，进入如图 3.31 所示的 126 免费电子邮箱的注册界面，在“用户名”对应的文本框中输入一个正确的名称“ky_kenana”，用户名可用的话，将会在它下方显示“恭喜，该邮箱地址可注册”。在名称右方可以选择注册“163.com”、“126.com”、“yeah.net”这 3 个邮箱，这里选择“ky_kenana@126.com”。

（3）根据注册界面的提示，在带“*”号所对应的栏目中，填入相应的信息，包括密码、密码保护问题、个人资料、校验码等，最后单击【确认注册】按钮，完成注册，弹出如图 3.32 所示的注册成功的网页。

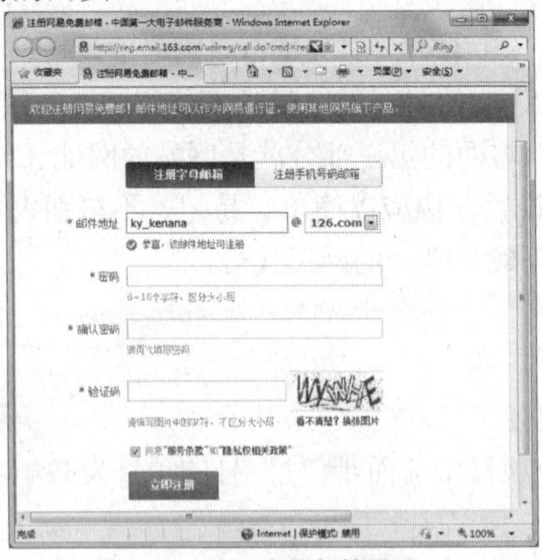

图 3.31　注册电子邮箱界面

图 3.32　注册成功界面

步骤 2　发送普通电子邮件

（1）打开 IE 浏览器，在地址栏输入“www.126.com”，打开网易 126 邮箱的主页。根据页面的提示，输入刚才注册成功的邮箱的用户名和密码。

（2）单击【登录】按钮，进入该邮箱。邮箱主界面如图 3.33 所示。单击左侧的“收件箱”，能够看到此邮箱里有两封未读邮件，是由网易邮件中心自动发出，以确认电子邮箱申请成功的。

图 3.33　电子邮箱主界面

（3）单击左侧【写信】按钮，将在右侧显示如图 3.34 所示的界面，在“收件人”文本框中，输入收件人的邮箱地址“ky_kenana@126.com”，然后在“主题”文本框中，输入“测试”，在“内容”文本框内输入如图 3.34 所示的信函内容。

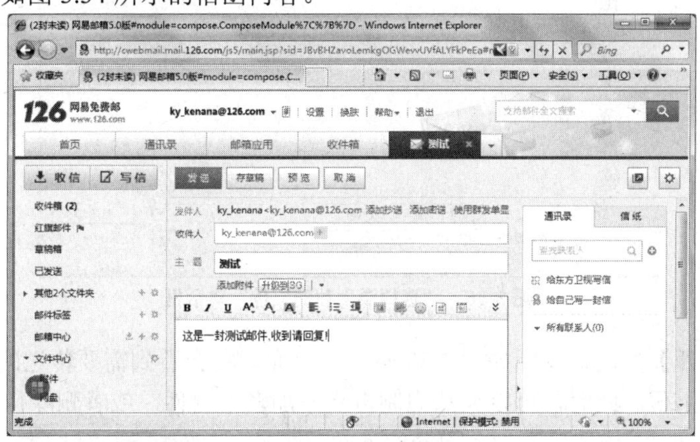

图 3.34　写新邮件界面

（4）完成邮件内容的撰写后，单击【发送】按钮发送邮件。

提示：对于尚未完全撰写好的邮件，可单击“文件”菜单，选择“保存”命令，该邮件将保存在“草稿箱”文件夹中，待以后做进一步修改后再发送。

步骤 3　发送带附件的邮件

一般来说，邮件的应用除了普通内容的发送之外，还有一种情况是通过邮件把本地的文件以附件的形式传送到对方。

（1）完成普通邮件收发测试之后，再次单击【写信】按钮，输入收件人地址"ky_chenkeke@163.com"，输入主题"人力资源表格"，在下面的"内容"文本框中输入信件内容，如图 3.35 所示。

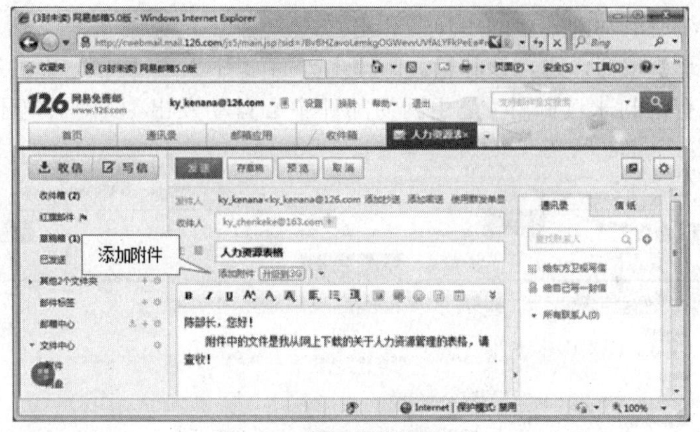

图 3.35　撰写带附件的邮件

（2）单击如图 3.36 所示的"添加附件"，打开如图 3.33 所示的"选择要上载的文件"对话框，选择前面下载的文件"求职者基本情况登记表"。

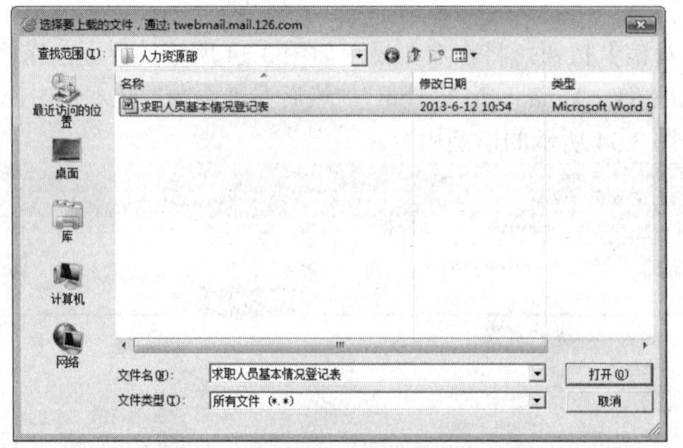

图 3.36　"选择要上载的文件"对话框

（3）单击【打开】按钮，返回如图 3.37 所示的界面。将会看到需要传送的文件以附件形式保存等待点击发送后上传。此时，可以如法炮制再次添加多个附件，或者删除待发送附件。

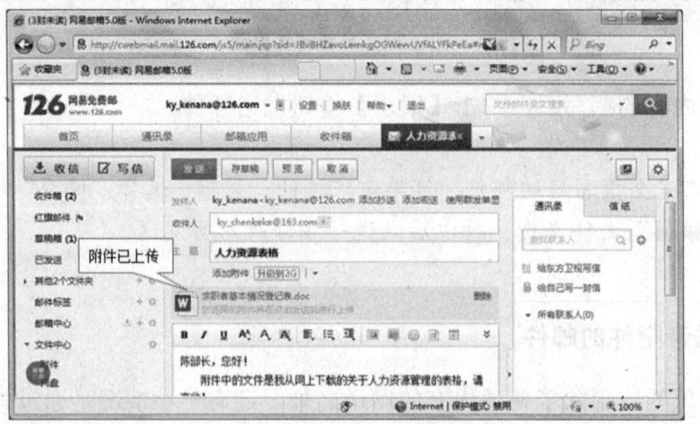

图 3.37　完成添加附件

（4）单击【发送】按钮，完成带附件邮件的发送。

步骤 4　使用 Outlook 发送邮件

前面的操作是在线电子邮件的收发，在实际使用中，为了方便，我们往往会使用专门的软件来进行电子邮件的收发，Outlook 就是微软公司开发的 Office 套件之一，专用于电子邮件的管理。

（1）启动 Outlook 程序。选择【开始】→【所有程序】→【Microsoft Office】→【Microsoft Outlook 2010】命令，启动 Outlook 程序，如图 3.38 所示。

（2）单击【下一步】按钮，进入如图 3.39 所示的电子邮件账户设置界面，选择【是】单选按钮。

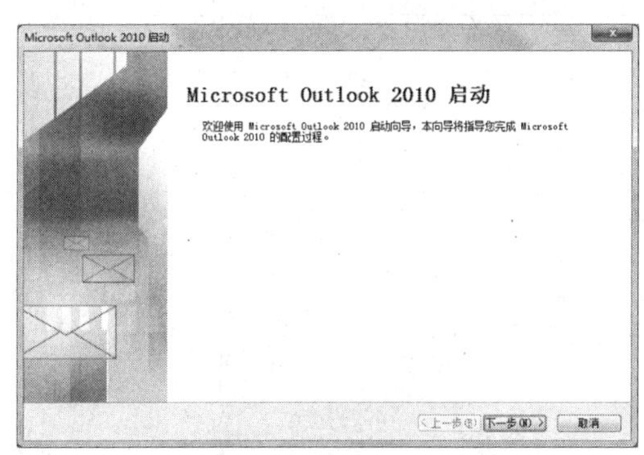

图 3.38　Outlook 启动界面

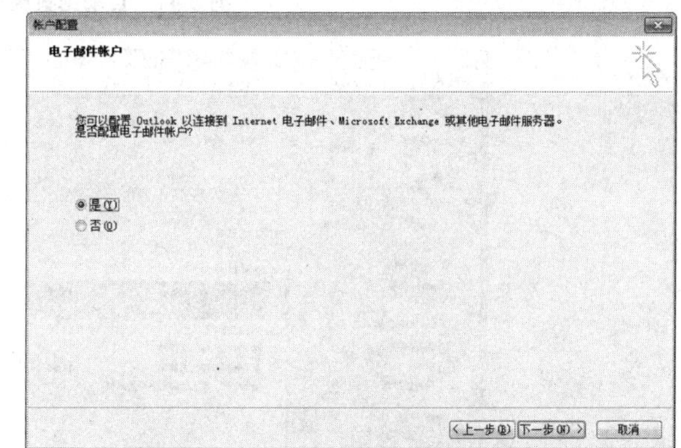

图 3.39　“电子邮件账户设置”界面

（3）单击【下一步】按钮，进行邮件账户的自动设置，在出现的如图 3.40 所示界面中，输入姓名和电子邮件地址，作为发件人的基本信息。

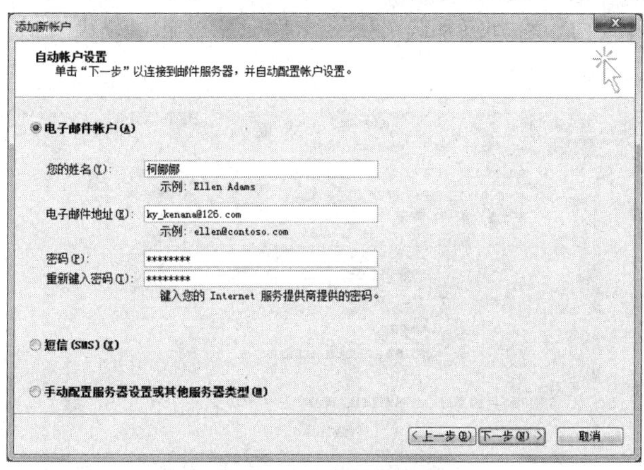

图 3.40　设置电子邮件信息

提示： 默认情况下，【Microsoft Outlook 2010 可以自动为用户进行电子邮箱服务器账户配置，如果选择【手动配置服务器或其他服务器类型】按钮，将进入手动配置服务器界面。

（4）单击【下一步】按钮，等待几分钟之后，Outlook 将会自动配置电子邮件服务器设置，如图 3.41 所示，单击【完成】按钮，完成设置，显示如图 3.42 所示 Outlook 主界面。

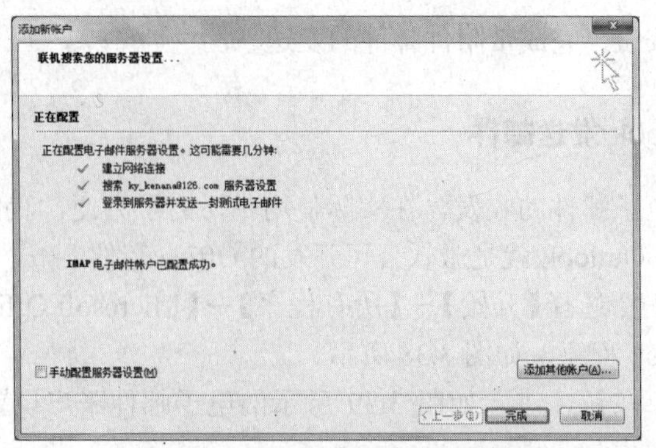

图 3.41　自动配置电子邮件服务器

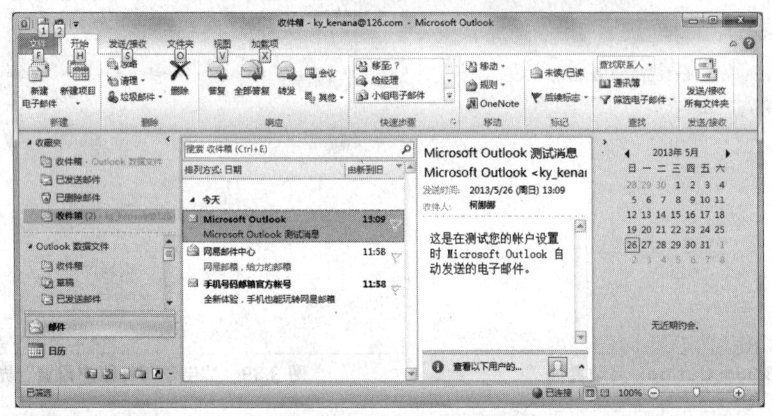

图 3.42　Outlook 主界面

（5）在如图 3.42 所示的 Outlook 主界面中，单击【开始】→【新建电子邮件】按钮，显示如图 3.43 所示的写新邮件窗口。分别添加收件人、主题、附件和信函内容后，单击【发送】按钮，完成电子邮件的发送。

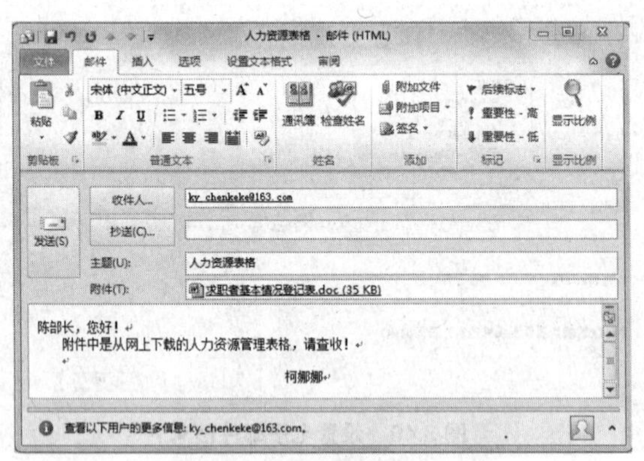

图 3.43　撰写新邮件窗口

【任务总结】

本任务通过使用电子邮件的操作，掌握了运用 IE 浏览器申请电子邮箱、发送普通邮件及发送带附件的邮件的方法。在此基础上，通过使用 Outlook 收发邮件，学会了在 Outlook 中配置邮件账户信息、收发和管理邮件的方法。

【知识拓展】

1. 电子邮件的概念

电子邮件（Electronic Mail，缩写为 E-mail，也被大家昵称为“伊妹儿”）又称电子信箱、电子邮政。它是一种用电子手段提供信息交换的通信方式，是 Internet 应用最广的服务之一。通过网络的电子邮件系统，用户可以用非常低廉的价格（不管发送到哪里，都只需负担电话费和网费），以非常快速的方式（几秒钟之内可以发送到世界上任何你指定的目的地），与世界上任何一个角落的网络用户联系，这些电子邮件可以是文字、图像、声音等各种方式。同时，用户可以得到大量免费的新闻、专题邮件，并实现轻松的信息搜索。

2. 回复邮件

（1）收到对方的电子邮件后，作为礼貌应该回复。可以按撰写新邮件的方法回复对方，在收件人地址栏输入对方的电子邮件。

（2）在收件箱邮件列表中选定需要回复的邮件，单击工具栏上的【回复】按钮，打开回复邮件窗口，在收件人地址栏，会自动添加对方的电子邮件地址，此时，在“主题”栏会有一个“Re:”的字样。

（3）输入回复信息后，单击工具栏上的【发送】按钮。

3. 转发邮件

（1）在收件箱的邮件列表中，选定需要转发的邮件，单击工具栏上的【转发】按钮，即可打开转发邮件窗口。

（2）按照撰写新邮件的方法，在“收件人”栏，输入接受方的邮件地址，此时，在“主题”栏，会自动添加一个“Fw:”的字样。

（3）在邮件内容区会显示原邮件的内容，此时，只需要单击【发送】即完成转发。

4. 使用通讯录

（1）登录电子邮箱，单击主界面上方的“通讯录”，进入通讯录的工作界面，如图 3.44 所示。

图 3.44　通讯录主界面

（2）单击【新建联系人】按钮，出现如图 3.45 所示的“新建联系人”界面。按要求输入联系人的姓名、电子邮箱、所属组等信息，再单击【保存】按钮，则完成操作。

（3）单击左侧的“收件箱”，在邮件列表中，任选一封邮件，并打开，鼠标指向发件人所对应的电子邮箱，会出现如图 3.46 所示选项。

（4）单击“添加联系人”，根据提示完成添加的操作。

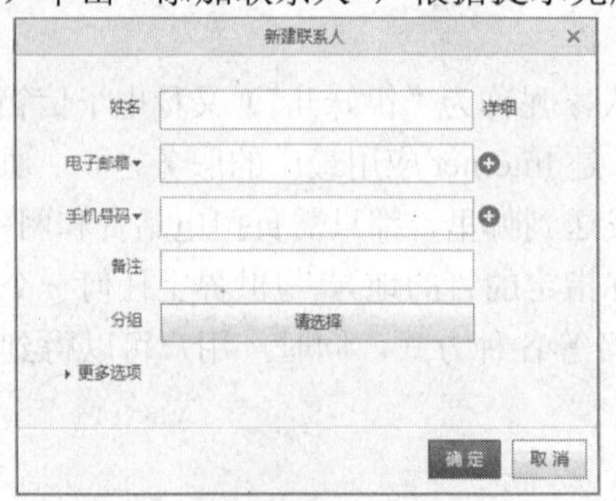

图 3.45 “新建联系人”界面

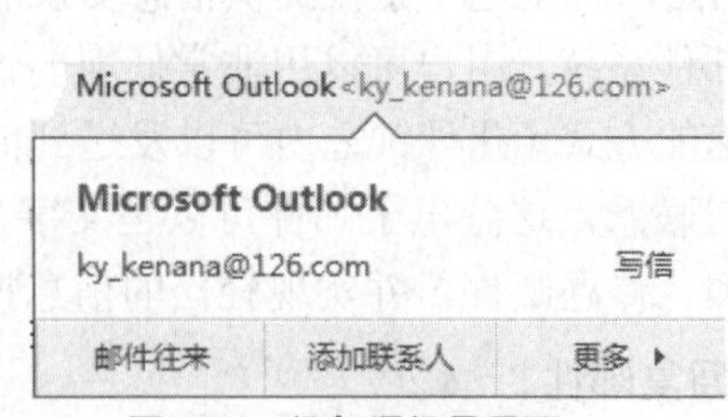

图 3.46 添加通讯录界面

【实践训练】

将收集到的第六届科技文化艺术节相关资料，分别用在线电子邮件和 Outlook 软件进行发送，接收人是项目指导老师。

（1）打开 IE 浏览器，登录电子邮箱，单击【写信】按钮。

（2）在“收件人”栏目中，输入自己指导老师的邮箱地址。每写完一个地址，用英文状态下的分号加以间隔。

（3）在“主题”栏目中，输入“第六届科技文化艺术节相关资料”。

（4）在邮件内容框中输入“老师，您好！您要求我收集的科技文化节相关资料已收齐，现在发给您，请查收！学生：×××（×××为自己的姓名）”。

（5）单击【添加附件】按钮，打开资料所在文件夹，将需要发送的资料以附件的形式添加。

（6）单击【发送】按钮，完成电子邮件的发送。

【思考练习】

1．当总线网的网段已超过最大距离时，可使用（　　）来延伸。

A．网桥　　B．网关　　C．路由器　　D．中继器

2．一个特定的 Web 站点的顶层页面通常称为（　　）。

A．顶页　　B．主页　　C．目录单　　D．菜单

3．下列主机域名的正确书写格式是（　　）。

A．Mail、tjnu、edu、cn　　B．Mail,tjnu,edu,cn

C． Mail tjnueducn　　D．Mail.tjnu.edu.cn

4．IP 地址是由两部分组成，一部分是（　　）地址，另一部分是主机地址。

A．网络　　B．服务器　　C．机构名称　　D．路由器

5．下列电子邮件地址正确的是（　　）。

A．263.net@DXG　　B．DXG@263.Net

C．DXG.263.net　　D．263.net.DXG

6．目前，局域网的传输介质主要是同轴电缆、双绞线和（　　）。

A．通信卫星　　B．公共数据网

C．电话线　　D．光纤

7．在 Internet 中，IPv4 地址的最大长度占（　　）位。

A. 10　　B. 16　　C. 8　　D. 32

8. 用来浏览 Internet 网上 WWW 页面的软件称为（　　）。

A. 服务器　　B. 转换器　　C. 浏览器　　D. 编辑器

9. 关于 Internet 的概念叙述错误的是（　　）。

A. Internet 即国际互联网络　　B. Internet 具有网络资源共享的特点

C. 在中国称为因特网　　D. Internet 是局域网的一种

10. 在 Internet 网中，WWW 的含义是（　　）。

A. 域名系统　　B. 文件传输协议

C. 电子广告板　　D. 多媒体信息检索系统

11. 下列说法错误的是（　　）。

A. 电子邮件是 Internet 提供的一项最基本的服务

B. 电子邮件具有快速、高效、方便、价廉等特点

C. 通过电子邮件，可向世界上任何一个角落的网上用户发送信息

D. 可发送的多媒体只有文字和图像

12. 在因特网中，文件传输协议的英文缩写是（　　）。

A. IP　　B. IPX　　C. FTP　　D. BBS

13. Internet 域名中的类型".com"代表单位的性质一般是（　　）。

A. 通信机构　　B. 网络机构

C. 组织机构　　D. 商业机构

14. 在 Internet 主机域名结构中，代表政府组织机构的子域名称是（　　）。

A. com　　B. gov　　C. org　　D. edu

15. 正确的 IP 地址是（　　）。

A. 132.112.111.1　　B. 102.0.2.1.2

C. 132.202.1　　D. 132.2.257.13.14

项目检测

一、选择题

1. Internet 网中不同网络和不同计算机相互通信的基础是（　　）。

A. ATM　　B. TCP/IP　　C. Novell　　D. X.25

2. 计算机网络的目标是实现（　　）。

A. 数据处理　　B. 文献检索

C. 资源共享和信息传输　　D. 信息传输

3. 计算机网络最突出的优点是（　　）。

A. 精度高　　B. 共享资源　　C. 运算速度快　　D. 容量大

4. Internet 实现了分布在世界各地的各类网络的互联，其最基础和核心的协议是（　　）。

A. HTTP　　B. TCP/IP　　C. HTML　　D. FTP

5. 假设邮件服务器的地址是 email.bj163.com，则用户的正确的电子邮箱地址的格式是（　　）。

A. 用户名#email.bj163.com　　B. 用户名@email.bj163.com

C. 用户名 email.bj163.com　　D. 用户名$email.bj163.com

6. 能保存网页地址的文件夹是（　　）。

A．收件箱　　　B．公文包　　　C．我的文档　　　D．收藏夹

7．Modem 是计算机通过电话线接入 Internet 时所必需的硬件，它的功能是（　　）。

A．只将数字信号转换为模拟信号　　　B．只将模拟信号转换为数字信号

C．为了在上网的同时能打电话　　　D．将模拟信号和数字信号互相转换

8．计算机网络的主要目标是实现（　　）。

A．数据处理　　　B．文献检索

C．快速通信和资源共享　　　D．共享文件

9．写邮件时，除了发件人地址之外，另一项必须要填写的是（　　）。

A．信件内容　　　B．收件人地址　　　C．主题　　　D．抄送

10．根据域名代码规定，表示政府部门网站的域名代码是（　　）。

A．net　　　B．com　　　C．gov　　　D．org

二、操作题

1．某网站的主页地址是“http://www.dili360.com/”，打开此主页，浏览“中国国家地理”页面，将“地理资讯”的页面内容以文本文件的格式保存到考生目录下，命名为“zrdl”。

2．向阳光小区物业管理部门发一个 E-mail，反映自来水漏水问题。具体如下。

【收件人】ygwygl@126.com

【抄送】

【主题】自来水漏水

【函件内容】小区管理负责同志：本人看到小区西草坪中的自来水管漏水已有一天了，无人处理，请你们及时修理，免得造成更大的浪费。

项目四
图文排版

【项目情境】

10 月 18 日，科源有限公司将迎来五周岁的生日。为了庆祝这一时刻的到来，公司将组织一系列庆祝活动。为此，承担此次庆典活动主要任务的庆典领导小组及各职能组将利用 Word 软件完成一系列庆典工作所需的文档：制作公司周年庆活动方案、安排周年庆活动日程、制作庆典活动经费预算表、发放周年庆活动工作证以及制作周年庆活动简报。

任务 1　制作公司周年庆活动方案

【任务描述】

为了庆祝公司成立五周年，增强全体员工的凝聚力、向心力，提升企业文化，展示员工风采，彰显企业品牌，经公司研究决定，将举办一系列五周年庆典活动。现由公司行政部负责完成活动方案的撰写、编辑、格式化等工作，效果如图 4.1 所示。

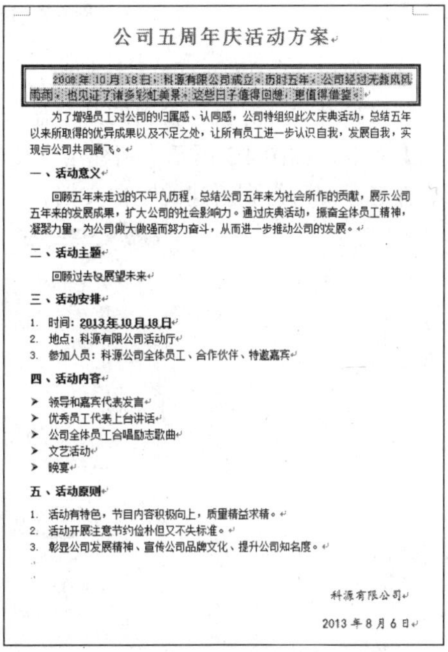

【任务目标】

- ◈ 熟练掌握创建、保存文档的方法。
- ◈ 熟练进行文档页面纸张大小、页边距、纸张方向等页面设置。
- ◈ 能熟练进行文档的录入、移动、合并/拆分段落、查找和替换等编辑操作。
- ◈ 熟练进行文字的字体、字号、颜色、字形、字符间距等字体格式设置。
- ◈ 熟练掌握段落对齐、间距、行距、缩进等格式设置。
- ◈ 熟练运用项目符号和编号进行排版。
- ◈ 能正确设置文字和段落的边框和底纹。
- ◈ 掌握文档的打印设置。

公司五周年庆活动方案

2008 年 10 月 18 日，科源有限公司成立。历时五年，公司经过无数风风雨雨，也见证了诸多彩虹美景，这些日子值得回想，更值得借鉴。

为了增强员工对公司的归属感、认同感，公司特组织此次庆典活动，总结五年以来所取得的优异成果以及不足之处，让所有员工进一步认识自我，发展自我，实现与公司共同腾飞。

一、活动意义

回顾五年来走过的不平凡历程，总结公司五年来为社会所作的贡献，展示公司五年来的发展成果，扩大公司的社会影响力。通过庆典活动，振奋全体员工精神，凝聚力量，为公司做大做强而努力奋斗，从而进一步推动公司的发展。

二、活动主题

回顾过去&展望未来

三、活动安排

1. 时间：2013年10月18日
2. 地点：科源有限公司活动厅
3. 参加人员：科源公司全体员工、合作伙伴、特邀嘉宾

四、活动内容

- ➢ 领导和嘉宾代表发言
- ➢ 优秀员工代表上台讲话
- ➢ 公司全体员工合唱励志歌曲
- ➢ 文艺活动
- ➢ 晚宴

五、活动原则

1. 活动有特色，节目内容积极向上，质量精益求精。
2. 活动开展注意节约俭朴但又不失标准。
3. 彰显公司发展精神、宣传公司品牌文化、提升公司知名度。

科源有限公司

2013 年 8 月 6 日

图 4.1　“公司周年庆活动方案”效果图

【任务流程】

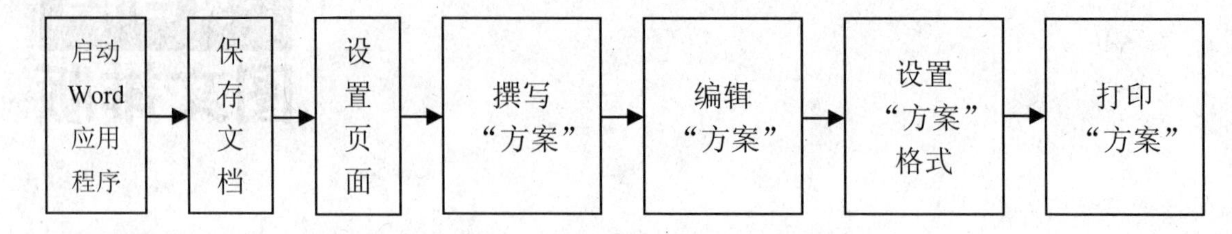

【任务解析】

1. 新建文档

（1）启动 Word 2010 时，程序会自动新建 1 份空白文档。

（2）单击“自定义快速访问工具栏”上的【新建】按钮，可快速创建空白文档。

（3）选择【文件】→【新建】命令，打开如图 4.2 所示的“可用模板”设置区域，从中选择“空白文档”选项，再单击【创建】按钮，可创建空白文档。

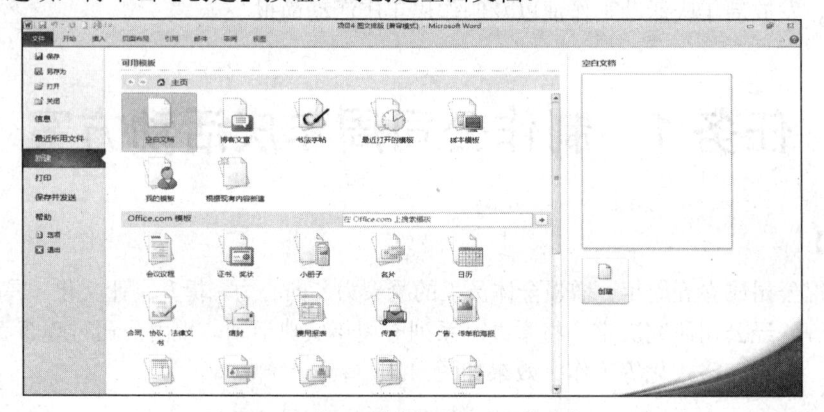

图 4.2　使用“文件”选项卡新建文档

（4）使用【Ctrl】＋【N】快捷键，直接新建空白文档。

（5）打开“计算机”窗口的某个盘符或文件夹，选择【文件】→【新建】→【MicrosoftWord 文档】命令，如图 4.3 所示，新建 1 个待修改文件名的 Word 文档 新建 Microsoft Word 文档 ，这时输入文件名，即可得到新建的空白文档。

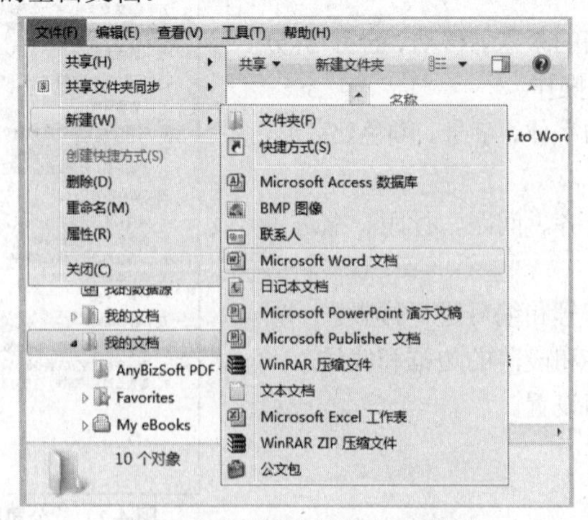

图 4.3　在文件夹中新建 Word 文档

2. 保存文档

（1）保存新建文档。新建一个 Word 文档，应及时进行保存。单击【文件】→【保存】命令，打开【另存为】对话框，在左侧的“保存位置”列表中选择文档的保存位置，在“文件名”文本框中输入文档名称，最后单击【保存】按钮。

（2）保存已有的文档。在 Word 中，对于已经保存过的文档，要实现快速保存，可单击“自定义快速访问工具栏”上的【保存】按钮，或使用快捷键【Ctrl】+【S】，将文档新修改的内容直接保存到原来创建的文档中。

1 PC 键盘 asdfghjkl;
2 希腊字母 αβγδε
3 俄文字母 абвгд
4 注音符号
5 拼音字母 āáěèó
6 日文平假名 あいうえお
7 日文片假名 アイウヴェ
8 标点符号
9 数字序号
0 数学符号 ±×÷∑√
A 制表符
B 中文数字 壹贰千万兆
C 特殊符号
关闭软键盘(L)

图 4.4 输入法的软键盘快捷菜单

3. 插入特殊字符

在进行文档输入时，有的字符无法通过键盘输入，可用鼠标右键单击输入法指示器上的软键盘，从快捷菜单中选择需要的符号类别，如图 4.4 所示。然后利用打开的软键盘进行输入，或者可以单击【插入】→【符号】→【其他符号】命令，插入特殊字符。

4. 查找和替换

（1）查找。在 Word 文档中，若要对某个文本进行查找，可单击【开始】→【编辑】→【查找】按钮，在文档窗口左侧将出现如图 4.5 所示的“导航”任务窗格。在搜索框中输入要查找的文本后，Word 2010 将自动将文档中所有要查找的内容呈高亮显示。

（2）替换。在 Word 文档中，若要对某个文本进行替换，可单击【开始】→【编辑】→【替换】按钮，打开如图 4.6 所示的“查找和替换”对话框，分别在“查找内容”文本框中输入需要查找的内容，在“替换为”文本框中输入要替换的内容。如果仅需要部分替换，则单击【替换】按钮；若需要替换所有查找的内容，则单击【全部替换】按钮。

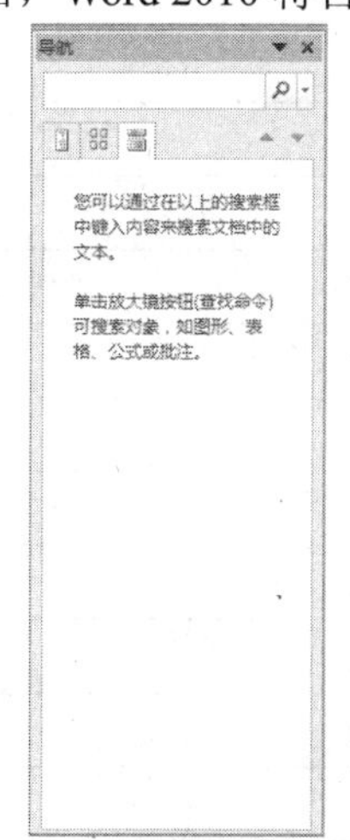

图 4.5 “导航”任务窗格

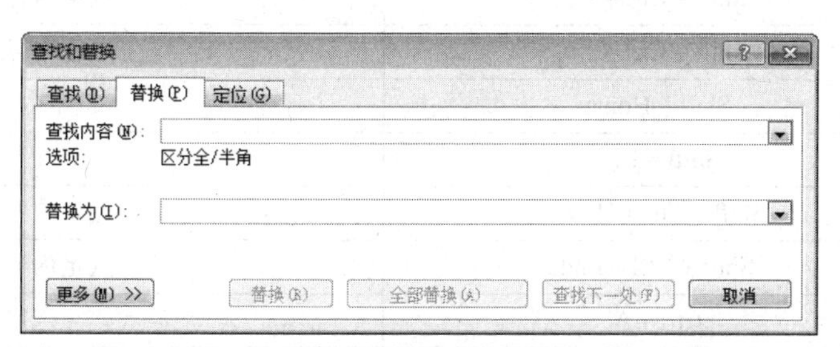

图 4.6 “查找和替换”对话框

5. 打开文档

（1）单击“快速访问工具栏”上的【打开】按钮，弹出“打开”对话框，在左侧“查找范围”的列表框中选择已有文档的位置，在右侧的列表框中选择需要打开的文件，如图 4.7 所示，单击对话框下方的【打开】按钮。

（2）单击【文件】→【最近使用文件】命令，会列出最近使用过的文件的文件名和位置，可以在其中选择需要打开的文件。

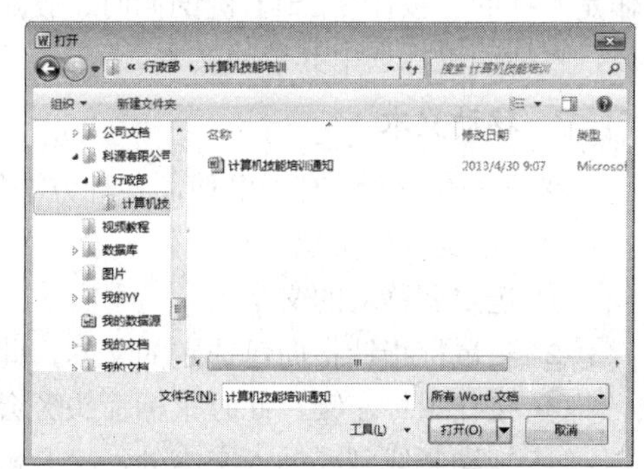

图 4.7 “打开”对话框

（3）打开“计算机”窗口，在某个盘符（文件夹）找到要打开的文档，双击可打开该文档。

6. 选定文本

在对 Word 中的文档进行编辑和格式设置操作时，应遵循“先选择，再操作”的原则。被选中的文本反白显示。常见的选择文本的方法如下。

（1）利用鼠标选定文本。最常用的方法是将鼠标的指针定位到要选定的文本的开始处，按下左键并扫过要选定的文本，当拖曳到选定的文本的末尾时，松开鼠标。也可以将鼠标指针定位在文档的选定栏内，进行文本的选择。

提示：文本的选定栏位于文档编辑区的左侧，是紧挨垂直标尺的空白区域。当鼠标指针移入选定栏后，鼠标的指针将变成“↗”形状，通过纵向拖曳可以实现整行文本的选定。

（2）利用键盘选定文本。利用键盘选定文本可以通过编辑键与【Shift】键和【Ctrl】键的组合来实现，常用的方法如表 4.1 所示。

表 4.1　利用键盘选定文本

按键组合	选定内容
Shift + ↑	向上选定 1 行
Shift + ↓	向下选定 1 行
Shift + ←	向左选定 1 个字符
Shift + →	向右选定 1 个字符
Shift + Ctrl + ↑	选定内容扩展至段落首
Shift + Ctrl + ↓	选定内容扩展至段落尾
Shift + Ctrl + ←	选定内容扩展至单词首
Shift + Ctrl + →	选定内容扩展至单词尾
Shift + Home	选定内容扩展至行首
Shift + End	选定内容扩展至行尾
Shift + Ctrl + Home	选定内容扩展至文档首
Shift + Ctrl + End	选定内容扩展至文档尾
Ctrl + A	选定整个文档

（3）选择不连续的文本。其选择的方法，与在 Windows 中选中多个不连续的文件（夹）的操作是一样的。按住【Ctrl】键的同时，使用鼠标拖曳选中某些文本，释放鼠标，按住【Ctrl】键不放，再拖动鼠标选中其余的文本。

7. 移动文本

移动文本的方法有很多种，各种方法的具体操作步骤介绍如下。

（1）拖曳鼠标实现。

① 选定要移动的文本。

② 将鼠标指针指向已选定的文本，此时鼠标指针变成指向左上的空心箭头↖。

③ 按住鼠标左键，此时鼠标箭头旁会有一条竖虚线，箭头的尾部会有一个小方框。

④ 拖动竖线到要插入文本处，松开鼠标即可。

（2）用工具栏按钮实现。

① 选定要移动的文本。

② 单击【开始】→【剪贴板】→【剪切】按钮。

③ 将光标移到要插入文本的位置。

④ 单击【开始】→【剪贴板】→【粘贴】按钮。

（3）用快捷键实现。

① 选定要移动的文本。

② 按【Ctrl】+【X】组合键剪切文本。

③ 将光标移到要插入文本的位置。

④ 按【Ctrl】+【V】组合键粘贴文本。

【任务实施】

步骤 1　启动 Word 应用程序

（1）单击【开始】→【所有程序】→【Microsoft Office】→【Microsoft Word 2010】命令，启动 Word 2010 应用程序。

提示： 我们会把经常用到的程序或文档的快捷方式放置到桌面上，以便随时取用（打开）。而很多应用程序，在安装好时，会自动创建桌面快捷方式。所以，双击桌面的快捷图标，是最常用的打开应用程序的方法。

（2）启动 Word 程序后，系统将自动新建一个空白文档“文档 1”，如图 4.8 所示。其窗口由标题栏、菜单栏、工具栏、文档窗口、任务窗格、状态栏等部分组成。

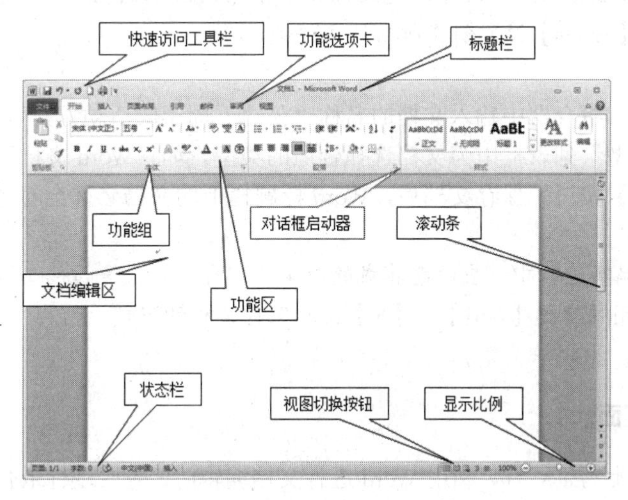

图 4.8　Word 2010 的窗口组成

步骤 2　保存文档

在 Word 中进行文档编辑，一定要保存文档。因为文档编辑等操作是在内存工作区中进行的，如果不进行存盘操作，突然停电或直接关掉电源，都会造成文件丢失。因此，及时将文档保存到磁盘上是非常重要的。

提示： 保存文档时，一定要注意文档的“三要素”__W__文档的位置、文件名、类型。否则，以后不易找到该文档。

（1）选择【文件】→【保存】命令，打开如图 4.9 所示“另存为”对话框。

图 4.9 “另存为”对话框

（2）在左侧的“保存位置”下拉列表框中，选择文档的保存位置。这里，我们选择的保存位置为“D：\科源有限公司\五周年庆典”。

提示： 在保存文档时，如果事先没有创建保存文档的文件夹，我们可以先确定保存的盘符，如 D 盘，再单击图 4.9 中的【新建文件夹】按钮 新建文件夹，出现新建文件夹，输入文件夹名称后按【Enter】键，创建所需的文件夹。

（3）在“文件名”组合框中输入文档的名称“公司五周年庆活动方案”。

（4）在“保存类型”列表框中为文档选择合适的类型，如“Word 文档”。

（5）单击【保存】按钮。保存文档后，Word 标题栏上的文档名称会随之更改。

提示： 在文档的编辑过程中，应注意养成随时单击“自定义快速访问工具栏”上的【保存】按钮或使用快捷键【Ctrl】+【S】及时保存文档的习惯。

步骤 3　设置页面

与用户用笔在纸上写字一样，利用 Word 进行文档编辑时，先要进行纸张大小、页面方向等页面设置操作。

（1）选择【页面布局】→【页面设置】对话框启动器，打开“页面设置”对话框。

（2）切换到“纸张”选项卡，按照图 4.10 所示设置纸张大小为 A4。

（3）切换到“页边距”选项卡，按照图 4.11 所示设置页边距：上、下边距均为 2.5 厘米，左、右边距均为 2.8 厘米。设置纸张方向为“纵向”。

（4）单击【确定】按钮，完成页面设置。

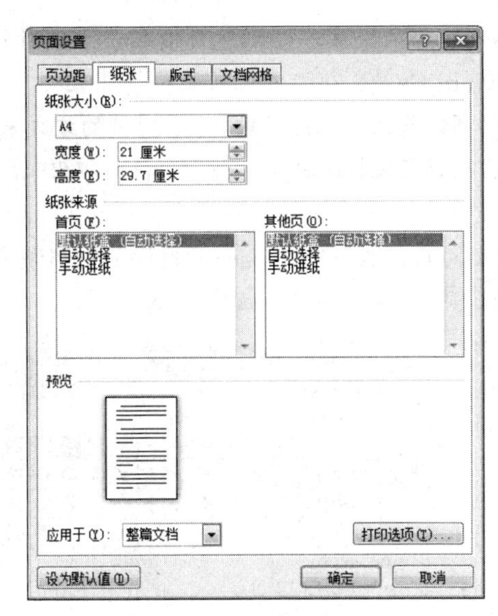

图 4.10　设置纸张大小

图 4.11　设置页边距和纸张方向

提示：用户也可以直接在【页面布局】选项卡中，分别利用【文字方向】、【页边距】、【纸张方向】、【纸张大小】等功能按钮进行页面设置，如图 4.12 所示。

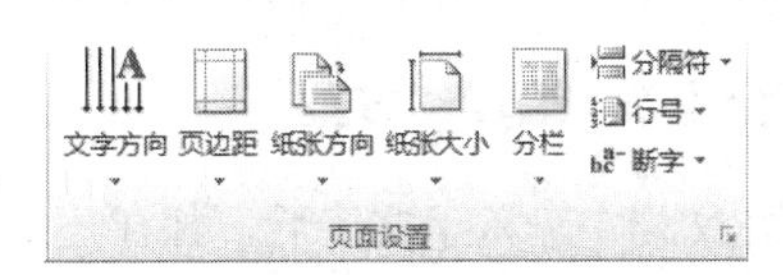

图 4.12　页面布局选项卡中的功能按钮

步骤 4　撰写“方案”

（1）按照图 4.13 所示录入“方案”的内容。

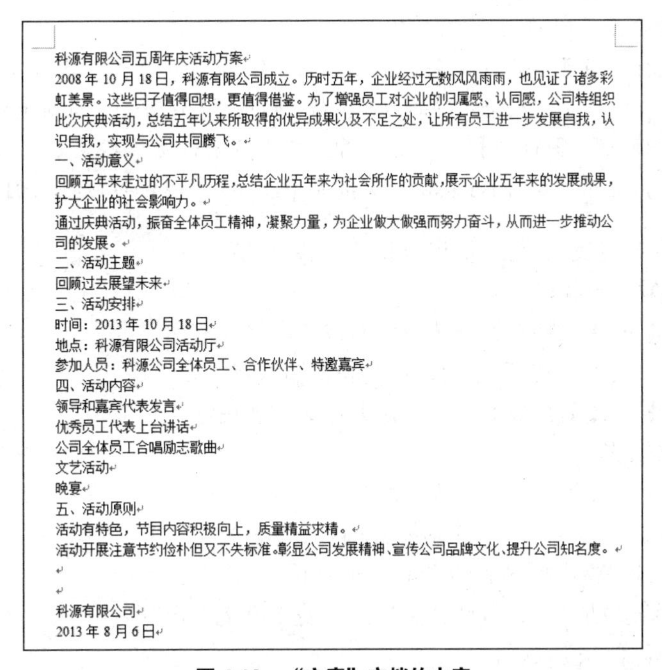

科源有限公司五周年庆活动方案

2008 年 10 月 18 日，科源有限公司成立。历时五年，企业经过无数风风雨雨，也见证了诸多彩虹美景。这些日子值得回想，更值得借鉴。为了增强员工对企业的归属感、认同感，公司特组织此次庆典活动，总结五年以来所取得的优异成果以及不足之处，让所有员工进一步发展自我，认识自我，实现与公司共同腾飞。

一、活动意义

回顾五年来走过的不平凡历程，总结企业五年来为社会所作的贡献，展示企业五年来的发展成果，扩大企业的社会影响力。

通过庆典活动，振奋全体员工精神，凝聚力量，为企业做大做强而努力奋斗，从而进一步推动公司的发展。

二、活动主题

回顾过去展望未来

三、活动安排

时间：2013 年 10 月 18 日

地点：科源有限公司活动厅

参加人员：科源公司全体员工、合作伙伴、特邀嘉宾

四、活动内容

领导和嘉宾代表发言

优秀员工代表上台讲话

公司全体员工合唱励志歌曲

文艺活动

晚宴

五、活动原则

活动有特色，节目内容积极向上，质量精益求精。

活动开展注意节约俭朴但又不失标准。彰显公司发展精神、宣传公司品牌文化、提升公司知名度。

科源有限公司

2013 年 8 月 6 日

图 4.13　“方案”文档的内容

提示： 在 Word 中输入文本时，用户可以连续不断地输入文本，当到达页面的最右端时插入点会自动移到下一选择行首位置，这就是 Word 的“自动换行”功能。

一篇长的文档常常由多个自然段组成，增加新的段落可以通过按【Enter】键的方式来实现。

段落标记是 Word 中的一种非打印字符，它能够在文档中显示，但不会被打印出来。

（2）在“方案”中插入特殊符号。用户在创建文档时，有的符号是不能直接从键盘输入的，可以使用其他方法来插入，如在文档正文第 6 段“回顾过去”之后插入符号“”。

① 将光标定位在文档正文的第 6 段文字“回顾过去”之后。

② 选择【插入】→【符号】→【其他符号】命令，打开“符号”对话框。

③ 在“符号”选项卡中的“字体”下拉列表框中，选择字体“Wingdings”，如图 4.14 所示。

④ 在下方的符号列表框中选择要插入的符号“”，单击【插入】按钮。

（3）保存编辑好的文档，退出 Word 应用程序。

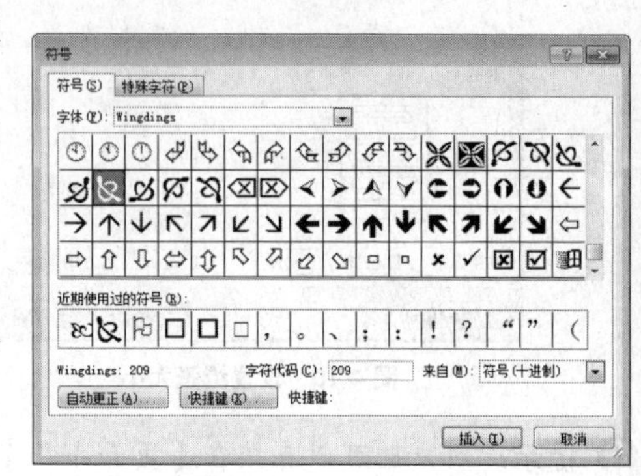

图 4.14 “符号”对话框

步骤 5 编辑“方案”

在文档中输入了文字后，往往还需要修改一些内容，即进行编辑文档的操作。

（1）打开文档“公司五周年庆活动方案”。

（2）将标题中的文字“科源有限”删除。

提示： 在文档的编辑过程中，若要删除相关的内容，可以将插入点移到要删除的文本处，然后根据需要选择下列的删除方法之一。

（1）将光标定位于要删除字符的后面，按【Backspace】键可删除当前光标前面的字符。

（2）将光标定位于要删除字符的前面，按【Delete】键可删除当前光标后面的字符。

（3）若要删除较多的文本，可以先用鼠标拖曳来选定这些文本，被选中的文本呈黑底白字的反白显示，按【Backspace】键或【Delete】键都可以将它们删除。

（3）将文本“发展自我，”与“认识自我，”位置互换。

① 选定文本“发展自我，”。

② 单击【开始】→【剪贴板】→【剪切】按钮，将其剪切。

③ 将光标移到“认识自我，”之后，在此获得输入点。

④ 单击【开始】→【剪贴板】→【粘贴】按钮实现粘贴。

（4）合并和拆分段落。

① 拆分段落。将正文第 1 段自“为了增强员工对企业的归属感……”开始拆分为 2 个段落。

a．将光标定位于“为了增强员工对企业的归属感……”之前。

b．按【Enter】键，将光标之后的文本拆分到下一段。

② 合并段落。将文档“一、活动意义”下方的 2 段文本合并为一段。

a．将光标定位于第 4 段末尾。

b．按【Delete】键删除行尾的段落标记“↵”，可以实现段落的合并。

（5）将文档中所有的“企业”替换为“公司”。在文档的编辑过程中，有时需要找出特定的文字进行统一的修改，可用“查找”和“替换”功能实现。

① 单击【开始】→【编辑】→【替换】按钮，打开“查找和替换”对话框。

② 在“查找内容”组合框中输入要查找的文本“企业”，在“替换为”组合框中输入要替换的文本“公司”，如图 4.15 所示。

③ 单击【全部替换】按钮，将文档中所有的“企业”替换为“公司”，确认替换后，关闭“查找和替换”对话框。

图 4.15　“查找和替换”对话框

提示： 如果仅查找某个字符内容，可以使用“查找”选项卡实现，如图 4.16 所示；如果要实现定位于某页，如定位于第 10 页，可使用“定位”选项卡实现，如图 4.17 所示。

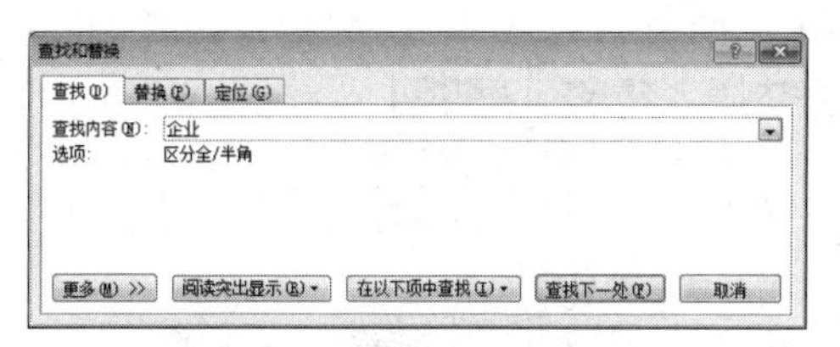

图 4.16　“查找”选项卡

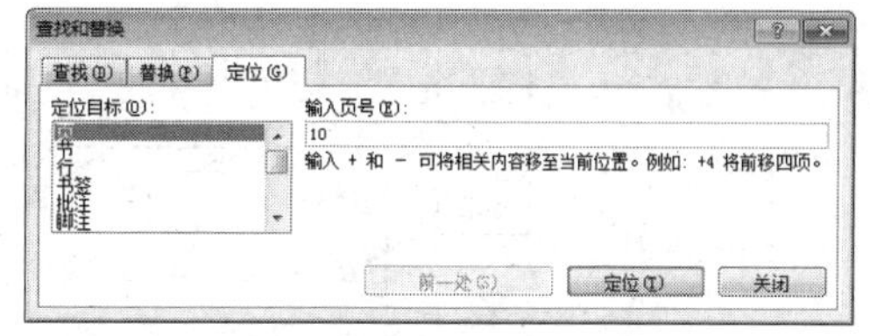

图 4.17　“定位”选项卡

替换时，既可以使用【全部替换】按钮一次性完成所有替换工作，也可以不断配合使用【查找下一处】和【替换】按钮，选择性地替换所需文本。

（6）保存编辑后的文档，如图 4.18 所示。

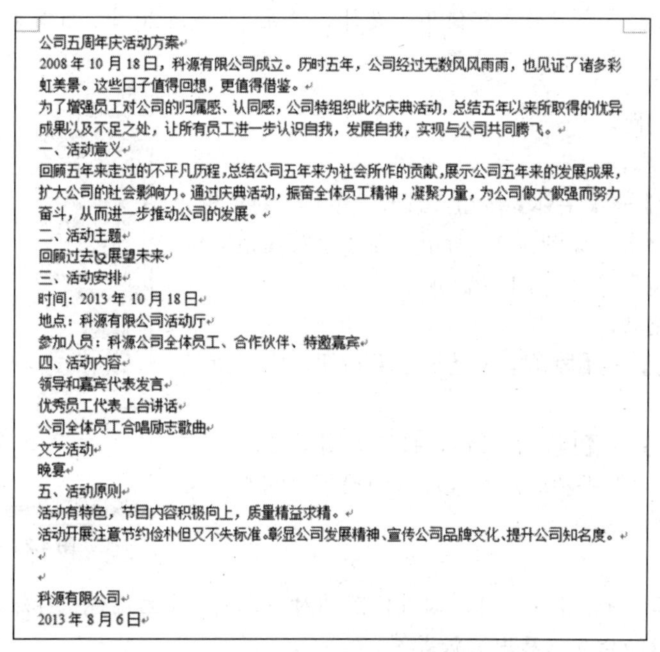
公司五周年庆活动方案
2008 年 10 月 18 日，科源有限公司成立。历时五年，公司经过无数风风雨雨，也见证了诸多彩虹美景。这些日子值得回想，更值得借鉴。
为了增强员工对公司的归属感、认同感，公司特组织此次庆典活动，总结五年以来所取得的优异成果以及不足之处，让所有员工进一步认识自我，发展自我，实现与公司共同腾飞。
一、活动意义
回顾五年来走过的不平凡历程，总结公司五年来为社会所作的贡献，展示公司五年来的发展成果，扩大公司的社会影响力。通过庆典活动，振奋全体员工精神，凝聚力量，为公司做大做强而努力奋斗，从而进一步推动公司的发展。
二、活动主题
回顾过去，展望未来
三、活动安排
时间：2013 年 10 月 18 日
地点：科源有限公司活动厅
参加人员：科源公司全体员工、合作伙伴、特邀嘉宾
四、活动内容
领导和嘉宾代表发言
优秀员工代表上台讲话
公司全体员工合唱励志歌曲
文艺活动
晚宴
五、活动原则
活动有特色，节目内容积极向上，质量精益求精。
活动开展注意节约俭朴但又不失标准。彰显公司发展精神、宣传公司品牌文化、提升公司知名度。

科源有限公司
2013 年 8 月 6 日

图 4.18　编辑后的“方案”

步骤 6　设置“方案”格式

文档编辑完成后，通过字体、段落、项目符号和编号、边框和底纹、对齐等设置可对文档进行美化和修饰。

1．设置标题格式

分别对标题的字体和段落格式进行设置。字体：宋体、二号、加粗、红色、字符间距加宽 1 磅。段落：居中、段前 0.5 行间距、段后 1 行间距。格式化的效果如图 4.19 所示。设置方法如下。

公司五周年庆活动方案

图 4.19　标题段落的格式化效果

（1）设置字体格式。选中标题文本，利用图 4.20 所示的【开始】选项卡上“字体”功能组中的工具栏进行字体的设置。

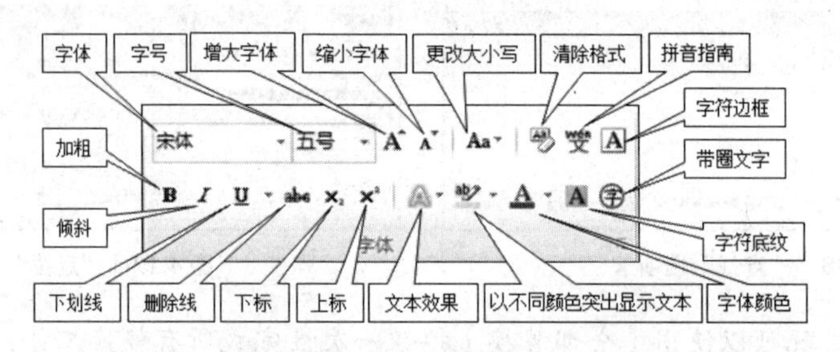

图 4.20　“字体”功能组中的工具栏

提示： 在利用工具栏进行格式设置时，可以从提供的下拉列表中选择某项，如“字体”和“字号”，也可以单击按钮来实现功能的应用和取消，如“加粗”、“倾斜”。我们可以通过观察工具栏看出某处文字使用的是什么设置，如图 4.20 中，当前文本是 Word 中文字的默认设置，即宋体、五号等。

（2）设置字符间距。

① 选中标题文本。

② 单击【开始】→【字体】按钮，打开“字体”对话框，切换到“高级”选项卡，如图 4.21 所示，在“字符间距”栏中设置间距为“加宽”，磅值为 1 磅。

（3）设置段落格式。

① 单击【开始】→【段落】→【居中】按钮，实现段落居中。

② 单击【开始】→【段落】按钮，打开如图 4.22 所示的“段落”对话框。在“缩进和间距”选项卡中设置“间距”为段前 0.5 行，段后 1 行。

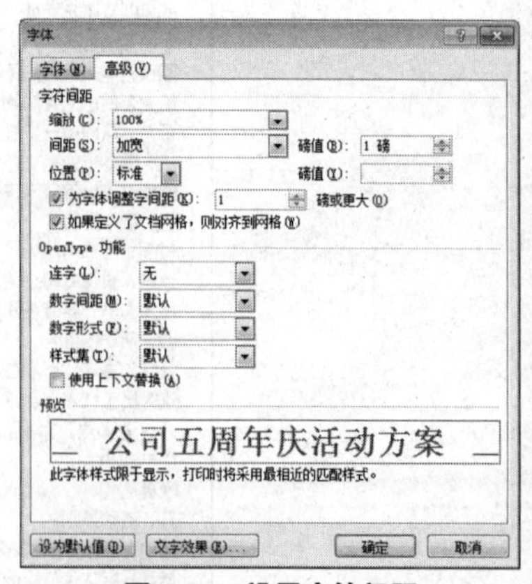

图 4.21　设置字符间距

提示： 在“段落”对话框中，可以设置段落的对齐方式、左右缩进、特殊格式、段落间距、行距、换行和分页以及中文版式等。

2. 设置正文的格式

正文部分包括从除标题段落之外的第 1 段开始到最后两行落款之前的那些段落。下面以段落为单位，依次进行如下格式化操作。

(1) 设置正文字体格式。设置正文所有字体为宋体、小四号，段落行距为固定值 18 磅。

① 选中从“2008 年”开始到“提升公司知名度。”之间的段落。

② 单击【开始】→【字体】按钮，打开“字体”对话框，在“字体”选项卡中，设置中文字体为“宋体”，字号为“小四”，其余不变，如图 4.23 所示。

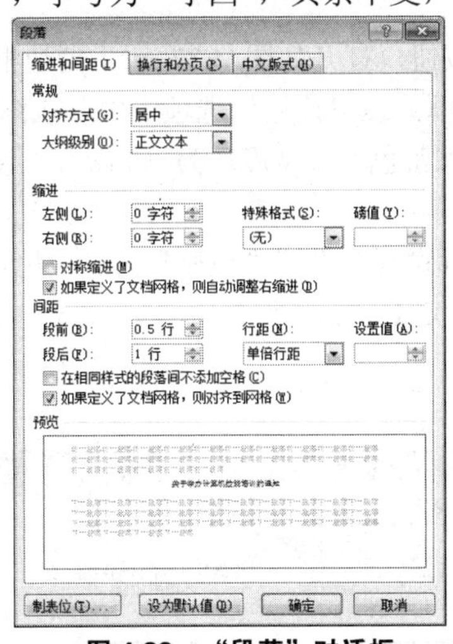

图 4.22 “段落”对话框

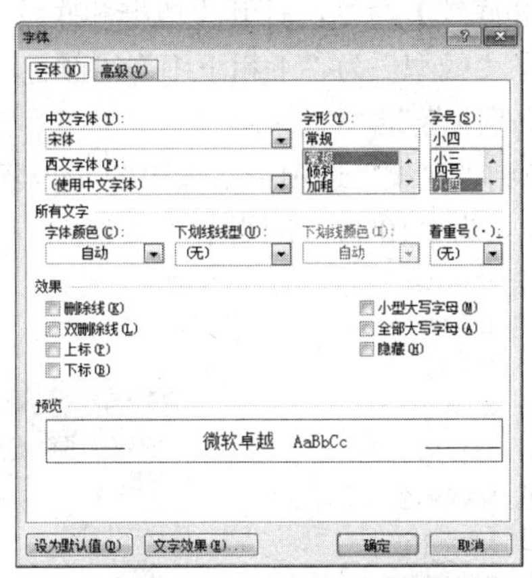

图 4.23 “字体”对话框

③ 单击【确定】按钮。

(2) 设置正文段落的行距。选中正文所有段落，单击【开始】→【段落】按钮，打开“段落”对话框，设置行距为“固定值”“18 磅”，如图 4.24 所示。

(3) 设置正文第 1、2、4、6 段首行缩进 2 字符。

① 选中正文的第 1、2、4、6 段。

② 单击【开始】→【段落】按钮，打开“段落”对话框，设置“特殊格式”为“首行缩进”“2 字符”，如图 4.25 所示。

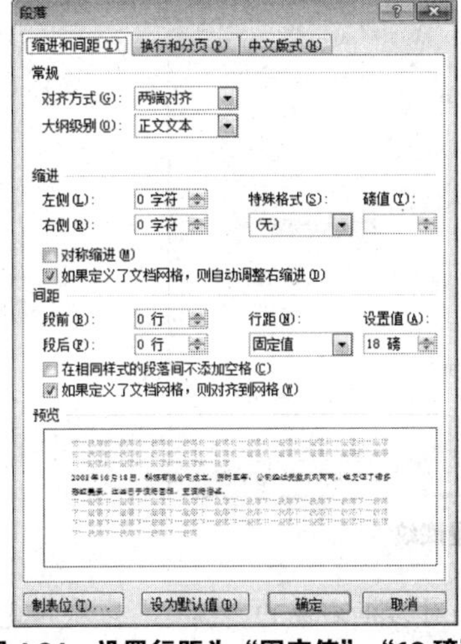

图 4.24 设置行距为“固定值”“18 磅”

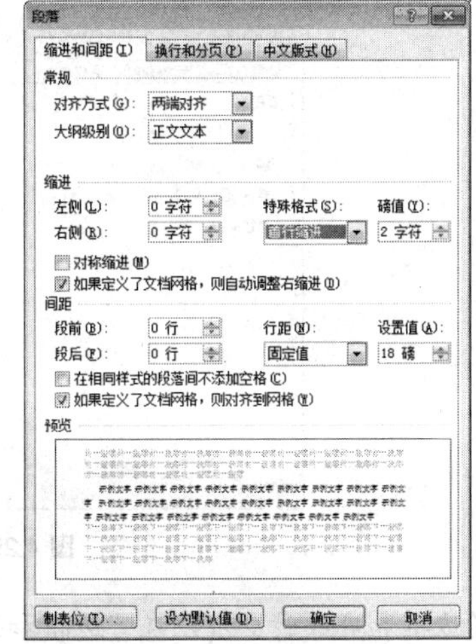

图 4.25 设置首行缩进

（4）设置正文第 1 段的其他格式。为正文第 1 段添加边框和底纹，格式化的效果如图 4.26 所示。

2008 年 10 月 18 日，科源有限公司成立。历时五年，公司经过无数风风雨雨，也见证了诸多彩虹美景，这些日子值得回想，更值得借鉴。

图 4.26　正文第 1 段格式化的效果

① 选中正文第 1 段文本。

② 单击【开始】→【段落】→【下框线】下拉按钮，打开如图 4.27 所示的边框下拉菜单，选择【边框和底纹】命令，打开“边框和底纹”对话框。在“边框”选项卡中，按图 4.28 所示进行设置，线条“线型”为“上粗下细”，“颜色”为“深蓝色”，“宽度”为“3 磅”，“设置”为“方框”，应用于“段落”。

③ 切换到“底纹”选项卡，按照图 4.29 所示进行设置，设置“填充”为“白色，背景 1，深色 15%”，样式为“10%”，应用于“文字”，单击【确定】按钮。

图 4.27　边框下拉菜单

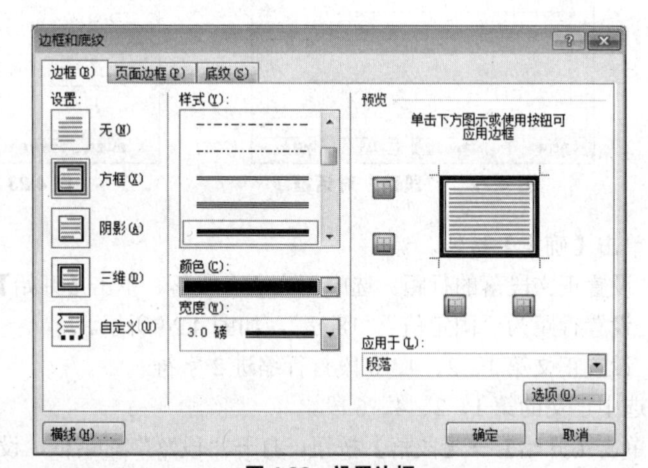

图 4.28　设置边框

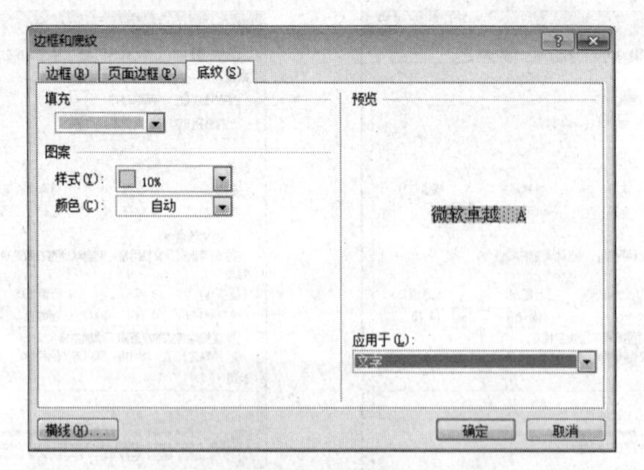

图 4.29　设置底纹

提示：设置边框和底纹时，可以在“边框和底纹”对话框右侧的“预览”区域预先查看所选效果。

（5）设置正文标题行的格式。

设置标题行“一、活动意义”的字形为“加粗”、段前和段后各 0.5 行间距，并采用格式刷复制到标题行“二、活动主题”、“三、活动安排”、“四、活动内容”和“五、活动原则”。

① 选中“一、工作安排”文本。

② 单击【开始】→【字体】→【加粗】按钮。

③ 利用“段落”对话框，设置段前段后各 0.5 行间距。

④ 保持选中文本状态，双击工具栏上的【格式刷】按钮 格式刷，使其呈凹陷状态。移动鼠标，此时鼠标指针变成了一把刷子。按住鼠标左键，刷过“二、活动主题”，这样“二、活动主题”的段落就具有了同“一、活动意义”一样的文本格式了。

⑤ 用同样的方法继续刷过“三、活动安排”、“四、活动内容”和“五、活动原则”。

⑥ 不再使用格式刷时，用鼠标再次单击【格式刷】按钮取消格式刷功能，鼠标指针变回正常形状。

（6）设置“三、活动安排”具体内容的格式。添加项目编号，将“2013 年 10 月 18 日”文字加粗、加波浪下划线，格式化的效果如图 4.30 所示。

三、活动安排

1. 时间：**2013年10月18日**
2. 地点：科源有限公司活动厅
3. 参加人员：科源公司全体员工、合作伙伴、特邀嘉宾

图 4.30　“三、活动安排”具体内容格式化的效果

① 选中这部分的 3 个段落。

② 单击【开始】→【段落】→【编号】按钮，这两段文字自动获得“1.”、“2.”的编号。

提示：添加项目编号也可以单击【开始】→【段落】→【编号】右侧的下拉按钮，打开“编号”下拉菜单，按图 4.31 所示设置编号。

③ 选中“2013 年 10 月 18 日”，单击【开始】→【字体】→【加粗】按钮，并在【下划线】的下拉列表中选择“波浪形”，如图 4.32 所示。

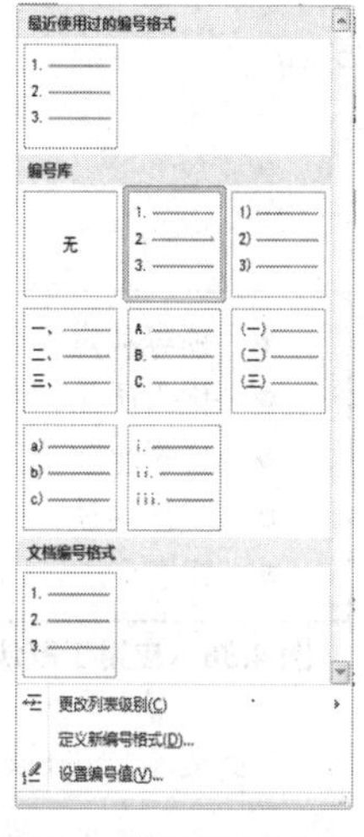

图 4.31　“编号”下拉菜单

图 4.32　添加下划线

提示：在“字体”对话框中，也可以为文本添加下划线，如图 4.33 所示。

（7）设置“四、活动内容”具体内容的格式。

为文本添加项目符号，格式化效果如图 4.34 所示。

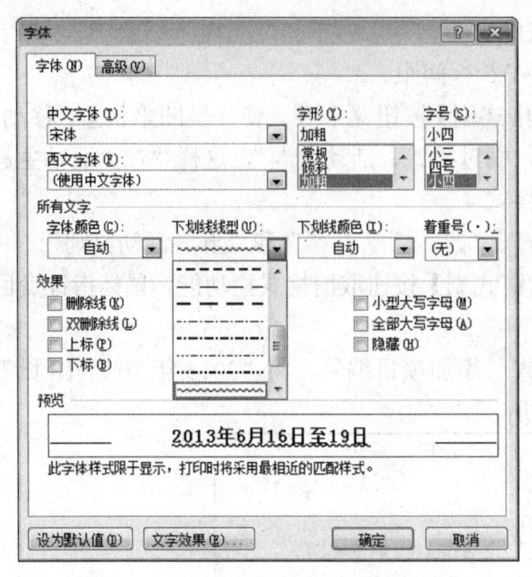

图 4.33 在“字体”对话框中添加下划线

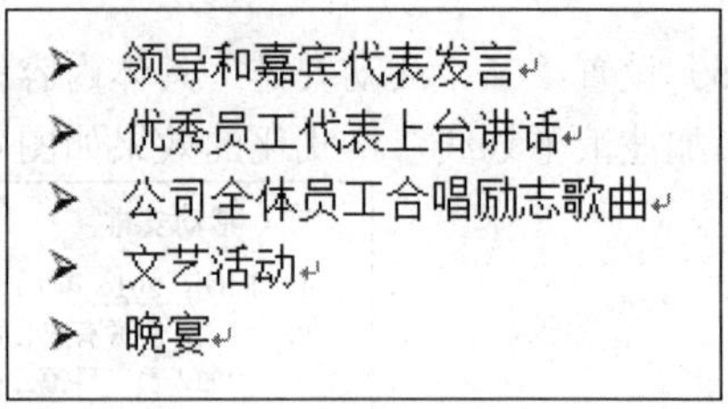

➢ 领导和嘉宾代表发言
➢ 优秀员工代表上台讲话
➢ 公司全体员工合唱励志歌曲
➢ 文艺活动
➢ 晚宴

图 4.34 “四、活动内容”具体内容的效果

① 选中这部分的 5 个段落。

② 单击【开始】→【段落】→【项目符号】的下拉按钮，打开“项目符号库”列表，为选中的文本选择需要添加的项目符号，如图 4.35 所示。

提示：这里不能直接单击【开始】→【段落】→【项目符号】按钮进行添加，由于前面步骤并没有用过项目符号，因此会在所选段落前添加上默认的项目符号，如图 4.36 所示。而这种项目符号并不是我们想要的，所以这里利用了“项目符号”下拉列表来添加项目符号。如果前面最近一次使用项目符号时用的就是这种需要的符号，那这里就可以直接单击【项目符号】按钮来进行添加了。或者直接在已经有项目符号的段落处按【Enter】键增加段落，增加的段落也会沿用这种项目符号。

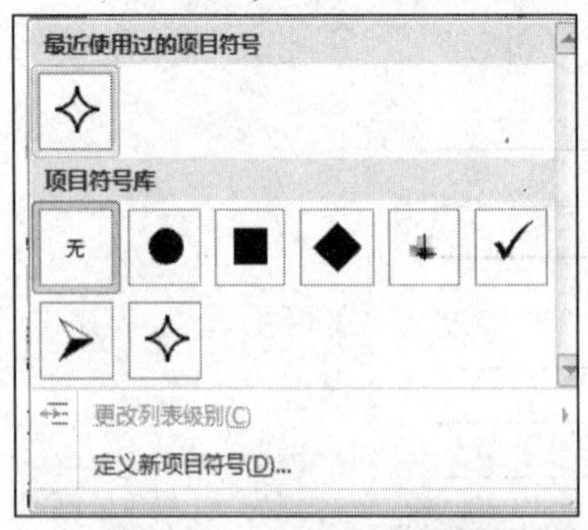

图 4.35 “项目符号”列表

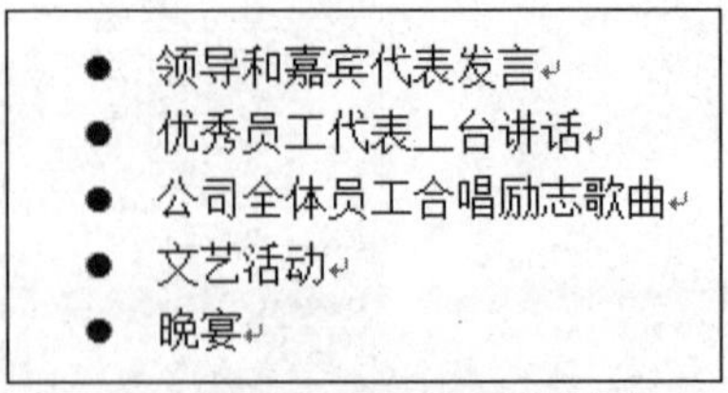

● 领导和嘉宾代表发言
● 优秀员工代表上台讲话
● 公司全体员工合唱励志歌曲
● 文艺活动
● 晚宴

图 4.36 应用了默认项目符号的效果

（8）设置“五、活动原则”具体内容的格式。为本部分文本添加项目编号，分段。

① 选中这部分的两个段落。

② 为其添加编号“1.”、“2.”。

③ 将光标定位在“2.活动开展注意节约俭朴但又不失标准。”之后，按【Enter】键，使后面文字自动成为下一段。这时，下一段自动往后编号，得到“3.彰显公司发展精神……公司知名度。”

3. 设置落款的格式

设置落款处的格式。字体：楷体、四号。段落：右对齐，“科源有限公司”段落右缩进 1 个字符。

（1）选中落款处的两段文字。

（2）设置字体为楷体、四号字。

（3）单击【开始】→【段落】→【右对齐】按钮，实现落款的文字处于行的右侧。

（4）选中“科源有限公司”段落，在“段落”对话框中，设置“缩进”为“右”、“1 字符”，如图 4.37 所示。

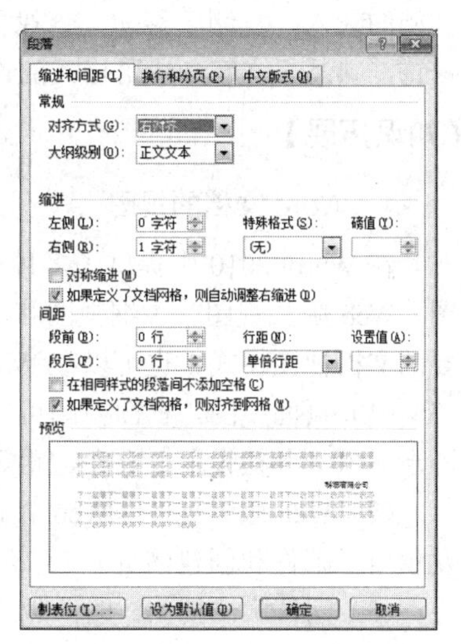

图 4.37 在“段落”对话框中设置右缩进

4. 保存文档

保存编辑好的文档。

步骤 7 打印“方案”

文档编排完成后就可以准备打印了。打印前，一般先使用打印预览功能查看文档的整体编排，满意后再将其打印。

（1）单击【文件】→【打印】命令，显示如图 4.38 所示的打印界面，在窗口右侧可预览打印效果。

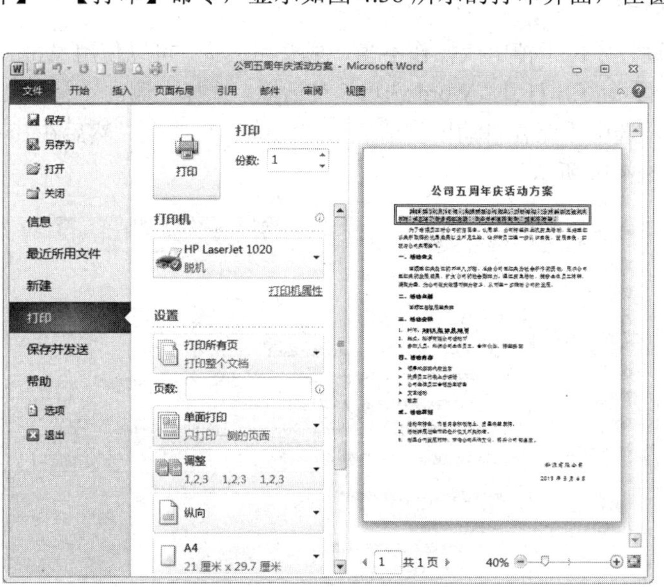

图 4.38 文档的打印界面

（2）在窗口中间，可设置打印份数、打印机、打印范围等参数。

（3）单击【打印】按钮，可对设置好的文档进行打印。

【任务总结】

本任务通过制作“公司周年庆活动方案”，主要介绍了 Word 文档的创建、保存、页面设置，文档的录入、复制、移动、查找和替换等编辑操作。在此基础上对制作好的活动方案进行了美化修饰，熟悉了文字和段落格式的设置。此外，通过文档的打印设置了解了文档打印的操作。

【知识拓展】

1. Word 文档的视图

在 Word 2010 中提供了多种视图模式供用户选择，这些视图模式包括页面视图、阅读版式视图、Web 版式视图、大纲视图和草稿视图等 5 种视图模式。用户可以在“视图”选项卡中选择需要的文档视图模式，也可以在 Word 2010 文档窗口的右下方单击视图按钮选择视图。

（1）页面视图。页面视图可以显示 Word 2010 文档的打印结果外观，主要包括页眉、页脚、图形对象、分栏设置、页面边距等元素，是最接近打印结果的页面视图。

（2）Web 版式视图。Web 版式视图以网页的形式显示 Word 2010 文档。Web 版式视图适用于发送电子邮件和创建网页。

（3）阅读版式视图。阅读版式视图以图书的分栏样式显示 Word 2010 文档。【文件】按钮、功能区等窗口元素被隐藏起来。在阅读版式视图中，用户还可以单击【工具】按钮选择各种阅读工具。

（4）大纲视图。大纲视图主要用于 Word 2010 文档的设置和显示标题的层级结构，并可以方便地折叠和展开各种层级的文档。大纲视图广泛用于 Word 2010 长文档的快速浏览和设置中。

（5）草稿视图。草稿视图取消了页面边距、分栏、页眉、页脚和图片等元素，仅显示标题和正文，是最节省计算机系统硬件资源的视图方式。当然现在计算机系统的硬件配置都比较高，基本上不存在由于硬件配置偏低而使 Word 2010 运行遇到障碍的问题。

2. 自动保存文档

为了避免操作过程中由于掉电或操作不当造成文字丢失，可以使用 Word 的自动保存功能。选择【文件】→【选项】命令，打开“Word 选项”对话框，选择左侧的“保存”选项。在右侧的“保存文档”选项组中，选中“保存自动恢复信息时间间隔”复选框。然后在其右侧设置合理的自动保存时间间隔，如图 4.39 所示。

图 4.39 设置文档自动保存时间

3. 撤销和恢复

在 Word 文档的编排中，如果你要撤销最后一步操作，可以直接单击【快速访问工具栏】上的【撤销】按钮；如果要撤销多个误操作，可单击【撤销】按钮旁边的下拉箭头，查看最近进行的可撤销操作列表，然后单击要撤销的操作，如果该操作目前不可见，可滚动列表来查找。

如果撤销以后又认为不该撤销该操作，这时就需要使用恢复操作。恢复的方法是：单击【快速访问工具栏】上的【恢复】按钮恢复被撤销的操作，重复单击可恢复被撤销的多步操作。

4. 页边距

页边距是页面四周的空白区域。通常，可在页边距内部的可打印区域中插入文字和图形，但是也可以将某些项目放置在页边距区域中，如页眉、页脚、页码等。

5. 字符间距、行间距和段落间距

（1）字符间距。字符间距是指 Word 文档中两个相邻字符之间的距离。通常采用“磅”作为度量字符间距的单位。用户可以根据实际需要设置字符间距，即按照用户规定的值均等地增大或缩小被选中文本字符之间的距离。

（2）行间距。行间距是指段落中行与行之间的距离。不同种类的文档应有不同的行间距。如果想在较少的页面上打印文档，缩小行间距会使正文行与行之间很紧凑。相反，对于以后要手工修改的文档，则应该用较宽的行间距打印，以便给修改者提供注解的空间。在 Word 的行距列表中有单倍行距、1.5 倍行距、两倍行距、最小值、固定值和多倍行距 6 个选项。

（3）段落间距。段落间距指的是段落与段落之间的距离。在“间距”选项组中，可以设置或调整“段前”与“段后”文本框中的数值来改变段落之间的距离。段落间距的单位可为“行”或“磅”等。

6. 缩进

段落的缩进就是指段落两侧与页边的距离。段落的缩进有 4 种形式，分别为首行缩进、悬挂缩进、左缩进、右缩进。有很多方法可以实现段落的缩进，如用制表位缩进、用“段落”对话框缩进、用工具按钮和快捷键缩进，还可以用标尺上的段落缩进标记来缩进。

7. 格式刷

在 Word 中编辑文档时，当文件中有多处相同格式时，可使用 Word 格式刷来提高效率。Word 格式刷不仅可以用来复制文字格式，还可以复制段落格式。Word 格式刷的使用方法如下。

（1）首先选中已经设置好格式的文字或者段落，然后单击【开始】→【剪贴板】→【格式刷】按钮。

（2）鼠标指针变成 Word 格式刷形状后，被选中文字或段落的格式已经被复制。拖曳鼠标选择另一块文字或段落，则会将复制的格式应用到这块文本或段落中。

【实践训练】

制作“第六届科技文化艺术节活动策划方案”，效果如图 4.40 所示。

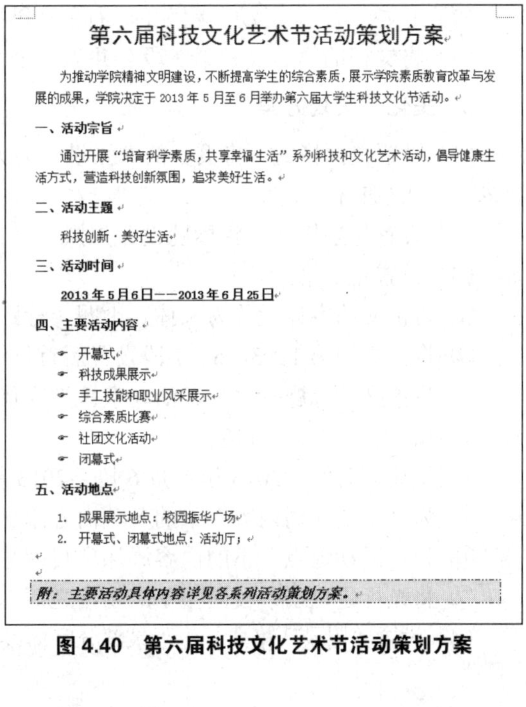

第六届科技文化艺术节活动策划方案

为推动学院精神文明建设，不断提高学生的综合素质，展示学院素质教育改革与发展的成果，学院决定于 2013 年 5 月至 6 月举办第六届大学生科技文化节活动。

一、活动宗旨

通过开展“培育科学素质，共享幸福生活”系列科技和文化艺术活动，倡导健康生活方式，营造科技创新氛围，追求美好生活。

二、活动主题

科技创新 · 美好生活

三、活动时间

2013 年 5 月 6 日——2013 年 6 月 25 日

四、主要活动内容

- 开幕式
- 科技成果展示
- 手工技能和职业风采展示
- 综合素质比赛
- 社团文化活动
- 闭幕式

五、活动地点

1. 成果展示地点：校园振华广场
2. 开幕式、闭幕式地点：活动厅；

附：主要活动具体内容详见各系列活动策划方案。

图 4.40 第六届科技文化艺术节活动策划方案

1. 创建“策划方案”文档

（1）新建 Word 文档，并以“第六届科技文化艺术节活动策划方案”为名保存在“D:\第六届科技文化艺术节\策划”文件夹中。

（2）录入图 4.41 所示的策划方案内容。

第六届科技文化艺术节活动策划方案↵
为推动我院精神文明建设，不断提高学生的综合素质，↵
展示我院素质教育改革与发展的成果，我院决定于 2013 年 5 月至 6 月举办第六届大学生科技文化节活动。↵
一、活动宗旨 ↵
通过开展“培育科学素质，共享幸福生活”系列科技和文化艺术活动，倡导健康生活方式，营造科技创新氛围，追求美好生活。↵
二、活动主题 ↵
科技创新美好生活↵
三、活动时间 ↵
2013 年 5 月 6 日——2013 年 6 月 25 日↵
四、主要活动内容 ↵
开幕式↵
科技成果展示↵
手工技能和职业风采展示↵
综合素质比赛↵
社团文化活动↵
闭幕式↵
五、活动地点↵
成果展示地点：校园振华广场开幕式、闭幕式地点：活动厅；↵
↵
↵
附：主要活动具体内容详见各系列活动策划方案。↵

图 4.41　“第六届科技文化艺术节活动策划方案”内容

2. 编辑“策划方案”文档

（1）将文档中所有的“我院”替换为“学院”。

（2）在文中“二、活动主题”下一行的“科技创新”和“美好生活”文本之间插入间隔号“·”。

（3）将文档的第 2 段和第 3 段合并为一个段落。

3. 美化“策划方案”

（1）设置页面格式。将页面的纸张设置为大小 A4，页边距为上 2.5 厘米、下 2.3 厘米、左 2.8 厘米、右 2.3 厘米。

（2）设置标题格式。将标题设置为黑体、二号、居中、段后间距 12 磅。

（3）设置正文格式。

① 将正文的字体设置为宋体、小四，行距为固定值 20 磅。

② 将正文的第 1、3、5、7 段设置后首行缩进 2 个字符。

③ 将正文的标题行“一、活动宗旨”字体加粗，段前、段后各 0.5 行间距，并利用格式刷将该格式复制到正文其他标题行。

④ 将活动时间“2013 年 5 月 6 日—2013 年 6 月 25 日”加粗并添加下划线。

⑤ 为“主要活动内容”下的各项内容添加项目符号“☞”。

⑥ 为“活动地点”下的内容添加项目编号“1”。

⑦ 将光标定位于“校园振华广场”之后，按【Enter】键。

（4）设置“附录”格式。将附录部分字体设置为宋体、四号、加粗、倾斜，并添加边框和底纹。

4. **打印预览“策划方案”**

对编辑好的“策划方案”进行打印预览。

任务2　制作公司周年庆活动安排表

【任务描述】

根据公司本次周年庆活动的组织的要求，现由刚成立的公司周年庆活动领导小组制定“公司周年庆活动安排表”，并对所制作的表格进行适当的修饰和美化，如图 4.42 所示。

公司周年庆活动安排表

项目 日期	具体事项	负责方
8月6日	筹备活动方案	行政部
8月7日	成立庆典领导小组	行政部
8月8日—10月15日	庆典活动筹备	各职能组
10月16日	庆典彩排	领导小组
10月18日	庆典活动	各职能组
10月19日	庆典善后工作	各职能组
10月20日	活动宣传报道	宣传组

图 4.42　公司周年庆活动安排表

【任务目标】

◈　熟练创建、保存文档。
◈　熟练掌握插入表格的方法。
◈　能熟练对表格进行增加行、列和删除行、列，合并和拆分单元格等表格编辑操作。
◈　熟练对表格文字和段落格式进行设置。
◈　熟练掌握表格中文字的对齐方式、边框/底纹、行高和列宽等表格属性的设置。
◈　会制作斜线表头。

【任务流程】

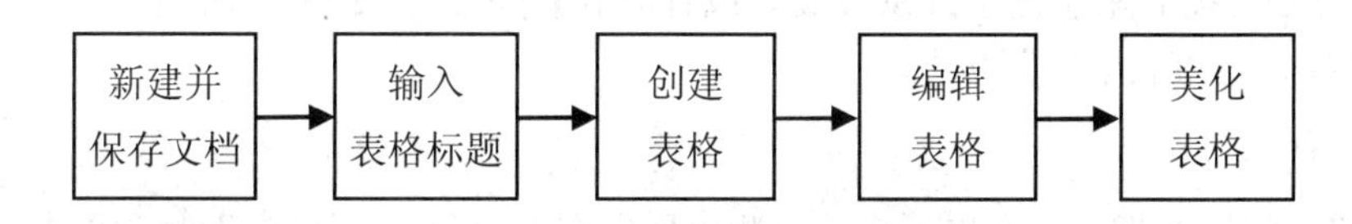

【任务解析】

1. 插入表格

（1）使用【插入表格】对话框插入表格。

① 单击【插入】→【表格】按钮，打开“表格”下拉菜单。

② 从菜单中选择【插入表格】命令，打开“插入表格”对话框。

③ 在对话框中设置表格的列数和行数，单击【确定】按钮，插入所需的表格。

（2）快速插入表格。

① 单击【插入】→【表格】按钮，打开“表格”下拉菜单。

② 在图 4.43 所示的“插入表格”区域中，用鼠标拖动选取合适数量的列数和行数，即可在指定的位置上插入表格。选中的单元格将以橙色显示，并在名称区域中显示“列数×行数”表格的信息。

（3）使用内置样式插入表格。

① 单击【插入】→【表格】按钮，打开“表格”下拉菜单。

② 从菜单中选择【快速表格】命令，打开如图 4.44 所示的级联菜单，可以从中选择一种内置样式的表格。

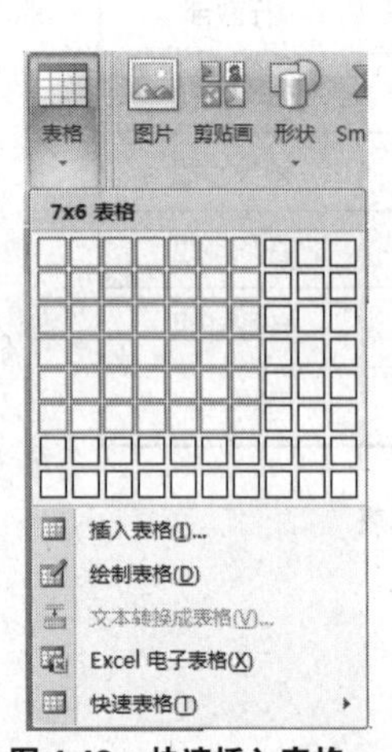

图 4.43　快速插入表格

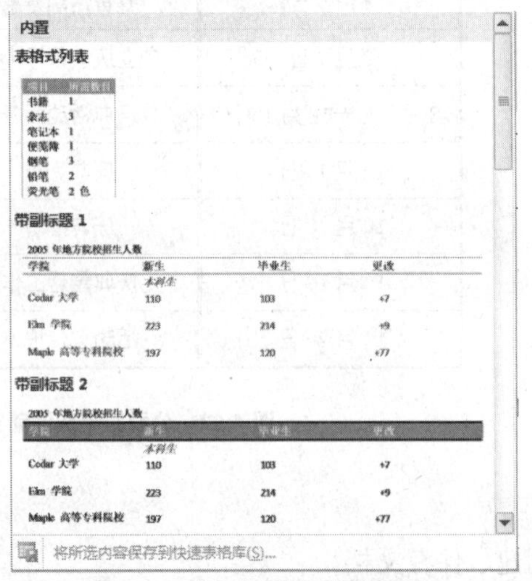

图 4.44　使用内置样式插入表格

（4）绘制表格。当用户需要使用一些个性化或不符合规格的表格时，可以使用手动绘制表格的方式绘制一些行和列较少的表格。

① 单击【插入】→【表格】按钮，打开“表格”下拉菜单。

② 从菜单中选择【绘制表格】命令，此时，鼠标指针变成铅笔形状，按住鼠标左键不放，在 Word 文档中绘制出表格边框，然后在适当的位置绘制行和列。

③ 绘制完毕后，按下键盘上的【ESC】键，或者单击【表格工具】→【设计】→【绘图边框】→【绘制表格】按钮，结束表格绘制状态。

2. 选定表格

（1）单元格：将鼠标指针放在单元格的左侧出现向右的黑色箭头“ ➚ ”时，单击左键。

（2）行：将鼠标指针移动到 1 行最左侧边线处，指针变为向右箭头“ ⬀ ”时，单击可选定整行。

（3）列：将鼠标指针移动到 1 列最上方边线处，指针变为向下箭头“ ⬇ ”后，单击可选定整列。

（4）整张表格：将鼠标指针移入表格内，左上角出现移动符号“⊞”时，在该符号上单击左键。

3. 表格中的插入操作

（1）增加行。

① 在要插入新行的位置选定一行或多行，单击【表格工具】→【布局】→【行和列】→【在上方插入】/【在下方插入】按钮。

② 将光标移到表格右侧换行符前按【Enter】键，可快速地在其下方插入 1 行。

③ 如果想在表尾添加 1 行，可将光标移到表格最后 1 个单元，然后按【Tab】键即可。

（2）增加列。

在要插入新列的位置选定一列或多列，单击【表格工具】→【布局】→【行和列】→【在左侧插入】/【在右侧插入】按钮。

4. 表格中的删除操作

（1）删除行/列。

① 删除行：选定要删除的一行或多行，单击【表格工具】→【布局】→【行和列】→【删除】→【删除行】命令。

② 删除列：选定要删除的一列或多列，单击【表格工具】→【布局】→【行和列】→【删除】→【删除列】命令。

（2）删除整张表格。选定要删除的整张表格或将光标定位于表格中任意单元格，单击【表格工具】→【布局】→【行和列】→【删除】→【删除表格】命令。

5. 绘制斜线表头

（1）通过设置表格边框添加斜线表头。将光标定位于要添加斜线表头的单元格，单击【表格工具】→【设计】→【表格样式】→【边框】→【斜线框线】/【斜上框线】按钮。

（2）通过"绘制表格"工具绘制斜线表头。单击【表格工具】→【设计】→【绘图边框】→【绘制表格】按钮，鼠标指针变为铅笔形状时，绘制斜线。

（3）通过插入形状绘制斜线表头。单击【插入】→【插图】→【形状】→【直线】按钮，可绘制单斜线或多斜线的表头。

【任务实施】

步骤 1　新建并保存文档

（1）启动 Word 2010 程序，新建空白文档"文档 1"。

（2）将创建的新文档以"公司周年庆活动安排表"为名，保存到"D:\科源有限公司\五周年庆典"文件夹中。

步骤 2　输入表格标题

（1）在文档开始位置输入表格标题文字"公司周年庆活动安排表"。

（2）按【Enter】键换行。

步骤 3　创建表格

（1）单击【插入】→【表格】按钮，打开"表格"下拉菜单。

（2）通过观察图 4.42 所示的"公司周年庆活动安排表"可知，我们需要创建 1 个 3 列 8 行的表格。因此，在"插入表格"区域中，按住鼠标左键向右下角拖曳，显示出如图 4.45 所示的"3

×8 表格”的橙色区域。

（3）松开鼠标左键，产生 1 个 8 行 3 列的表格，如图 4.46 所示。

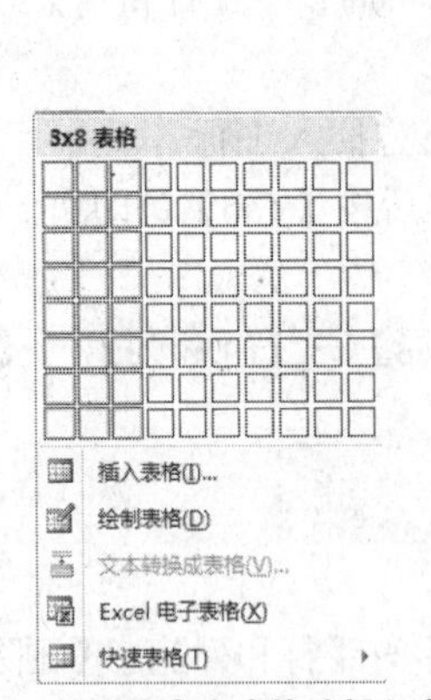

图 4.45　使用拖曳方式快速插入表格

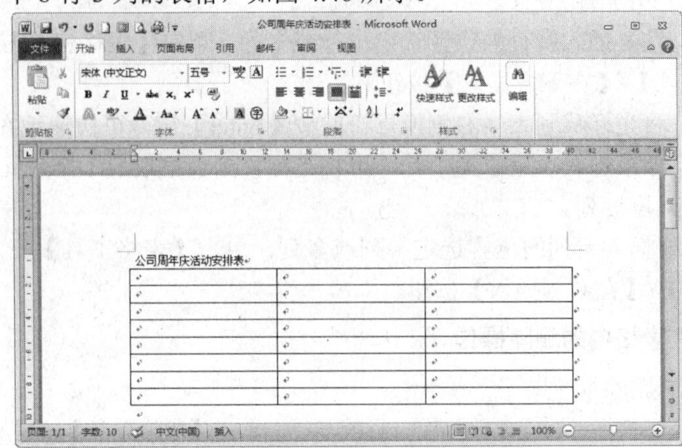

图 4.46　创建了 1 个 8 行 3 列的表格

提示：（1）自动创建的表格，系统会以纸张的正文部分，即左右边距之间的宽度，平均分成表格列数的宽度作为列宽，以 1 行当前文字的高度作为行高绘制表格。

（2）使用拖曳方式创建表格的方法适合于所创建的表格行列数不太多的情况。

步骤 4　编辑表格

（1）制作表头。在表格第 1 个单元格中，要制作表头的行标题和列标题，因此，输入了“项目”后，按【Enter】键换行，输入“日期”。

提示：在 Word 表格中，以单元格作为基本的单位来放置数据，横向的连续单元格组成行，纵向的连续单元格组成列。最左上角的单元格通常会作为右侧列和下方行的数据的标题，所以，我们将其称为表头。

（2）按图 4.47 所示输入其余单元格中的内容，每输完 1 个单元格中的内容，可按【Tab】键切换至下一单元格继续输入。

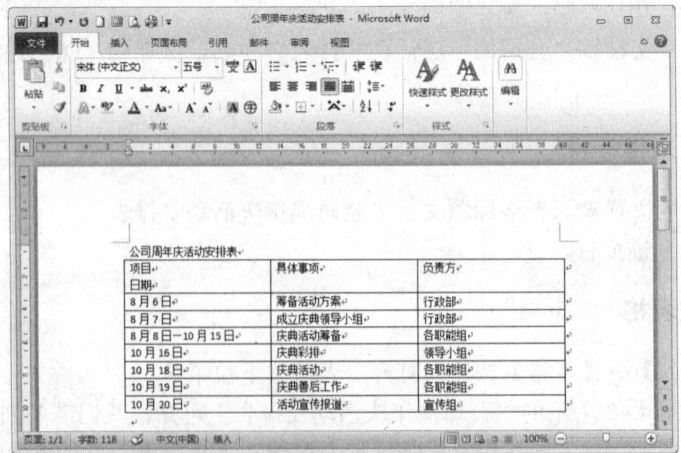

项目 日期	具体事项	负责方
8 月 6 日	筹备活动方案	行政部
8 月 7 日	成立庆典领导小组	行政部
8 月 8 日—10 月 15 日	庆典活动筹备	各职能组
10 月 16 日	庆典彩排	领导小组
10 月 18 日	庆典活动	各职能组
10 月 19 日	庆典善后工作	各职能组
10 月 20 日	活动宣传报道	宣传组

图 4.47　“公司周年庆活动安排表”内容

（3）保存文件，然后关闭文件窗口。

步骤 5　美化表格

1. 打开文档

打开“D：\科源有限公司\五周年庆典\公司周年庆活动安排表.docx”文档。

2. 设置表格标题格式

将表格标题文字的格式设置为：隶书、二号、居中、段后间距 1 行。

（1）选中标题文字“公司周年庆活动安排表”。

（2）利用【开始】→【字体】选项组的按钮，将字体设置为隶书、字号设置为二号。

（3）利用【开始】→【段落】选项组的按钮，将段落的对齐方式设置为居中。

（4）单击【开始】→【段落】按钮，打开“段落”对话框，将其段后间距设置为 1 行。

3. 设置表格内文本的格式

（1）选中整张表格。将鼠标指针移到表格上时，表格左上角将出现“⊞”符号，单击该符号，可选中整张表格。

（2）利用【开始】→【字体】选项组的按钮，将字体设置为宋体、字号设置为小四。

（3）选中表格第 1 行，将该行文字字形设置为加粗。

（4）选中整张表格，单击【表格工具】→【布局】→【对齐方式】→【水平居中】按钮，如图 4.48 所示。

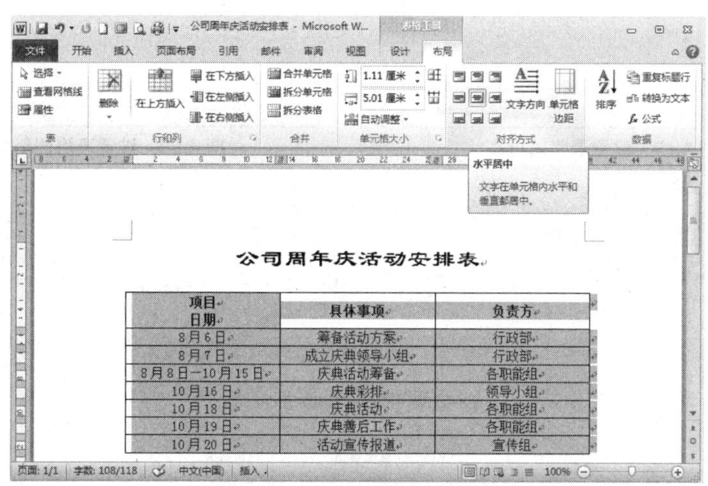

图 4.48　设置单元格对齐方式

提示： 在【段落】工具栏上的段落对齐按钮只是设置了文字在水平方向上的左、中或右对齐，而在表格中，既要考虑文字水平方向的对齐，又要考虑在垂直方向的对齐，所以这里一共提供了 9 种单元格对齐方式，所选的“水平居中”使得文字在单元格中水平和垂直都居中。

（5）设置表头单元格中的文字：“项目”为右对齐，“日期”为左对齐。

4. 设置表格的行高和列宽

设置表格行高 1 厘米、第 1、2 列的列宽 4.8 厘米，第 3 列的列宽 3.5 厘米。

（1）设置表格的行高。

① 选中整张表格。

② 单击【表格工具】→【布局】→【表】→【属性】按钮，打开“表格属性”对话框。

③ 切换到“行”选项卡，设置表格的行高，选择“指定行高”复选框，指定高度为 1 厘米，如图 4.49 所示，单击【确定】按钮。

（2）设置表格的列宽。

① 选中表格第 1 列和第 2 列。将鼠标指针移至表格第 1 行的上方，鼠标指针变成“⬇”状态后，单击选中指向的第 1 列，再按住鼠标左键向右拖动，同时选中第 2 列。

② 单击【表格工具】→【布局】→【表】→【属性】按钮，打开“表格属性”对话框。

③ 切换到“列”选项卡中，设置表格的列宽，指定宽度值为 4.8 厘米，如图 4.50 所示，单击【确定】按钮。

④ 同样地，选中表格第 3 列，将列宽设置为 3.5 厘米。设置后的效果如图 4.51 所示。

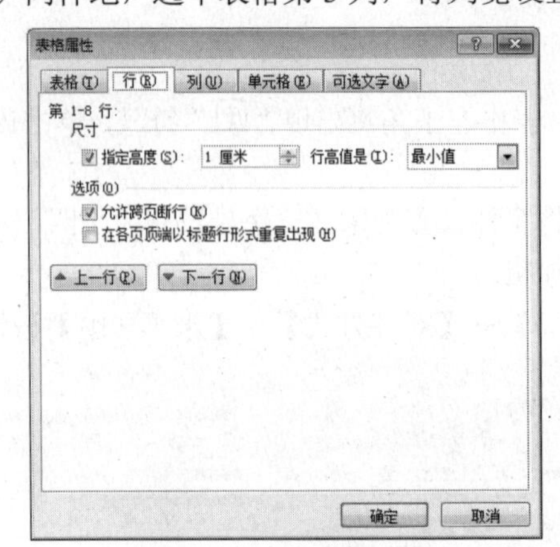

图 4.49 设置表格的行高

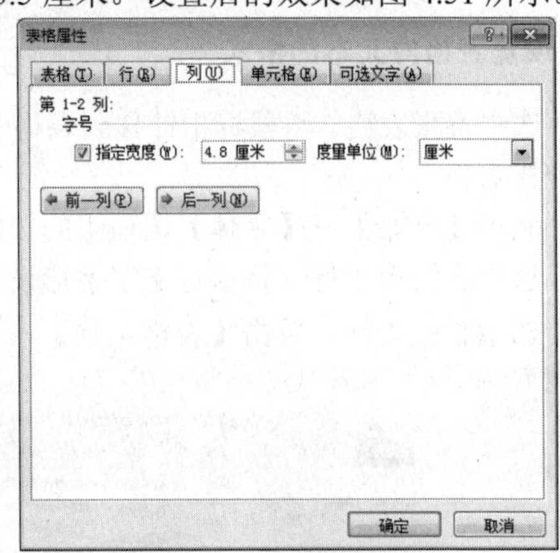

图 4.50 设置表格的列宽

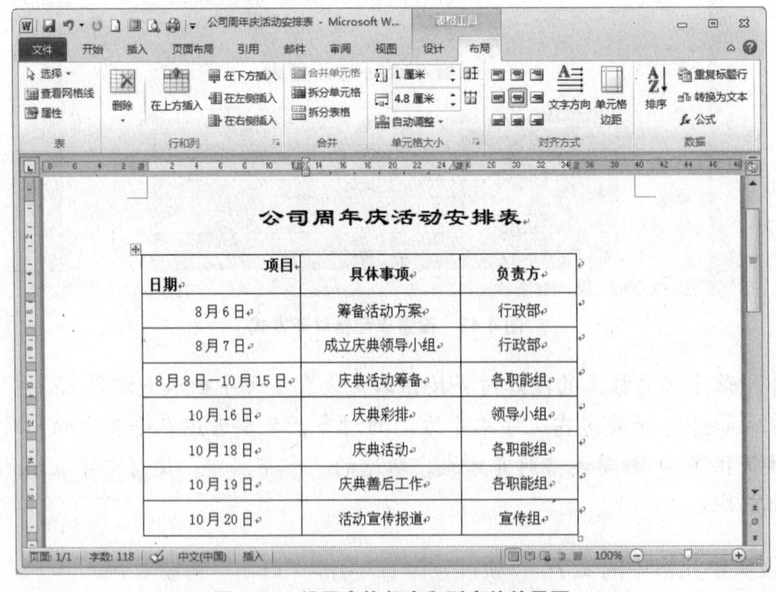

项目 日期	具体事项	负责方
8 月 6 日	筹备活动方案	行政部
8 月 7 日	成立庆典领导小组	行政部
8 月 8 日—10 月 15 日	庆典活动筹备	各职能组
10 月 16 日	庆典彩排	领导小组
10 月 18 日	庆典活动	各职能组
10 月 19 日	庆典善后工作	各职能组
10 月 20 日	活动宣传报道	宣传组

图 4.51 设置表格行高和列宽的效果图

提示：若调整行高和列宽时没有指定的高度和宽度值，只需要做粗略调整时，可以将鼠标指针指向需要调整的框线，利用鼠标拖曳表格线的方式进行调整。在调整的过程中，如不想影响其他列宽度的变化，可在拖曳时按住键盘上的【Shift】键；若想实现微调，可在拖曳时按住键盘上的【Alt】键。

5. 设置表格的边框和底纹

（1）为表格第2、4、6、8行添加底纹。

① 按住【Ctrl】键，同时将鼠标指针移至选定栏，当鼠标指针变为“⇗”时，单击选中第2、4、6、8行，如图4.52所示。

提示：在Word中，可以选择连续或者不连续的单元格区域来同时进行某项设置，操作方法与在正文区选择多个不连续的文本是一样的。

项目 日期	具体事项	负责方
8月6日	筹备活动方案	行政部
8月7日	成立庆典领导小组	行政部
8月8日—10月15日	庆典活动筹备	各职能组
10月16日	庆典彩排	领导小组
10月18日	庆典活动	各职能组
10月19日	庆典善后工作	各职能组
10月20日	活动宣传报道	宣传组

图4.52　选中不连续的多行

② 单击【表格工具】→【设计】→【表格样式】→【边框】按钮，打开“边框和底纹”对话框。

③ 切换到“底纹”选项卡，设置填充颜色为“橄榄色，强调文字颜色3，淡色80%”，图案样式为“清除”，如图4.53所示，单击【确定】按钮。

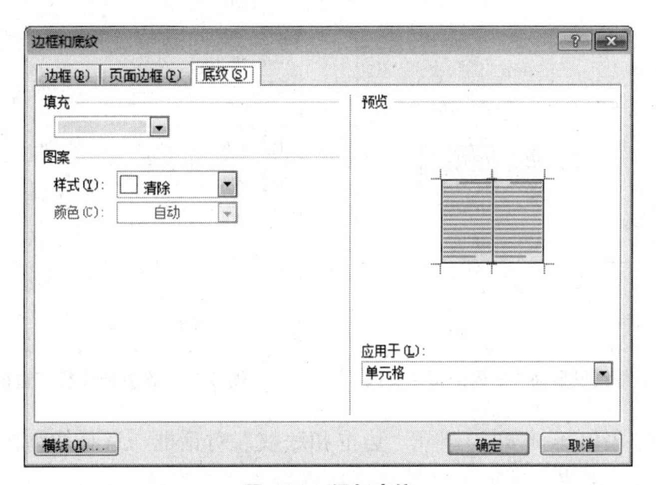

图4.53　添加底纹

（2）设置表格边框样式。将表格内边框线条设置为0.75磅，外框线为1.5磅的黑色实线，第1行下边线和第1列右边线为双实线。

① 选中整张表格。

② 单击【表格工具】→【设计】→【表格样式】→【边框】按钮，打开“边框和底纹”对话框。

③ 切换到“边框”选项卡，设置为“全部”框线，线型为“实线”，宽度为“0.75磅”，可以在右侧的“预览”框中看到效果，如图4.54所示。

④ 单击右侧的“预览”中外框线处，将细实线的外框线取消掉，如图4.55所示。

图 4.54　设置全部框线为 0.75 磅的黑色实线

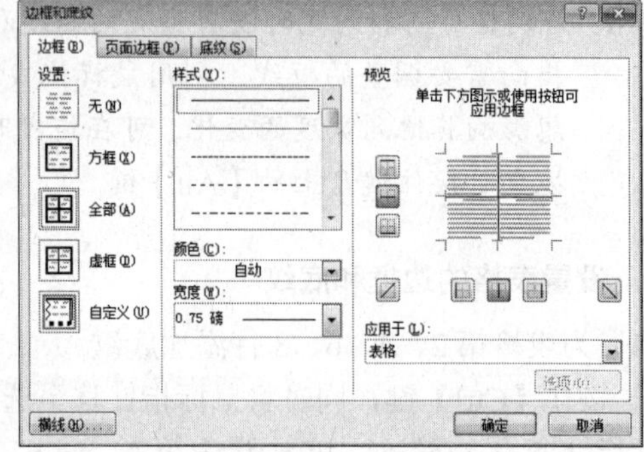

图 4.55　取消表格外框线

提示：取消某处的线条，也可以单击预览表格效果图的外围的各处框线按钮。如实现上步中的效果，也可以单击、、和按钮，使其由凹陷的状态变为凸起，即若某线条在表格中显现，该按钮就是凹陷的；若某处没有线条，则该处的按钮是凸出的。

⑤ 选择宽度是 1.5 磅的实线，再单击表格的外框线处或外框线对应的、、、按钮，使外框线应用 1.5 磅的黑色实线，如图 4.56 所示，单击【确定】按钮。

⑥ 选中表格第 1 行，打开“边框和底纹”对话框，选择线型为“双窄线”，其他为默认，连续两次单击按钮，将第 1 行的下边线设置为“双窄线”，如图 4.57 所示，单击【确定】按钮。

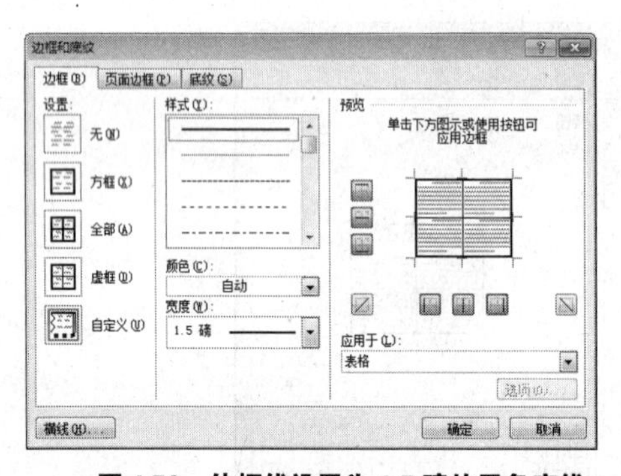

图 4.56　外框线设置为 1.5 磅的黑色实线

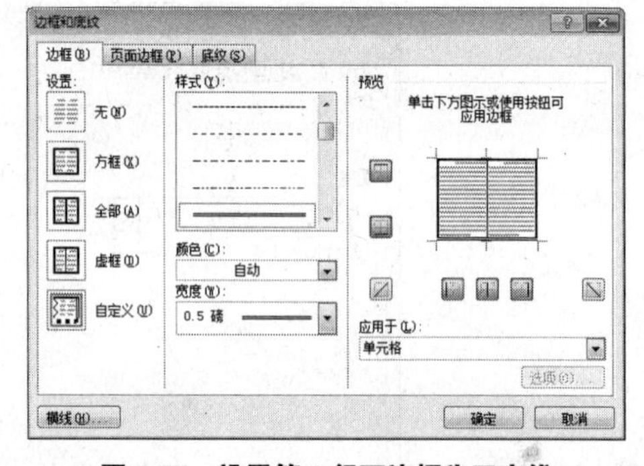

图 4.57　设置第 1 行下边框为双实线

⑦ 类似地，选中表格第 1 列，打开“边框和底纹”对话框，选择线型为“双窄线”，其他为默认，连续两次单击按钮，将第 1 列的右边线设置为“双窄线”。

（3）绘制斜线表头。

① 将鼠标指针移至表头单元格左侧，当鼠标指针变成“ ”形状时，单击选中该单元格。

② 单击【表格工具】→【设计】→【表格样式】→【边框】按钮，打开“边框和底纹”对话框，选择 0.75 磅的单实线，单击按钮，为该单元格加上斜线，如图 4.58 所示。

6. 设置表格居中

（1）选中整张表格。

（2）单击【表格工具】→【布局】→【表】→【属性】按钮，打开“表格属性”对话框。

（3）切换到“表格”选项卡，在“对齐方式”中选择“居中”选项，“在文字环绕”中选择“无”选项，单击【确定】按钮。

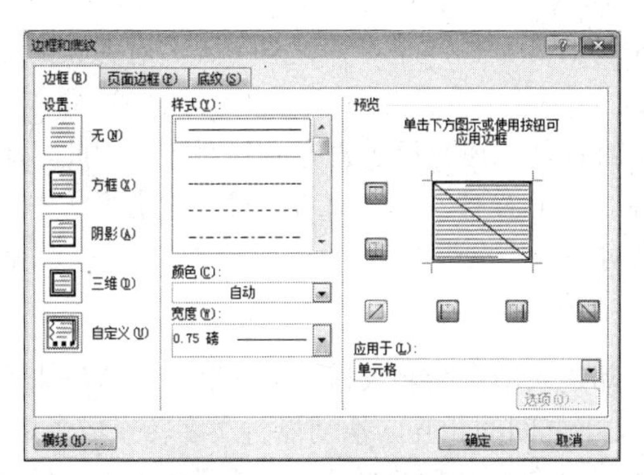

图 4.58　添加斜线表头

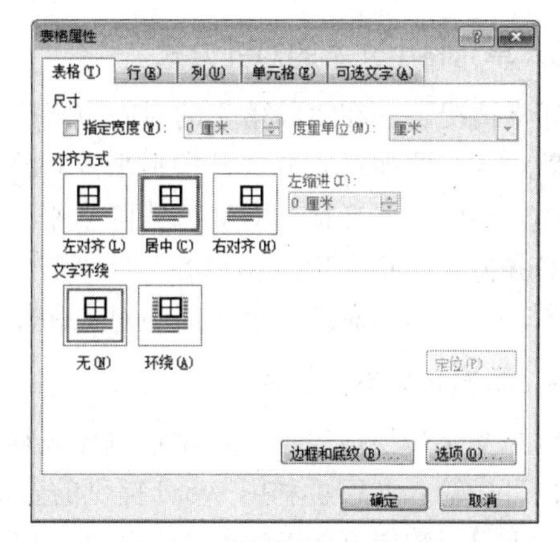

图 4.59　设置表格对齐方式

7. 保存并关闭文档

保存文档后关闭。

【任务总结】

本任务通过制作“公司周年庆活动安排表”，主要介绍了 Word 表格的创建、编辑、录入等基本操作。在此基础上，通过对表格文字格式、单元格对齐方式、边框/底纹等设置，通过“表格属性”设置表格的行高和列宽、表格对齐方式等，熟悉了 Word 表格的格式化操作。此外，还介绍了斜线表头的绘制方法。

【知识拓展】

1. 合并/拆分单元格

（1）合并单元格。合并单元格常用的操作如下。

① 选定要合并的单元格，单击【表格工具】→【布局】→【合并】→【合并单元格】按钮。

② 选定要合并的单元格，用鼠标右键单击选定的单元格，从弹出的快捷菜单中选择【合并单元格】命令。

（2）拆分单元格。可以拆分 1 个单元格，也可以拆分多个单元格。拆分单元格常用的操作如下。

① 选定要拆分的单元格，单击【表格工具】→【布局】→【合并】→【拆分单元格】按钮。

② 选定要拆分的单元格，用鼠标右键单击选定的单元格，从弹出的快捷菜单中选择【拆分单元格】命令（针对一个单元格）。

2. 重复标题行

在表格中，可利用列标题来描述每一列是什么信息。但如果表格很长，超过一页时，在后面的页中将无法看到列标题。这时可使用“标题行重复”来解决。

（1）选中要作为表格标题的第 1 行或多行。

（2）单击【表格工具】→【布局】→【数据】→【重复标题行】按钮。

只有在自动分页时，Word 才能够自动重复表格标题，如果手动插入分页符，表格标题将不会重复。

3. 单元格中文本的对齐方式

通常情况下，在“段落”的对齐方式中有 5 种对齐方式：左对齐、居中、右对齐、两端对齐和分散对齐。这些对齐方式是指水平方向的对齐。

在表格中，单元格的对齐方式除水平方向的对齐外，还包括垂直方向的对齐。因此，单元格中的对齐方式包括靠上两端对齐、靠上居中对齐、靠上右对齐、中部两端对齐、水平居中、中部右对齐、靠下两端对齐、靠下居中对齐和靠下右对齐。

4. 表格和文本的转换

（1）文字转换成表格。通常在制作表格时，都是采用先绘制表格再输入文字的方法来产生表格。也可先输入文字再利用 Word 提供的表格与文字之间的相互转换功能将文字转换成表格。

对于已经编辑好的 Word 文档来说，如果想把文本转换成表格的形式，或者想把表格转换成文本，也很容易实现。

① 插入分隔符 (分隔符：将表格转换为文本时，用分隔符标识文字分隔的位置，或在将文本转换为表格时，用其标识新行或新列的起始位置，例如逗号或制表符)，以指示将文本分成列的位置。使用段落标记指示要开始新行的位置。如图 4.60 或图 4.61 所示。

第一季度,第二季度,第三季度,第四季度↵
A,B,C,D↵

图 4.60 使用逗号作为分隔符

第一季度 → 第二季度 → 第三季度 → 第四季度↵
A → B → C → D↵

图 4.61 使用制表符作为分隔符

② 选择要转换为表格的文本。

③ 单击【插入】→【表格】按钮，打开“表格”下拉菜单，从菜单中选择【文本转换为表格】命令，打开如图 4.62 所示的“将文字转换成表格”对话框。

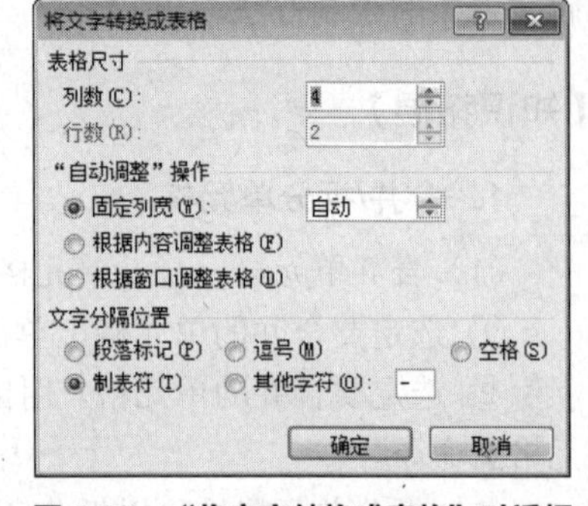

图 4.62 “将文字转换成表格”对话框

④ 在“文本转换成表格”对话框的“文字分隔位置”下，单击要在文本中使用的分隔符对应的选项。

⑤ 在“列数”框中，选择列数。

如果未看到预期的列数，则可能是文本中的一行或多行缺少分隔符。这里的行数由文本的段落标记决定，因此为默认值。

⑥ 选择需要的任何其他选项，然后单击【确定】按钮，可将文本转换成如图 4.63 所示的表格。

第一季度↵	第二季度↵	第三季度↵	第四季度↵
A↵	B↵	C↵	D↵

图 4.63 由文本转换成的表格

（2）表格转换成文本。

① 选择要转换成文本的表格。

② 单击【表格工具】→【布局】→【数据】→【转换为文本】按钮，打开如图 4.64 所示的“表格转换成文本”对话框。

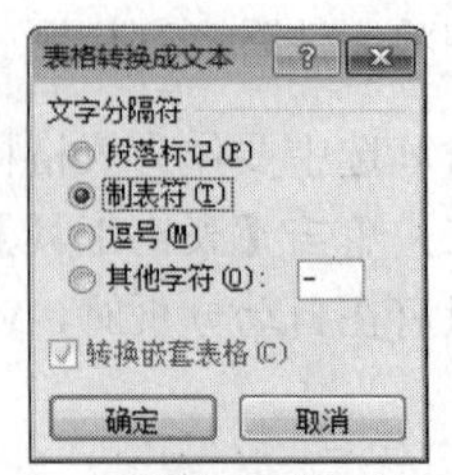

图 4.64 “表格转换成文本”对话框

③ 在“文字分隔位置”下，单击要用于代替列边界的分隔符对应的选项，表格各行默认用段落标记分隔。然后单击【确定】按钮即可将表格转换成文本。

【实践训练】

制作“第六届科技文化艺术节活动安排一览表”，效果如图 4.65 所示。

第六届科技文化节参赛报名表

作者信息栏					
姓名		性别		出生年月	
联系电话		手机			
身份证号码		MSN 或 QQ			
E-mail					
所属系部、班级					
自我简介					
作品信息栏					
作品名称		指导老师			
创意说明					
主创人员		作品类别	推荐意见		
姓名	性别	□ 平面广告 □ Flash 动画 □ 网页设计 □ 摄影作品 □ 书画作品			

图 4.65 第六届科技文化艺术节参赛报名表

1. 创建“报名表”文档

（1）新建并保存文档。新建 Word 文档，并以“第六届科技文化艺术节参赛报名表”为名保存在“D:\第六届科技文化艺术节\策划”文件夹中。

（2）输入表格标题“第六届科技文化艺术节参赛报名表”。

（3）创建表格。在表格标题下方创建 1 个 15 行 3 列的表格。

（4）在表格中录入如图 4.66 所示的内容。

作者信息栏		
姓名	性别	出生年月
联系电话		手机
身份证号码		MSN 或 QQ
E-mail		
所属系部、班级		
自我简介		
作品信息栏		
作品名称		指导老师
创意说明		
主创人员	作品类别	推荐意见

图 4.66 “第六届科技文化艺术节参赛报名表”内容

2. 编辑“报名表”表格

（1）合并和拆分单元格。

① 按图 4.67 所示对表中的单元格进行合并和拆分操作。

作者信息栏					
姓名		性别		出生年月	
联系电话				手机	
身份证号码				MSN 或 QQ	
E-mail					
所属系部、班级					
自我简介					
作品信息栏					
作品名称				指导老师	
创意说明					
主创人员		作品类别		推荐意见	
姓名	性别	平面广告 Flash 动画 网页设计 摄影作品 书画作品			

图 4.67　进行合并和拆分单元格后的表格

② 在拆分后的单元格中按图 4.67 所示输入内容。

（2）调整表格大小。

① 选中整张表格，将表格行高设置为“1 厘米”。

② 按图 4.65 所示适当调整各单元格的大小。

3. 美化“报名表”表格

（1）设置表格标题格式。将表格标题格式设置为隶书、二号、居中、段后间距 1 行。

（2）设置表格文字格式。

① 将表格中的所有文字设置为宋体、小四号、水平居中。

② 将表格中“作者信息栏”和“作品信息栏”单元格的文字设置为华文行楷、三号。

③ 将“自我简介”和“创意说明”单元格的文字方向设置为“竖排”，并适当调整单元格大小。

④ 将“作品类别”下方单元格内的文字设置为仿宋体、小四号、两端对齐，并为它们添加项目符号“□”。

（3）设置表格的边框和底纹。

① 设置表格边框。将表格的外边框线型设置为上粗下细、宽度为 3 磅；内框线为 0.75 磅的单实线。

② 为表格中“作者信息栏”和“作品信息栏”单元格添加“白色，背景 1，深色 15%”的底纹。

4. 打印预览“报名表”表格

预览编辑好的“报名表”的打印效果。

任务 3　制作公司周年庆经费预算表

【任务描述】

根据公司本次周年庆活动工作的需要，现由周年庆活动领导小组根据活动过程中的各项工作需求进行经费预算，制作“公司周年庆经费预算表”，并统计出各个明细费用及此次庆典活动的费用总计，如图 4.68 所示。

公司周年庆经费预算表

项目	单价	数量	金额（元）	备注
晚宴	58000	1	58000	
灯光音响	9000	1	9000	设备租赁费
媒体报道	4500	2	9000	
茶水	6000	1	6000	
庆典杂费	6000	1	6000	
服装费	150	35	5250	演出服装
彩色喷绘	1800	2	3600	
交通费	300	12	3600	接送嘉宾
演出指导费	600	5	3000	
宣传海报	35	80	2800	设计印刷费
拱门和气球	500	5	2500	租赁费
红地毯	580	3	1740	
宣传横幅	180	5	900	
费用合计	111390			

图 4.68　公司周年庆经费预算表

【任务目标】

◈ 熟练创建、保存文档。

◈ 熟练创建表格。

◈ 能熟练进行单元格的合并和拆分等编辑操作。

◈ 能正确利用公式或函数进行表格中数据的计算。

◈ 能熟练利用表格自动套用格式进行表格修饰。

◈ 掌握表格中数据的排序操作。

◈ 能正确插入脚注或尾注。

【任务流程】

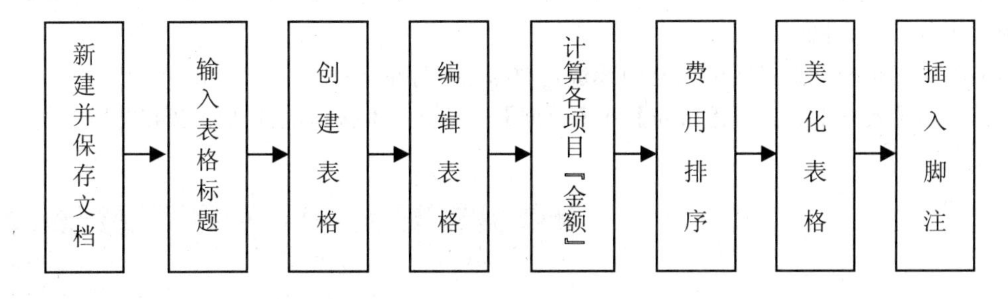

【任务解析】

1. 调整行/列位置

在 Word 中设计、填写表格时，输入的行列顺序有时难免会因出错而需要重新调整，或者因为思路改变而想修改行列顺序，常用的方法如下。

（1）剪切+粘贴。

① 选中需要移动的行/列。

② 单击【开始】→【剪贴板】→【剪切】按钮。

③ 将光标定位在要移到的行/列中，选择【编辑】→【粘贴】命令单击【开始】→【剪贴板】→【粘贴】按钮。

（2）直接拖曳。

① 选中需要移动的行/列。

② 将鼠标指针指向选中的行/列，按住鼠标左键拖曳到目标行/列的第 1 个单元格，松开鼠标左键。

（3）【Shift】+【Alt】+方向键组合键（只适用于行的移动）。

① 将光标定位到要移动的行的任一单元格中。

② 按下组合键【Shift】+【Alt】+【↑】即可将光标所在的整行上移 1 行，若需移动多行，连续按多次即可。相反，若想把整行下移，只要改按组合键【Shift】+【Alt】+【↓】即可。

2. 使用公式

（1）将光标定位于结果单元格中。

（2）单击【表格工具】→【布局】→【数据】→【公式】按钮 f_x，打开如图 4.69 所示的“公式”对话框。

（3）在“公式”文本框中编辑计算数据所需的公式。

（4）单击【确定】按钮。

提示： 在公式中，当需要在公式中引用单元格进行计算时，一般引用单元格的名称来表示参与运算的参数。

单元格名称的表示方法是：列号采用字母“A”、“B”、“C”——来表示，行号采用数字“1”、“2”、“3”——来表示，单元格的名称就是“列标行号”的组合，表示某列和某行的交叉点。因此，第 2 列第 3 行的单元格名称为“B3”，其中字母大小写通用。

3. 表格数据排序

Word 中的数据排序通常是针对某一列数据的，它可以将表格某列的数据按照一定规则排序，并重新组织各行在表格中的次序。

（1）将光标定位于要排序的表格中或选定要参与排序的数据区域。

（2）单击【表格工具】→【布局】→【数据】→【排序】按钮，打开如图 4.70 所示的“排序”对话框。

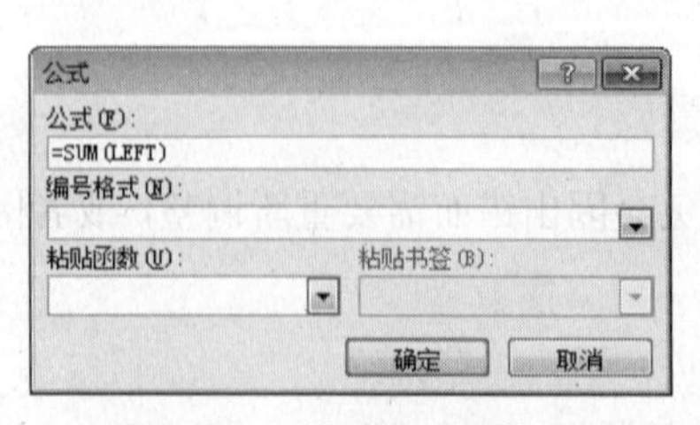

图 4.69 “公式”对话框

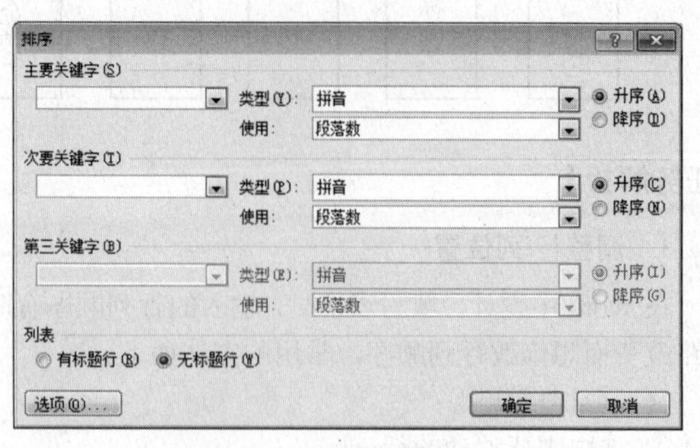

图 4.70 “排序”对话框

（3）选择“主要关键字”、“类型”、“升序”或“降序”。如果需要，可以对次要关键字和第三关键字进行排序设置。

（4）根据排序表格中有无标题行，选择下方的“有标题行”或“无标题行”。

（5）单击【确定】按钮，各行数据的顺序将按照设置的排序条件进行相应调整。

提示： 排序时，若所选数据行的主要关键字值均不相同，就按照该关键字的指定顺序排序，其余关键字不起作用；若主要关键字值相同，则相同的部分会按照次要关键字的指定顺序排序；若主要和次要关键字值全部相同，相同部分才会按照第三关键字的指定顺序排序。

4. 套用表格格式

Word 内置了一些设计好的表格样式，包括表格的框线、底纹、字体等格式设置，利用它可以快速地引用这些预定的样式。

（1）将光标定位于表格中。

（2）选择【表格】→【表格自动套用格式】命令，打开“表格自动套用格式”对话框。

（3）在“类别”下拉列表中选择“所有表格样式”选项，这时会在“表格样式”列表中显示系统提供的多种 Word 表格专业格式。从“表格样式”列表中单击选中所需的格式，在“预览”区域中将显示该格式的预览效果。

（4）单击“应用”按钮返回 Word 表格。

在“表格自动套用格式”对话框中，选定一种样式后，可以利用右侧的【修改】按钮对此样式进行自定义设置，也可以采用此样式后再利用“边框和底纹”对话框进行修改。

【任务实施】

步骤 1　新建并保存文档

（1）启动 Word 2010 程序，新建一份空白文档。

（2）将创建的新文档以“公司周年庆经费预算表”为名，保存到“D:\科源有限公司\五周年庆典”文件夹中。

步骤 2　输入表格标题

（1）在文档开始位置输入表格标题文字“公司周年庆经费预算表”。

（2）按【Enter】键换行。

步骤 3　创建表格

（1）单击【插入】→【表格】按钮，打开“表格”下拉菜单。

（2）从菜单中选择【插入表格】命令，打开如图 4.71 所示的“插入表格”对话框。

（3）在“插入表格”对话框中分别输入要创建的表格列数为“5”，行数为“14”。

（4）单击【确定】按钮，在文档中插入一个 5 列 14 行的表格。

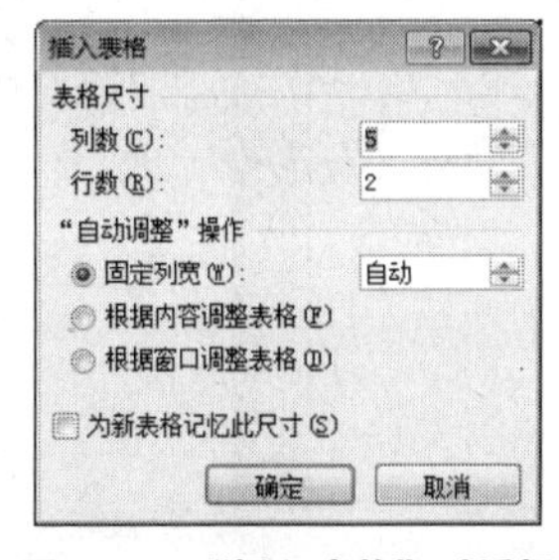

图 4.71　“插入表格”对话框

步骤 4　编辑表格

（1）按图 4.72 所示输入单元格中的内容。

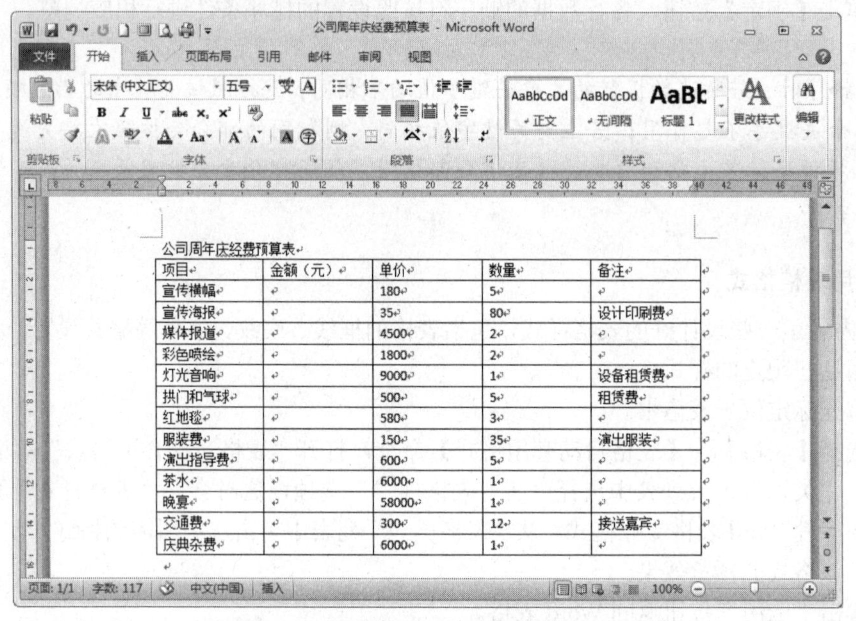

公司周年庆经费预算表

项目	金额（元）	单价	数量	备注
宣传横幅		180	5	
宣传海报		35	80	设计印刷费
媒体报道		4500	2	
彩色喷绘		1800	2	
灯光音响		9000	1	设备租赁费
拱门和气球		500	5	租赁费
红地毯		580	3	
服装费		150	35	演出服装
演出指导费		600	5	
茶水		6000	1	
晚宴		58000	1	
交通费		300	12	接送嘉宾
庆典杂费		6000	1	

图 4.72　“公司周年庆经费预算表”内容

（2）将“金额（元）”列移至“数量”列的右侧。

（3）在表格最后 1 行下方增加 1 空行，在新增行的第 1 个单元格中输入“费用合计”。

（4）合并单元格。将最后 1 行除第 1 个单元格外的其他单元格合并为 1 个单元格。编辑后的表格效果如图 4.73 所示。

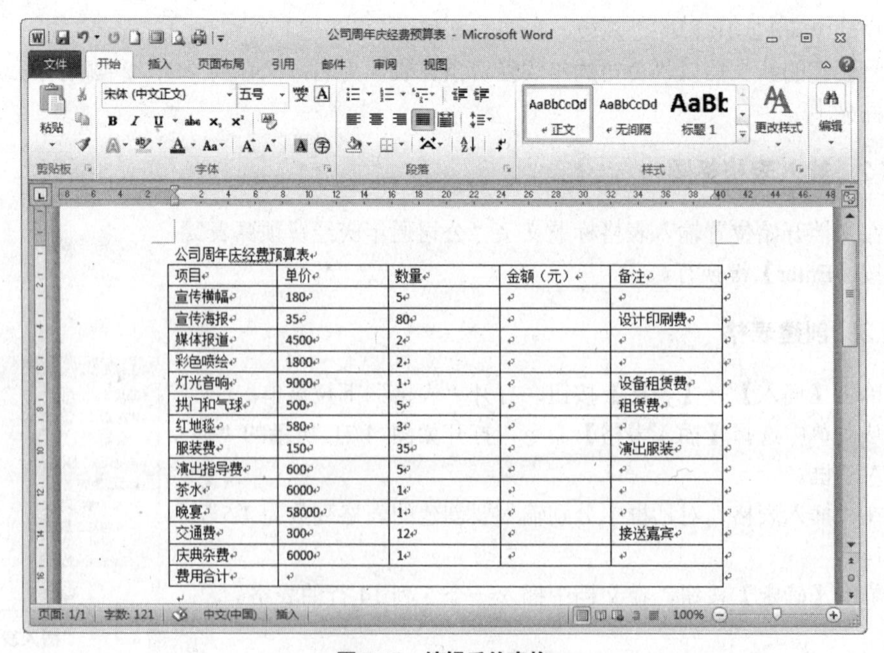

公司周年庆经费预算表

项目	单价	数量	金额（元）	备注
宣传横幅	180	5		
宣传海报	35	80		设计印刷费
媒体报道	4500	2		
彩色喷绘	1800	2		
灯光音响	9000	1		设备租赁费
拱门和气球	500	5		租赁费
红地毯	580	3		
服装费	150	35		演出服装
演出指导费	600	5		
茶水	6000	1		
晚宴	58000	1		
交通费	300	12		接送嘉宾
庆典杂费	6000	1		
费用合计				

图 4.73　编辑后的表格

（5）保存文件。

步骤 5　计算各项目“金额”

1. 计算各项目的“金额”

这里，各项目的金额=单价×数量。

（1）将光标定位于“宣传横幅”行的“金额”单元格中。

（2）单击【表格工具】→【布局】→【数据】→【公式】按钮*fx*，打开“公式”对话框。

（3）在“公式”文本框中输入该项目金额的计算公式“=B2*C7”，如图 4.74 所示。单击【确定】按钮，完成计算。

图 4.74　计算“宣传横幅”使用“金额”的公式

提示： 在公式编辑时，单元格名称中的字母大小写可不用区分。计算完成后，单击计算出的结果，可见带灰色的域底纹，如图 4.75 所示。

公司周年庆经费预算表

项目	单价	数量	金额（元）	备注
宣传横幅	180	5	900	
宣传海报	35	80		设计印刷费
媒体报道	4500	2		

图 4.75　显示公式域的底纹

（4）类似地，计算出其他各项目的“金额”费用。

2. 计算“费用合计”项数据

（1）将光标定位于“费用总计”右侧的单元格中。

（2）单击【表格工具】→【布局】→【数据】→【公式】按钮*fx*，打开“公式”对话框。

（3）此时，公式框中仅显示出“=”，单击“粘贴函数”下拉按钮，从列表中选择需要的函数“SUM”，如图 4.76 所示。

提示： 这里，如果对于函数比较熟悉，也可直接输入函数名称来构建公式。

（4）构建用于计算“费用合计”的公式“=SUM(C8:F8)”，如图 4.77 所示。单击【确定】按钮，完成计算。

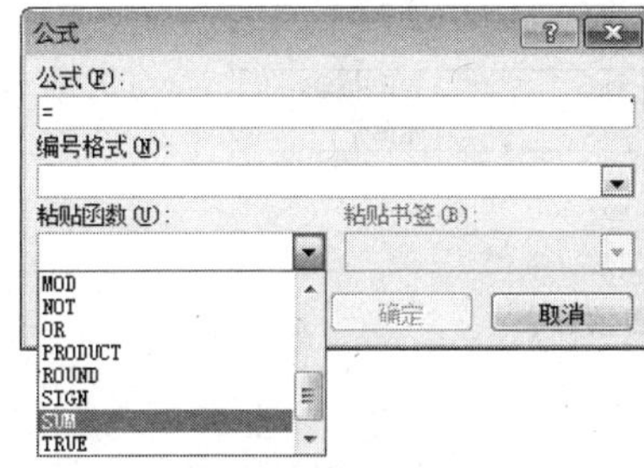

图 4.76　粘贴函数

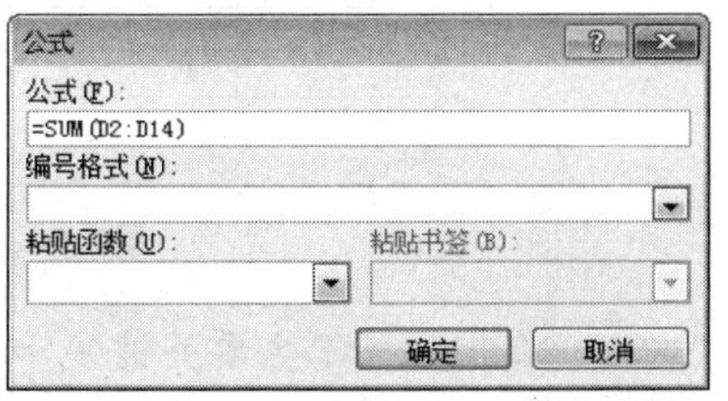

图 4.77　计算“费用合计”的公式

提示： 这里，计算“费用合计”数据时，除了使用函数进行计算外，也可直接使用公式“=D2+D3+D4+D5+D6+D7+D8+D9+D10+D11+D12+D13+D14”进行计算，只不过，当参与计算的单元格较多时，会显得比较繁琐，特别是连续单元格地址可以简单表示为“D2：D14”。因此，实际工作中，是采用函数还是直接利用运算符进行计算，应视情况灵活运用。

计算完成后的表格如图 4.78 所示。

项目	单价	数量	金额（元）	备注
宣传横幅	180	5	900	
宣传海报	35	80	2800	设计印刷费
媒体报道	4500	2	9000	
彩色喷绘	1800	2	3600	
灯光音响	9000	1	9000	设备租赁费
拱门和气球	500	5	2500	租赁费
红地毯	580	3	1740	
服装费	150	35	5250	演出服装
演出指导费	600	5	3000	
茶水	6000	1	6000	
晚宴	58000	1	58000	
交通费	300	12	3600	接送嘉宾
庆典杂费	6000	1	6000	
费用合计	111390			

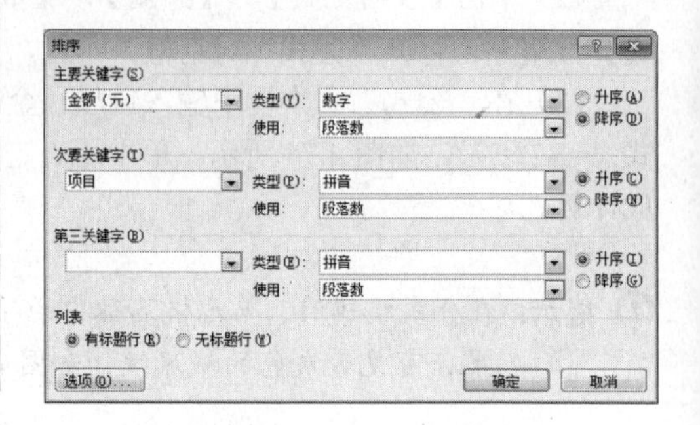

图 4.79 设置排序参数

图 4.78 完成计算后的表格

步骤 6 费用排序

将表中的数据按各项目的“金额”数据降序和“项目”名称升序排列。

（1）选中表格除“费用合计”行外的其他各行。

（2）单击【表格工具】→【布局】→【数据】→【排序】按钮，打开“排序”对话框。

（3）首先，从对话框下方“列表”组中选择【有标题行】单选按钮，再从“主要关键字”下拉列表中选择“金额（元）”，“类型”下拉列表中选择“数字”，选择【降序】按钮；然后从“次要关键字”下拉列表中选择“项目”，“类型”下拉列表中选择“拼音”，选择【升序】按钮，如图 4.79 所示。

（4）单击【确定】按钮，得到如图 4.80 所示的排序结果。

项目	单价	数量	金额（元）	备注
晚宴	58000	1	58000	
灯光音响	9000	1	9000	设备租赁费
媒体报道	4500	2	9000	
茶水	6000	1	6000	
庆典杂费	6000	1	6000	
服装费	150	35	5250	演出服装
彩色喷绘	1800	2	3600	
交通费	300	12	3600	接送嘉宾
演出指导费	600	5	3000	
宣传海报	35	80	2800	设计印刷费
拱门和气球	500	5	2500	租赁费
红地毯	580	3	1740	
宣传横幅	180	5	900	
费用合计	111390			

图 4.80 排序后的经费预算表

提示： 这里，我们设置了主要关键字和次要关键字，当主要关键字“金额（元）”中的值出现相同的值时，将按照指定的次要关键字“项目”的值来确定两行数据的排序。如当主要关键字“金额”中“9000”出现相同值时，则相同的值将按照次要关键字“项目”的升序进行排列，因此“灯光音响”一行的数据排在了“媒体报道”一行的上方。

步骤 7　美化表格

1. 设置页面格式

将文档的页面纸张设置为 A4，上、下页边距设置为 2.5 厘米，左、右页边距设置为 2.8 厘米、2.2 厘米。

2. 设置表格标题格式

将表格标题文字的格式设置为：黑体、二号、居中、段后间距 12 磅。

3. 自动调整表格

（1）选中整张表格。

（2）选择【表格工具】→【布局】→【单元格大小】→【自动调整】→【根据内容自动调整表格】命令。

（3）选择【表格工具】→【布局】→【单元格大小】→【自动调整】→【根据窗口自动调整表格】命令。

4. 调整表格行高

（1）选中整张表格。

（2）选择【表格工具】→【布局】→【表】→【属性】按钮，打开“表格属性”对话框。

（3）切换到“行”选项卡，将行高设置为 0.8 厘米。

（4）单击【确定】按钮。

5. 套用表格格式

（1）选中整张表格。

（2）单击【表格工具】→【设计】→【表格样式】→【其他】按钮，打开如图 4.81 所示的“表格样式”下拉菜单。

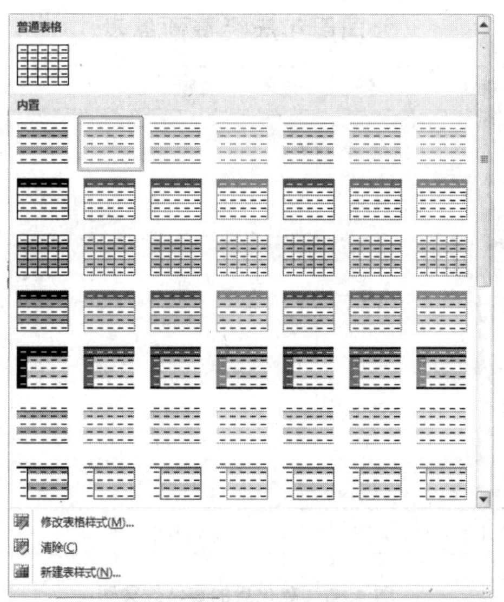

图 4.81　“表格样式”下拉菜单

（3）单击选择“内置”列表中的“浅色底纹–强调文字颜色 1”样式，生成的表格格式如图 4.82 所示。

公司周年庆经费预算表

项目	单价	数量	金额（元）	备注
晚宴	58000	1	58000	
灯光音响	9000	1	9000	设备租赁费
媒体报道	4500	2	9000	
茶水	6000	1	6000	
庆典杂费	6000	1	6000	
服装费	150	35	5250	演出服装
彩色喷绘	1800	2	3600	
交通费	300	12	3600	接送嘉宾
演出指导费	600	5	3000	
宣传海报	35	80	2800	设计印刷费
拱门和气球	500	5	2500	租赁费
红地毯	580	3	1740	
宣传横幅	180	5	900	
费用合计	111390			

图 4.82　套用“浅色底纹 –强调文字颜色 1”样式后的表格

6. 手动设置表格格式

（1）设置表头格式。将表格第 1 行文字的格式设置为宋体、四号、加粗、水平居中。

（2）设置第 1 列和第 5 列的第 2 行～第 14 行单元格的文字格式为仿宋体、小四号、水平居中。

（3）将最后 1 行单元格的文字格式为宋体、四号、水平居中。

（4）将表格中除最后 1 行外的所有数值单元格对齐方式设置为中部右对齐。

（5）设置表格边框。

① 将表格第 1 行和最后 1 行的上、下框线设置为 1.5 的蓝色单实线。

② 选中整张表格，将其内框竖线设置为 0.5 磅的蓝色单实线。

美化后的表格效果如图 4.83 所示。

公司周年庆经费预算表

项目	单价	数量	金额（元）	备注
晚宴	58000	1	58000	
灯光音响	9000	1	9000	设备租赁费
媒体报道	4500	2	9000	
茶水	6000	1	6000	
庆典杂费	6000	1	6000	
服装费	150	35	5250	演出服装
彩色喷绘	1800	2	3600	
交通费	300	12	3600	接送嘉宾
演出指导费	600	5	3000	
宣传海报	35	80	2800	设计印刷费
拱门和气球	500	5	2500	租赁费
红地毯	580	3	1740	
宣传横幅	180	5	900	
费用合计	111390			

图 4.83　美化后的表格效果图

步骤 8　插入脚注

为表格中的项目“庆典杂费”添加脚注“庆典杂费含活动组织误　补助、庆典纪念品、制作请　等费用。”。

（1）选中表格第 1 列中的项目名称“庆典杂费”。

（2）单击【引用】→【脚注】→【插入脚注】按钮，在页面底端出现脚注区，输入脚注内容“庆典杂费含活动组织误　补助、庆典纪念品、制作请　等费用。”，如图 4.84 所示。

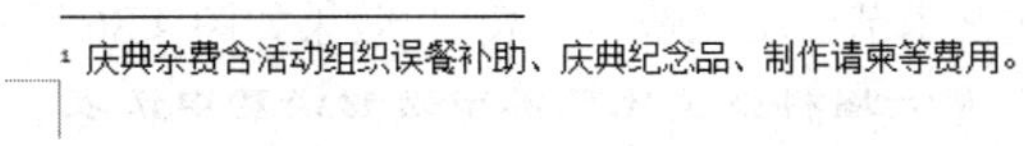

1 庆典杂费含活动组织误餐补助、庆典纪念品、制作请柬等费用。

图 4.84　为“庆典杂费”插入的脚注

【任务总结】

本任务通过制作“公司周年庆经费预算表”，主要介绍了 Word 表格的创建、表格的拆分和合并等编辑操作。通过对表格中各项费用的计算，介绍了使用公式和函数进行 Word 表格中数据的计算。在此基础上，通过表格自动套用格式和手动格式设置进行了表格的美化修饰，以形成一张美观、实用的表格。此外，通过插入脚注，为表格中的数据添加注释文字，使表格在表达上显得更加完善。

【知识拓展】

1. 公式的构造

公式计算是表格中经常要完成的工作。通常，公式由“=”、“单元格名称”和“运算符号”来构造，如“=C2+D2+E2+F2”；也可以使用“=”、“函数”和“单元格或区域名称”来完成计算，如“=SUM（C2:F2）”。

（1）在 Word 表格中，利用公式或函数完成计算时，会使用单元格或区域的名称来标识将参与运算的数据所在的位置。这些参与运算的单元格或区域称为“参数”。区域是由连续的单元格组成的矩形，所以，用“左上角单元格名称:右下角单元格名称”表示区域的名称，如 C2:F2，构造公式“=SUM（C2:F2）”来表示单元格 C2 到单元格 F2 的区域中的这些数据参与求和的运算。

（2）在公式中，默认的函数为“SUM”，表示完成求和的计算。可根据情况，从“粘贴函数”下拉列表中选择相应功能的函数。

（3）通常 Word 会根据当前单元格的上方或左侧是否有数字数据自动生成函数的参数，若当前单元格上方有数字数据，则会自动默认参数“ABOVE”；若当前单元格上方无数字数据，左侧有数字数据，则自动默认参数“LEFT”。很多时候，默认的参数所表示的区域并不是我们用来计算的区域，此时就需要修改参数，用单元格或区域的名称来指明参数。

2. 公式重算

在更改了 Word 表格中的数据后，相关单元格中的数据并不会自动计算并更新，这是因为 Word 中的“公式”是以域的形式存在于文档之中的，而 Word 并不会自动更新域。更新域的操作方法如下。

（1）选中需要更新的域，用鼠标右键单击选中的域，从弹出的快捷菜单中选择【更新域】命令。

（2）选中需要更新的域，按下【F9】键更新域结果。如果选中整张表格后按下【F9】键，可一次性地更新所有的域。

3. 设置表格中计算结果的数字格式

在表格的公式计算中，Word 会根据数据的实际计算情况自动默认结果的小数点位数。若要指定结果数据的格式，可以在“公式”对话框中的“编号格式”处进行设置。如在前面计算“小计”时，若想保留 1 位小数，则在“编号格式”下拉列表中选择“0.00”作为参考格式，删除 1 个“0”，如图 4.85 所示。

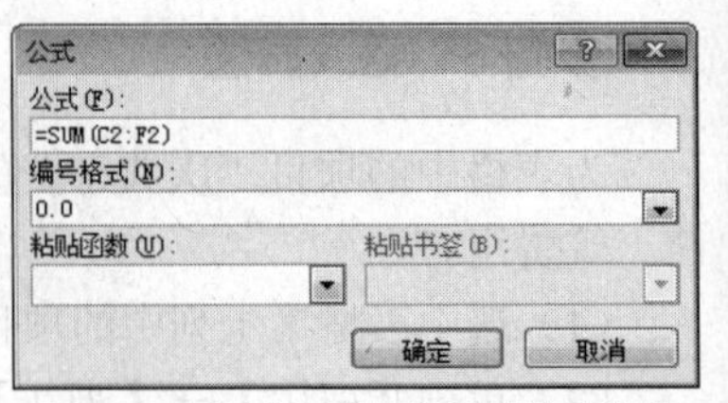

图 4.85　在“公式”中设置编号格式

【实践训练】

制作“第六届科技文化艺术节活动经费申请表”，效果如图 4.86 所示。

第六届科技文化艺术节活动经费申请表

项目		单价（元）	数量	小计	合计
宣传费	海报	20	30	600	1130
	展板	35	6	210	
	条幅	80	4	320	
组织费	展台布置费	150	8	1200	4040
	舞台布置	800	2	1600	
	作品评审费	20	30	600	
	交通补贴	80	8	640	
资料费	参展证书	4	50	200	1060
	纪念册	30	12	360	
	办公用品	50	10	500	
颁奖费	一等奖	30	6	180	900
	二等奖	20	12	240	
	三等奖	10	18	180	
	组织奖	100	3	300	
经费预算[1]		7130			

[1] 本次项目经费从本年度学院学生活动预算经费中支出。

图 4.86　第六届科技文化艺术节活动经费申请表

1. 创建“经费申请表”文档

（1）新建并保存文档。新建 Word 文档，并以“第六届科技文化艺术节活动经费申请表”为名保存在“D:\第六届科技文化艺术节\策划”文件夹中。

（2）输入表格标题“第六届科技文化艺术节活动经费申请表”。

（3）创建表格。在表格标题下方创建 1 个 15 行 5 列的表格。

（4）在表格中录入如图 4.87 所示的内容。

项目		单价（元）	数量	小计
宣传费	海报	20	30	
	展板	35	6	
	条幅	80	4	
组织费	展台布置费	150	8	
	舞台布置	800	2	
	作品评审费	20	30	
	交通补贴	80	8	
资料费	参展证书	4	50	
	纪念册	30	12	
	办公用品	50	10	
颁奖费	一等奖	30	6	
	二等奖	20	12	
	三等奖	10	18	
	组织奖	100	3	

图 4.87　“第六届科技文化艺术节活动经费申请表”内容

2. 编辑“经费申请表”表格

（1）插入行/列。

① 在表格最下方增加 1 行，在新增行的第 1 个单元格中输入“经费预算”文字。

② 在表格最右边增加 1 列，在新增列的第 1 个单元格中输入标题“合计”。

（2）合并单元格。

按图 4.88 所示对表中的单元格进行合并操作。

项目		单价（元）	数量	小计	合计
宣传费	海报	20	30		
	展板	35	6		
	条幅	80	4		
组织费	展台布置费	150	8		
	舞台布置	800	2		
	作品评审费	20	30		
	交通补贴	80	8		
资料费	参展证书	4	50		
	纪念册	30	12		
	办公用品	50	10		
颁奖费	一等奖	30	6		
	二等奖	20	12		
	三等奖	10	18		
	组织奖	100	3		
经费预算					

图 4.88　进行合并单元格后的表格

3. 计算项目经费

（1）计算各个子项目的“小计”费用。

（2）统计各项目的“合计”费用。

（3）汇总统计整个活动的“经费预算”数据。

4. 美化“经费申请表”表格

（1）设置表格标题格式。将表格标题格式设置为隶书、二号、居中、段后间距 16 磅。

（2）设置表格文字格式。

① 将表格中的所有文字设置为宋体、小四号。

② 将表格中各个项目名称“宣传费”、“组织费”、“资料费”和“颁　费”单元格的文字方向为“竖排”。

③ 将表格先“根据内容”进行自动调整，再“根据窗口”进行自动调整。

（3）设置表格的边框和底纹。

① 为整张表格套用表格样式“浅色列表–强调文字颜色 3”。

② 设置表格边框。将表格的边框线颜色设置为“橄榄绿–强调文字颜色 3”单实线，其中外边框线型设置为 1.5 磅，内框线为 0.75 磅。

③ 设置这个表格的行高为 0.8 厘米，单元格对齐方式为“水平居中”。

5. 添加尾注

为表格最后一行的文字“经费预算”添加尾注“本次项目经费从本年度学院学生活动预算经费中支出。”。

6. 打印预览

打印预览“经费申请表”表格。

任务4 制作公司周年庆工作卡

【任务描述】

为推动公司周年庆工作的有序进行，公司周年庆典领导小组决定为周年庆活动期间的工作人员制作工作卡。每张工作卡的版式都是一样，如果用手工制作和填写，工作任务显得很繁琐，采用 Word 邮件合并功能，可以轻松、快捷地完成这份工作。制作好的周年庆工作卡（部分）效果如图 4.89 所示。

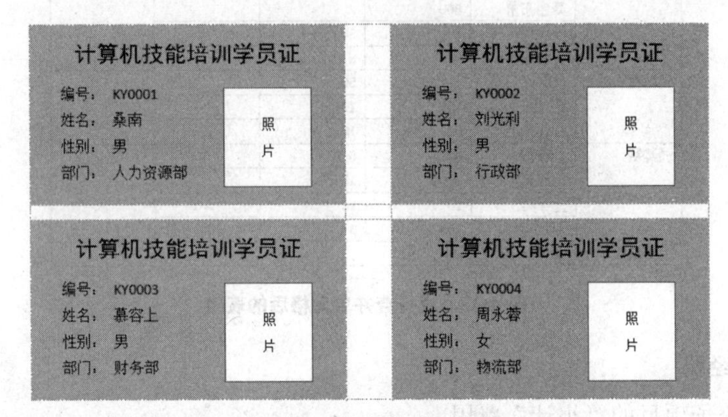

图 4.89 公司周年庆工作卡

【任务目标】

◈ 掌握建立 Word 邮件合并文档的方法。
◈ 会制作邮件合并数据源。
◈ 能正确插入邮件合并域。
◈ 能熟练进行邮件合并。

【任务流程】

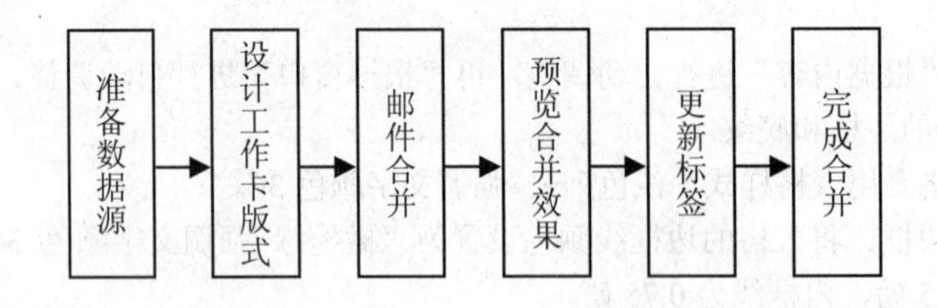

【任务解析】

1. 邮件合并

“邮件合并”这个名称最初是在批量处理邮件文档时提出的。具体地说，就是在邮件文档（主文档）的固定内容中合并与发送信息相关的一组通信资料（数据源，如 Excel 表、Access 数据表等），批量生成需要的邮件文档，从而大大提高工作的效率。

邮件合并适用于制作数量较多，且内容包含固定不变的部分和变化的部分的文档。邮件合并除了可以批量处理信函、信封等与邮件相关的文档外，还可以轻松地批量制作标签、工资条、成绩单、证书、　状、准考证、明信片等。

2. Word 制作邮件合并文档的操作

邮件合并的基本过程主要包括 6 个步骤，只要理解了这些过程，就可以得心应手地利用邮件合并来完成批量作业。

（1）制作数据源。利用 Word 或者 Excel 等软件制作邮件合并所需的数据表

（2）创建主文档。单击【邮件】→【开始邮件合并】→【开始邮件合并】按钮，选择主文档类型，建立主文档文件。

（3）建立主文档和数据源的连接。单击【邮件】→【开始邮件合并】→【选择收件人】按钮，选择准备好的数据源文件。

（4）在主文档中插入合并域。单击【邮件】→【编写和插入域】→【插入合并域】按钮，插入数据源中的字段在主文档中相应位置。

（5）预览邮件合并效果。单击【邮件】→【预览结果】→【预览结果】按钮，对插入域后的主文档进行预览，根据预览情况可适当修改文档效果。

（6）完成合并。单击【邮件】→【完成】→【完成并合并】按钮，将选定的数据源中的记录合并到主文档中，生成邮件合并文档。

【任务实施】

步骤 1　准备数据源

（1）启动 Word 2010 程序，新建一份空白文档。

（2）创建如图 4.90 所示的“工作人员信息表”，将创建好的数据源文件以“公司周年庆工作人员信息表”为名保存在“D：\科源有限公司\五周年庆典”文件夹中。

编号	姓名	性别	组别
KY0001	桑南	男	宣传策划组
KY0002	刘光利	男	领导小组
KY0003	慕容上	男	后勤保障组
KY0004	周永蓉	女	物资采购组
KY0005	李立	女	外联公关组
KY0006	段齐	男	后勤保障组
KY0007	黄信念	女	宣传策划组
KY0008	皮科	男	外联公关组
KY0009	夏蓝	女	礼仪接待组
KY0010	费乐	女	领导小组
KY0011	张晓梅	女	礼仪接待组
KY0012	陈昆	男	物资采购组

图 4.90　工作人员信息表

提示：在制作数据源表格时，不能在表格外添加其他文字，否则在导入数据源时会产生错误。

（3）关闭制作好的数据源文件。

步骤 2　设计工作卡的版式

1. 创建空白文档

新建一份空白文档，以“工作卡版式”为名将文档保存在“D：\科源有限公司\五周年庆典”文件夹中。

2. 设计工作卡的大小

（1）单击【邮件】→【开始邮件合并】→【开始邮件合并】按钮，从下拉菜单中选择【标签】命令，打开“标签选项”对话框。

（2）从“产品编号”列表框中选择如图 4.91 所示的“　美尺　”，可在右侧的“标签信息”区域中看到标签

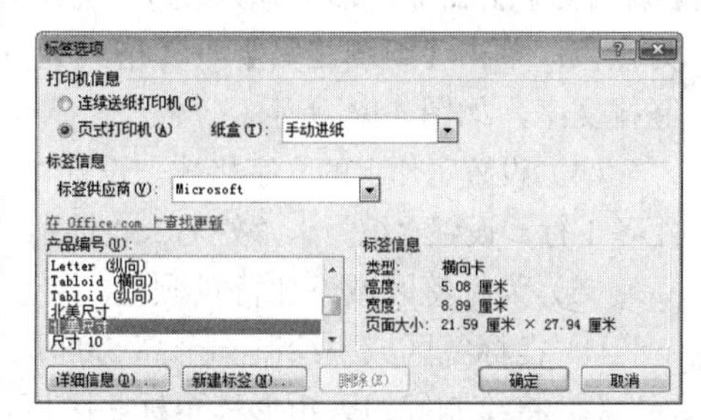

图 4.91　“标签选项”对话框

的类型为横向卡，高度为 5.08 厘米，宽度为 8.89 厘米。这样，就确定了工作卡的大小尺 。

（3）单击【确定】按钮，文档页面中出现 10 个小的标签区域，表明一个页面就可以做 10 个工作卡，如图 4.92 所示。

提示： 这里产生的标签区域实际是用虚线表格来划分出来的。一般情况下，如果页面上未显示虚框，可单击【表格工具】→【布局】→【表】→【查看网格线】按钮，显示出表格虚框。

3. 设计工作卡的内容

（1）将光标定位于第 1 个标签区域中。

（2）输入如图 4.93 所示的内容。

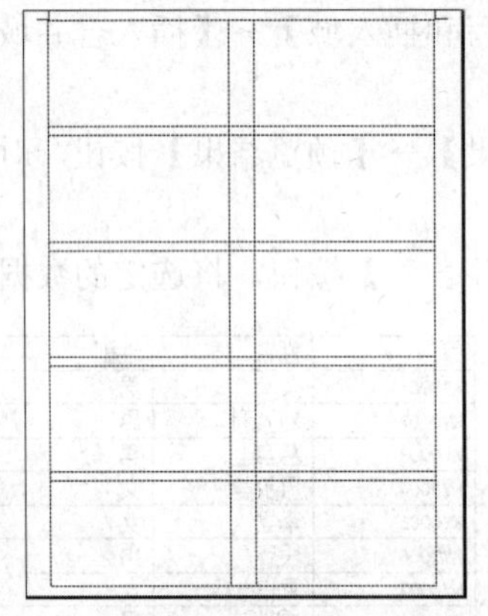

图 4.92 将主文档类型设置为标签后的页面

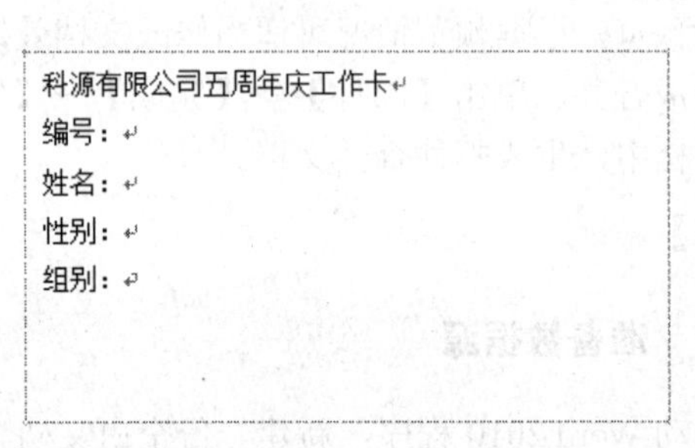

图 4.93 输入工作卡内容

（3）添加“照片”框。

① 单击【插入】→【插图】→【形状】按钮，从打开的形状列表中选择“矩形”工具。

② 按住鼠标左键不放，在工作卡右侧拖拽出一个小矩形框，释放鼠标左键。

③ 选中矩形框，单击【绘图工具】→【格式】→【形状样式】→【形状填充】按钮，从打开的颜色列表中选择“白色，背景 1”作为照片框的填充颜色。

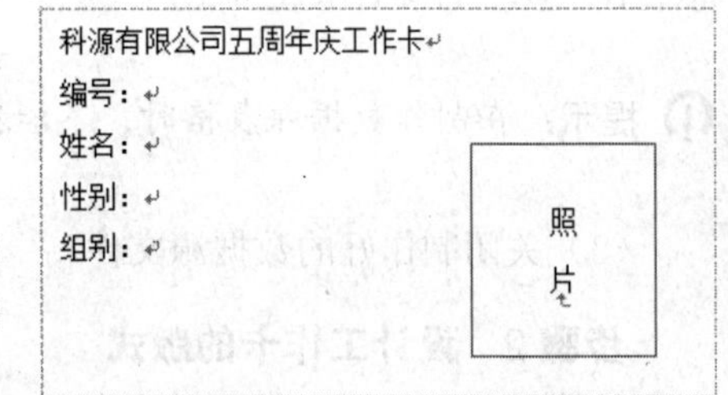

图 4.94 插入“照片”框

④ 用鼠标右键单击矩形，从弹出的快捷菜单中选择【编辑文字】命令，然后输入文字“照片”，设置文字颜色为黑色；单击【绘图工具】→【格式】→【文本】→【文字方向】按钮，将文字“照片”设置为竖排文字，如图 4.94 所示。

（4）设置工作卡的文字格式。设置“公司周年庆工作卡”格式为黑体、三号、居中、段前段后间距各 1 行。设置“编号”、“姓名”、“性别”和“部门”的格式为宋体、小四号、首行缩进 1.5 字符。

（5）为标签区域添加背景颜色。

① 在标签区域中绘制一个高 5.08 厘米、宽 8.89 厘米的大矩形，并为矩形填充“ 色”底纹。

② 将绘制好的大矩形移至标签区域，使其与标签区域重叠。

③ 选中大矩形后，单击【绘图工具】→【格式】→【排列】→【自动换行】按钮，打开如图

4.95 所示的下拉列表，选择【 于文字下方】环绕方式，形成如图 4.96 所示的标签效果。

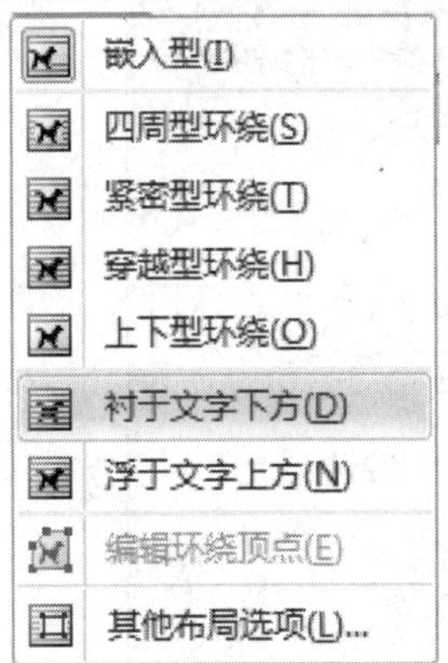

图 4.95 “文字环绕”方式下拉列表

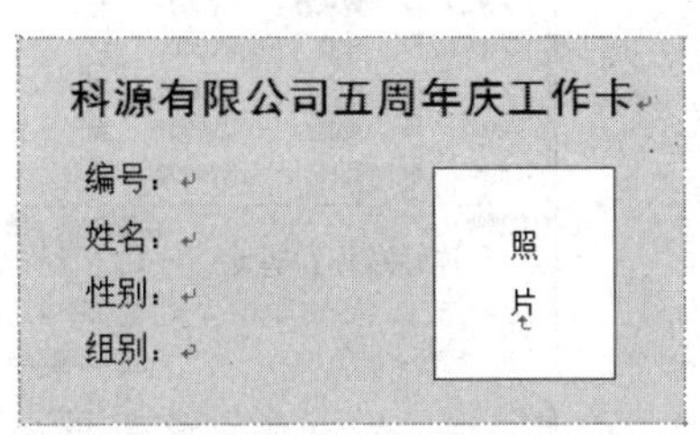

图 4.96 添加黄色矩形框后的标签效果

4. 保存工作

保存制作好的工作卡版式。

步骤 3 邮件合并

（1）打开数据源。

① 单击【邮件】→【开始邮件合并】→【选择收件人】按钮，从打开的下拉菜单中选择【使用现有列表】命令，打开如图 4.97 所示的“选取数据源”对话框。

② 选取保存在“D：\科源有限公司\五周年庆典”文件夹中的“公司周年庆工作人员信息表”作为邮件合并的数据源。

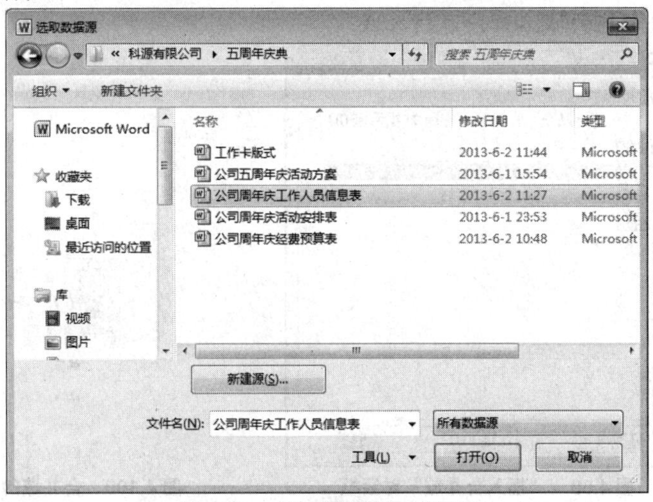

图 4.97 “选取数据源”对话框

③ 单击【打开】按钮，建立起主文档“工作卡版式”和数据源“公司周年庆工作人员信息表”的连接。

提示： 如果进行邮件合并时，只需要部分学员的数据记录，可单击【邮件】→【开始邮件合并】→【编辑收件人列表】按钮，打开如图 4.98 所示的“邮件合并收件人”对话框，对收件人进行筛选或排序等编辑操作。

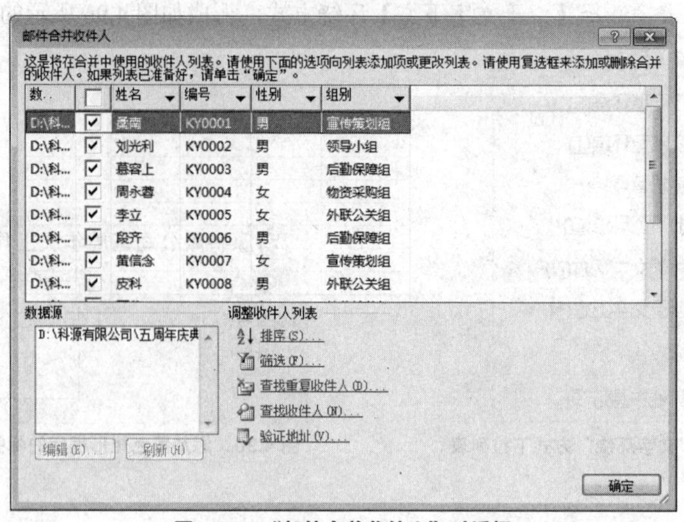

图 4.98 "邮件合并收件人"对话框

（2）插入合并域。

① 将光标定位于标签区域的"编号："之后，单击【邮件】→【编写和插入域】→【插入合并域】按钮，打开如图 4.99 所示的"插入合并域"对话框。

② 在"域"列表中选择与标签区域中对应的域名称"编号"，单击【插入】按钮，将"编号"域插入标签区域中。

提示： 如果单击【插入合并域】的下拉按钮，可直接打开如图 4.100 所示的合并域的下拉列表，直接单击相应的域名可快速插入域。

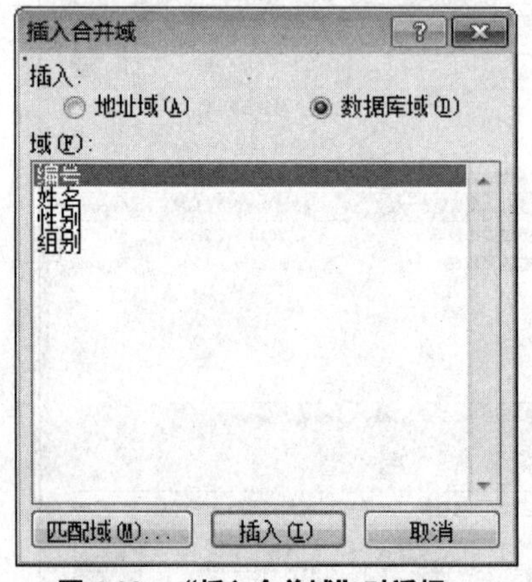

图 4.99 "插入合并域"对话框

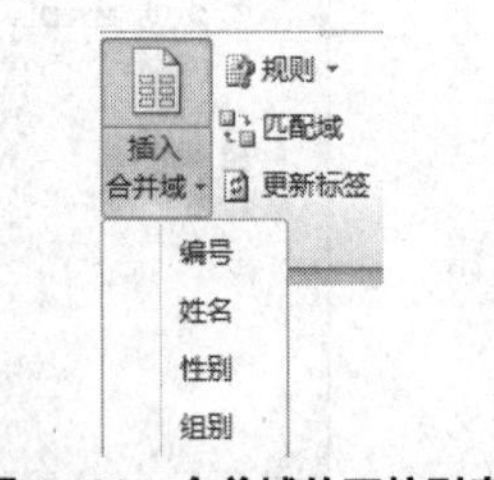

图 4.100 合并域的下拉列表

③ 类似操作，分别将"姓名"、"性别"和"组别"域插入到标签区域对应位置中，如图 4.101 所示。

步骤 4 预览合并效果

（1）单击【邮件】→【预览结果】 →【预览结果】按钮，可以看到域名称已变成了实际的工作人员信息，如图 4.102 所示。

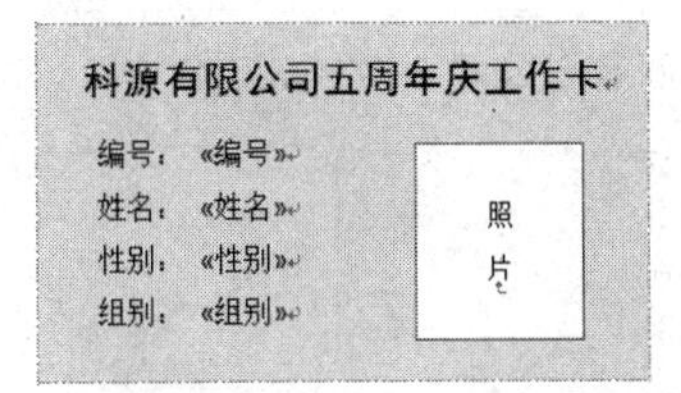

图 4.101　插入合并域的标签

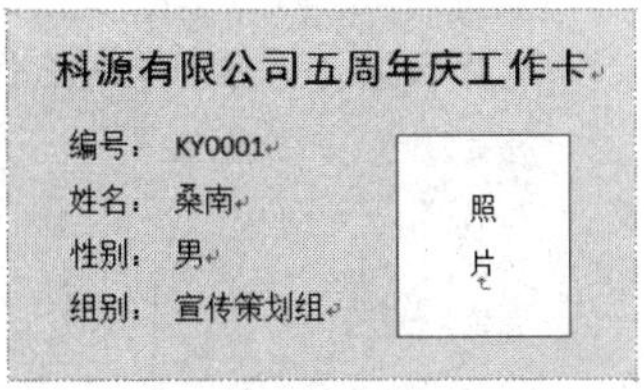

图 4.102　工作卡合并域后的预览效果

（2）单击【预览结果】中的记录浏览按钮  ，可预览其他工作卡的效果。

步骤 5　更新标签

在对标签类型的邮件合并文档进行预览时，我们看到只有一张标签有内容，如图 4.103 所示。接下来，我们更新其他学员的标签。

单击【邮件】→【编写和插入域】→【更新标签】按钮，生成如图 4.104 所示的多张标签。

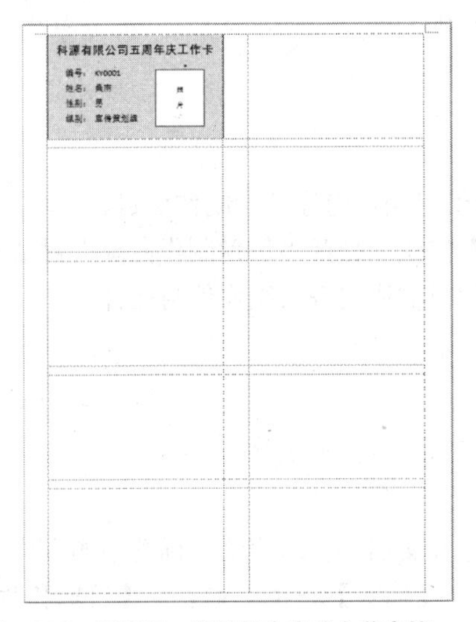

图 4.103　仅显示一张标签内容的合并文档

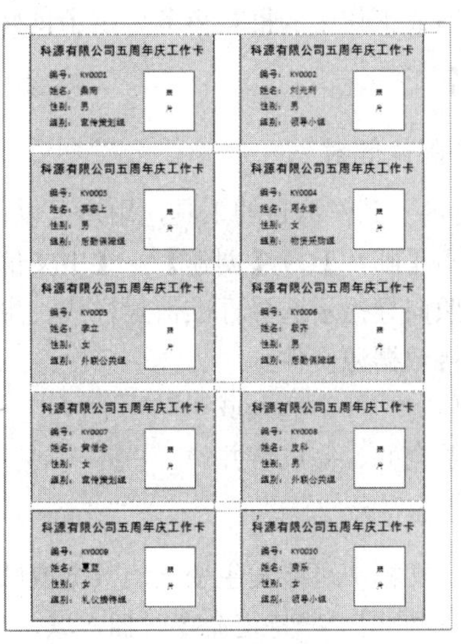

图 4.104　更新标签后的效果图

步骤 6　完成合并

图 4.104 所显示的多张工作卡仅为预览效果下文档，接下来通过完成合并操作后可生成合并后的文档或打印文档。

（1）单击【邮件】→【完成】→【完成并合并】按钮，从下拉菜单中选择【编辑个人文档】命令，打开如图 4.105 所示的“合并到新文档”对话框。

（2）选择【全部】选项后，单击【确定】按钮，生成新文档“标签 1”。

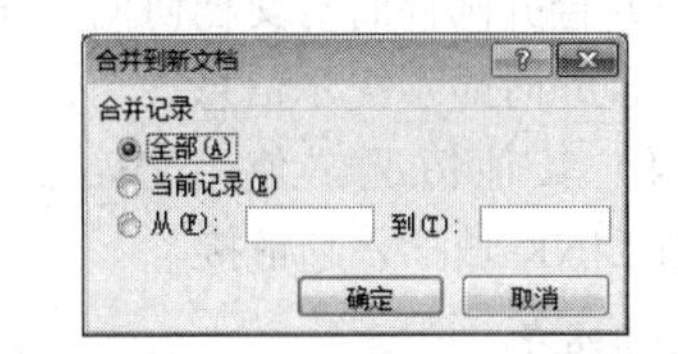

图 4.105　“合并到新文档”对话框

提示：根据设置的标签尺寸，在一张 A4 纸上有 10 张标签，由于学员信息表中的记录数为 12 条，因此，合并后的新文档会有两页，在第 2 页中，将会产生一些空白标签，如图 4.106 所示。这些标签也可作为临时备用。

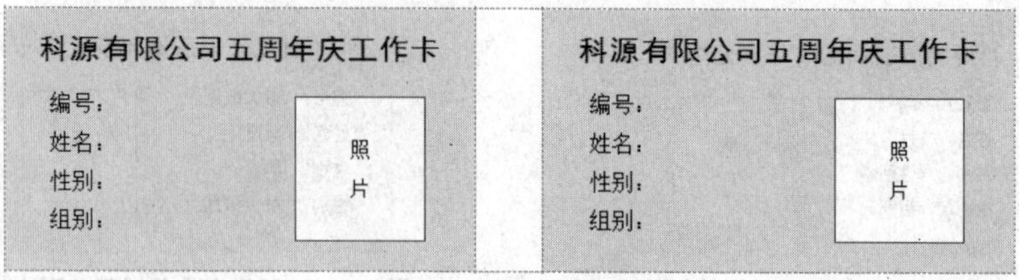

科源有限公司五周年庆工作卡

编号：
姓名：
性别：
组别：

照片

科源有限公司五周年庆工作卡

编号：
姓名：
性别：
组别：

照片

图 4.106　产生的空白标签

（3）将合并后生成的新文档以“公司周年庆工作卡”为名保存在“D：\科源有限公司\五周年庆典”文件夹中。

【任务总结】

本任务通过制作“公司周年庆工作卡”，介绍了使用 Word 邮件合并功能制作邮件合并文档、制作邮件合并数据源、在信函中插入合并域以及邮件合并的操作。此外，通过制作“工作卡版式”文档的操作，掌握了在插入形状、编辑和修饰形状的方法及技能。学会邮件合并的操作，为我们日后处理学习或工作中的批量事务 定了良好的基础。

【知识拓展】

1. 制作邮件信封

Word 提供了制作信封的工具，用户可以使用信封制作向导批量制作信封。

（1）单击【邮件】→【创建】→【中文信封】按钮，打开“信封制作向导”对话框。

（2）按照向导提示选择标准信封样式、生成信封的格式等来制作信封文件。

（3）连接数据源文件。

（4）向信封文件中插入域。

（5）预览合并、完成合并。

2. 域

域相当于文档中可能发生变化的数据或邮件合并文档中套用信函、标签中的占位符。

Word 可在使用一些特定命令时插入域，如单击【插入】→【文本】→【日期和时间】按钮；也可单击【插入】→【文本】→【文档部件】→【域】命令手动插入域。

域的一般用法：可以在任何需要的地方插入域。

（1）显示文档信息，如作者姓名、文件大小或页数等。若要显示这些信息，可使用 AUTHOR、FILESIZE、NUMPAGES 或 DOCPROPERTY 域。

（2）进行加、减或其他计算。使用 =(Formula) 域进行该操作。

（3）合并邮件时与文档协同工作。如插入 ASK 和 FILL-IN 域，可在 Word 将每条数据记录与主文档合并时显示提示信息。

（4）其他情况。使用 Word 提供的命令和选项可更方便地添加所需信息，如可使用 HYPERLINK 域插入超链接。

【实践训练】

利用邮件合并，制作“第六届科技文化艺术节 状”，效果如图 4.107 所示。

荣誉证书
陆雨欣 同学：
在第六届科技文化艺术节“书法作品比赛”中荣获
一等奖
荣誉证书
王雨海 同学：
在第六届科技文化艺术节“书法作品比赛”中荣获
二等奖
荣誉证书
刘科宇 同学：
在第六届科技文化艺术节“书法作品比赛”中荣获
三等奖
荣誉证书
张轩 同学：
在第六届科技文化艺术节“网页制作大赛”中荣获
一等奖

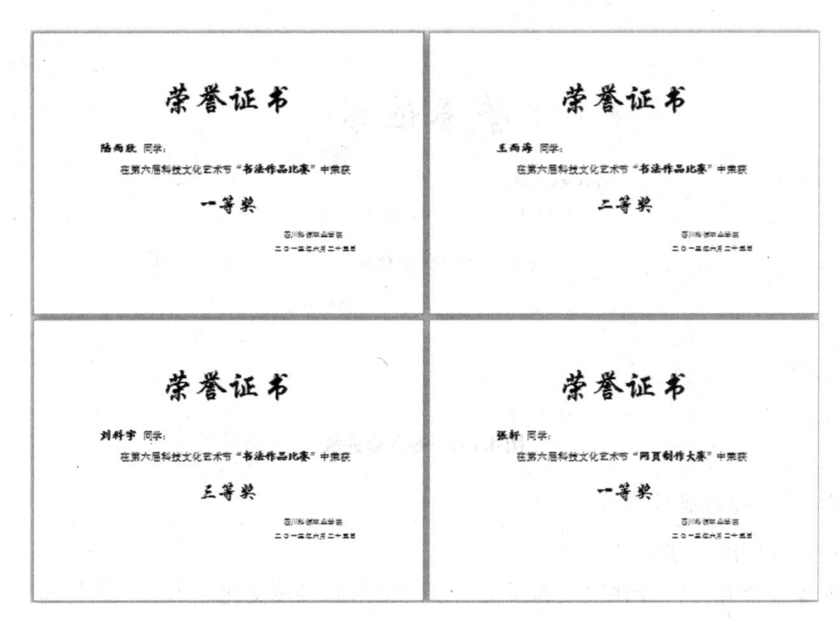

图 4.107　第六届科技文化艺术节奖状效果图

1. 准备“奖状”数据源

（1）新建 Word 文档，以“第六届科技文化艺术节获　信息表”为名保存在“D:\第六届科技文化艺术节\成绩”文件夹中。

（2）利用 Word 表格制作如图 4.108 所示的获　信息。

2. 设计“奖状”版式

（1）新建并保存文档。新建 Word 文档，并以“第六届科技文化艺术节　状版式”为名保存在“D:\第六届科技文化艺术节\成绩”文件夹中。

（2）设置页面。将页面的纸张大小设置为 A4，方向为横向，页边距上、下、左、右均为 5 厘米。

（3）编辑“　状”主文档，如图 4.109 所示。

姓名	奖项	奖励等级
陆雨欣	书法作品比赛	一等奖
王雨海	书法作品比赛	二等奖
刘科宇	书法作品比赛	三等奖
张轩	网页制作大赛	一等奖
李雯雯	网页制作大赛	二等奖
程启林	网页制作大赛	三等奖
陈媛	科技制作比赛	一等奖
刘俊杰	科技制作比赛	二等奖
孙宏宇	科技制作比赛	三等奖
陈芸芸	摄影作品比赛	一等奖
林依晨	摄影作品比赛	二等奖
费俊龙	摄影作品比赛	三等奖

图 4.108　获奖信息

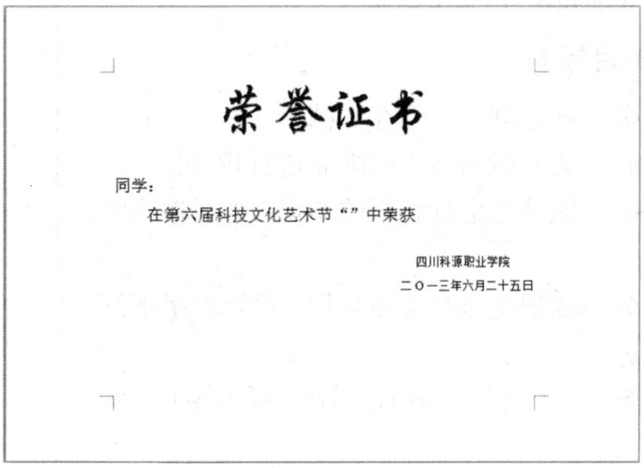
荣誉证书
同学：
在第六届科技文化艺术节“”中荣获
四川科源职业学院
二〇一三年六月二十五日

图 4.109　“奖状”版式

3. 向“奖状”主文档添加域

（1）在“　状”版式中插入合并域“姓名”、“　项”和“　　等级”。

（2）按图 4.110 所示，适当对插入的合并域进行格式设置。

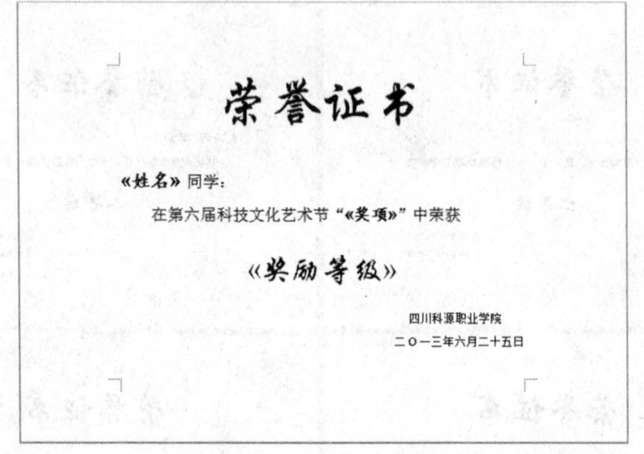

荣誉证书

«姓名» 同学：

在第六届科技文化艺术节"«奖项»"中荣获

«奖励等级»

四川科源职业学院

二〇一三年六月二十五日

图 4.110　插入合并域

4．预览合并，完成邮件合并

（1）预览合并后的　状文档。

（2）完成邮件合并。将合并生成的新文档以"第六届科技文化艺术节　状"为名保存在"D:\第六届科技文化艺术节\成绩"文件夹中。

任务 5　制作公司周年庆简报

【任务描述】

经过公司上下的共同　力，公司五周年庆典活动圆满落幕。负责公司周年庆活动宣传工作的宣传报道组以本次周年庆活动为背景，以"回顾与展望"为主题，制作了一份周年庆简报，简报效果如图 4.111 所示。

【任务目标】

◈　熟练创建、保存文档。

◈　会对报刊杂志的版面进行规划。

◈　能熟练进行版面的布局、页面格式的设置。

◈　能熟练进行文本分栏、设置首字下沉格式。

◈　能绘制 SmartArt 图形，插入图片，实现图文混排。

◈　能熟练使用文本框进行排版。

◈　熟练插入并编辑艺术字。

◈　熟悉页眉和页脚的添加。

◈　能熟练在文档中插入其他文件对象。

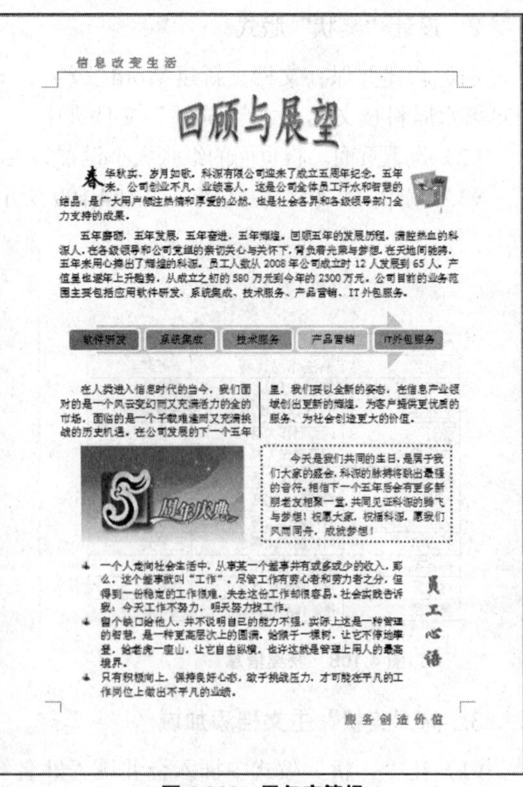

信息改变生活

回顾与展望

春华秋实，岁月如歌，科源有限公司迎来了成立五周年纪念。五年来，公司创业不凡、业绩喜人，这是公司全体员工汗水和智慧的结晶，是广大用户倾注热情和厚爱的必然，也是社会各界和各级领导部门全力支持的成果。

五年磨砺，五年发展，五年奋进，五年辉煌。回顾五年的发展历程，满腔热血的科源人，在各级领导和公司党组的亲切关心与关怀下，背负着光荣与梦想，在天地间驰骋，五年来用心描出了辉煌的科源。员工人数从 2008 年公司成立时 12 人发展到 65 人，产值呈也逐年上升趋势，从成立之初的 580 万元到今年的 2300 万元。公司目前的业务范围主要包括应用软件研发、系统集成、技术服务、产品营销、IT 外包服务。

在人类进入信息时代的当今，我们面对的是一个风云变幻而又充满活力的全的市场，面临的是一个千载难逢而又充满挑战的历史机遇。在公司发展的下一个五年里，我们要以全新的姿态，在信息产业领域创出更新的辉煌，为客户提供更优质的服务、为社会创造更大的价值。

今天是我们共同的生日，是属于我们大家的盛会，科源的脉搏将跳出最强的音符。相信下一个五年后会有更多新朋老友相聚一堂，共同见证科源的腾飞与梦想！祝愿大家，祝福科源，愿我们风雨同舟，成就梦想！

- 一个人走向社会生活中，从事某一个差事并有或多或少的收入，那么，这个差事就叫"工作"。尽管工作有劳心者和劳力者之分，但得到一份稳定的工作很难，失去这份工作却很容易，社会实践告诉我：今天工作不努力，明天努力找工作。
- 留个缺口给他人，并不说明自己的能力不强，实际上这是一种管理的智慧，是一种更高层次上的圆满。给猴子一棵树，让它不停地攀登，给老虎一座山，让它自由纵横，也许这就是管理上用人的最高境界。
- 只有积极向上，保持良好心态，敢于挑战压力，才可能在平凡的工作岗位上做出不平凡的业绩。

员工心语

服务创造价值

图 4.111　周年庆简报

【任务流程】

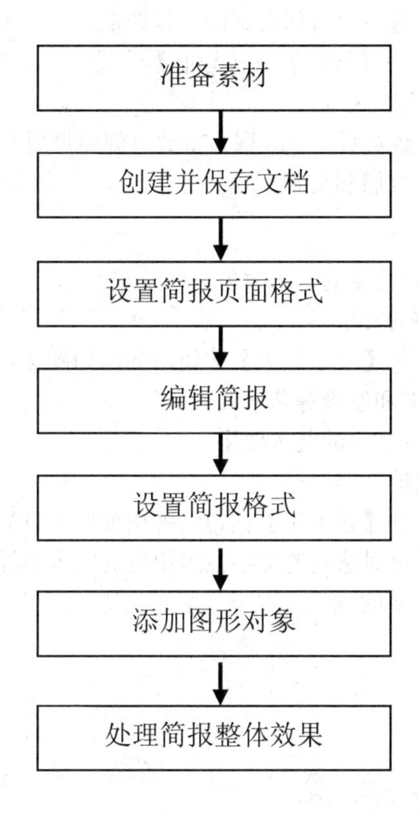

【任务解析】

1. 设置页眉和页脚

页眉可由文本或图形组成，出现在每页的顶端。页脚出现在每页的底端。页眉和页脚经常包括页码、章节标题、日期和作者姓名。

（1）创建每页都相同的页眉和页脚。

① 单击【插入】→【页眉和页脚】→【页眉】/【页脚】按钮，在打开的“页眉”/“页脚”列表中选择需要的样式，显示“页眉”/ “页脚”编辑区。

② 若先创建页眉，再创建页脚。则先在页眉区域中输入文本和图形后，单击【页眉和页脚工具】→【设计】→【导航】→【转至页脚】按钮，光标跳转至页脚区中，可编辑页脚。

③ 若先创建页脚，再创建页眉。则先在页脚区域中输入文本和图形后，单击【页眉和页脚工具】→【设计】→【导航】→【转至页眉】按钮，光标跳转至页眉区中，可编辑页眉。

④ 设置完毕，单击【页眉和页脚工具】→【设计】→【关闭】→【关闭页眉和页脚】按钮。

（2）为奇偶页创建不同的页眉或页脚。

① 单击【插入】→【页眉和页脚】→【页眉】/【页脚】按钮，在打开的“页眉”/“页脚”列表中选择需要的样式，显示“页眉”/ “页脚”编辑区。

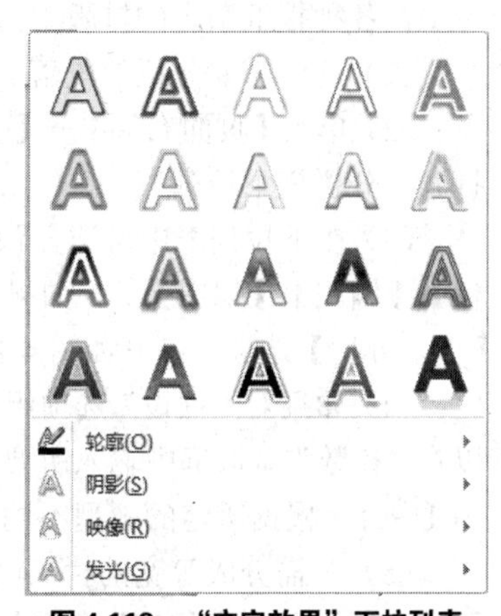

图 4.112 “文字效果”下拉列表

② 选中【页眉和页脚工具】→【设计】→【选项】→【奇偶页不同】复选框。

③ 切换到“版式”选项卡，选中“奇偶页不同”复选框，然后单击【确定】按钮。

④ 单击【页眉和页脚工具】→【设计】→【导航】→【上一节】/【下一节】按钮，将光标移动到奇数页或偶数页的页眉或页脚区域。

⑤ 在“奇数页页眉”或“奇数页页脚”区域为奇数页创建页眉和页脚；在“偶数页页眉”或“偶数页页脚”区域为偶数页创建页眉和页脚。

2. 制作艺术字

（1）在【开始】选项卡中设置文字的艺术效果。

① 选中需要设置艺术字效果的文字。

② 单击【开始】→【字体】→【文字效果】按钮，弹出如图 4.112 所示的下拉列表中，可选择字体的颜色、轮 、阴影、映像和发光等艺术效果。

（2）在【插入】选项卡中设置文字的艺术效果。

① 选中需要设置艺术字效果的文字。

② 单击【插入】→【文本】→【艺术字】按钮，弹出如图 4.113 所示的艺术字样式列表。

③ 选择一种艺术字样式后，可对选定的文字应用相应的艺术字样式。可利用【绘图工具】→【格式】选项卡中的选项，设置文字的颜色、大小、填充、轮 、形状等，如图 4.114 所示。

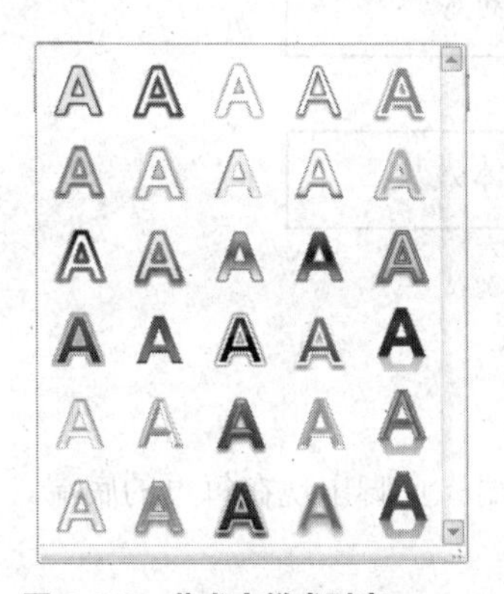

图 4.113 艺术字样式列表

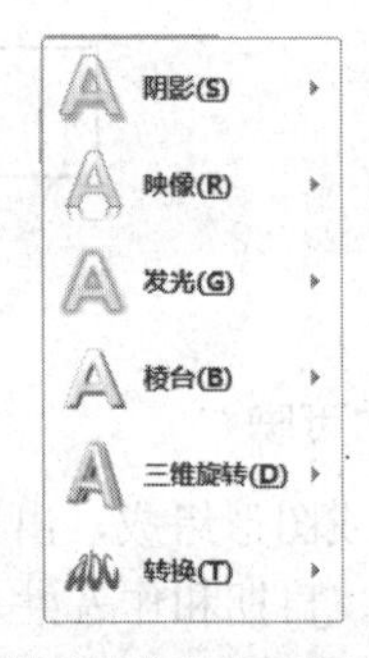

图 4.114 设置艺术字文字效果下拉菜单

3. 分栏

在各种报纸杂志的排版中，分栏版面随处可见。在 Word 中，分栏可按以下操作进行。

（1）选中需要分栏的段落。

（2）单击【页面布局】→【页面设置】→【分栏】按钮，打开“分栏”下拉列表。

（3）在下拉列表中可选择预设的【一栏】、【两栏】、【三栏】、【偏左】、【偏右】等，如果需要其他分栏设置，可选择【更多分栏】选项，打开如图 4.115 所示的“分栏”对话框。

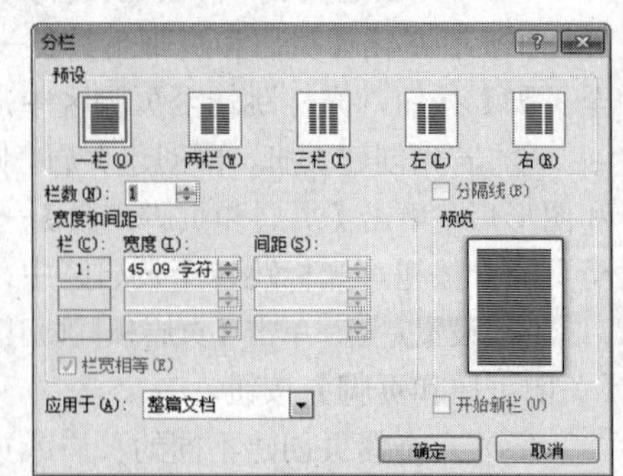

图 4.115 “分栏”对话框

（4）如果对“预设”选项组中的分栏格式不太满意，可以在“栏数”微调框中输入所要分隔的栏数。微调框中数值为 1～11（根据所定的版型不同而有所不同）。

（5）若需分成等宽的栏，则选中“栏宽相等”复选框；否则，取消“栏宽相等”复选框，并可在“宽度和间距”中设置各栏的栏宽和间距。

（6）选中“分隔线”复选框，可在各栏之间设置分隔线。

（7）在“应用于”下拉列表框中选择分栏的范围，可以是“本节”、“整篇文档”或者是“插入点之后”。

（8）单击【确定】按钮。

4．设置首字下沉

（1）将光标定位于需要设置首字下沉的段落中。

（2）单击【插入】→【文本】→【首字下沉】按钮，从列表中选择【下沉】或【首字下沉选项】可进行首字下沉设置。

5．插入图片、剪贴画、SmartArt 图形

图片、图形是实现图文排版的重要元素。在 Word 2010 中，用户可以使用文件中的图片、剪贴画、自绘形状以及 SmartArt 图形等来编辑图文并茂的文档。

（1）插入图片。

① 将光标定位于要插入图片的位置。

② 单击【插入】→【插图】→【图片】按钮，打开如图 4.116 所示的“插入图片”对话框，在“查找范围”下拉列表中选择图片所在的位置，选中所需的图片，单击【确定】按钮，可将选中的图片插入到文档中。

（2）插入剪贴画。

① 将光标定位于要插入图片的位置。

② 单击【插入】→【插图】→【剪贴画】按钮，在窗口右侧打开如图 4.117 所示的“剪贴画”任务窗格，在“搜索文字”文本框中输入要查找图片的关键字，单击【搜索】按钮，可搜索剪贴画图片，单击需要的剪贴画图片将其插入到文档中。

图 4.116 “插入图片”对话框

图 4.117 “剪贴画”任务窗格

（3）插入 SmartArt 图形。

① 将光标定位于要插入图片的位置。

② 单击【插入】→【插图】→【SmartArt】按钮，打开如图 4.118 所示的“选择 SmartArt 图形”对话框，在左侧的列表框中选择 SmartArt 图形的类型，然后在中间的列表框中选择需要的图形，右侧预览区中可显示示例效果，单击【确定】按钮，可在文档中应用选中的 SmartArt 图形，进一步编辑图形即可完成图形制作。

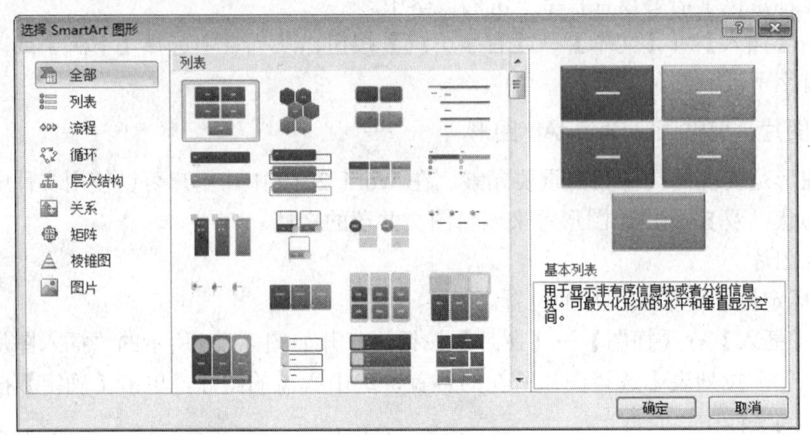

图 4.118　“选择 SmartArt 图形”对话框

6. 设置图片格式

在 Word 图文排版中，要设置插入的图片格式操作方法如下。

（1）双击要编辑的图片，显示如图 4.119 所示的【图片工具】选项卡，可利用相应的工具对图片进行编辑和修饰。

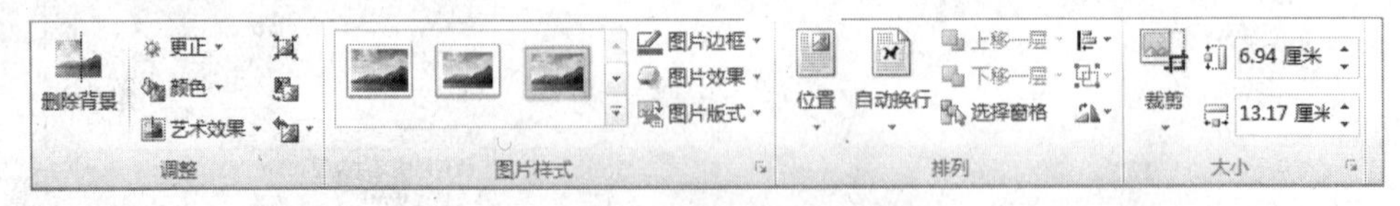

图 4.119　【图片工具】选项卡

（2）选中图片，用鼠标右键单击图片，从弹出的快捷菜单中选择【设置图片格式】命令，打开如图 4.120 所示的“设置图片格式”对话框，可对图片进行编辑和效果设置。

图 4.120　“设置图片格式”对话框

【任务实施】

步骤 1　准备素材

（1）收集“简报”制作中需要用到的“周年庆典”照片，将其保存在“D:\科源有限公司\五周年庆典\素材”文件夹中。

（2）收集整理员工撰写的“员工心语”Word 文档，将其保存在“D:\科源有限公司\五周年庆典\素材”文件夹中。

步骤 2　创建并保存文档

（1）启动 Word 2010 程序，新建一份空白文档。

（2）将创建的新文档以“周年庆简报”为名保存到“D:\科源有限公司\五周年庆典”文件夹中。

步骤 3　设置简报页面格式

（1）设置页面设置。

① 单击【页面布局】→【页面设置】→【纸张大小】按钮，将纸张大小设置为 A4。

② 单击【页面布局】→【页面设置】→【纸张方向】按钮，设置纸张方向为“纵向”。

③ 单击【页面布局】→【页面设置】→【页边距】按钮，选择【自定义边距】命令，打开“页面设置”对话框，设置页边距上、下边距为 2.8 厘米，左、右边距为 2.5 厘米。

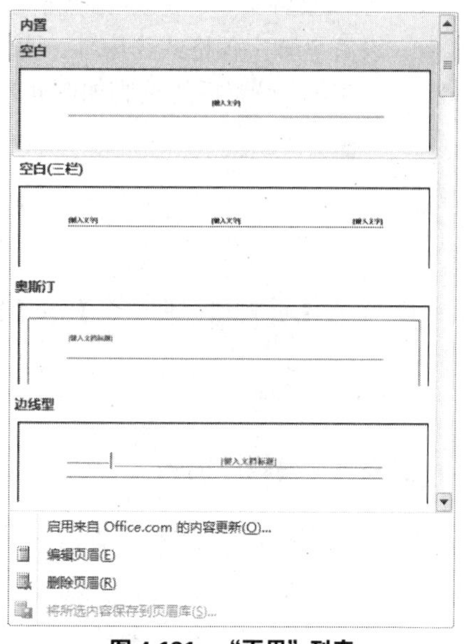

图 4.121　“页眉”列表

（2）添加页眉和页脚。

① 单击【插入】→【页眉和页脚】→【页眉】按钮，打开如图 4.121 所示的“页眉”列表。

② 从“内置”列表中选择需要的样式“空白”，在文档页面上显示如图 4.122 所示的“页眉”编辑区。

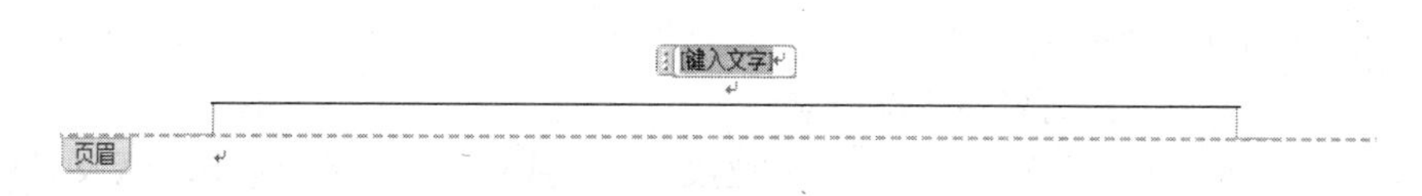

图 4.122　“页眉”编辑区

③ 编辑页眉。

a．在页眉区“键入文字”占位符中输入文字“信息改变生活”。

b．选中文字，设置页眉字体格式为宋体、四号、加粗、深蓝色。

c．单击【开始】→【字体】按钮，打开“字体”对话框，切换到“高级”选项卡，在“字符间距”栏中设置字符间距为加宽 3 磅。

d．设置段落格式为首行缩进 1 字符、两端对齐。设置完成后的页眉如图 4.123 所示。

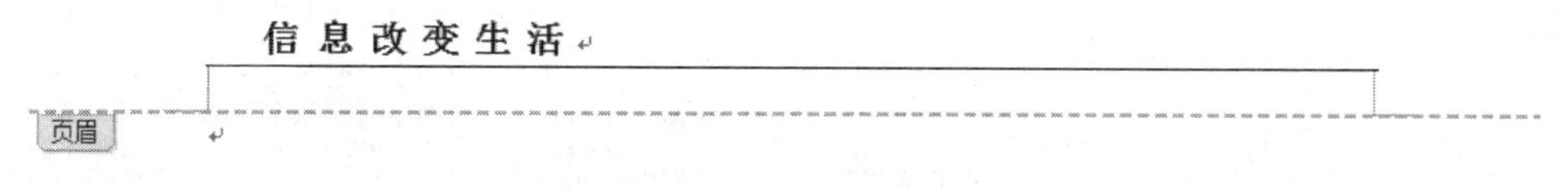

图 4.123　设置的页眉效果

④ 编辑页脚。

a．单击【页眉和页脚工具】→【设计】→【导航】→【转至页脚】按钮，光标跳转至页脚区中，可编辑页脚。

b．录入页脚文字“服务创造价值”。

c．设置页脚字体格式为宋体、四号、加粗、深蓝色，字符间距为加宽 3 磅，段落为右缩进 0.5 厘米、右对齐。设置后的页脚如图 4.124 所示。

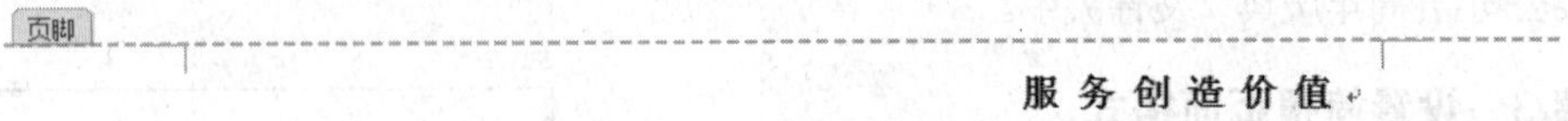

服务创造价值

图 4.124　设置的页脚效果

⑤ 单击【页眉和页脚工具】→【设计】→【关闭】→【关闭页眉和页脚】按钮，返回到正文编辑状态。

（3）保存文档。

步骤 4　编辑“简报”

（1）按照图 4.125 所示，录入“简报”的内容。

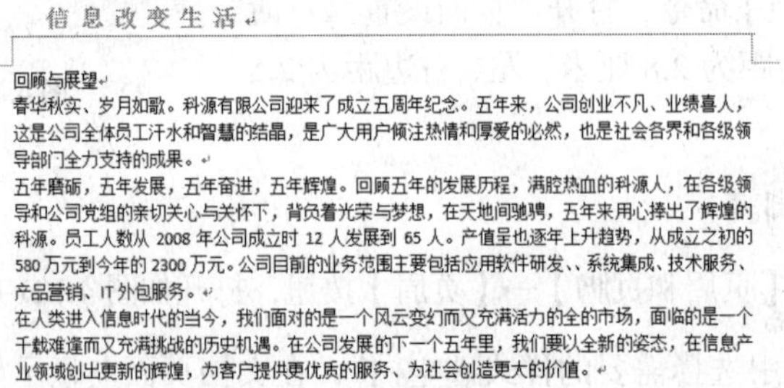

信息改变生活

回顾与展望

春华秋实、岁月如歌。科源有限公司迎来了成立五周年纪念。五年来，公司创业不凡、业绩喜人，这是公司全体员工汗水和智慧的结晶，是广大用户倾注热情和厚爱的必然，也是社会各界和各级领导部门全力支持的成果。

五年磨砺，五年发展，五年奋进，五年辉煌。回顾五年的发展历程，满腔热血的科源人，在各级领导和公司党组的亲切关心与关怀下，背负着光荣与梦想，在天地间驰骋，五年来用心捧出了辉煌的科源。员工人数从 2008 年公司成立时 12 人发展到 65 人。产值呈也逐年上升趋势，从成立之初的 580 万元到今年的 2300 万元。公司目前的业务范围主要包括应用软件研发、、系统集成、技术服务、产品营销、IT 外包服务。

在人类进入信息时代的当今，我们面对的是一个风云变幻而又充满活力的全的市场，面临的是一个千载难逢而又充满挑战的历史机遇。在公司发展的下一个五年里，我们要以全新的姿态，在信息产业领域创出更新的辉煌，为客户提供更优质的服务、为社会创造更大的价值。

图 4.125　“简报”的内容

（2）插入“员工心语”文件内容。

① 在“简报”内容的最后新建一个段落。

② 单击【插入】→【文本】→【对象】下拉按钮，从打开的下拉菜单中选择【文件中的文字】命令，打开“插入文件”对话框。

③ 从“搜索范围”中找到文档的存放位置“D：\科源有限公司\五周年庆典\素材”文件夹，选中“员工心语”文档，如图 4.126 所示。

④ 单击【插入】按钮，将“员工心语”文档内容插入到“简报”中，如图 4.127 所示。

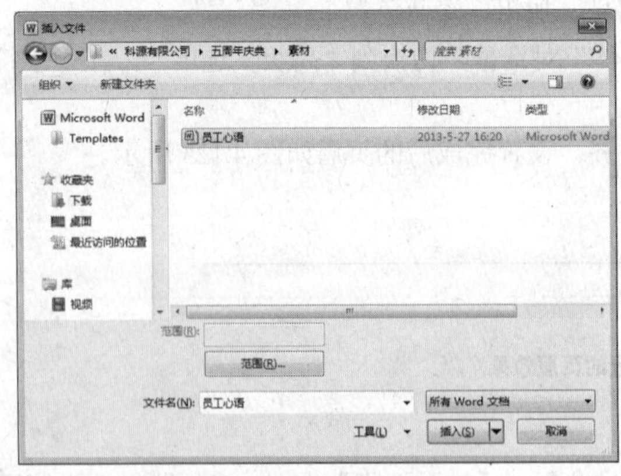

图 4.126　“插入文件”对话框

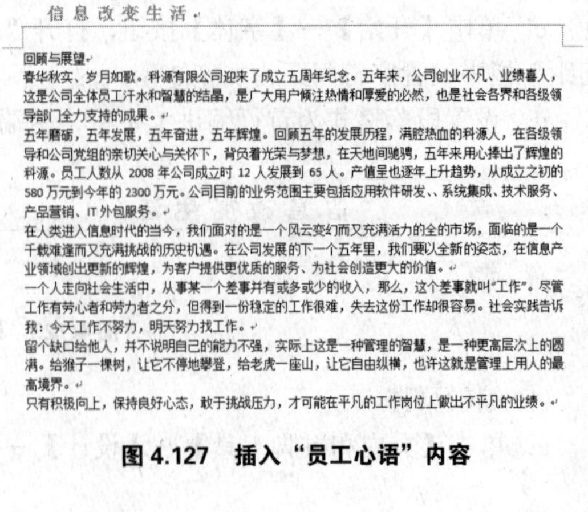

信息改变生活

回顾与展望

春华秋实、岁月如歌。科源有限公司迎来了成立五周年纪念。五年来，公司创业不凡、业绩喜人，这是公司全体员工汗水和智慧的结晶，是广大用户倾注热情和厚爱的必然，也是社会各界和各级领导部门全力支持的成果。

五年磨砺，五年发展，五年奋进，五年辉煌。回顾五年的发展历程，满腔热血的科源人，在各级领导和公司党组的亲切关心与关怀下，背负着光荣与梦想，在天地间驰骋，五年来用心捧出了辉煌的科源。员工人数从 2008 年公司成立时 12 人发展到 65 人。产值呈也逐年上升趋势，从成立之初的 580 万元到今年的 2300 万元。公司目前的业务范围主要包括应用软件研发、、系统集成、技术服务、产品营销、IT 外包服务。

在人类进入信息时代的当今，我们面对的是一个风云变幻而又充满活力的全的市场，面临的是一个千载难逢而又充满挑战的历史机遇。在公司发展的下一个五年里，我们要以全新的姿态，在信息产业领域创出更新的辉煌，为客户提供更优质的服务、为社会创造更大的价值。

一个人走向社会生活中，从事某一个差事并有或多或少的收入，那么，这个差事就叫“工作”。尽管工作有劳心者和劳力者之分，但得到一份稳定的工作很难，失去这份工作却很容易。社会实践告诉我：今天工作不努力，明天努力找工作。

留个缺口给他人，并不说明自己的能力不强，实际上这是一种管理的智慧，是一种更高层次上的圆满。给猴子一棵树，让它不停地攀登，给老虎一座山，让它自由纵横，也许这就是管理上用人的最高境界。

只有积极向上，保持良好心态，敢于挑战压力，才可能在平凡的工作岗位上做出不平凡的业绩。

图 4.127　插入“员工心语”内容

（3）保存文档。

步骤 5　设置“简报”格式

1. 制作艺术字标题

（1）选中标题文字“回顾与展望”。

（2）单击【插入】→【文本】→【艺术字】按钮，从打开“艺术字”样式列表中选择第 1 行第 4 列的样式“填充 -白色，轮　 - 强调文字颜色 1”，选中的文字应用了所选的艺术字样式，如图 4.128 所示。

图 4.128　标题应用艺术字样式的效果

（3）设置艺术字字体为“楷体”。

（4）单击【绘图工具】→【格式】→【艺术字样式】→【文字填充】按钮，打开如图 4.129 所示的“文字填充”下拉列表，选择【　变】→【其他　变】命令，打开如图 4.130 所示的“设置文本效果格式”对话框。

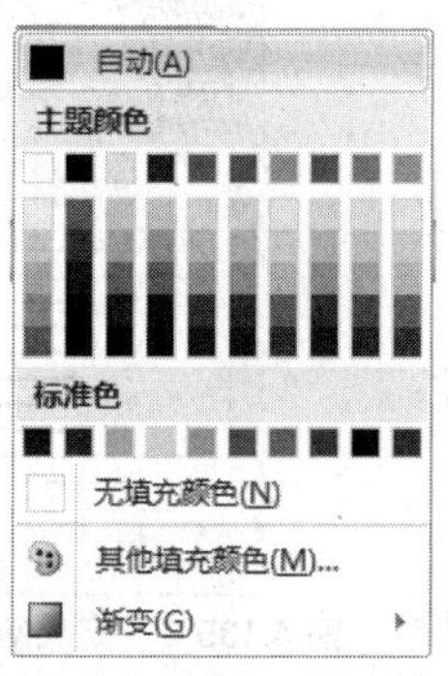

图 4.129　“文字填充”下拉列表

图 4.130　“设置文本效果格式”对话框

（5）从左侧的列表中选择“文字填充”，在右侧列表框中选择【　变填充】，设置预设颜色为“　　出　”、类型为“线性”、方向为“线性向上”，其他为默认值，如图 4.131 所示。

（6）单击【绘图工具】→【格式】→【艺术字样式】→【文字效果】按钮，打开“文字效果”下拉菜单，选择【转换】命令，打开如图 4.132 所示的“转换”列表。

图 4.131　设置文字填充为预设“彩虹出岫”

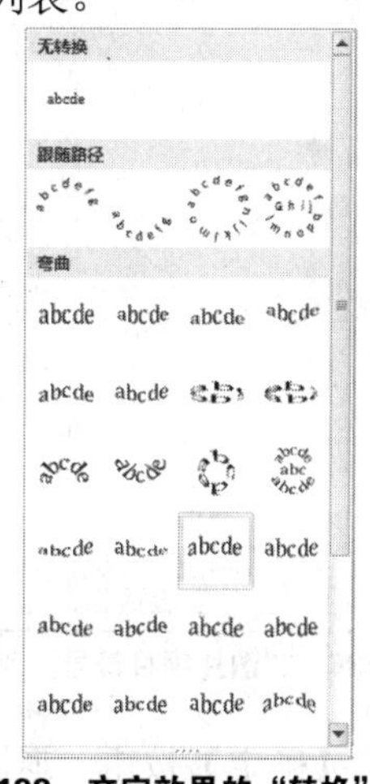

图 4.132　文字效果的“转换”列表

项目四　图文排版

（7）选择“弯曲”中的“两端近”效果。

（8）单击【绘图工具】→【格式】→【排列】→【自动换行】按钮，打开如图 4.133 所示的“文字环绕”列表，选择“ 入型”。

（9）选中艺术字标题所在的行，将其设置为水平居中，效果如图 4.134 所示。

嵌入型(I)
四周型环绕(S)
紧密型环绕(T)
穿越型环绕(H)
上下型环绕(O)
衬于文字下方(D)
浮于文字上方(N)
编辑环绕顶点(E)
其他布局选项(L)...

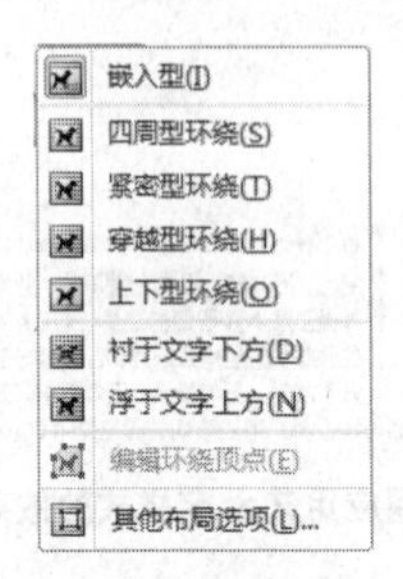

图 4.133 “文字环绕”列表

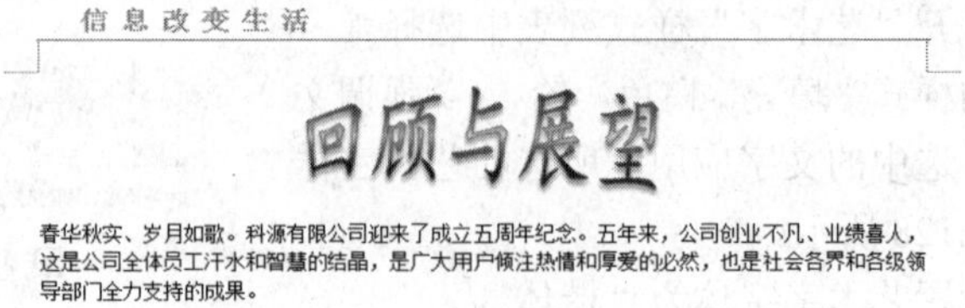

信息改变生活
回顾与展望
春华秋实、岁月如歌。科源有限公司迎来了成立五周年纪念。五年来，公司创业不凡、业绩喜人，这是公司全体员工汗水和智慧的结晶，是广大用户倾注热情和厚爱的必然，也是社会各界和各级领导部门全力支持的成果。

图 4.134 设置好的艺术字标题效果

2. 设置正文的字体和段落格式

（1）将正文部分的文字设置为宋体、小四号。

（2）设置段落格式。

① 将正文部分的段落格式设置为首行缩进两个字符。

② 将正文前 3 段设置为段前、段后均为 0.5 行的段落间距、第 4 段为段前 0.5 行间距。

（3）为正文第 4、5、6 段的“员工心语”文本添加项目编号。

① 选中正文第 4、5、6 段。

② 单击【开始】→【段落】→【项目符号】下拉按钮，从打开的列表中选择【定义新项目符号】命令，打开如图 4.135 所示的“定义新项目符号”对话框。

定义新项目符号
项目符号字符
符号(S)...
图片(P)...
字体(F)...
对齐方式(M):
左对齐
预览
确定
取消

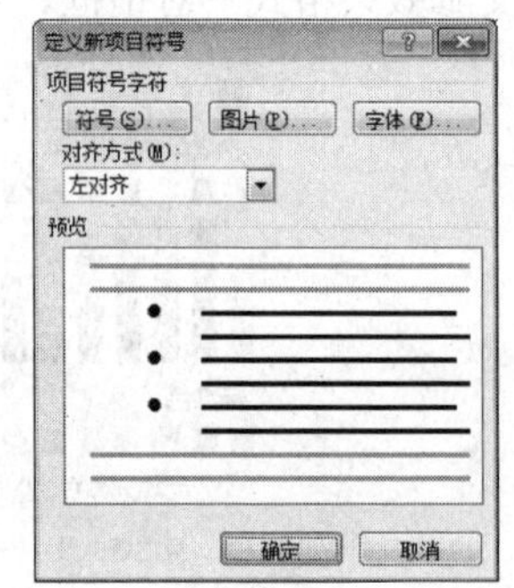

图 4.135 “定义新项目符号”对话框

③ 单击【图片】按钮，打开“图片项目符号”对话框，选择如图 4.136 所示的图片作为项目符号。

图片项目符号
搜索文字(T):
搜索(G)
包含来自 Office.com 的内容(O)
导入(I)...
确定
取消

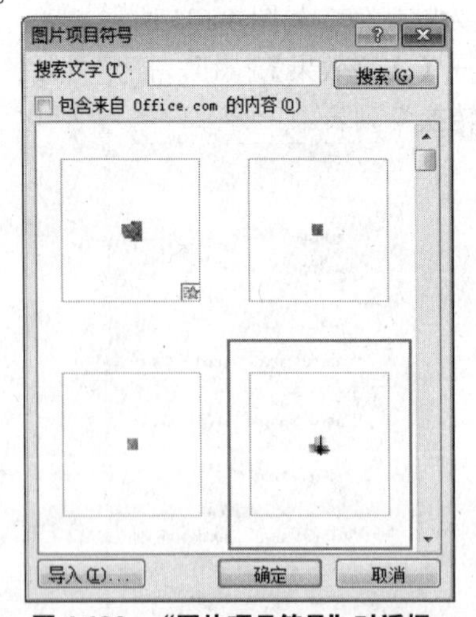

图 4.136 “图片项目符号”对话框

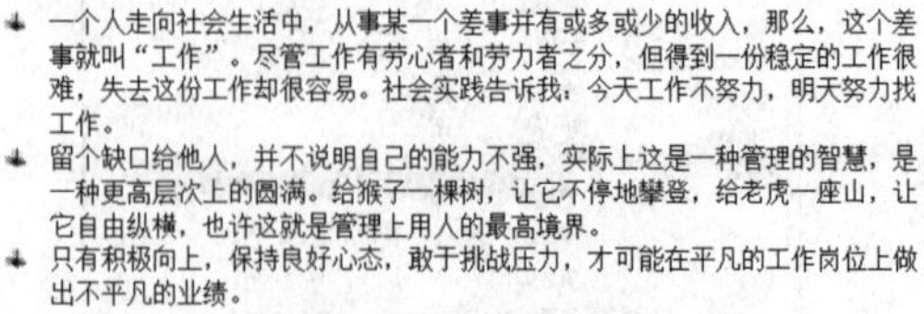

一个人走向社会生活中，从事某一个差事并有或多或少的收入，那么，这个差事就叫“工作”。尽管工作有劳心者和劳力者之分，但得到一份稳定的工作很难，失去这份工作却很容易。社会实践告诉我，今天工作不努力，明天努力找工作。
留个缺口给他人，并不说明自己的能力不强，实际上这是一种管理的智慧，是一种更高层次上的圆满。给猴子一棵树，让它不停地攀登，给老虎一座山，让它自由纵横，也许这就是管理上用人的最高境界。
只有积极向上，保持良好心态，敢于挑战压力，才可能在平凡的工作岗位上做出不平凡的业绩。

图 4.137 添加自定义的项目符号

④ 单击【确定】按钮，返回“定义新项目符号”对话框，再单击【确定】，为选中的段落添加所选的项目符号，如图 4.137 所示。

3. 设置正文第 1 段首字下沉

（1）将光标定位于正文第 1 段文字中。

（2）单击【插入】→【文本】→【首字下沉】按钮，从打开的列表中选择【首字下沉选项】命令，打开如图 4.138 所示的“首字下沉”对话框。

（3）设置“位置”为“下沉”，“字体”为“华文行楷”，“下沉行数”为“2”，其余不变，单击【确定】按钮。首字下沉效果如图 4.139 所示。

首字下沉
位置
无(N)
下沉(D)
悬挂(M)
选项
字体(F):
+中文正文
下沉行数(L): 3
距正文(X): 0 厘米
确定
取消

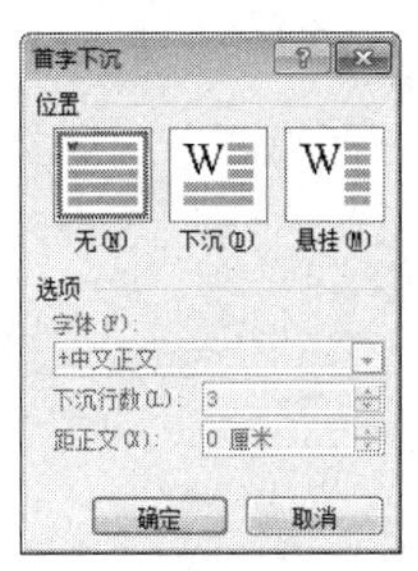

图 4.138 “首字下沉”对话框

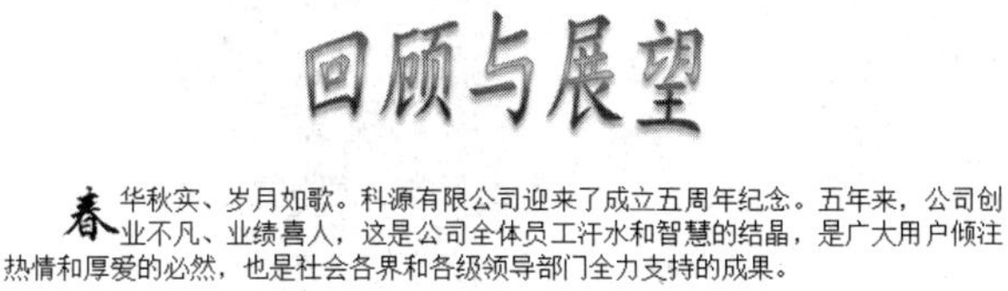

回顾与展望
春华秋实、岁月如歌。科源有限公司迎来了成立五周年纪念。五年来，公司创业不凡、业绩喜人，这是公司全体员工汗水和智慧的结晶，是广大用户倾注热情和厚爱的必然，也是社会各界和各级领导部门全力支持的成果。

图 4.139 首字下沉的效果

4. 设置分栏

（1）选中正文第 3 段文本。

（2）单击【页面布局】→【页面设置】→【分栏】按钮，打开“分栏”下拉列表，选择【更多分栏】选项，打开“分栏”对话框。

（3）在“预设”处单击【两栏】按钮，或“栏数”设置为“2”，即分为两栏，选中“分隔线”复选框，如图 4.140 所示。

（4）单击【确定】按钮，得到分栏的效果如图 4.141 所示。

分栏
预设
一栏(O)
两栏(W)
三栏(T)
左(L)
右(R)
栏数(N): 2
分隔线(B)
宽度和间距
预览
栏(C): 宽度(I): 间距(S):
1: 20.58 字符 2.02 字符
2: 20.58 字符
栏宽相等(E)
应用于(A): 所选节
开始新栏(U)
确定
取消

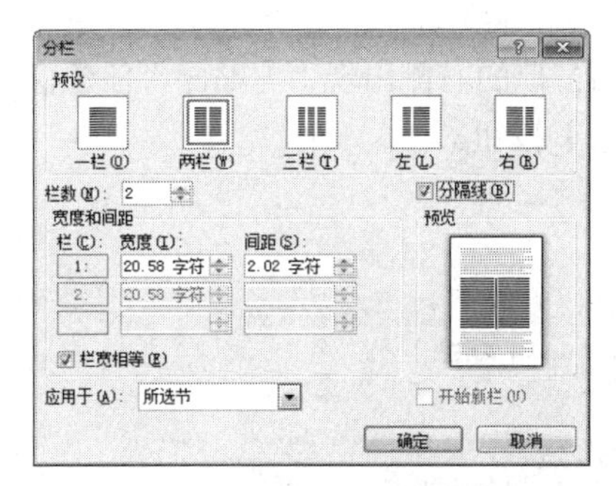

图 4.140 “分栏”对话框

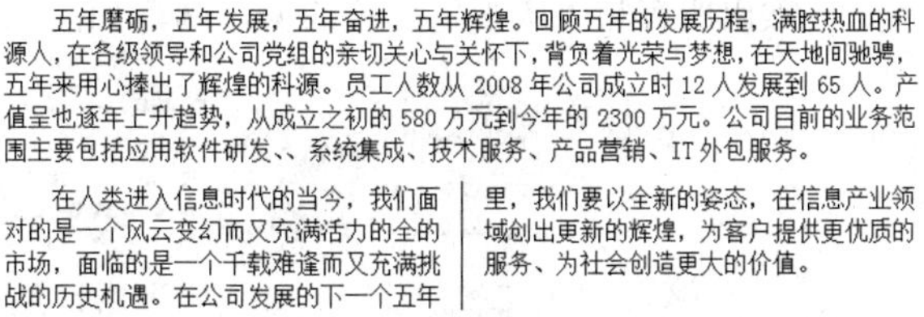

五年磨砺，五年发展，五年奋进，五年辉煌。回顾五年的发展历程，满腔热血的科源人，在各级领导和公司党组的亲切关心与关怀下，背负着光荣与梦想，在天地间驰骋，五年来用心捧出了辉煌的科源。员工人数从 2008 年公司成立时 12 人发展到 65 人。产值呈也逐年上升趋势，从成立之初的 580 万元到今年的 2300 万元。公司目前的业务范围主要包括应用软件研发、、系统集成、技术服务、产品营销、IT 外包服务。
在人类进入信息时代的当今，我们面对的是一个风云变幻而又充满活力的全的市场，面临的是一个千载难逢而又充满挑战的历史机遇。在公司发展的下一个五年里，我们要以全新的姿态，在信息产业领域创出更新的辉煌，为客户提供更优质的服务、为社会创造更大的价值。

图 4.141 分栏后的效果

提示： 如果文档进行分栏的段落是前面或中间的段落，一般分栏的结果都很正常，但如果是全文或包括最后 1 段要分栏，选择文本的时候，不能选中最后 1 个段落标记，否则，将出现图 4.142 所示的情况。

因此，选定最后 1 段之前，将光标移至文档最后，按【Enter】键，让最后 1 段后面再出现 1 个段落标记，这样操作以后，就可以用任何 1 种方式选定段落。当然，如果选择文本的拖动技巧使用灵活，或者会在选中了文本段落的基础上使用【Shift】+【←】组合键释放最后的，也可以实现只针对选中的文字在这部分文字空间分栏的效果。

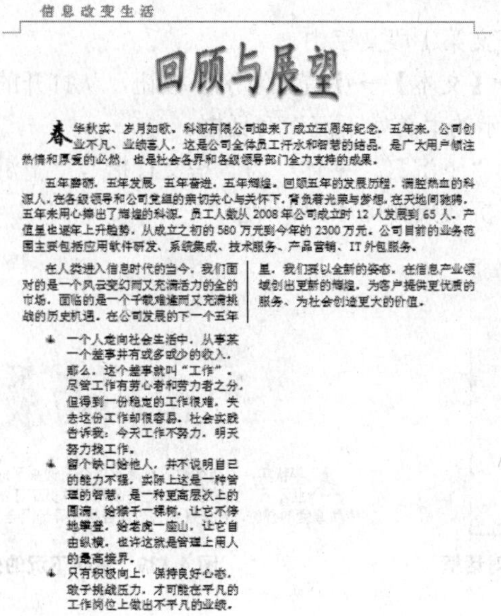

信 息 改 变 生 活

回顾与展望

春华秋实、岁月如歌。科源有限公司迎来了成立五周年纪念。五年来，公司创业不凡、业绩喜人，这是公司全体员工汗水和智慧的结晶，是广大用户倾注热情和厚爱的必然，也是社会各界和各级领导部门全力支持的成果。

五年磨砺，五年发展，五年奋进，五年辉煌。回顾五年的发展历程，满腔热血的科源人，在各级领导和公司党组的亲切关心与关怀下，背负着光荣与梦想，在天地间驰骋，五年来用心操出了辉煌的科源。员工人数从 2008 年公司成立时 12 人发展到 65 人，产值量也逐年上升趋势，从成立之初的 580 万元到今年的 2300 万元。公司目前的业务范围主要包括应用软件研发、系统集成、技术服务、产品营销、IT 外包服务。

在人类进入信息时代的当今，我们面对的是一个风云变幻而又充满活力的全的市场，面临的是一个千载难逢而又充满挑战的历史机遇。在公司发展的下一个五年里，我们要以全新的姿态，在信息产业领域创出更新的辉煌，为客户提供更优质的服务、为社会创造更大的价值。

- 一个人走向社会生活中，从事某一个差事并有或多或少的收入，那么，这个差事就叫“工作”。尽管工作有劳心者和劳力者之分，但得到一份稳定的工作很难，失去这份工作却很容易。社会实践告诉我：今天工作不努力，明天努力找工作。
- 留个缺口给他人，并不说明自己的能力不强，实际上这是一种管理的智慧，是一种更高层次上的圆满。给猴子一棵树，让它不停地攀登，给老虎一座山，让它自由纵横，也许这就是管理上用人的最高境界。
- 只有积极向上，保持良好心态，敢于挑战压力，才可能在平凡的工作岗位上做出不平凡的业绩。

图 4.142　选中最后段落标记的分栏效果

步骤 6　添加“图形”对象

1. 插入剪贴画

（1）插入图片。

① 将光标定位于正文第 1 段中。

② 单击【插入】→【插图】→【剪贴画】按钮，在文档窗口的右侧出现“剪贴画”任务窗格。

③ 在“搜索文字”文本框中输入“庆祝”，单击【搜索】按钮。

④ 搜索出所有与“庆祝”有关的剪贴画，如图 4.143 所示。

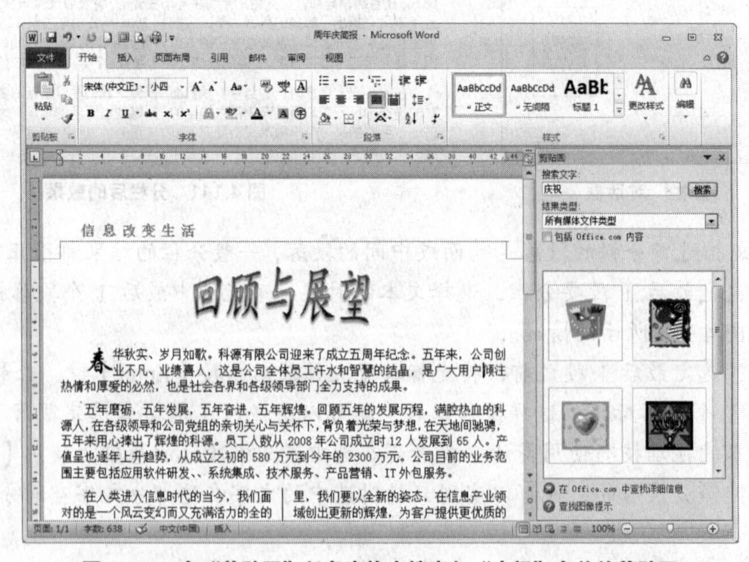

图 4.143　在“剪贴画”任务窗格中搜索与“庆祝”有关的剪贴画

⑤ 用鼠标单击需要的剪贴画，如第 1 幅，则在正文第 1 段中插入了所选的剪贴画，如图 4.144 所示。

回顾与展望
春华秋实、岁月如歌。科源有限公司迎来了成立五周年纪念。五年来，公司创业不凡、业绩喜人，这是公司全体员工汗水和智慧的结晶，是广大用户
倾注热情和厚爱的必然，也是社会各界和各级领导部门全力支持的成果。

图 4.144　在正文中插入了所选的剪贴画

⑥ 单击“剪贴画”任务窗格右上角的关闭按钮，关闭“剪贴画”任务窗格。

（2）调整剪贴画的大小。

① 双击插入的剪贴画，显示【图片工具】选项卡。

② 单击【图片工具】→【格式】→【大小】按钮，打开“布局”对话框。

③ 在“大小”选项卡，选中“锁定纵横比”和“相对原始图片大小”复选框，设置“缩放”高度和宽度都为“35%”，如图 4.145 所示。

（3）设置剪贴画的文字环绕。

① 切换到“文字环绕”选项卡，设置“环绕方式”为“紧密型”，如图 4.146 所示。

布局
位置
文字环绕
大小
高度
绝对值
1.77 厘米
相对值
相对于
页面
宽度
绝对值
1.53 厘米
相对值
相对于
页面
旋转
旋转
0°
缩放
高度
35 %
宽度
35 %
锁定纵横比
相对原始图片大小
原始尺寸
高度:
5.06 厘米
宽度:
4.37 厘米
重置
确定
取消

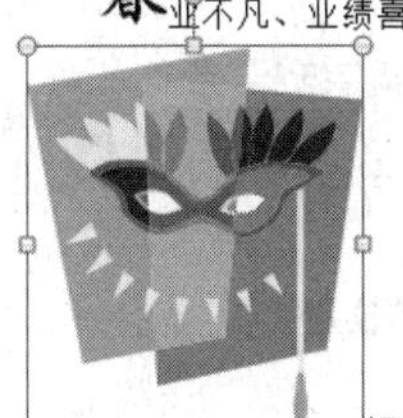

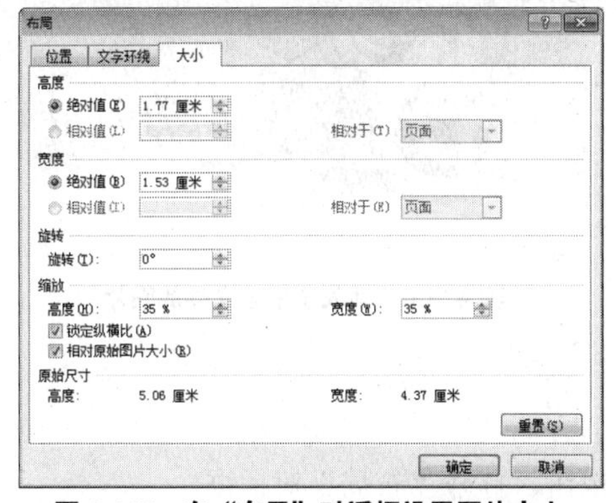

图 4.145　在“布局”对话框设置图片大小

布局
位置
文字环绕
大小
环绕方式
嵌入型
四周型
紧密型
穿越型
上下型
衬于文字下方
浮于文字上方
自动换行
两边
只在左侧
只在右侧
只在最宽一侧
距正文
上
0 厘米
下
0 厘米
左
0.32 厘米
右
0.32 厘米
确定
取消

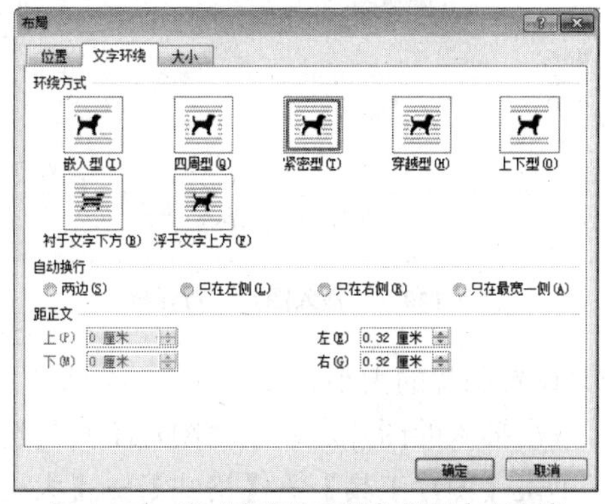

图 4.146　在“布局”对话框设置文字环绕

② 单击【确定】按钮，得到图片的效果如图 4.147 所示。

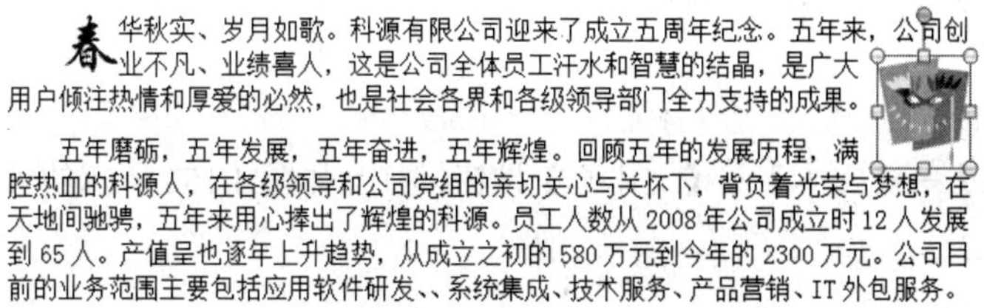

春华秋实、岁月如歌。科源有限公司迎来了成立五周年纪念。五年来，公司创业不凡、业绩喜人，这是公司全体员工汗水和智慧的结晶，是广大用户倾注热情和厚爱的必然，也是社会各界和各级领导部门全力支持的成果。
五年磨砺，五年发展，五年奋进，五年辉煌。回顾五年的发展历程，满腔热血的科源人，在各级领导和公司党组的亲切关心与关怀下，背负着光荣与梦想，在天地间驰骋，五年来用心捧出了辉煌的科源。员工人数从 2008 年公司成立时 12 人发展到 65 人。产值呈也逐年上升趋势，从成立之初的 580 万元到今年的 2300 万元。公司目前的业务范围主要包括应用软件研发、、系统集成、技术服务、产品营销、IT 外包服务。

图 4.147　设置大小和版式后的图片效果

（4）移动剪贴画。

① 选中剪贴画。

② 按住鼠标左键，将剪贴画拖曳到合适的位置，如图 4.148 所示。

回顾与展望

春华秋实、岁月如歌。科源有限公司迎来了成立五周年纪念。五年来，公司创业不凡、业绩喜人，这是公司全体员工汗水和智慧的结晶，是广大用户倾注热情和厚爱的必然，也是社会各界和各级领导部门全力支持的成果。

图 4.148　移动剪贴画到合适的位置

2. 插入来自文件的图片

（1）插入图片。

① 在正文第 4 段之前增加一个段落，并将光标定位于新增的段落中。

② 单击【插入】→【插图】→【图片】按钮，打开“插入图片”对话框。

③ 在“查找范围”中选择“D:\科源有限公司\五周年庆典\素材”文件夹，选中“周年庆典”图片文件，如图 4.149 所示。

④ 单击【插入】按钮，插入了所选的图片文件，如图 4.150 所示。

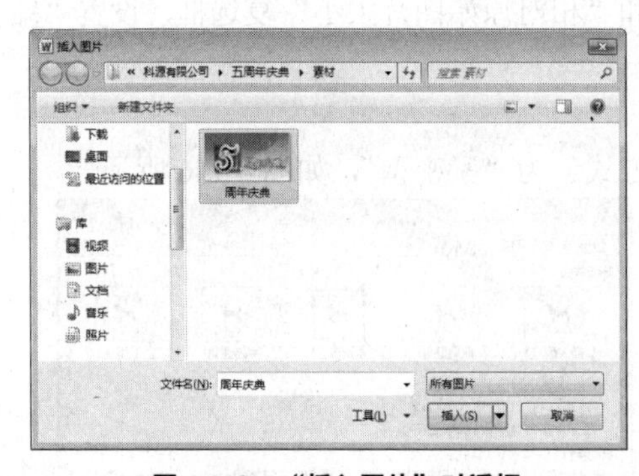

图 4.149　“插入图片”对话框

图 4.150　插入了来自文件的图片

（2）设置图片的大小。

① 双击插入的图片，显示“图片工具”选项卡。

② 单击【图片工具】→【格式】→【大小】按钮，打开“布局”对话框。

③ 在“大小”选项卡，取消“锁定纵横比”和“相对原始图片大小”复选框，设置“高度”的“绝对值”为 3.8 厘米，“宽度”的“绝对值”为 6.5 厘米，如图 4.151 所示。

④ 单击【确定】按钮，调整好图片的尺 。

3. 添加文本框

（1）插入文本框。

① 单击【插入】→【文本】→【文本框】按钮，打开如图 4.152 所示的“文本框”下拉列表。

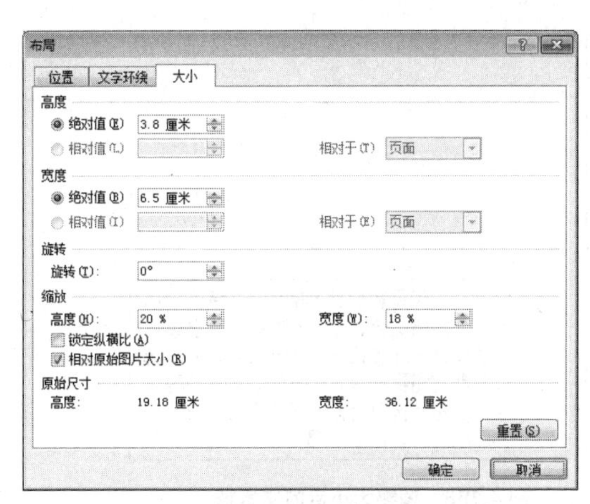

图 4.151　在“布局”对话框设置图片尺寸

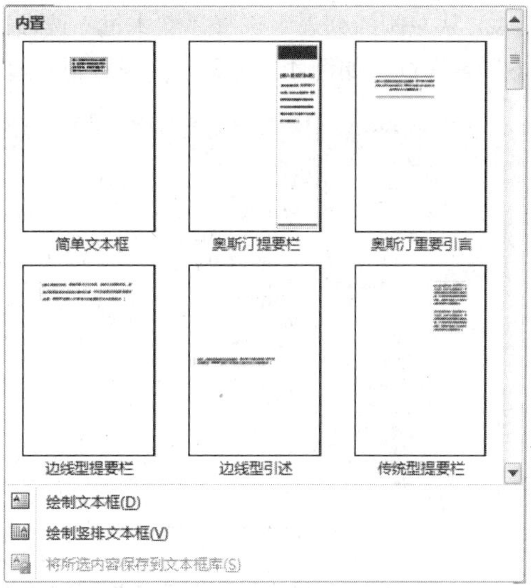

图 4.152　“文本框”下拉列表

② 从列表中选择【绘制文本框】选项，鼠标指针变成“十”形状，将鼠标指针移到周年庆典图片右侧区域，按住鼠标左键拖曳到合适位置，释放鼠标左键，得到横排文本框，如图 4.153 所示。

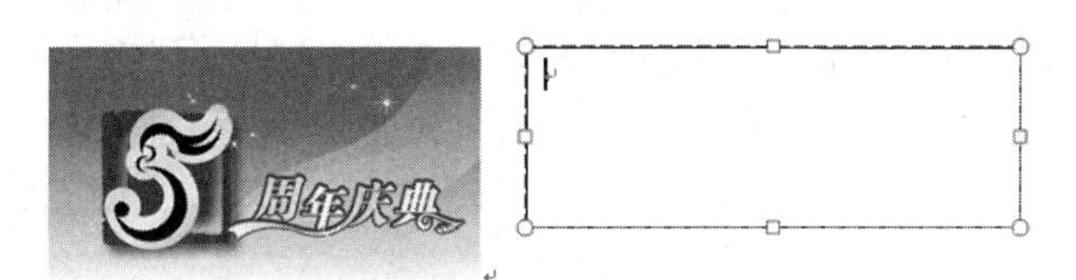

图 4.153　插入了一个横排文本框

提示：在“文本框”下拉列表中，也可选择“内置”样式的文本框直接插入。此外，如果要插入竖排文本框，可选择“文本框”下拉列表中【绘制竖排文本框】选项进行绘制。

（2）编辑文本框。

① 在文本框中输入如图 4.154 所示的文字。

② 设置文本框中文字格式为宋体、小四号、深蓝色、段落首行缩进 2 字符、行距为固定值 16 磅，设置完成后效果如图 4.154 所示。

图 4.154　文本框中文字格式化后的效果

（3）调整文本框大小。

① 用鼠标右键单击文本框的边框，从快捷菜单中选择【设置形状格式】命令，打开“设置形状格式”对话框。

② 从左侧的列表中选择“文本框”选项，选中右侧“自动调整”栏中的“根据文字调整图形大小”复选框，如图 4.155 所示。调整到合适大小的文本框如图 4.156 所示。

图 4.155 利用对话框调整文本框适应文字

今天是我们共同的生日，是属于我们大家的盛会，科源的脉搏将跳出最强的音符。相信下一个五年后会有更多新朋老友相聚一堂，共同见证科源的腾飞与梦想！祝愿大家，祝福科源，愿我们风雨同舟，成就梦想！

图 4.156 调整大小后的文本框

（4）设置文本框格式。

① 双击文本框边框，显示【绘图工具】选项卡。

② 单击【绘图工具】→【格式】→【形状格式】→【形状轮 】按钮，打开“形状轮 ”下拉列表。

③ 将边框颜色设置为“标准色”中的“绿色”，选择“粗细”为“3 磅”，设置“虚线”为“圆点”，效果如图 4.157 所示。

今天是我们共同的生日，是属于我们大家的盛会，科源的脉搏将跳出最强的音符。相信下一个五年后会有更多新朋老友相聚一堂，共同见证科源的腾飞与梦想！祝愿大家，祝福科源，愿我们风雨同舟，成就梦想！

图 4.157 设置文本框边框的效果

（5）设置文本框的版式。

① 选中文本框。

② 单击【绘图工具】→【格式】→【排列】→【自动换行】按钮，从下拉列表中选择【 入型】，将文本框的文字环绕方式设置为 入型，文本框位置出现在“周年庆典”图片的左侧。

（6）移动文本框的位置。

① 将鼠标指针移至文本框边框处，选中文本框，并将其拖曳至“周年庆典”图片的右侧后释放鼠标左键。

② 在图片与文本框中间插入一些空格，效果如图 4.158 所示。

今天是我们共同的生日，是属于我们大家的盛会，科源的脉搏将跳出最强的音符。相信下一个五年后会有更多新朋老友相聚一堂，共同见证科源的腾飞与梦想！祝愿大家，祝福科源，愿我们风雨同舟，成就梦想！

图 4.158 添加好的文本框效果

4. 插入 SmartArt 图形

在正文的第 2 段中，提到了“公司目前的业务范围”，这里，我们利用 SmartArt 图形绘制这个工作流程图。

（1）插入“SmartArt 图形”。

① 将光标定位于正文第 2 段之后，按【Enter】键，增加 1 个段落，并将光标定位于新增的段落中。

② 单击【插入】→【插图】→【SmartArt】按钮，打开“选择 SmartArt 图形”对话框。

③ 从左侧的列表中选择“流程”类型，在中间的列表中选择“基本流程”图形，右侧可预览其效果，如图 4.159 所示。

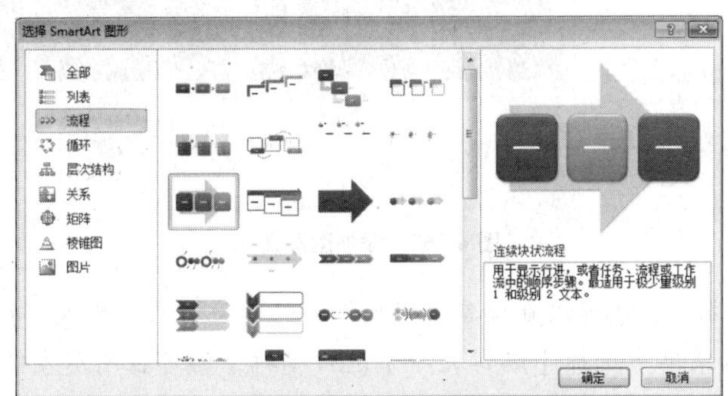

图 4.159 “选择 SmartArt 图形”对话框

④ 单击【确定】按钮，在文档中插入如图 4.160 所示的流程图。

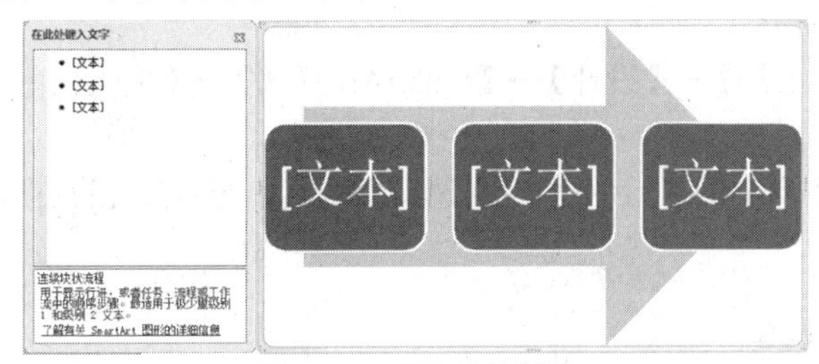

图 4.160 插入的流程图

（2）编辑“SmartArt 图形”。

① 添加形状。

默认情况下，插入的基本流程包括 3 个基本图框，根据实际情况，我们需要 5 个这样的图框，因此再添加 2 个。

a. 单击【SmartArt 工具】→【设计】→【创建图形】→【添加形状】按钮，增加 1 个形状。

b. 再连续单击 2 次【添加形状】按钮，添加需要的形状个数，如图 4.161 所示。

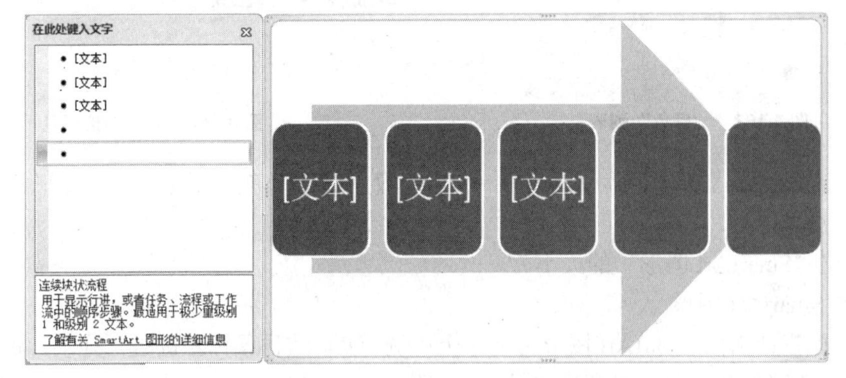

图 4.161 添加 SmartArt 图形形状

② 编辑图形文本。依次在形状中添加如图 4.162 所示的图形文本。

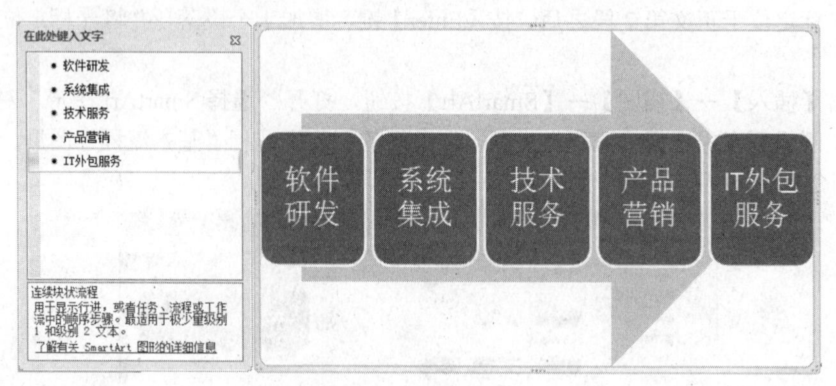

图 4.162　添加图形文本

提示： 编辑图形文本时，既可以直接单击图形框中的占位符直接输入，也可用鼠标右键单击图形后从快捷菜单中选择【编辑文字】进行编辑，还可在图形左侧的“文本”窗格中进行输入。

（3）修饰“SmartArt 图形”。

① 选中 SmartArt 图形。

② 单击【SmartArt 工具】→【设计】→【SmartArt 样式】→【更改颜色】按钮，打开如图 4.163 所示的“颜色”列表。

③ 选择“　色”系列中的“　色范围-强调文字颜色 5 至 6”后的图形如图 4.164 所示。

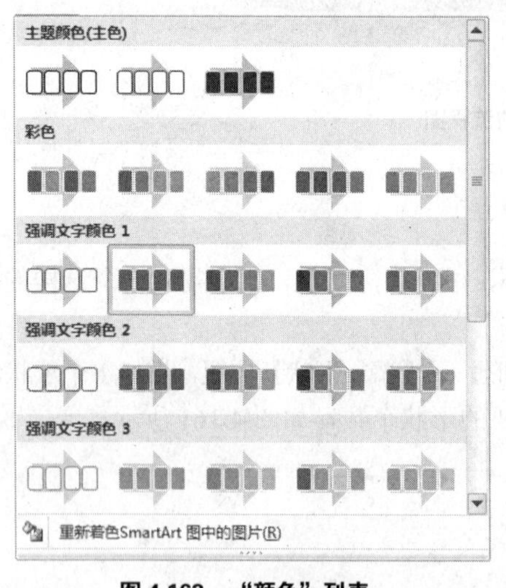

图 4.163　“颜色”列表

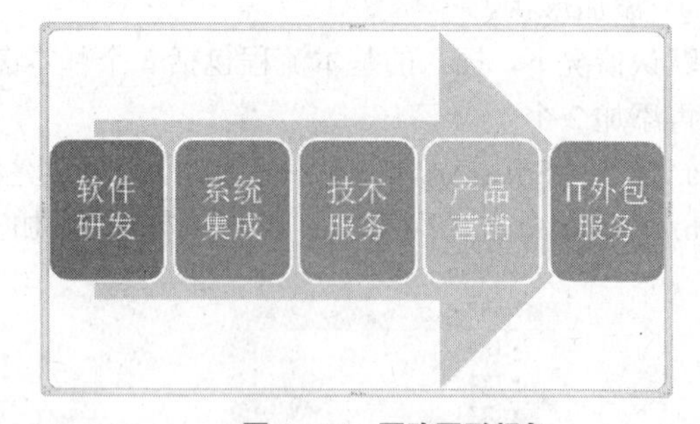

图 4.164　更改图形颜色

④ 选中 SmartArt 图形，利用【开始】→【字体】→【字体颜色】工具，将图形中的文字颜色设置为“黑色”。

（4）调整“SmartArt 图形”的大小。

① 选中 SmartArt 图形。

② 将鼠标指针指向 SmartArt 图形上下 2 个可调节点，按住鼠标左键进行拖动，减小图框的高度，使其刚好能够容纳中间的图形，如图 4.165 所示。

图 4.165　调整 SmartArt 图形图框大小的效果

5. 添加“员工心语”艺术字

（1）在文档最后一段制作艺术字“员工心语”，艺术字样式为　变填充 – 橙色，强调文字颜色 6，内部阴影。

（2）设置艺术字字体为华文行楷、字号为二号。

（3）设置艺术字环绕方式为“四周型环绕”，并移至最后一段右侧，如图 4.166 所示。

- 一个人走向社会生活中，从事某一个差事并有或多或少的收入，那么，这个差事就叫“工作”。尽管工作有劳心者和劳力者之分，但得到一份稳定的工作很难，失去这份工作却很容易。社会实践告诉我：今天工作不努力，明天努力找工作。
- 留个缺口给他人，并不说明自己的能力不强，实际上这是一种管理的智慧，是一种更高层次上的圆满。给猴子一棵树，让它不停地攀登，给老虎一座山，让它自由纵横，也许这就是管理上用人的最高境界。
- 只有积极向上，保持良好心态，敢于挑战压力，才可能在平凡的工作岗位上做出不平凡的业绩。

图 4.166　制作“员工心语”艺术字

步骤 7　处理“简报”整体效果

（1）调整整体效果。

为了确保简报的整体效果美观、大方，所有内容都安排在一页纸中，上、下、左、右各对象的位置和比例要合适。调整时，可使用鼠标或键盘，拖曳或移动不同对象的位置等。

在调整整体效果时，并不需要再看清楚每处文本的内容，只需要查看整体就可以了。调整 Word 程序窗口右下角的“显示比例”，如选择 5　，以纵观全局的调整效果，判断调整是否合适。

（2）保存文件。

【任务总结】

本任务通过制作“周年庆简报”，介绍了电子报刊版面的布局、页面设置、插入其他文件中的文字、分栏、首字下沉等操作。在此基础上，运用艺术字、剪贴画、图片、SmartArt 图形、文本框等图形对象实现图文混排，学会了制作电子报刊的基本方法。

【知识拓展】

1. 绘图画布

绘图画布是 Word 2002 以上版本加入的功能。“绘图画布”是文档中的一个特殊区域，用户可在该区域上绘制多个形状，其意义相当于一个“图形容器”。因为形状包含在绘图画布内，画布中所有对象就有了一个绝对的位置，这样它们可作为一个整体移动和调整大小，还能避免文本中断或分页时出现的图形异常。

绘图画布还在图形和文档的其他部分之间提供一条类似图文框的边界。在默认情况下，绘图画布没有背景或边框，但是如同处理图形对象一样，可以对绘图画布应用格式。

默认情况下，插入图形对象（艺术字、图片、剪贴画除外）时，Word 会自动在文档中放置绘图画布。

2. 文本框

文本框是一种可移动、可调大小的文字或图形容器。使用文本框，可以在一页上放置数个文字块，或使文字按与文档中其他文字不同的方向排列。

文本框根据其内部的文字方向可分为横排文本框和竖排文本框。文本框中文本的编辑和格式的设置与 Word 文档中文本的操作类似。

3. 组合图形

如果在 Word 中绘制了多个图形，排版时，一般需要把这些简单的图形组合成 1 个对象整体操作。组合图形的操作如下。

（1）选择需要组合的图形。

选择多个图形的方法如下。

① 按住【Shift】/【Ctrl】键的同时，逐个单击单个的图形，选中所有的图形。

② 单击【开始】→【编辑】→【选择】按钮，从下拉列表中选择【选择对象】选项，再拖曳鼠标在想要组合的图片周围画一个矩形框，则框中的图形全部被选中。

（2）组合图形。用鼠标右键单击选中的图形，从快捷菜单中选择【组合】→【组合】命令，或者单击【绘图工具】→【格式】→【排列】→【组合】按钮，从下拉列表中选择【组合】命令。

4. 文字环绕

在 Word 文档中插入图形对象的文字环绕方式决定了图形和文本之间的位置关系、叠放次序和组织形式。Word 中对插入的图形提供了多种不同的文字环绕方式，主要包括以下几种。

（1） 入型：Word 将 入的图片当作文本中的一个普通字符来对待，图片将跟随文本的变动而变动。

（2）四周型环绕：文字在图片方形边界框四周环绕，此时的图片具有 动性，可以在文档中自由移动。

（3）紧密型环绕：文字紧密环绕在实际图片的边缘（按实际的环绕顶点环绕图片），而不是环绕于图片边界。

（4） 于文字下方：此时的图片就像文字的背景图案，文字在图片的上层。

（5） 于文字上方：文字位于图片的下层，图片挡住了下面的文字。

（6）上下型环绕：文字位于图片的上部、下部，图片和文字 分明，版面显得很整洁。

（7） 越型环绕：文字沿着图片的环绕顶点环绕图片，且 越凹进的图形区域。

5. 分页符

分页符是指上一页结束以及下一页开始的位置。在 Word 中可插入一个“自动”分页符（软分页符），或者通过插入“手动”分页符（硬分页符）在指定位置强制分页。

当文字或图形填满一页时，Word 会插入一个自动分页符并开始新的一页。要在特定位置插入分页符，可插入手动分页符，如可强制插入分页符以确保章节标题总在新的 1 页开始。

如果处理的文档有多页，并且插入了手动分页符，在编辑文档时，则可能经常需要重新分页。此时，可以删除手动分页符，即先把页面切换到普通视图方式下，将光标移动到硬分页符上，按下【Delete】键完成删除分页符操作，然后重新设置新的分页符。

6. 编辑公式

用 Word 编辑文档，有时需要在文档中插入数学公式。使用键盘，字体中的“上标”、“下标”及插入菜单中的“符号”只能解决一些简单问题，利用 Word2010 提供的“公式”功能，即可建立复杂的数学公式。

（1）使用内置公式。

① 将光标定位于要插入公式的位置。

② 单击【插入】→【符号】→【公式】下拉按钮，打开如图 4.167 所示的“公式”下拉列表。

③ 选择内置的公式，可快速编辑常用数学公式。

（2）使用公式工具。

① 将光标定位于要插入公式的位置。

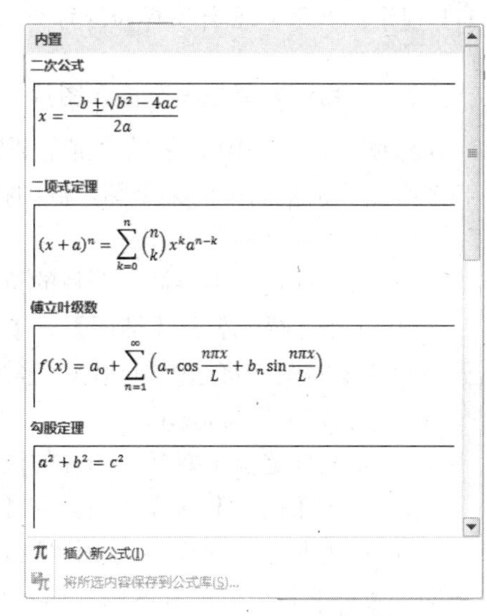

图 4.167　“公式”下拉列表

② 单击【插入】→【符号】→【公式】按钮，打开如图 4.168 示的公式工具。

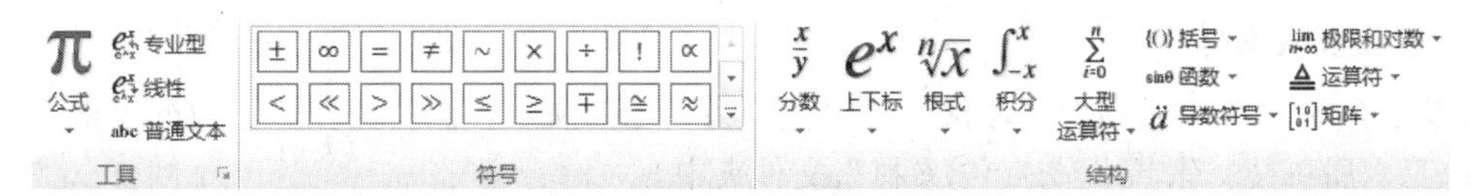

图 4.168　公式工具

③ 从“结构”中选择需要的公式结构，编辑需要的公式。

（3）使用公式编辑器“Microsoft 公式 3.0”。

① 将光标定位于要插入公式的位置。

② 单击【插入】→【文本】→【对象】按钮，打开如图 4.169 所示的“对象”对话框。

③ 从“新建”选项卡的“对象类型”列表框中的选择“Microsoft 公式 3.0”选项。

④ 单击【确定】按钮，打开如图 4.170 所示的“公式”编辑器。

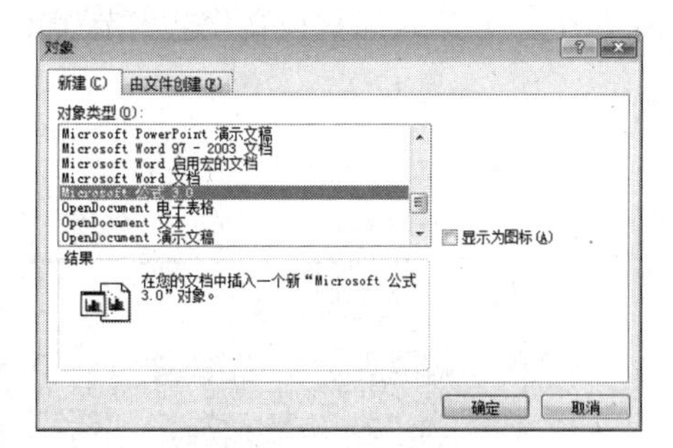

图 4.169　“对象”对话框

提示：如果没有 Microsoft 公式编辑器，可使用 Office 安装文件进行安装。

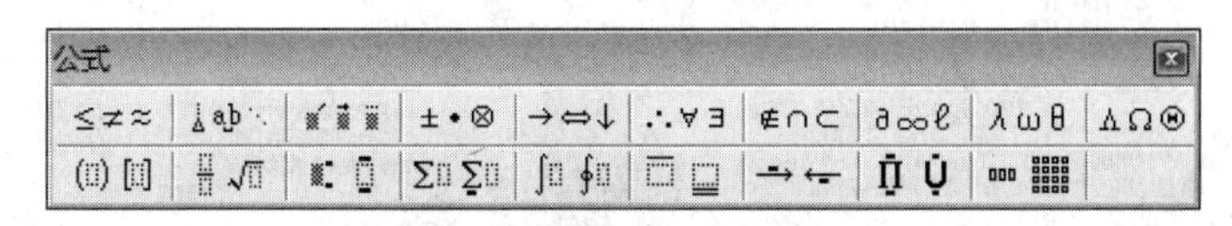

图 4.170　“公式”编辑器

⑤利用公式工具栏中提供的十几组公式模板，可以完成复杂公式的编写。

提示： 如果要重新编辑和修订公式，单击公式即可切换到公式编辑状态。

7. 利用“屏幕截图”插入图片

借助 Word 2010 提供的“屏幕截图”功能，可以方便地将已经打开且未处于最小化状态的窗口或者是当前页面中的某个图片截图插入 Word 文档中。利用屏幕截图有以下 2 种方式。

（1）插入屏幕窗口截图。

① 将光标定位于要插入图片的位置。

② 单击【插入】→【插图】→【屏幕截图】按钮，从下拉列表中选择“可用视窗”中当前打开窗口的缩略图，将选中窗口的屏幕图片插入到文档中。

（2）自定义屏幕截图。

① 将光标定位于要插入图片的位置。

② 单击【插入】→【插图】→【屏幕截图】按钮，从下拉列表中选择“屏幕剪辑”。

③ 在需要截取图片的开始位置按住鼠标左键进行拖动，拖至合适位置后释放鼠标即可截取所需的屏幕，并将截取的屏幕图片插入到文档中。

【实践训练】

制作“第六届科技文化艺术节电子报——低碳生活”，效果如图 4.171 所示。

1. 收集展板素材

收集、整理有关“低碳”、“环保”、“绿色”为主题的文本、图片、花边、边框等素材，保存在“D:\第六届科技文化艺术节\宣传\素材”文件夹中。

2. 创建展板文档

（1）新建并保存文档。新建 Word 文档，并以“第六届科技文化艺术节电子报——低碳生活”为名保存在“D:\第六届科技文化艺术节\宣传”文件夹中。

MAY 20, 2013　低碳 · 绿色 · 环保　低碳专刊

低碳生活知多少

所谓“低碳生活（low-carbon life）”。就是把生活作息时间所耗用的能量要尽量减少，从而减低二氧化碳的排放量。低碳生活，对于我们这些普通人来说是一种生活态度。也成为人们推进潮流的新方式。它给我们提出的是一个愿不愿意和大家共创造低碳生活的问题。我们应该积极提倡并去实践低碳生活，要注意节电、节气、熄灯一小时……从这些点滴做起。除了植树，还有人买运输里程很短的商品，有人坚持爬楼梯，形形色色，有的很有趣，有的不免有些麻烦。

低碳出行

低碳出行已成为时下较为热门的生活原则，旅途中如何减碳，倡导自然健康、环保节能的低碳出游方式是减小能源浪费的关键一环。记者发现，桔子酒店的每间客房以及大堂都为客人免费提供了的旅游攻略手册，详细介绍酒店周边最值得一提的“吃、喝、玩、乐”，以及公交搭乘路线。同时，还为客人准备了免费自行车，提倡客人以自行车和徒步等传统出游方式代替出租车。希望客人认同及接受贴近自然生态的环保理念。

低碳的生活方式

低碳的生活，是很环保文明的事。“低碳人”的理解就是要在日常生活中从我做起，最大限度地减少一切可能的消耗，当然“低碳”主要指的还是二氧化碳的排放。

1.每天的淘米水可以用来洗手擦家具，干净卫生，自然滋润；

2.将废旧报纸铺垫在衣橱的底层，不仅可以吸潮，还能吸收衣柜中的异味；

3.用过的面膜纸也不要扔掉，用它来擦首饰、擦家具的表面或者擦皮带，不仅擦得亮还能留下面膜纸的香气；

4.喝过的茶叶渣，把它晒干，做个茶叶枕头，既舒适，又能帮助改善睡眠；

5.出门购物，自己带环保袋，无论是免费或者收费的塑料袋，都减少使用；

6.出门自带喝水杯，减少使用一次性杯子；

应对全球气候变化把林业和生态建设推到了时代的最前沿，加强林业和生态建设已经成为应对气候变化的国家行为。我们一定要按照党中央、国务院的决策部署，依靠人民群众、依靠科学技术、依靠深化改革，扎实开展植造林活动，着力加强森林保护和经营，推动我国林业发展和生态建设又好又快发展。

人们可以通过植树消除自己的碳足迹，使生活既低碳又舒适。据测算，25 棵大树就可以吸收一个城市居民一年的二氧化碳排放量；如果把在电动跑步机上 45 分钟的锻炼改为到森林公园里的慢

畅写绿色&环保宣言

△环境保护 人人有责

△保护生物多样性 就是保护人类生存的伙伴

△在自然界任何打破平衡的行为都是危险的

△保护地球 爱我家园

△人类只有一个可生息的村庄——地球

图 4.171　第六届科技文化艺术节“ERP 综合技能大赛”展板

（2）设置页面。将页面的纸张大小设置为 A4，方向为横向，页边距上、下、左、右均为 1.5 厘米。

3. 编辑展板文档

（1）制作电子报刊头。从左至右分别添加日期、主题“低碳 • 绿色 • 环保”以及刊名“低碳专刊”，并设置合适的字体、字号。

（2）利用“直线”工具绘制刊头和正文的分隔线，线条颜色为“绿色”，粗细为 4.5 磅。

（3）编辑“低碳生活知多少”版块。

① 利用艺术字制作标题“低碳生活知多少”，艺术字形状为“波形 1”，将艺术字放于页面左上角。

② 利用横排文本框制作“低碳生活知多少”的内容，文字为宋体、小四号。设置文本框为无轮 。

（4）编辑“ 树除碳”版块。

① 在页面左下角插入横排文本框，并输入“ 树除碳”的内容，文字为宋体、小四号。第 2 段文字左缩进 1.5 字符，并将文本框设置为无轮 。

② 在文档中插入“D:\第六届科技文化艺术节\宣传\素材”文件夹中的图片文件“背景”，并将图片的环绕方式均设置为“ 于文字下方”，并适当调整图片的大小。

③ 插入艺术字标题“ 树除碳”，艺术字字体为宋体、形状为“右 角形”、艺术字的填充颜色为“蓝色”、文本轮 为“黑色”，并适当 转艺术字。

④ 将艺术字的文字环绕方式设置为“ 于文字上方”，并移至背景图片的左下角。

（5）编辑“低碳出行”版块。

① 插入一个圆角矩形，在圆角矩形中添加“低碳出行”文本，并设置文本段前间距 1 行。

② 设置矩形边框为绿色、圆点虚线、粗细为 1 磅。

③ 添加横排文本框，输入标题“低碳出行”，字体为方正 体、二号。文本框设置为无轮 ，并移至圆角矩形右上角。

（6）在页面中下方插入图片“低碳让生活更美好”，并调整好图片的大小和位置。

（7）编辑“低碳的生活方式”版块。

① 在页面右上角插入文本框，添加文本内容。

② 设置标题“低碳的生活方式”字体为华文行楷、二号、蓝色、居中。

③ 设置文本框内容字体为宋体、小四号、首行缩进 1 字符。

④ 设置文本框为无轮 。

（8）编辑“ 写绿色&环保宣言”版块。

① 在页面右下角插入文本框，添加文本内容。

② 设置标题“ 写绿色&环保宣言”字体为宋体、四号、加粗、深红色、居中。

③ 设置文本框内容字体为宋体、小四号、左缩进 1 字符。

④ 在文档中插入“D:\第六届科技文化艺术节\宣传\素材”文件夹中的图片文件“边框”，并将图片的环绕方式均设置为“ 于文字下方”，并适当调整图片的大小。

4. 调整展板整体效果

调整展板中各对象的大小和位置，使展板整体效果协调、美观、大方。

【思考练习】

1. 在 Word 的编辑状态，文档中的一部分内容被选择，执行“剪切”命令后，(　　)。

A. 被选择的内容被复制到插入点处

B. 被选择的内容被复制到剪贴板中

C. 被选择的内容被移到剪贴板中

D. 光标所在的段落内容被复制到剪贴板中

2. 打开 Word 文档一般是指（　　）。

A. 把文档的内容从内存中读入，并显示出来

B. 为指定文件开设一个新的、空的文档窗口

C. 把文档的内容从磁盘调入内存，并显示出来

D. 显示并打印出指定文档的内容

3. 在 Word 中，可用单击【新建】按钮打开一个文档窗口，在标题行中显示的“文档 1”是该文档的（　　）文件名。

A. 新的　　B. 临时　　C. 正式　　D. 旧的

4. 以下正确的叙述是（　　）。

A. Word 是一种电子表格软件　　B. Word 是一种操作系统

C. Word 是一种数据库管理系统　　D. Word 是一种文字处理软件

5. 删除一个段落标记后，前后两段文字将合并成一个段落，原段落内容的字体格式（　　）。

A. 变成前一段落的格式　　B. 变成后一段落的格式

C. 没有变化　　D. 两段的格式变成一样

6. 当前插入点在表格中某行的最后一个单元格右边（外边），按【Enter】键后（　　）。

A. 插入点所在的行加高　　B. 插入点所在的列加宽

C. 在插入点下一行增加一行　　D. 对表格没起作用

7. 在 Word 的编辑状态，当前文档中有一个表格，选定表格后，按【Del】键后（　　）。

A. 表格中的内容全部被删除，但表格还存在

B. 表格和内容全部被删除

C. 表格被删除，但表格中的内容未被删除

D. 表格中插入点所在的行被删除

8. 在 Word 的编辑状态，当前文档中有一个表格，选定列后，执行【表格工具】→【布局】→【行和列】→【删除】→【删除列】后，(　　)。

A. 表格中的内容全部被删除，但表格还存在

B. 表格和内容全部被删除

C. 表格被删除，但表格中的内容未被删除

D. 仅将表格中选定的列删除

9. 在 Word 的编辑状态，当前文档中有一个表格，选定表格中的一行后，执行【拆分表格】命令后，表格被拆分成上、下两个表格，已选择的行（　　）。

A. 在上边的表格中　　B. 在下边的表格中

C. 不在这两个表格中　　D. 被删除

10. Word 表格通常是采用(　　　)方式生成的。

A. 编程　　B. 插入　　C. 绘图　　D. 连接

11. 在 Word 表格中，拆分操作(　　　)。

A. 对行/列或单一单元格均有效　　B. 只对行单元格有效

C. 只对列单元格有效　　D. 只对单一单元格有效

12. 用户若要在 Word 中使用信封制作向导批量制作信封，应该（　　）。

A. 选择【插入】→【文件】命令

B. 选择【插入】→【对象】命令

C. 选择【邮件】→【创建】→【中文信封】命令

D. 选择【插入】→【域】命令

13. 下面不是邮件合并文档类型的是（　　）。

A. 信函　　B. 电子邮件　　C. 信封　　D. 演示文稿

14. 下面哪个操作不是邮件合并过程中的操作（　　）。

A. 插入合并域　　B. 建立主文档　　C. 插入日期　　D. 准备数据源

15. 下面不可以使用邮件合并来完成的操作是（　　）。

A. 制作标签　　B. 制作成绩单　　C. 编辑网页　　D. 制作工资条

项目检测

1. 输入图 4.172 所示的汉字内容，并以“WORD1.DOCX”为文件名保存在考生文件夹下。

首届中国网罗媒体论坛在青岛开幕

6月22日，首届中国网罗媒体论坛在青岛隆重开幕。来自全国近150家网罗媒体的代表聚会青岛，纵论中国网罗事业发展大计。本次论坛是中国网罗媒体首次举行的高层次、大规模的专业论坛，是近年来中国网罗媒体规模最大的一次的盛会。

中国网罗媒体论坛，是在《2000全国新闻媒体网罗传播研讨会》上，由中华全国新闻工作者协会发出建议，全国数十家新闻媒体网站共同发起设立的，宗旨是推进中国网罗媒体的建设和发展。

论坛的主题是网罗与媒体，按照江泽民总书记关于加强互联网新闻宣传的重要指示，按照中宣部和国务院新闻办对网罗新闻宣传的要求，总结经验、沟通理论与实践等方面的心得，通过交流与合作，进一步提高网罗新闻宣传工作的水平，进一步加强网罗媒体的管理和自律。

与会嘉宾将研讨中国网罗媒体在已有的初步框架的基础上如何进一步发展，如何为建设有中国特色的社会主义网罗新闻宣传体系打下一个坚实的基础。在本次论坛上，还将探讨网罗好新闻的评选办法等。

图 4.172　WORD1 文档内容

（1）将文中所有错词“网罗”替换为“网络”；将标题段文字(“首届中国网络媒体论坛在开幕”)设置为三号黑体、红色、加粗、居中并添加波浪下划线。

（2）将正文各段文字(“6 月 22 日，……评选办法等。”)设置为 12 磅宋体；第 1 段首字下沉，下沉行数为 2，距正文 0.2 厘米；除第 1 段外的其余各段落左、右各缩进 1.5 字符，首行缩进 2 字符，段前间距 1 行。

（3）将正文第 段(“论坛的主题是……管理和自律。”)分为等宽两栏，其栏宽 17 字符。

2．考生文件夹下，新建文档“WORD2.DOCX”，按照要求完成下列操作并以该文件名(WORD2.DOCX)保存文档。

（1）建立如图 4.173 所示的表格。

考生号	数学	外语	语文
12144091A	78	82	80
12144084B	82	87	80
12144087C	94	93	86
12144085D	90	89	91

图 4.173 WORD2 文档内容

（2）在表格最右边插入一空列，输入列标题“总分”，在这一列下面的各单元格中计算其左边相应 3 个单元格中数据的总和。

（3）将表格设置为列宽 2.4 厘米；表格外框线为 3 磅单实线，表内线为 1 磅单实线；表内所有内容对齐方式为水平居中。

项目五 数据处理

【项目情境】

公司为了调动员工的工作积极性、激发工作热情，实现打造一支高素质员工 的建设目标，将对员工一定时期内的工作态度、职业素质、工作能力和工作业绩进行综合评价，把握每一位员工的实际工作状况，为员工岗位级别 升以及 等提供客观公正的依据。公司人力资源部将利用 Excel 软件制作员工综合素质考评表、美化和打印考评表，并在此基础上对此次考评结果进行统排序、 选、汇总等分析工作，并最终直观地展现考评结果。

任务 1　制作综合素质考评表

【任务描述】

为统计和查看公司员工综合素质考评的成绩状况，需要制作“员工综合素质考评表”。现由公司人力资源部工作人员负责将最初收集到的综合素质考评成绩制作成电子表格，如图 5.1 所示。通过修正、完善数据，增加列和调整列的位置，计算出考评成绩的总分和平均分，设置简单的格式，最后得到的效果如图 5.2 所示。

	A	B	C	D	E	F	G	H	I	J
1	编号	姓名	性别	部门	学历	职称	工作态度	职业素质	工作执行和	工作业绩
2	1	李林新	男	工程部	硕士	工程师	86	85	80	84
3	2	王文辉	女	开发部	硕士	工程师	65	60	48	50
4	3	张蕾	女	培训部	本科	高工	92	91	94	86
5	4	周涛	男	销售部	大专	工程师	89	84	86	77
6	5	王政力	男	培训部	本科	工程师	82	89	94	80
7	6	黄国立	男	开发部	硕士	工程师	82	80	90	89
8	7	孙英	女	行政部	大专	助工	91	82	84	83
9	8	张在旭	男	工程部	本科	工程师	84	93	97	86
10	9	金翔	男	开发部	博士	工程师	94	90	92	95
11	10	王春晓	女	销售部	本科	高工	95	80	90	80
12	11	王青林	男	工程部	本科	高工	83	86	88	91
13	12	程文	女	行政部	硕士	高工	77	86	91	85
14	13	姚林	男	工程部	本科	工程师	60	62	50	45
15	14	张雨涵	女	销售部	本科	工程师	93	86	86	91
16	15	钱述民	男	开发部	本科	助工	81	81	78	75

考评成绩 / Sheet2 / Sheet3

图 5.1　“公司员工综合素质考评表”初始数据

	A	B	C	D	E	F	G	H	I	J	K	L
1	编号	姓名	性别	部门	学历	职称	平均分	工作态度	职业素质	工作执行和创新能力	工作业绩	总分
2	1	李林新	男	工程部	硕士	工程师	83.75	86	85	80	84	335
3	2	王文辉	女	开发部	硕士	工程师	55.75	65	60	48	50	223
4	3	张蕾	女	培训部	本科	高工	90.75	92	91	94	86	363
5	4	周涛	男	销售部	大专	工程师	84.00	89	84	86	77	336
6	5	王政力	男	培训部	本科	工程师	86.25	82	89	94	80	345
7	6	黄国立	男	开发部	硕士	工程师	85.25	82	80	90	89	341
8	7	孙英	女	行政部	大专	助工	85.00	91	82	84	83	340
9	8	张在旭	男	工程部	本科	工程师	90.00	84	93	97	86	360
10	9	金翔	男	开发部	博士	工程师	92.75	94	90	92	95	371
11	10	王春晓	女	销售部	本科	高工	86.25	95	80	90	80	345
12	11	王青林	男	工程部	本科	高工	87.00	83	86	88	91	348
13	12	程文	女	行政部	硕士	高工	84.75	77	86	91	85	339
14	13	姚林	男	工程部	本科	工程师	54.25	60	62	50	45	217
15	14	张雨涵	女	销售部	本科	工程师	89.00	93	86	86	91	356
16	15	钱述民	男	开发部	本科	助工	78.75	81	81	78	75	315

考评成绩 Sheet2 Sheet3

就绪 100%

图 5.2 “公司员工综合素质考评表”完成的效果图

【任务目标】

- ◈ 熟练创建和保存工作 ，能对工作表重命名。
- ◈ 能熟练地输入几种典型的数据。
- ◈ 掌握自动填充功能。
- ◈ 能灵活地修改数据。
- ◈ 学会增加和删除行、列。
- ◈ 理解公式组成结构，能运用公式完成计算。
- ◈ 能进行常用的格式设置。

【任务流程】

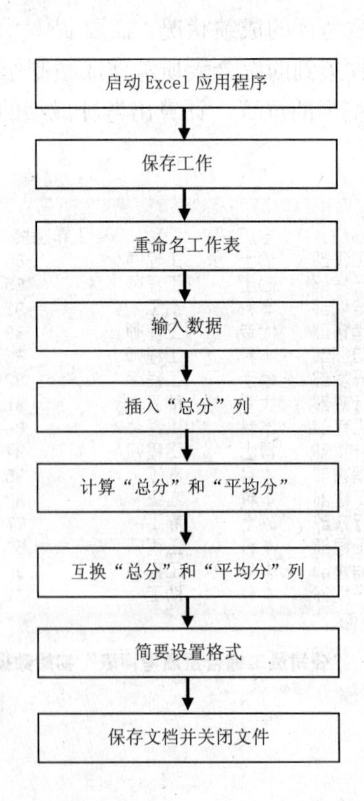

【任务解析】

1. 新建空白工作簿

（1）启动 Excel 2010 时，会自动新建一个空白的工作　。

（2）单击“快速访问”工具栏上的【新建】按钮，创建空白工作　。

（3）在打开的 Excel 窗口中，单击【文件】按钮，打开 Microsoft Office Backstage 视图，选择【新建】命令，再选择“空白工作　”图标，如图 5.3 所示，创建空白工作　。

图 5.3　Microsoft Office Backstage 视图

（4）在打开的 Excel 窗口中，使用组合键【Ctrl】+【N】，新建空白工作　。

（5）打开“计算机”窗口的某个盘符或文件夹，选择【文件】→【新建】→【Microsoft Excel 工作表】命令，如图 5.4 所示，新建一个待修改文件名的 Excel 工作表文件 新建 Microsoft Excel 工作表，这时输入文件名，即可得到新建的空白工作　。

图 5.4　在文件夹中新建 Microsoft Excel 工作表

2. 保存、另存为和自动保存文件

保存、另存为和自动保存文件，与 Word 软件中的操作相同，可以实现对工作　的保存、另外保存及每隔设定时间自动保存。Excel 所创建的文件为“工作　”，在标题栏中可看到保存的文件名。

对工作　进行了保存，即对工作　中包含的所有工作表进行了保存。

3. 重命名工作表

默认情况下，工作表名称为 Sheet1、Sheet2……。为了便于识别其内容，通常会将工作表重命名。

重命名工作表，先要选中需要更名的工作表，然后可以使用以下方法实现。

（1）双击并激活工作表标签，使其变为黑底白字 Sheet1 Sheet2 Sheet3，输入新的名称，按【Enter】键确认。

（2）用鼠标右键单击工作表标签，从弹出的快捷菜单中选择【重命名】命令，如图 5.5 所示，输入新的名称，按【Enter】键确认。

4. 选定区域

（1）选定单元格区域。

① 使用鼠标拖曳选择区域。

用鼠标单击选定起始单元格，拖曳到区域结束的单元格时释放鼠标左键。如要选择如图 5.6 所示的区域，则先单击选定 B2 单元格，拖曳到 D13 单元格释放鼠标，即选中 B2:D13 单元格区域。

图 5.5 利用快捷菜单重命名工作表

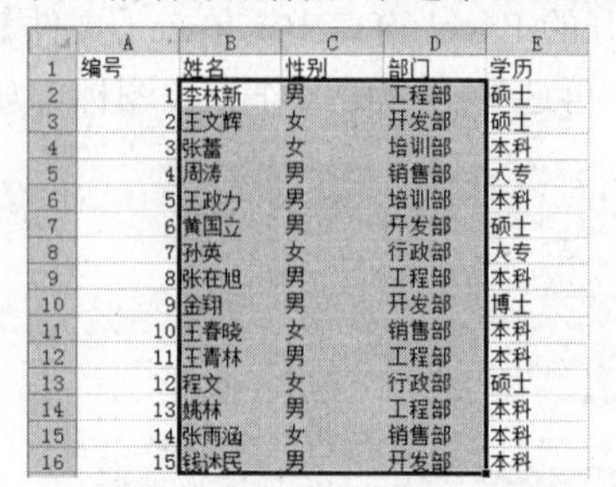

	A	B	C	D	E
1	编号	姓名	性别	部门	学历
2	1	李林新	男	工程部	硕士
3	2	王文辉	女	开发部	硕士
4	3	张蕾	女	培训部	本科
5	4	周涛	男	销售部	大专
6	5	王政力	男	培训部	本科
7	6	黄国立	男	开发部	硕士
8	7	孙英	女	行政部	大专
9	8	张在旭	男	工程部	本科
10	9	金翔	男	开发部	博士
11	10	王春晓	女	销售部	本科
12	11	王青林	男	工程部	本科
13	12	程文	女	行政部	硕士
14	13	姚林	男	工程部	本科
15	14	张雨涵	女	销售部	本科
16	15	钱述民	男	开发部	本科

图 5.6 选择单元格区域

如果区域选择不正确，可单击任意单元格取消选择。

② 使用键盘选择区域。

首先选择起始单元格，按住【Shift】键，再使用键盘上的方向键【→】键向右选择连续的列，使用【↓】键向下选择连续的行。如果选多了，则使用【←】键和【↑】键恢复到合适的单元格处。

（2）选定行、列。

① 选定一行：将鼠标指针移至行号处，指针变成“➡”形状时，单击鼠标选中指向的行，效果如图 5.7 所示。

	A	B	C	D	E	F	G	H	I	J	K
1	编号	姓名	性别	部门	学历	职称	工作态度	职业素质	工作执行和	工作业绩	
2	1	李林新	男	工程部	硕士	工程师	86	85	80	84	
3	2	王文辉	女	开发部	硕士	工程师	65	60	48	50	

图 5.7 选中整行

② 选定连续多行：在起始行的行号处单击鼠标，拖曳鼠标至结束行，释放鼠标，效果如图 5.8 所示，这时会有提示“4R”，表示选中了 4 行（Row）。

	A	B	C	D	E	F	G	H	I	J
1	编号	姓名	性别	部门	学历	职称	工作态度	职业素质	工作执行和	工作业绩
2	1	李林新	男	工程部	硕士	工程师	86	85	80	84
3	2	王文辉	女	开发部	硕士	工程师	65	60	48	50
4	3	张蕾	女	培训部	本科	高工	92	91	94	86
4R	4	周涛	男	销售部	大专	工程师	89	84	86	77
6	5	王政力	男	培训部	本科	工程师	82	89	94	80

图 5.8 选中连续的多行

③ 选定不连续的行：按住【Ctrl】键的同时，用鼠标在待选行的行号处分别单击，效果如图 5.9 所示。

	A	B	C	D	E	F	G	H	I	J
1	编号	姓名	性别	部门	学历	职称	工作态度	职业素质	工作执行和	工作业绩
2	1	李林新	男	工程部	硕士	工程师	86	85	80	84
3	2	王文辉	女	开发部	硕士	工程师	65	60	48	50
4	3	张蕾	女	培训部	本科	高工	92	91	94	86
5	4	周涛	男	销售部	大专	工程师	89	84	86	77
6	5	王政力	男	培训部	本科	工程师	82	89	94	80
7	6	黄国立	男	开发部	硕士	工程师	82	80	90	89
8	7	孙英	女	行政部	大专	助工	91	82	84	83
9	8	张在旭	男	工程部	本科	工程师	84	93	97	86
10	9	金翔	男	开发部	博士	工程师	94	90	92	95
11	10	王春晓	女	销售部	本科	高工	95	80	90	80

图 5.9 选中不连续的多行

④ 选定列：整列的选择与行类似，需要在列标处操作。

（3）选定整张工作表。

用鼠标单击工作表左上角列标和行号的交叉处（即全选按钮），选定整张工作表，如图 5.10 所示。

	A	B	C	D	E	F	G	H	I	J	K
1	编号	姓名	性别	部门	学历	职称	工作态度	职业素质	工作执行和	工作业绩	
2	1	李林新	男	工程部	硕士	工程师	86	85	80	84	
3	2	王文辉	女	开发部	硕士	工程师	65	60	48	50	
4	3	张蕾	女	培训部	本科	高工	92	91	94	86	
5	4	周涛	男	销售部	大专	工程师	89	84	86	77	
6	5	王政力	男	培训部	本科	工程师	82	89	94	80	
7	6	黄国立	男	开发部	硕士	工程师	82	80	90	89	
8	7	孙英	女	行政部	大专	助工	91	82	84	83	
9	8	张在旭	男	工程部	本科	工程师	84	93	97	86	
10	9	金翔	男	开发部	博士	工程师	94	90	92	95	
11	10	王春晓	女	销售部	本科	高工	95	80	90	80	
12	11	王青林	男	工程部	本科	高工	83	86	88	91	
13	12	程文	女	行政部	硕士	高工	77	86	91	85	
14	13	姚林	男	工程部	本科	工程师	60	62	50	45	
15	14	张雨涵	女	销售部	本科	工程师	93	86	86	91	
16	15	钱述民	男	开发部	本科	助工	81	81	78	75	
17											

图 5.10 选中整张工作表

5. 输入数据

（1）输入数据时，每输入一个数据，可按【Enter】键或鼠标单击其他单元格来确认录入。

按【Enter】键，活动单元格默认向下移动，所以，如果是以列的方向从上到下地输入数据就很方便；如需以行的方向从左到右地输入数据，则可使用【Tab】键来移动活动单元格。

（2）输入已经输入过的文本时，只需要输入前面部分内容，Excel 会自动提示整个文本，如图 5.11 所示，如按此输入，则直接按【Enter】键确认。

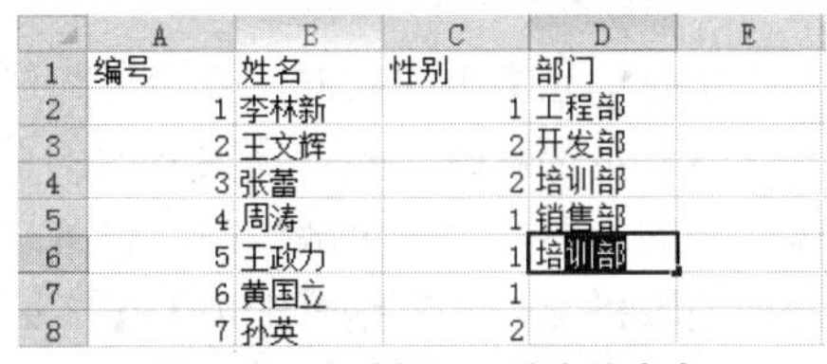

	A	B	C	D	E
1	编号	姓名	性别	部门	
2	1	李林新	1	工程部	
3	2	王文辉	2	开发部	
4	3	张蕾	2	培训部	
5	4	周涛	1	销售部	
6	5	王政力	1	培训部	
7	6	黄国立	1		
8	7	孙英	2		

图 5.11 自动提示可填充的文本

6. 自动填充

多个单元格中输入相同的数据、序列或运算规律相同的公式时，可使用如下方法实现自动填充。

（1）填充　。选中单元格或区域作为填充的依据后，鼠标指针移至选中区域的右下角时，会变成“+”形状，这就是填充　，拖曳填充　，可以实现将该数据或公式往鼠标拖曳的方向填充。

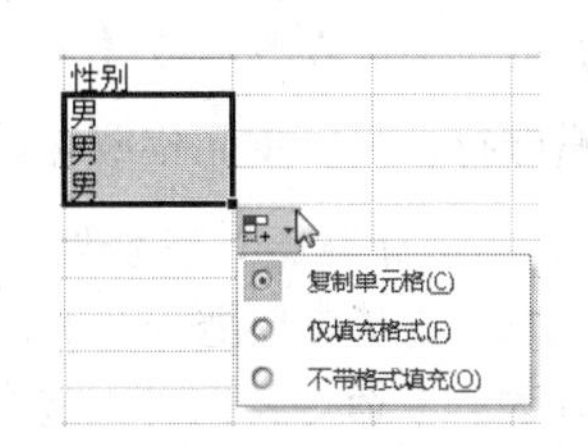

图 5.12 自动填充时的“自动填充选项”

填充时，填充　处会出现如图 5.12 所示的“自动填充选项”，可以选择填充的方式。默认情况为“复制单元格”，这时如果填充的数据是文本、数字，则实现原样复制粘贴；如果是公式，则根据填充方向，修改公式中的相对引用单元格的列标、行号后进行复制粘贴。

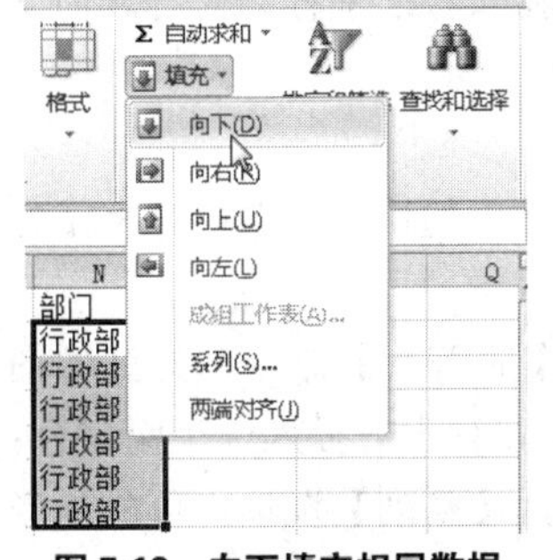

图 5.13 向下填充相同数据

如果需要填充的数据列左侧或右侧列中数据是连续的，也可双击填充　实现自动填充。

（2）【填充】菜单命令。单击【开始】→【编辑】→【填充】下拉按钮，可以实现多种方式的自动填充。

① 向下填充：将区域中第一个单元格的内容向下复制填充到选中的区域。如图 5.13 中，在 N2 单元格中先输入文本“行政部”，然

后选中需要填充的区域 N2:N7，选择【编辑】→【填充】→【向下】命令，则在 N2:N7 的所有单元格中均填入文本“行政部”。

② 向右、上、左填充：当选中的区域中需要参照填充的内容在最左侧单元格、最下方单元格、最右侧单元格时，对区域中其他单元格的填充，可以分别选择【向右】、【向上】或【向左】命令实现。

③ 以序列填充：当需要按规律变化的序列来填充区域时，可以使用【序列】来实现。如在 A2 中输入序列起始数字“1”，然后选中需要以等差序列填充的 A3:A13 区域，选择【开始】→【编辑】→【填充】→【系列】命令，打开“序列”对话框，设置“序列产生在”【列】，选择类型为【等差序列】，步长值为“1”，如图 5.14 所示，单击【确定】按钮，完成“1…12”的填充。

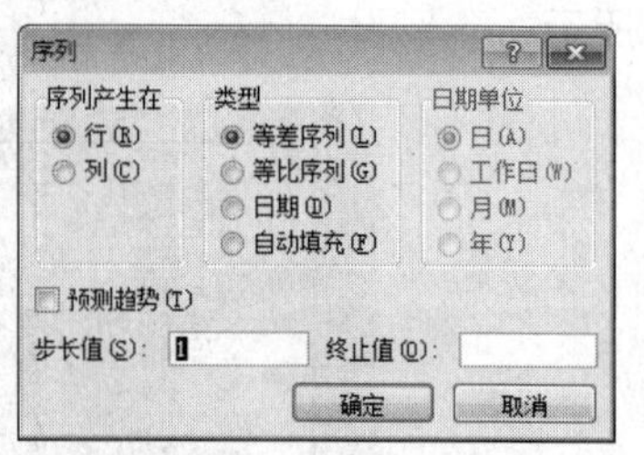

图 5.14 “序列”对话框

提示：由于这里已经选中了需要填充的区域，因此会自动以最下方的单元格作为终止的单元格，无需设置自动填充的【终止值】了。

（3）组合键。按住【Ctrl】键一次性选中需要填充的连续或不连续的单元格区域，输入数据后按【Ctrl】+【Enter】组合键，选中的区域中将同时填充进这个数据。

7. 修改单元格中的数据

修改单元格中的数据，分为全部修改和部分修改 2 种常见操作。

（1）全部修改。单击需要修改的单元格使其成为活动单元格，这时直接输入新的内容，会覆盖原先的内容，实现全部修改；也可选定待修改单元格，在编辑栏中输入新的数据，按【Enter】键或编辑栏上修改数据时出现的【×✓】按钮中的【✓】按钮确认修改，或【×】按钮取消修改。

（2）部分修改。双击需要修改的单元格，将光标定位于单元格的数据中，这时可以修改其中的部分内容；也可以选定待修改的单元格，在编辑栏中修改部分内容，按【Enter】键或编辑栏上的【✓】按钮确认修改，或【×】按钮取消修改。

8. 增删行、列、单元格或区域

（1）插入或删除整行或整列。

① 增加行。选中要插入行所在的任意单元格，选择【开始】→【单元格】→【插入单元格】→【插入工作表行】命令；也可先选中要在其上方插入行的那行，用鼠标右键单击行号，从弹出的快捷菜单中选择【插入】命令实现。

提示：插入行，总是在当前行的上方增加空行。选中的是多行，则插入与选中行相同行数的空白行。

② 删除行。选中要删除的行，用鼠标右键单击选中行的行号，从弹出的快捷菜单中选择【删除】命令；也可以单击【开始】→【单元格】→【删除】按钮实现。

③ 用鼠标右键单击目标位置的任意单元格，从快捷菜单中选择【插入...】命令，打开如图 5.15 所示的“插入”对话框，选择【整行】选项，可以在当前单元格所在行上方插入一个空白行；若选择【删除...】命令，则打开如图 5.16 所示的“删除”对话框，选择【整列】选项，可删除当前单元格所在的列。

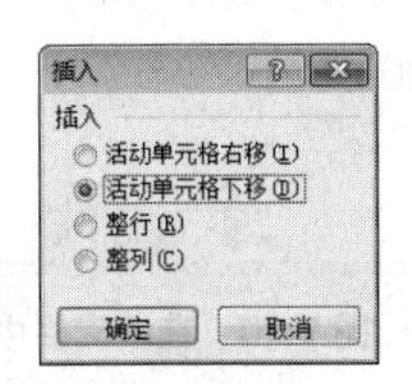

图 5.15 “插入”对话框

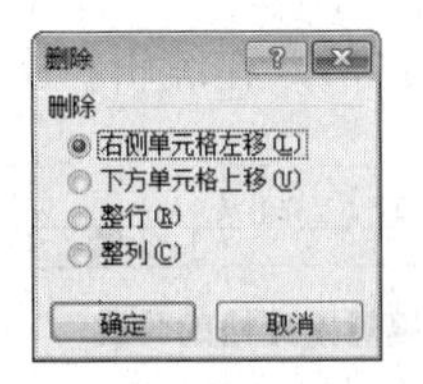

图 5.16 “删除”对话框

（2）插入、删除单元格或区域。

① 使用功能区。选中要在其左侧插入新单元格的单元格区域，选择【开始】→【单元格】→【插入】→【插入单元格】命令，打开“插入”对话框，在其中选择【活动单元格右移】，原来该位置的区域内容自动右移；【活动单元格下移】命令，会使选中区域向下移动以便插入单元格或区域。

删除单元格或区域，与插入的操作类似。

提示： 删除的操作，不能仅使用键盘上的【Delete】键，因为这个键只是清除了单元格中的数据内容，并没有将其格式和所占的位置删除。要将单元格从表中去除，必须使用这里所说的方法，将这些单元格的内容和位置一起彻底删掉。

② 使用快捷菜单。选定要在其左侧或上方添加单元格的单元格区域，用鼠标右键单击选定区域，从快捷菜单中选择【插入…】或【删除…】命令，弹出对应的对话框，选择适当的选项实现。

9. 移动行、列、单元格或区域

在 Excel 中，要移动行、列、单元格或区域，必须先在目标位置留出空行、空列、空的单元格或区域，然后选中需要移动的行列、单元格或区域，用鼠标拖曳或【剪切】+【粘贴】的方法实现。

若先按住【Ctrl】键，再进行上述操作，则复制这些内容到目标处。

完成移动后，原数据区域会出现空行、空列或空的区域，需要将它们删除掉。

10. 输入公式

我们常构造公式来完成计算。在编辑栏中，会看到单元格的公式，如图 5.17 所示，K2 单元格的数据是由公式“=G2+H2+I2+J2”获得的，也就是 G2+H2+I2+J2 的结果　给了 K2 单元格。

K2　fx　=G2+H2+I2+J2

	A	B	C	D	E	F	G	H	I	J	K
1	编号	姓名	性别	部门	学历	职称	工作态度	职业素质	工作执行和	工作业绩	总分
2	1	李林新	男	工程部	硕士	工程师	86	85	80	84	335
3	2	王文辉	女	开发部	硕士	工程师	65	60	48	50	

图 5.17 查看单元格的公式

在 Excel 中，当用鼠标双击一个由公式计算得到的结果单元格时，参与计算的单元格或区域自动以不同的颜色框示，可以通过颜色对应的单元格区域来观察和确认公式是否正确。如图 5.18 所示，我们可以看到单元格 G2、H2、I2 和 J2 分别是用蓝色、绿色、紫色和　色显示的。

AVERAGE　✕ ✓ fx　=G2+H2+I2+J2

	A	B	C	D	E	F	G	H	I	J	K	L
1	编号	姓名	性别	部门	学历	职称	工作态度	职业素质	工作执行和	工作业绩	总分	
2	1	李林新	男	工程部	硕士	工程师	86	85	80	84	=G2+H2+I2+J2	
3	2	王文辉	女	开发部	硕士	工程师	65	60	48	50		

图 5.18 编辑单元格的公式时突出显示来源单元格区域

如需修改公式，则双击单元格，使该单元格的数据处于编辑状态，再进行修改，如图 5.19 所示；也可以选中单元格后，在编辑栏中修改公式，如图 5.20 所示。

图 5.19 编辑单元格的公式　　　图 5.20 在编辑栏中修改公式

提示： 输入运算的公式时，一定不要忘记首先输入一个“=”，然后再输入计算公式。“=”表示将其后公式的结果赋予该单元格，所以很多时候将其称作“赋值号”。如果使用函数进行运算，系统会自动产生“=”、函数结构和默认参数区域，只需确认是否正确或进行修改即可。

计算“总分”时，在结果单元格中手工输入计算公式“=G2+H2+I2 +J2”；也可以先输入“=”，然后用鼠标单击以选取 G2，输入“+”，再选取 H2，输入“+”，选取 I2，输入“ ”，选取 J2 完成公式，最后按【Enter】键确定，得到运算结果。

11. 常用的单元格格式设置

在 Excel 中，对单元格或区域进行常用的格式设置，如字体、对齐方式、数字格式等，都需先选中需要设置的单元格或区域，然后使用下列方法实现。

（1）字体设置。

① 字体的格式设置与 Word 中设置字体格式类似，可以选择【开始】→【字体】内的按钮实现【字体 宋体】、【字号 11】、【增大字号】、【减小字号】、【加粗】、【倾斜】、【下划线】、【边框】、【填充颜色】、【字体颜色】、【显示或隐藏拼音字段】等具体设置，所有按钮都可打开下拉列表以选择适合的选项命令。

② 也可以选择【开始】→【单元格】→【格式】→【设置单元格格式 设置单元格格式(E)...】命令，打开“单元格格式”对话框，在其中的“字体”选项卡中进行设置，如图 5.21 所示。

③ 用鼠标右键单击选中的单元格区域，从快捷菜单中选择需要的命令进行设置。

（2）对齐方式设置。

① 单元格的对齐方式设置，可以选择【开始】→【对齐方式】内的按钮，实现【垂直对齐】中的【顶端对齐】、【垂直居中】和【底端对齐】，【水平对齐】可选【文本左对齐】、【居中】或【文本右对齐】，还可以进行【对齐方向】、【增加或减少缩进量】、【自动换行 自动换行】和【合并后居中 合并后居中】等具体设置。

② 也可以选择【开始】→【单元格】→【格式】→【设置单元格格式】命令，打开“单元格格式”对话框，在其中的“对齐”选项卡中进行设置，如图 5.22 所示。

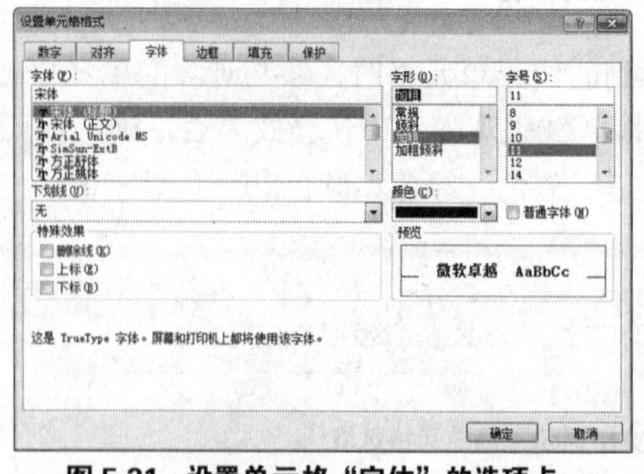

图 5.21 设置单元格“字体”的选项卡

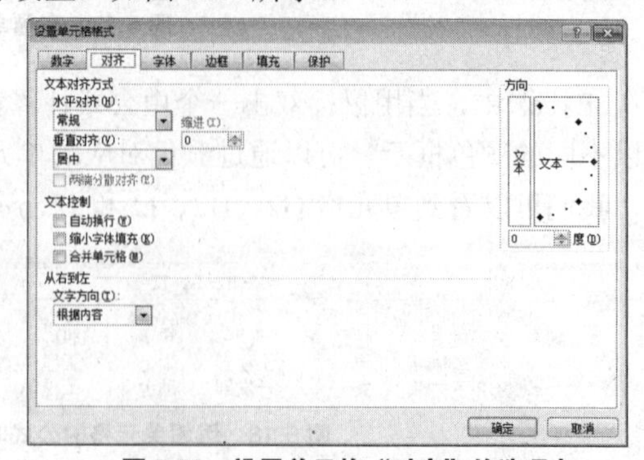

图 5.22 设置单元格“对齐”的选项卡

（3）数字格式设置。

选择【开始】→【数字】内的按钮，包含【数字格式 常规 】【会计数字格式 $ 】、【百分比样式 % 】、【千位分隔样式 , 】、【增加或减少小数位数 】命令，可实现常见的数字格式设置。其中【数字格式】和【会计数字格式】的下拉列表如图 5.23 和图 5.24 所示。

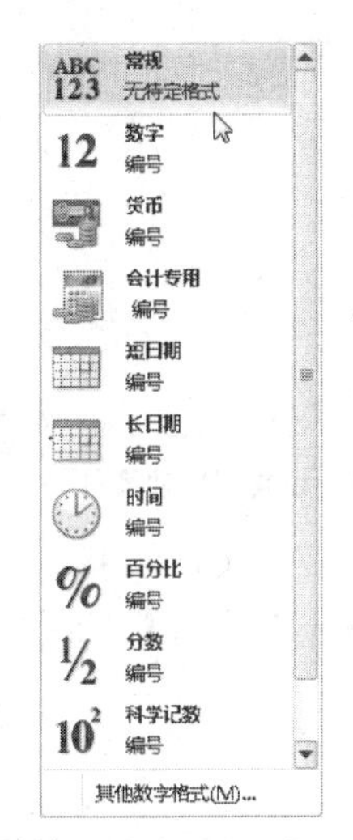

图 5.23 【数字格式】的下拉列表

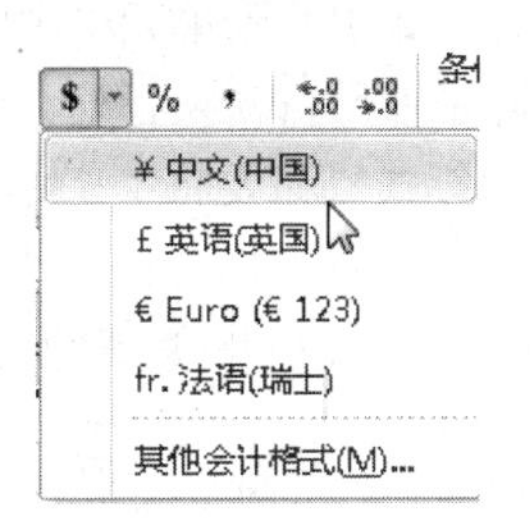

图 5.24 【会计数字格式】的下拉列表

12. 调整行高、列宽

在表格中，行高不合适，会使表格显得局促或宽松；列宽不合适，会导致部分数据显示不出来；如遇数字太长，则会出现如图 5.25 所示的“###”。这些情况都需要调整行高或列宽。

（1）手动调整。

① 将鼠标移至待调整列与右侧列的列标（行与相邻行的行号）交叉处，鼠标指针变成双向箭头✛时，拖曳鼠标，出现虚线的对齐线辅助调整，可以实现列宽的左右（行高的上下）调整。

② 通过在相邻列标的交叉处双击，可获得以该列中内容最长的单元格宽度作为参考的最佳列宽。

③ 如果要一次性地将多行或多列设置成相同的行高或列宽，可以先选中要调整的多行或多列，再拖曳其中某一行或某一列的行线或列线，则选中的行或列调整成了相同的行高或列宽。

（2）使用菜单命令调整。

要精确设置行高的磅值，则选中待设置的行，选择【开始】→【单元格】→【格式】→【行高】命令，打开如图 5.26 所示的“行高”对话框设置磅值。列宽设置与此类似。

	A	B
1	数字	分类
2	####	D
3	####	F

图 5.25 显示不完全的数字

图 5.26 “行高”对话框

13. 单元格中内容的换行

单元格中的内容，有时候因长度超过单元格宽度而需要排列成多行。可自动将超过单元格宽度的文字排列到第 2 行去，也可进行手动设置，实现换行。

（1）自动换行。

① 选中需要换行的单元格区域，单击【开始】→【对齐方式】→【自动换行】按钮 ，将该区域中有内容超过列宽的单元格内的文字自动分行。

② 也可以单击【开始】→【对齐方式】→【设置单元格格式：对齐方式】按钮，弹出“设置单元格格式”对话框，在“对齐”选项卡“文本控制”栏选中【自动换行】复选框，如图 5.27 所示。

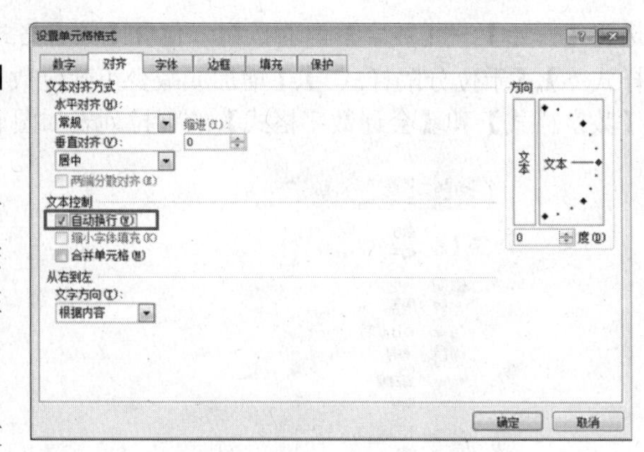

图 5.27　设置“自动换行”

（2）手动换行。如想达到单元格中文本的换行效果，除了使用自动换行外，还可使用手动换行的方式。如要将“工作执行和创新能力”内容做成两行效果，这时先激活该单元格内容，在编辑栏中，将光标定位于“创”字左侧，按【Alt】+【Enter】组合键实现手动换行，效果如图 5.28 所示，按【Enter】键确定。

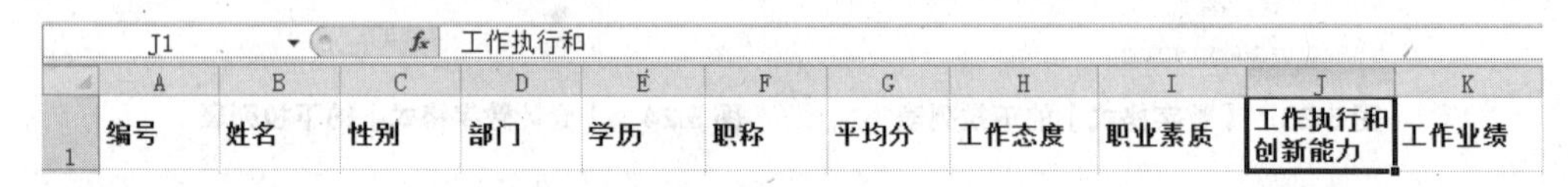

图 5.28　手工调整好换行后的效果

【任务实施】

步骤 1　启动 Excel 应用程序

（1）选择【开始】→【所有程序】→【Microsoft Office】→【Microsoft Excel 2010】命令，启动 Excel 2010 应用程序。

（2）系统自动创建一个空白工作　“工作　1”，如图 5.29 所示。Excel 程序的窗口由标题栏、快速访问工具栏、功能选项卡、名称框、编辑栏、列标、行号、工作表标签、工作表等部分组成。

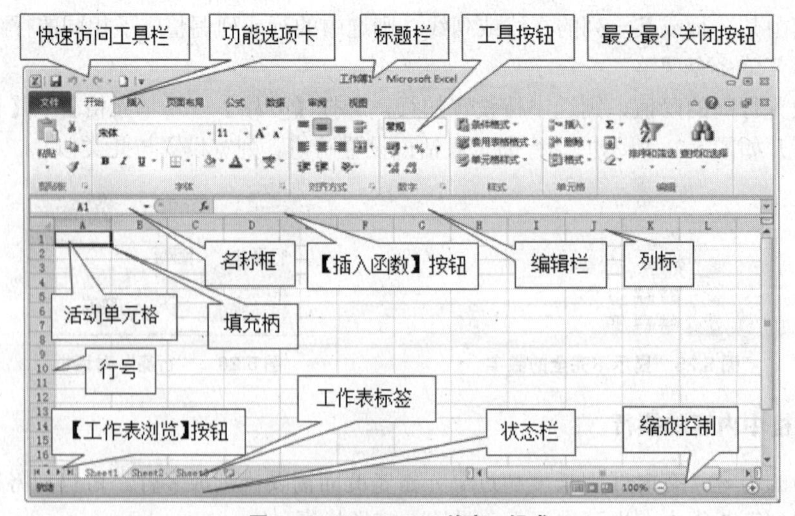

图 5.29　Excel 2010 的窗口组成

步骤 2　保存工作簿

（1）单击快速访问工具栏上的【保存】按钮，打开“另存为”对话框。

（2）选择保存位置为“D:\科源有限公司\人力资源部\员工综合素质考评”文件夹。

（3）在“文件名”组合框中输入工作　的名称“公司员工综合素质考评表”。

（4）在“保存类型”下拉列表中，保持默认的“Excel 工作　”类型，如图 5.30 所示。

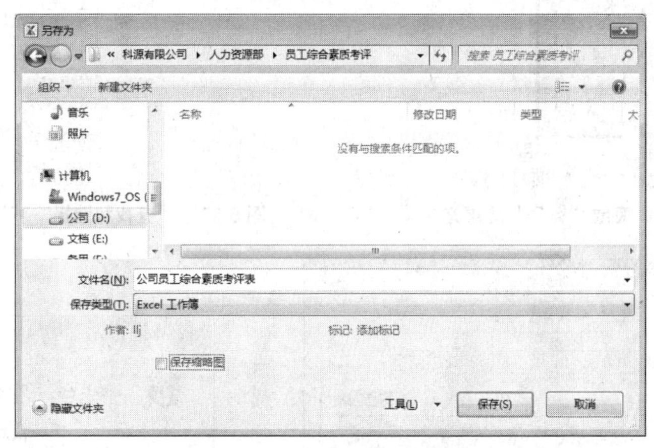

图 5.30　“另存为”对话框

（5）单击【保存】按钮，标题栏变为 公司员工综合素质考评表 - Microsoft Excel 。

步骤 3　重命名工作表

在工作表 Sheet1 的标签处双击，激活该工作表的名称，输入“考评成绩”作为新的名称，按【Enter】键确认，工作表名称变为 考评成绩 Sheet2 Sheet3 。

步骤 4　输入数据

（1）输入“编号”数据。

① 用鼠标单击选中 A1 单元格，输入“编号”，按【Enter】键确认，活动单元格移至 A2。

② 输入“编号”数据。在单元格 A2 和 A3 中输入“1”和“2”，使用鼠标拖曳选中 A2:A3，将鼠标指针移到选中区域右下角的填充　处，此时指针呈“+”形状，用鼠标左键拖曳填充　到 A13，释放鼠标，则从 A2 到 A16，以递增 1 的规律，填充了从 1～15 的数字，如图 5.31 所示。

（2）在 B 列中参照图 5.1，输入“姓名”列的内容。

（3）输入“性别”数据。

① 选中 C1 单元格，输入“性别”。

② 输入“性别”数据。

a. 在区域 C2:C16 中分别用“1”和“2”来代替“男”和“女”的输入。

b. 用鼠标单击 C 列的列标选中该列，单击【开始】→【编辑】→【查找和选择】下拉按钮，从如图 5.32 所示的“查找和选择”下拉列表中选择【替换】命令，打开“查找和替换”对话框，在“替换”选项卡的“查找内容”处输入“1”，“替换为”处输入“男”，如图 5.33 所示，单击【全部替换】按钮，完成全部替换，弹出如图 5.34 所示的提示，单击【确定】按钮。

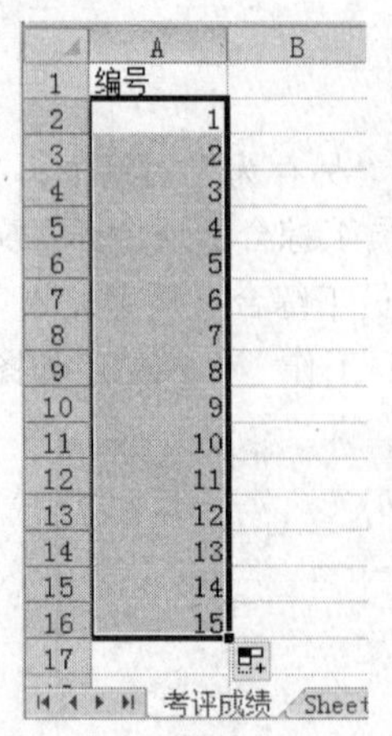

图 5.31 完成“编号”的填充

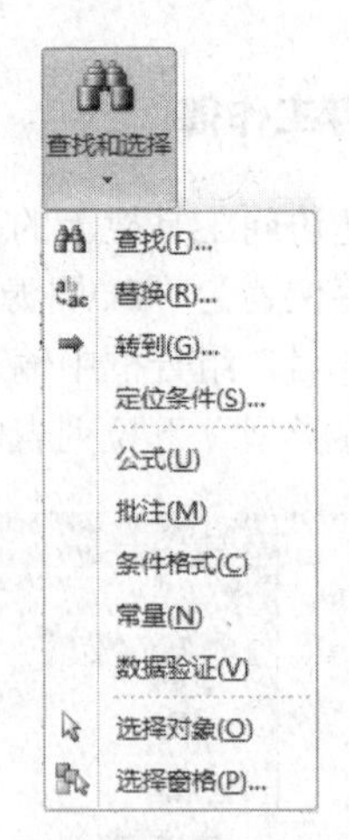

图 5.32 “查找和选择”下拉列表

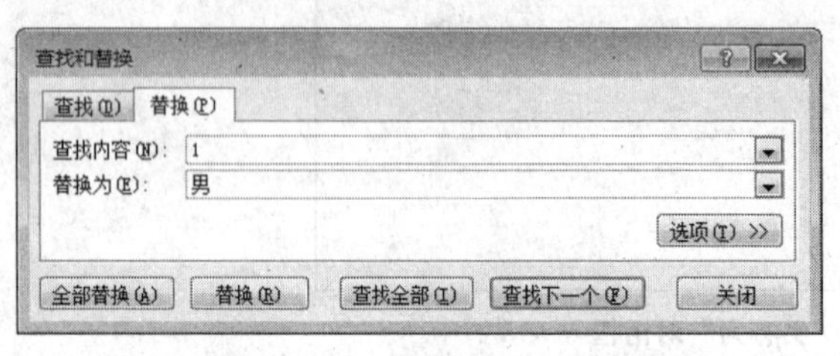

图 5.33 “查找和替换”对话框

图 5.34 完成替换后的提示

c. 同理实现“女”字的替换，完成后关闭“查找和替换”对话框。

（4）输入“部门”数据。在单元格 D1 和 D2 中输入“部门”和“工程部”，选中 D2，复制后使用【粘贴】命令粘贴至 D10、D13、D15 单元格中，同理输入其他部门数据。

（5）参照图 5.1，选择合适的方法输入“学历”和“职称”列的数据。

（6）参照图 5.1，输入“工作态度”、“职业素质”、“工作执行与创新能力”和“工作业绩”列的成绩数据。完成后整个电子表格如图 5.1 所示。

（7）按组合键【Ctrl】+【S】，保存编辑的工作 。

步骤 5 插入“总分”列

（1）选中 F1 单元格，单击【开始】→【单元格】→【插入】下拉按钮，从下拉列表中选择【插入工作表列】命令，如图 5. 5 所示，在 G 列插入一个空列。

（2）在单元格 G1 中输入列标题“总分”。

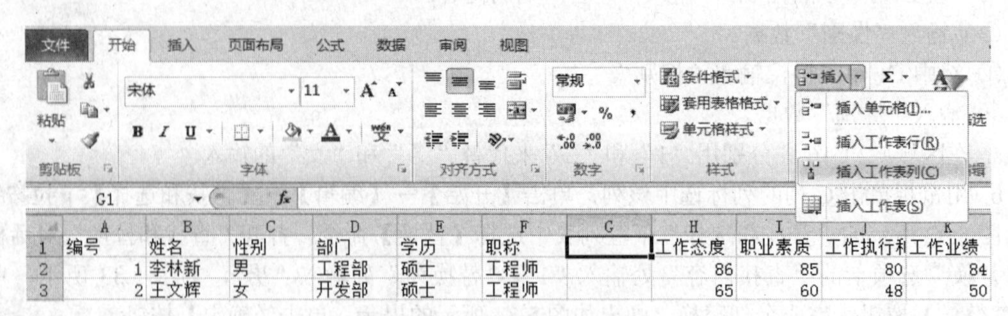

图 5.35 在 F 列插入一个空列

步骤 6　计算“总分”和“平均分”

（1）选中单元格 G2，在其中输入计算公式“=H2+I2+J2+K2”，如图 5.36 所示，按【Enter】键确定，得到运算结果，如图 5.37 所示。

=H2+I2+J2+K2

C	D	E	F	G	H	I	J	K
性别	部门	学历	职称	总分	工作态度	职业素质	工作执行和	工作业绩
男	工程部	硕士	工程师	=H2+I2+J2+K2		85	80	84

图 5.36　手工输入总分的计算公式

	A	B	C	D	E	F	G	H	I	J	K
1	编号	姓名	性别	部门	学历	职称	总分	工作态度	职业素质	工作执行和	工作业绩
2	1	李林新	男	工程部	硕士	工程师	335	86	85	80	84
3	2	王文辉	女	开发部	硕士	工程师		65	60	48	50
4	3	张蕾	女	培训部	本科	高工		92	91	94	86

图 5.37　总分的计算结果

（2）选中 G2 单元格，鼠标移至右下角填充　处单击并拖曳至 G16 实现自动填充，如图 5.38 所示。

G2　=H2+I2+J2+K2

	A	B	C	D	E	F	G	H
1	编号	姓名	性别	部门	学历	职称	总分	工作态度
2	1	李林新	男	工程部	硕士	工程师	335	86
3	2	王文辉	女	开发部	硕士	工程师	223	65
4	3	张蕾	女	培训部	本科	高工	363	92
5	4	周涛	男	销售部	大专	工程师	336	89
6	5	王政力	男	培训部	本科	工程师	345	82
7	6	黄国立	男	开发部	硕士	工程师	341	82
8	7	孙英	女	行政部	大专	助工	340	91
9	8	张在旭	男	工程部	本科	工程师	360	84
10	9	金翔	男	开发部	博士	工程师	371	94
11	10	王春晓	女	销售部	本科	高工	345	95
12	11	王青林	男	工程部	本科	高工	348	83
13	12	程文	女	行政部	硕士	高工	339	77
14	13	姚林	男	工程部	本科	工程师	217	60
15	14	张雨涵	女	销售部	本科	工程师	356	93
16	15	钱述民	男	开发部	本科	助工	315	81

图 5.38　自动填充得到所有人的总分

（3）利用鼠标和键盘配合输入平均分公式。在单元格 L1 中输入“平均分”，选中单元格 L2，在其中输入公式的开头“=”，再单击　取单元格 G2，继续输入“/4”，如图 5.39 所示，输入了完整的公式“=G2/4”，按【Enter】键确认，得到运算结果。

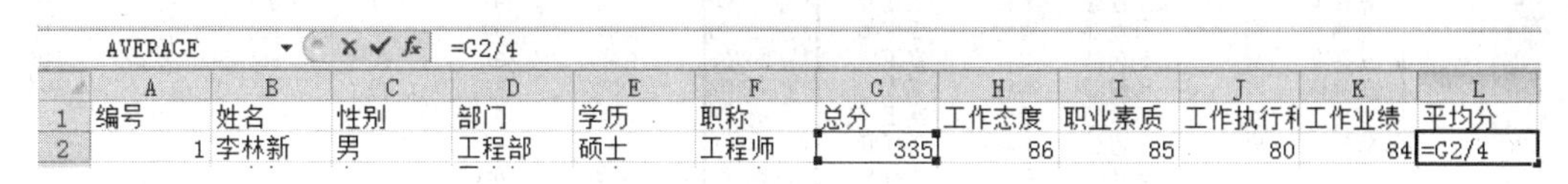

AVERAGE　=G2/4

	A	B	C	D	E	F	G	H	I	J	K	L
1	编号	姓名	性别	部门	学历	职称	总分	工作态度	职业素质	工作执行和	工作业绩	平均分
2	1	李林新	男	工程部	硕士	工程师	335	86	85	80	84	=G2/4

图 5.39　利用鼠标和键盘配合输入计算平均分的公式

（4）自动填充其余人员的平均分。选中 L2 单元格，鼠标移至填充　处，双击以完成公式的自动填充，计算出所有人的平均分，如图 5.40 所示。

	A	B	C	D	E	F	G	H	I	J	K	L
1	编号	姓名	性别	部门	学历	职称	总分	工作态度	职业素质	工作执行和	工作业绩	平均分
2	1	李林新	男	工程部	硕士	工程师	335	86	85	80	84	83.75
3	2	王文辉	女	开发部	硕士	工程师	223	65	60	48	50	55.75
4	3	张蕾	女	培训部	本科	高工	363	92	91	94	86	90.75
5	4	周涛	男	销售部	大专	工程师	336	89	84	86	77	84
6	5	王政力	男	培训部	本科	工程师	345	82	89	94	80	86.25
7	6	黄国立	男	开发部	硕士	工程师	341	82	80	90	89	85.25
8	7	孙英	女	行政部	大专	助工	340	91	82	84	83	85
9	8	张在旭	男	工程部	本科	工程师	360	84	93	97	86	90
10	9	金翔	男	开发部	博士	工程师	371	94	90	92	95	92.75
11	10	王春晓	女	销售部	本科	高工	345	95	80	90	80	86.25
12	11	王青林	男	工程部	本科	高工	348	83	86	88	91	87
13	12	程文	女	行政部	硕士	高工	339	77	86	91	85	84.75
14	13	姚林	男	工程部	本科	工程师	217	60	62	50	45	54.25
15	14	张雨涵	女	销售部	本科	工程师	356	93	86	86	91	89
16	15	钱述民	男	开发部	本科	助工	315	81	81	78	75	78.75
17												

图 5.40　计算出所有人的平均分

步骤 7　互换“总分”和“平均分”列

（1）移动“总分”列。单击 G 列的列标选中“总分”列，单击【剪切】按钮，如图 5.41 所示，再选中目标区域起始单元格 M1，单击【粘贴】按钮将其粘贴到 M 列。

	A	B	C	D	E	F	G	H	I	J	K	L	M
1	编号	姓名	性别	部门	学历	职称	总分	工作态度	职业素质	工作执行和	工作业绩	平均分	
2	1	李林新	男	工程部	硕士	工程师	335	86	85	80	84	83.75	
3	2	王文辉	女	开发部	硕士	工程师	223	65	60	48	50	55.75	
4	3	张蕾	女	培训部	本科	高工	363	92	91	94	86	90.75	
5	4	周涛	男	销售部	大专	工程师	336	89	84	86	77	84	
6	5	王政力	男	培训部	本科	工程师	345	82	89	94	80	86.25	
7	6	黄国立	男	开发部	硕士	工程师	341	82	80	90	89	85.25	
8	7	孙英	女	行政部	大专	助工	340	91	82	84	83	85	
9	8	张在旭	男	工程部	本科	工程师	360	84	93	97	86	90	
10	9	金翔	男	开发部	博士	工程师	371	94	90	92	95	92.75	
11	10	王春晓	女	销售部	本科	高工	345	95	80	90	80	86.25	
12	11	王青林	男	工程部	本科	高工	348	83	86	88	91	87	
13	12	程文	女	行政部	硕士	高工	339	77	86	91	85	84.75	
14	13	姚林	男	工程部	本科	工程师	217	60	62	50	45	54.25	
15	14	张雨涵	女	销售部	本科	工程师	356	93	86	86	91	89	
16	15	钱述民	男	开发部	本科	助工	315	81	81	78	75	78.75	
17													
18													

图 5.41　剪切 G 列以备粘贴

（2）移动“平均分”列。按下鼠标左键从 L1 拖曳至 L16 以选中区域 L1:L16，按组合键【Ctrl】+【X】将其剪切，选中 G1，按组合键【Ctrl】+【V】将其粘到 G 列，如图 5.42 所示。

	A	B	C	D	E	F	G	H	I	J	K	L	M
1	编号	姓名	性别	部门	学历	职称	平均分	工作态度	职业素质	工作执行和	工作业绩		总分
2	1	李林新	男	工程部	硕士	工程师	83.75	86	85	80	84		335
3	2	王文辉	女	开发部	硕士	工程师	55.75	65	60	48	50		223
4	3	张蕾	女	培训部	本科	高工	90.75	92	91	94	86		363
5	4	周涛	男	销售部	大专	工程师	84	89	84	86	77		336
6	5	王政力	男	培训部	本科	工程师	86.25	82	89	94	80		345
7	6	黄国立	男	开发部	硕士	工程师	85.25	82	80	90	89		341
8	7	孙英	女	行政部	大专	助工	85	91	82	84	83		340
9	8	张在旭	男	工程部	本科	工程师	90	84	93	97	86		360
10	9	金翔	男	开发部	博士	工程师	92.75	94	90	92	95		371
11	10	王春晓	女	销售部	本科	高工	86.25	95	80	90	80		345
12	11	王青林	男	工程部	本科	高工	87	83	86	88	91		348
13	12	程文	女	行政部	硕士	高工	84.75	77	86	91	85		339
14	13	姚林	男	工程部	本科	工程师	54.25	60	62	50	45		217
15	14	张雨涵	女	销售部	本科	工程师	89	93	86	86	91		356
16	15	钱述民	男	开发部	本科	助工	78.75	81	81	78	75		315
17													

图 5.42　将“平均分”从 L 列移动至 G 列

（3）删除空列。单击 L 列的列标选中 L 列，单击【开始】→【单元格】→【删除】按钮将其删除。

步骤 8　简要设置格式

（1）设置字体及对齐方式。

① 选中区域 A1:L1，单击【开始】→【字体】→【字体】下拉按钮，从下拉列表中选择【宋体（标题）】字体；单击【开始】→【字体】→【加粗】按钮实现文字加粗；单击【开始】→【对齐方式】→【垂直居中】和【居中】按钮，实现文字水平居中，如图 5.43 所示。

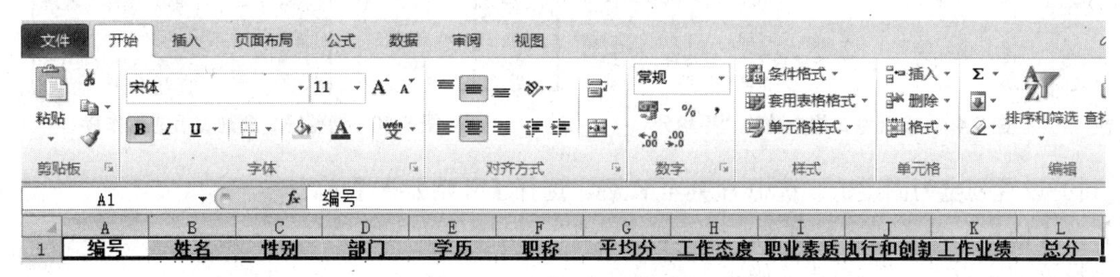

图 5.43　为第 1 行设置字体

② 按住【Ctrl】键，单击选中 A、C、D、E、F 不连续的 5 列，选择【开始】→【单元格】→【格式】→【设置单元格格式 设置单元格格式(E)...】命令，打开“单元格格式”对话框，在“对齐”选项卡中设置“水平对齐”方式为“居中”，如图 5.44 所示，单击【确定】按钮。

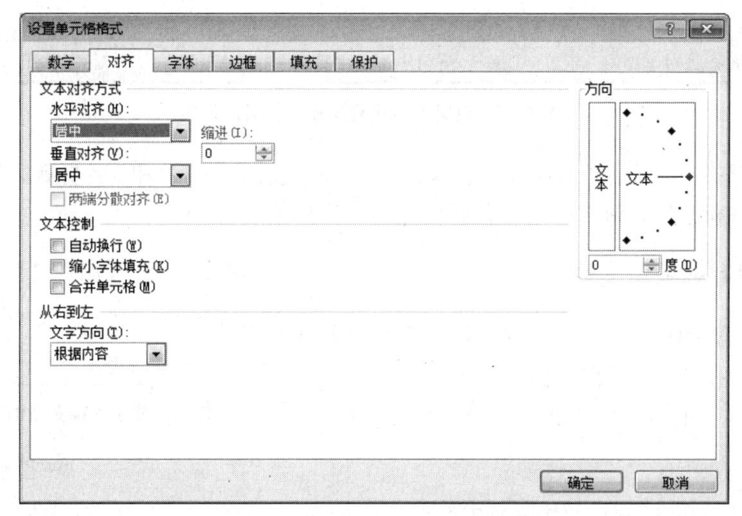

图 5.44　设置水平对齐方式为“居中”

（2）设置“平均分”为 2 位小数。

选中平均分所在的区域 G2:G16，单击【开始】→【数字】→【增加小数位数】按钮，将小数点的位数调整为统一的 2 位小数，如图 5.45 所示。

（3）修改列宽。

① 手动设置列宽。将鼠标移至 A、B 列的列标交叉处，变成双向箭头时，使用左键拖曳，将“编号”列调整窄一些。

② 自动设置合适的列宽。用鼠标拖曳选中 B~F 列的连续列标，在其中任意 2 列的列标交叉处双击，使得它们调整为根据内容的长度较为合适的列宽，如图 5.46 所示。

	A	B	C	D	E	F	G
1	编号	姓名	性别	部门	学历	职称	平均分
2	1	李林新	男	工程部	硕士	工程师	83.75
3	2	王文辉	女	开发部	硕士	工程师	55.75
4	3	张蕾	女	培训部	本科	高工	90.75
5	4	周涛	男	销售部	大专	工程师	84.00
6	5	王政力	男	培训部	本科	工程师	86.25
7	6	黄国立	男	开发部	硕士	工程师	85.25
8	7	孙英	女	行政部	大专	助工	85.00
9	8	张在旭	男	工程部	本科	工程师	90.00
10	9	金翔	男	开发部	博士	工程师	92.75
11	10	王春晓	女	销售部	本科	高工	86.25
12	11	王青林	男	工程部	本科	高工	87.00
13	12	程文	女	行政部	硕士	高工	84.75
14	13	姚林	男	工程部	本科	工程师	54.25
15	14	张雨涵	女	销售部	本科	工程师	89.00
16	15	钱述民	男	开发部	本科	助工	78.75

图 5.45 设置为 2 位小数的"平均分"

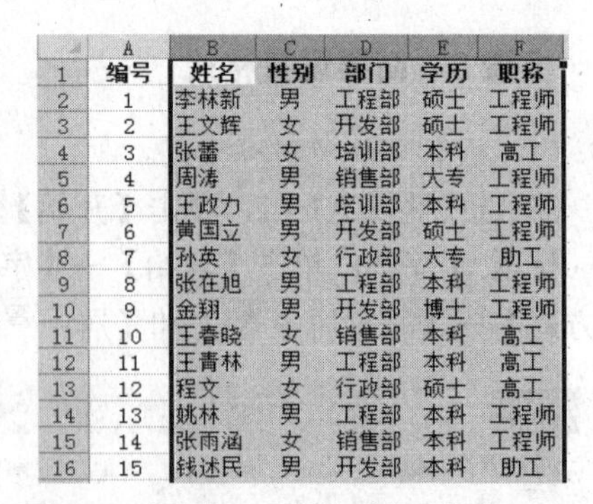

	A	B	C	D	E	F
1	编号	姓名	性别	部门	学历	职称
2	1	李林新	男	工程部	硕士	工程师
3	2	王文辉	女	开发部	硕士	工程师
4	3	张蕾	女	培训部	本科	高工
5	4	周涛	男	销售部	大专	工程师
6	5	王政力	男	培训部	本科	工程师
7	6	黄国立	男	开发部	硕士	工程师
8	7	孙英	女	行政部	大专	助工
9	8	张在旭	男	工程部	本科	工程师
10	9	金翔	男	开发部	博士	工程师
11	10	王春晓	女	销售部	本科	高工
12	11	王青林	男	工程部	本科	高工
13	12	程文	女	行政部	硕士	高工
14	13	姚林	男	工程部	本科	工程师
15	14	张雨涵	女	销售部	本科	工程师
16	15	钱述民	男	开发部	本科	助工

图 5.46 调整好 5 列列宽后的工作表

③ 设置列宽为固定值。选中 H 列至 K 列，选择【开始】→【单元格】→【格式】→【列宽】命令，打开如图 5.47 所示的"列宽"对话框，设置列宽为"11"，单击【确定】。

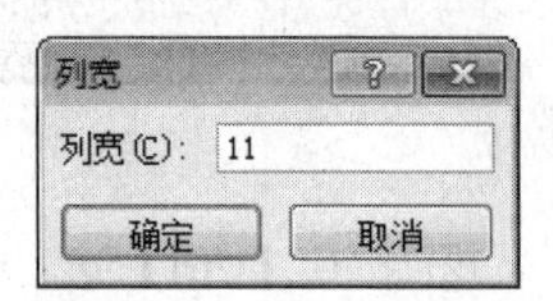

图 5.47 "列宽"对话框

（4）文字换行。

① 自动换行。选中第 1 行，单击【开始】→【对齐方式】→【自动换行】按钮，将该行中有内容超过列宽的单元格内的文字自动分行，效果如图 5.48 所示。

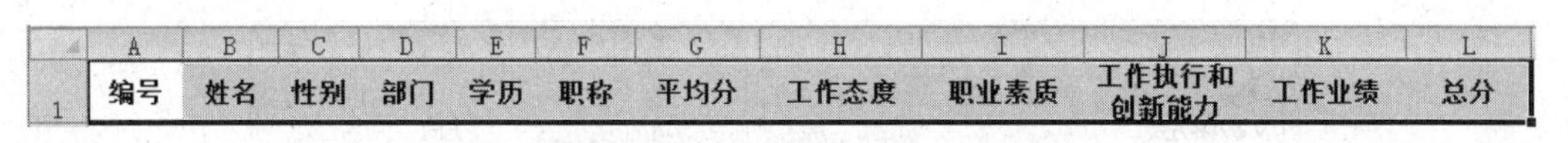

	A	B	C	D	E	F	G	H	I	J	K	L
1	编号	姓名	性别	部门	学历	职称	平均分	工作态度	职业素质	工作执行和创新能力	工作业绩	总分

图 5.48 对第 1 行设置自动换行后的效果

② 手工调整换行。激活单元格 J1，在编辑栏中，将光标定位于"和"字左侧，按【Alt】+【Enter】组合键，再按【Enter】键确认，将"和创新能力"换到第 2 行。

步骤 9 保存并关闭文件

完成以上所有工作，单击窗口右上角的【关闭】按钮，弹出如图 5.49 所示保存提示框，单击【保存】按钮，保存该工作 的所有修改并关闭应用程序窗口。

图 5.49 提示保存更改的对话框

【任务总结】

本任务中，我们通过制作"公司员工综合素质考评表"，学习了在 Excel 中创建工作表的方法，了解了工作 、工作表、区域和单元格的使用，掌握了输入数据的几种方法，学会了增删行、列和移动、复制行、列的操作，能使用公式计算结果，并进行简单的格式设置，为进一步使用这些数据来展现美观的结果及进行数据分析打下了良好的基础。

【知识拓展】

1. Excel 中的几个概念

（1）工作 。在 Excel 中，用来存储、组织和处理工作数据的文件叫做工作 。默认的工作 名为工作 1，其文件的扩展名为.xlsx。每一个工作 可以包含多张工作表。

（2）工作表。工作表是 Excel 工作 中存储和处理数据的最重要部分，由排列成行或列的单元格组成，也称电子表格。可以用不同颜色来标记工作表标签，以使其更容易识别。

新建的工作　中默认包含 3 张工作表 Sheet1、Sheet2 和 Sheet3，可以添加或删除工作表。

活动工作表是指当前正在操作的，标签是白底黑字的工作表。默认情况下，活动工作表为 Sheet1。

（3）列和行。为了能标识和引用数据，Excel 中的列用大写英文字母 A、B、C、…、Z、AA、AB、…ZZ、AAA、AAB、…、XFD 来表示列标；行用阿拉伯数字 1、2、…、1048576 来表示行号。

Excel 2003 及以前的版本，一个工作表最多含有 65536 行，256 列；Excel 2010 工作表则可包含 1048576 行，16384 列。

（4）单元格。行和列的交叉部分形成单元格，它是工作表的最小单位。输入的数据都保存在单元格中，其中数据可以是字符串、数字、公式、图形和声音等。

单元格根据其所处的列标和行号自动命名，列标在前、行号在后，如 A1，E19。我们可以为单元格重新命名，以特别标识特殊的单元格。

活动单元格是指当前正在操作的、被黑线框住的单元格，其名称会出现在名称框中。

（5）区域。由一个或多个连续的单元格组成的矩形称之为区域。区域的表示方式为“起始单元格（左上角）的名称:结束单元格（右下角）的名称”，也可以根据需要为区域重命名。

最小的区域是一个单元格，最大的区域是整张工作表。

2. 【粘贴】命令

复制了数据之后，使用【粘贴】命令，粘贴到的单元格右下角会出现一个【粘贴选项】按钮，打开【粘贴选项】，可以实现多种形式的粘贴，如图 5.50 所示。此外，还可选择【开始】→【剪贴板】→【粘贴】→【选择性粘贴】命令，打开如图 5.51 所示的“选择性粘贴”对话框进行粘贴设置。

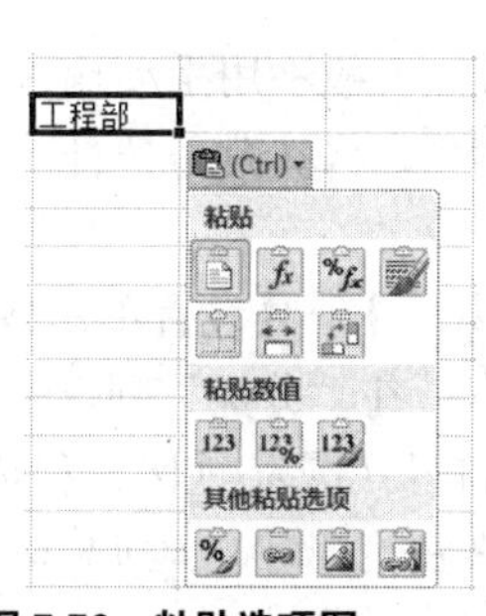

图 5.50　粘贴选项图

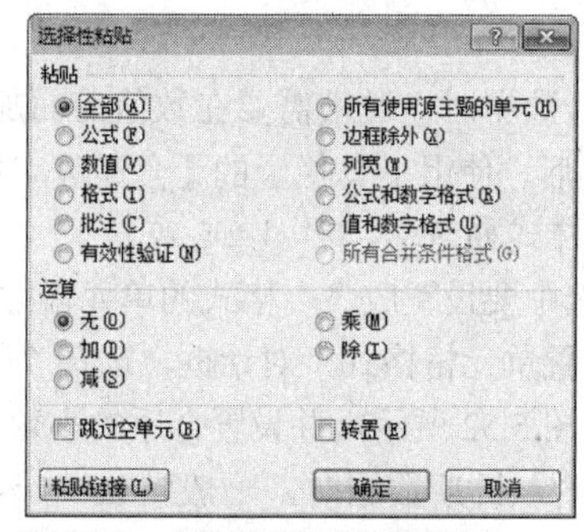

图 5.51　“选择性粘贴”对话框

（1）粘贴。使用这部分的命令可以实现粘贴、公式、公式和数字格式、保留源格式、无边框、保留源列宽、转置的操作。默认的操作是常见的粘贴，即组合键【Ctrl】+【V】实现的粘贴。

（2）粘贴数值。这部分命令中有值、值和数字格式、值和源格式的粘贴选项。

（3）其他粘贴选项。这部分包含格式、粘贴链接、图片、链接的图片的选项。

3. 常见数据类型的输入技巧和设置

（1）文本输入技巧。

① 文本输入时，选择合适的输入法来进行中、英文的输入。特殊字符，可参照 Word 中的方法。

② 输入的字符比较长时，会出现以下的情况：右侧单元格无内容时，超出单元格宽度的内容会占用右侧单元格显示；右侧单元格有内容时，超宽的内容部分隐藏，如图 5.1 中 I1 单元格的内容。

（2）数字输入技巧。Excel 默认的是常规数字格式。输入数字时，Excel 会根据输入的一些细节自动判断输入数字的类型，获得不同的格式，如自然整数、日期、时间、分数、百分比、货币样式等。我们可以根据实际需要，利用工具栏上的相应【 $ - % , .00 .00 】按钮，或使用【数字】→【设置单元格格式：数字】命令，打开的“设置单元格格式”对话框，在“数字”选项卡的“分类”中选择需要的类别，进行进一步设置。

① 当前日期的输入，可按组合键【Ctrl】+【;】。

② 当前时间的输入，可按组合键【Ctrl】+【Shift】+【;】。

③ 如需输入分数，则先输入【0】，然后输入一个空格，再输入分数本身即可。如需输入 1/3，则可输入“0 1/3”，此时在编辑栏看到 0.333333333333333 的分数计算结果。

④ 输入类似电话号码、身份证号码之类长度超过 11 位的数字，但该数字又不需要进行运算时，为了与可以进行运算的数字区别开，在输入时应该先输入一个英文状态下的单引号“'”，将接着输入的数字内容作为文本处理。

提示：输入数值数据，若单元格宽度不够，系统会自动将其转换为科学记数法表示，状如 7.87879E+18，如果这些数字只是代表数值的文本字符，如身份证号码、编码等，可对单元格做文本处理。

（3）常用数字类型及设置。

以下数字类型均可在“设置单元格格式”对话框的“数字”选项卡的中进行选择和设置。

① 常规数字。这是不包含任何特定格式的数字格式。

② 数值。可以有小数位数、千分位分隔符、负数格式设置的数字格式。

③ 和会计专用。数字前带有不同国家或地区的 符号，可选小数位数和负数格式的数字格式。

a. 输入 数据时，通常需要在数值前面加上 符号，一般不用手动输入 符号，而是输入数值并选中后，使用工具栏上的【会计数字格式】按钮 $ ，将其改为带有 符号且精确到 2 位小数的 样式如 ¥ 333.00 $ 666.00 。

b. 也可以选中要设置成 格式的单元格区域，单击【数字】→【设置单元格格式：数字】按钮，打开的“设置单元格格式”对话框，选择“数字”选项卡，在“分类”列表中选择“ ”或“会计专用”，如图 5.52 所示，并设置合适的小数位数、 符号（国家/地区）和负数的显示格式。

④ 日期。输入日期数据时，一般默认“年-月-日”的格式，形如 2010-5-29 ，我们可以在键盘上输入“2010-5-29”或“2010/5/29”，确认后都会自动变成默认的格式 2010-5-29 。如需修改日期格式，则选中单元格区域，单击【数字】→【设置单元格格式：数字】按钮，打开的“设置单元格格式”对话框，在“数字”选项卡的“分类”列表中选择“日期”，并在“类型”列表中选择合适的显示类型，如图 5.53 所示。

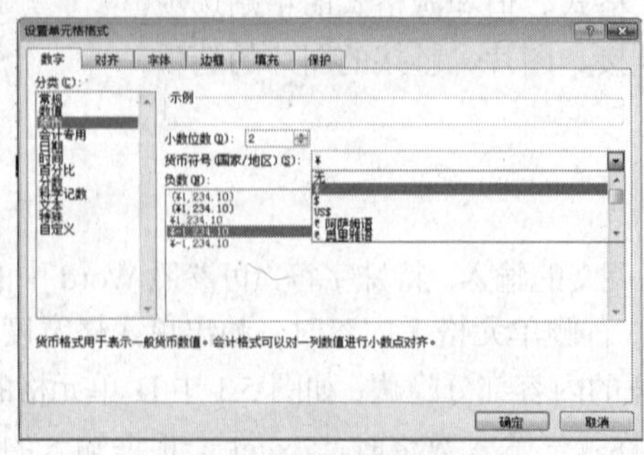

图 5.52 设置货币数字的格式

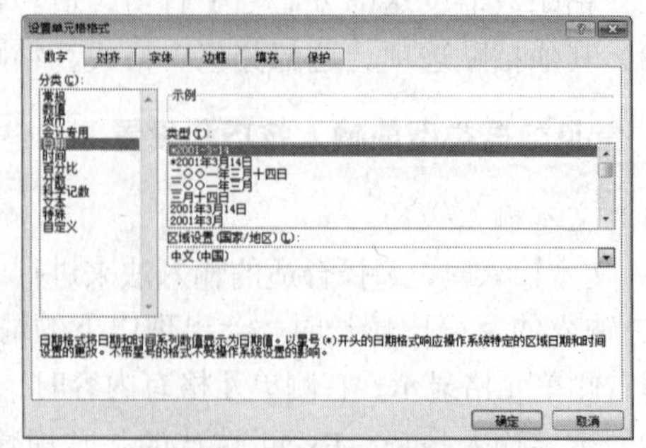

图 5.53 选择日期的显示类型

⑤ 时间。输入时间数据，一般使用“小时:分钟:秒”的格式，形如 12:20，如需修改成其他格式，可以使用“设置单元格格式”对话框，在其中进行合适的设置，如图 5.54 所示。

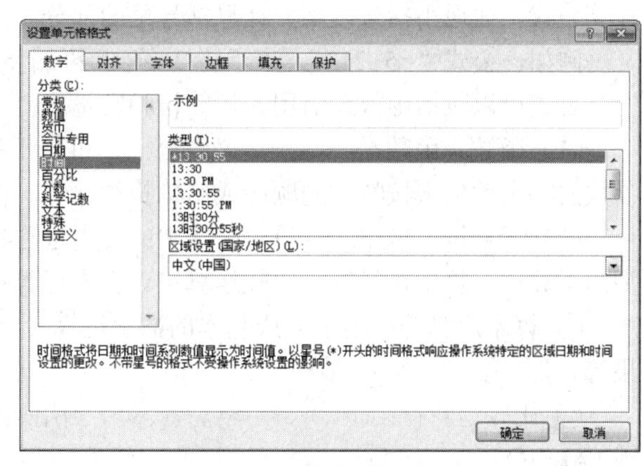

图 5.54　选择时间的显示类型

⑥ 百分比和分数。可选小数位数或分母类型的数字格式。

⑦ 科学计数。可选小数位数，以 5.50E+00 为标准显示格式的数字格式，表示 $5.5\times10^{+0}$ 次方。

⑧ 文本。在文本单元格格式中，数字作为文本处理，一般这类数字不参加数学和统计的运算。

⑨ 特殊。针对不同国家和地区的一些特殊数字固定用法，如中国的中文大写和小写数字。

对于如邮政编码、中文大写或小写的数字，可以先在单元格中输入数值，使用“设置单元格格式”对话框，选择需要的特殊类型，如图 5.55 所示。

⑩ 自定义。以现有格式为基础，修改或定义新的数据格式，如图 5.56 所示。

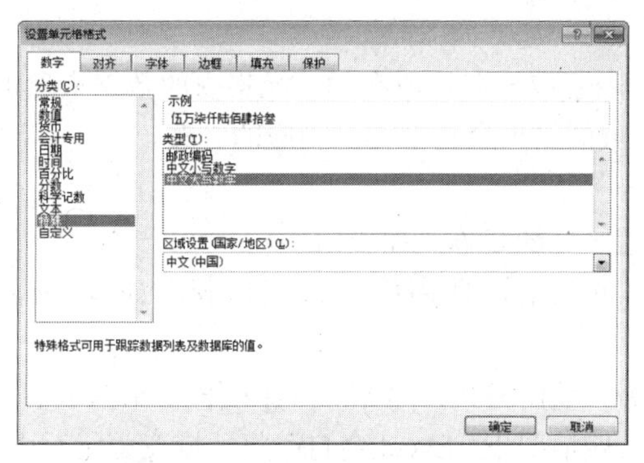

图 5.55　选择特殊数字的格式类型

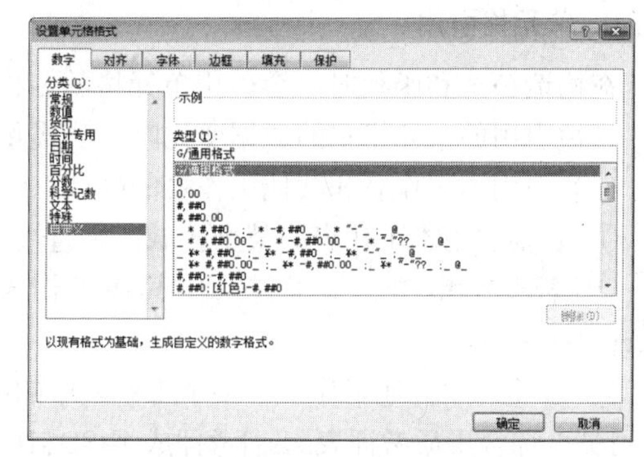

图 5.56　设置自定义数字格式

4.【清除】命令

若需要删除单元格中的数据内容，可以使用键盘上的【Delete】命令，但其格式还会保留，会影响该单元格以后输入的内容，所以需要使用清除格式的操作将　留的格式清除掉。

单击【开始】→【编辑】→【清除】下拉按钮，我们可以看到 4 种形式的清除.

（1）全部清除。清除单元格的所有内容，包含格式、内容、批注和超链接。

（2）清除格式。只清除数据格式，如数字格式、字体、对齐、边框和底纹等，成为 Excel 默认格式。

（3）清除内容。删除数据文本的内容，相当于使用键盘上的【Delete】命令。

（4）清除批注。清除手工添加的批注及内容。

（5）清除超链接。将设置的超链接清除，只留下单元格内容。

5. 公式的结构

Excel 中的公式通常以等号(=)开始，用于表明之后的字符为公式。紧随等号之后的是需要进行计算的元素（操作数），各操作数之间以运算符分隔。Excel 通常根据公式中的运算符从左到右计算公式，如遇小括号，则先计算括号里的部分。

例如，公式“=5+2*3”，表示将 2 乘 3 再加 5 的结果放入公式所在的单元格中。

公式可以包括函数、引用、运算符和常量。

（1）函数。函数是一些预定义的公式，可用于执行简单或复杂的计算，通过使用一些被称为参数的特定数值来按特定的顺序或结构执行计算。在任务 2 中我们将利用函数计算结果。

（2）运算符。使用运算符对公式中的元素进行特定类型的运算。Microsoft Excel 包含 4 种类型的运算符：算术运算符、比较运算符、文本运算符和引用运算符。

① 算术运算符：用于完成基本的数学运算（如加法、减法和乘法）、连接数字和产生数字结果等。

② 比较运算符：如=、>、<、>=、<=、<>。当用运算符比较两个值时，结果是一个逻辑值（TRUE 或 FALSE）。

③ 文本连接运算符：使用和号 (&) 加入或连接一个或多个文本字符串，以产生一串文本。

④ 引用运算符：如区域运算符（:）、联合运算符（,）、交叉运算符（空格），使用引用运算符可以表示单元格区域，进行区域的联合引用或交叉引用。

（3）常量。常量是不用计算的值。例如，日期“2008-10-9”、数字“210”以及文本“ 度收入”。表达式或由表达式得出的结果不是常量。如果在公式中使用常量而不是对单元格的引用（例如，=30+70+110），则只有在手工更改公式中这几个数字时，其结果才会更改。

6. 单元格引用

在构造公式和函数时，会引用单元格的名称，表示取该名称所在的单元格内的数据来参加计算。当被引用的单元格中的数据变化时，公式和函数的结果会自动得到相应的修改。

（1）引用本工作表和其他工作表的区域。

① 若要引用本工作表的某个区域，则直接使用区域的名称，如 B1:B10。

② 若要引用同一个工作 中其他工作表的单元格，使用格式：工作表名!区域名，如 Sheet2!B1:B10。

③ 若要引用其他工作 中某个工作表中的区域，使用格式：[工作 名]工作表名!区域名，如[公司员工综合素质考评表.xlsx]考评成绩!$D$16。一般情况下，Excel 会自动将区域变为绝对引用。

（2）相对引用和绝对引用。

① 相对引用。相对单元格引用（例如 A1）是基于包含公式和单元格引用的单元格的相对位置，如果公式所在单元格的位置改变，引用也随之改变。如果多行或多列地复制公式，引用会自动调整。

例如，将单元格 B2 中的相对引用复制到单元格 B3，将自动从“=A1”调整到“=A2”；如我们计算“总分”，只需要计算第一个人的总分，自动向下填充，则公式自动调整引用单元格的名称（行号递增）。

默认情况下，在一个工作 中进行单元格的引用，自动为相对引用。

② 绝对引用。绝对单元格引用（例如 $A$1）总是引用指定位置单元格。如果公式所在单元格的位置改变，绝对引用仍会保持不变。如果多行或多列地复制公式，绝对引用将不作调整。

如需将公式使用的相对引用转换为绝对引用，可以使用【F4】键，或编辑公式时在列标和行号前输入“$”，使其变为“$A$1”。

③ 混合引用。混合引用具有绝对列和相对行，或是绝对行和相对列。绝对引用列采用 $A1、$B1 的形式。绝对引用行采用 A$1、B$1 的形式。如果公式所在单元格的位置改变，则相对引用

改变，而绝对引用不变。如果多行或多列地复制公式，相对引用自动调整，而绝对引用不作调整。

④ 在相对引用、绝对引用和混合引用间切换。选中包含公式的单元格，在编辑栏中，选择要更改的引用，按【F4】键在 4 种状态中切换。

【实践训练】

制作第六届科技文化艺术节“文字录入报名”和“文字录入比赛成绩”，效果如图 5.57 和图 5.58 所示。

	A	B	C	D	E	F	G
1	姓名	班级	中文录入	英文录入	日文录入	数字录入	确定日期
2	李小平	13计算机应用1班	1	1	1		2013年6月18日
3	常大湖	13计算机应用1班	1		1		2013年6月19日
4	罗盈盈	13计算机应用1班	1	1	1	1	2013年6月20日
5	龙文	13计算机应用1班	1	1	1	1	
6	李丹丹	13计算机应用1班	1	1	1	1	2013年6月19日
7	华艳艳	13计算机应用1班	1	1	1	1	2013年6月21日
8	张丽梅	13计算机应用1班	1			1	2013年6月18日
9	李萍	13计算机应用1班	1			1	2013年6月19日
10	赵倩	13计算机应用1班				1	2013年6月18日
11	黄梅	13计算机应用1班			1		2013年6月18日
12	程玲玲	13计算机应用1班		1	1		2013年6月18日
13	曹俊	13计算机应用1班			1		2013年6月18日
14	周瑞丰	13计算机应用1班	1			1	

报名 Sheet2 Sheet3

图 5.57 “文字录入报名.xlsx”中的“报名”表

	A	B	C	D	E	F	G
1	姓名	班级	性别	比赛项目	速度	正确率	速度*正确率
2	李小平	13计算机应用1班	男	中文录入	97.0	93%	90.2
3	常大湖	13计算机应用1班	男	中文录入	77.0	91%	70.1
4	罗盈盈	13计算机应用2班	女	中文录入	78.0	93%	72.5
5	李丹丹	13计算机应用2班	女	中文录入	65.0	94%	61.1
6	华艳艳	13计算机应用2班	女	中文录入	66.0	89%	58.7
7	张丽梅	13软件技术班	女	中文录入	78.0	90%	70.2
8	李萍	13软件技术班	女	中文录入	73.0	97%	70.8
9	李小平	13计算机应用1班	男	英文录入	307.0	88%	270.2
10	罗盈盈	13计算机应用2班	女	英文录入	251.0	91%	228.4
11	李丹丹	13计算机应用2班	女	英文录入	245.0	92%	225.4
12	黄梅	13网络系统管理班	女	英文录入	237.0	92%	218.0
13	李小平	13计算机应用1班	男	日文录入	212.0	96%	203.5
14	常大湖	13计算机应用1班	男	日文录入	221.9	100%	221.9
15	罗盈盈	13计算机应用2班	女	日文录入	166.0	95%	157.7
16	李丹丹	13计算机应用2班	女	日文录入	144.6	91%	131.6
17	赵倩	13软件技术班	女	日文录入	132.3	96%	127.0
18	黄梅	13网络系统管理班	女	日文录入	139.0	73%	101.5
19	程玲玲	13网络系统管理班	女	日文录入	130.3	95%	123.8
20	罗盈盈	13计算机应用2班	女	数字录入	111.0	98%	108.8
21	李丹丹	13计算机应用2班	女	数字录入	139.3	68%	94.7
22	华艳艳	13计算机应用2班	女	数字录入	245.7	94%	231.0
23	张丽梅	13软件技术班	女	数字录入	237.0	92%	218.0
24	李萍	13软件技术班	女	数字录入	232.0	97%	225.0

比赛成绩 Sheet2 Sheet3

图 5.58 “比赛成绩.xlsx”中的“比赛成绩”表

1. 制作“文字录入报名”表。

（1）创建工作 。新建 Excel 工作 ，以“文字录入报名”为名保存在“D:\学院\第六届科技文化艺术节\”文件夹中。

（2）将 Sheet1 工作表重命名为“报名”。

（3）输入“报名”表的数据，日期以“2013-6-18”或“2013/6/18”的形式输入。

（4）简要设置格式。

① 列标题 A1:G1，字体设置为方正 体、加粗、字体颜色为深蓝文字 2；对齐方式设置为居中。

②“姓名”列和 4 个报名项目的区域，对齐方式设置为垂直居中、居中。

③ 设置第 1 行行高为 25 磅，第 2 行～第 14 行为最合适的行高（自动调整行高）。

④ 同时设置 C 至 F 列的列宽为 10 磅，其余各列为最合适的列宽。

⑤ 将“确定日期”列的日期数据都设置为长日期格式。

2. 制作“比赛成绩”表。

（1）新建工作 ，以“比赛成绩”为名保存在“D:\学院\第六届科技文化艺术节\”文件夹中。

（2）将 Sheet1 工作表重命名为“比赛成绩”。

（3）输入“比赛成绩”的数据，并进行格式设置。

① 将“文字录入报名.xlsx”的“报名”表中区域 A1:F14 复制到“比赛成绩”表中的相应位置处，并清除格式。

② 将“ 文”和“周 丰”的数据行删除；修改“ 级”列的内容。

③ 将“中文录入”列中的数字“1”全部替换成“中文录入”；“英文录入”、“日文录入”和“数字录入”列中的数字“1”分别替换成“英文录入”、“日文录入”和“数字录入”。

④ 将所有人的姓名和 级的内容往下复制 3 次（也可使用自动填充完成）。

⑤ 将 C1 单元格内容修改为“比赛项目”；将“英文录入”列的内容移至“中文录入”数据的下方，即 D2:D12 区域的内容移动至 C13:C21；同理将“日文录入”和“数字录入”的内容移至紧接的下方。

⑥ 将 D 列至 F 列的内容和格式全部清除；将比赛项目为空白的行全部删除。

⑦ 添加“速度”和“正确率”列，输入数据，并设置“速度”为 1 位小数、“正确率”为百分比样式。

⑧ 利用公式计算并填充所有人“速度*正确率”数据，结果保留 1 位小数。

⑨ 在 C 列插入“性别”列，并输入性别列的内容。

任务 2 美化考评表

【任务描述】

任务 1 中人力资源部的工作人员制作了“公司员工综合素质考评表”，现继续对其进行美化修饰。本任务将“公司员工综合素质考评表.xlsx”工作 另存为“公司员工综合素质考评表-美化修饰版.xlsx”，并进行复制工作表、利用函数计算数据（最高平均分、最低平均分、平均分均值、受 人数和人次）、根据打印需要进行页面设置、美化表格、突出显示数据和打印表格等操作，最终得到可供打印的美观的表格，如图 5.59 所示。

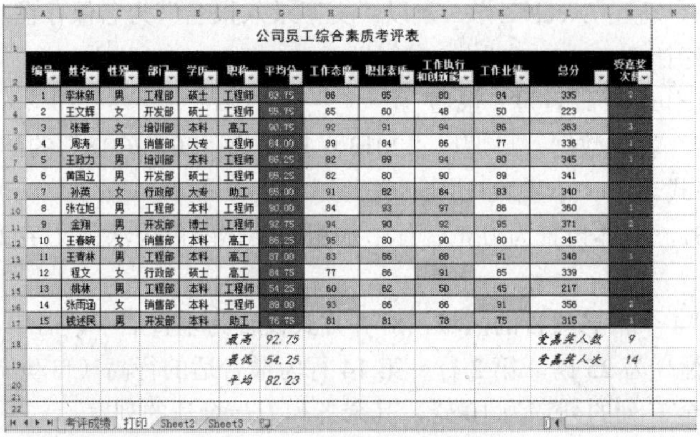

公司员工综合素质考评表

编号	姓名	性别	部门	学历	职称	平均分	工作态度	职业素质	工作执行和创新能力	工作业绩	总分	受嘉奖次数
1	李林新	男	工程部	硕士	工程师	83.75	86	65	80	84	335	2
2	王文辉	女	开发部	硕士	工程师	55.75	65	60	48	50	223	
3	张蕾	女	培训部	本科	高工	90.75	92	91	94	86	363	3
4	周涛	男	销售部	大专	工程师	84.00	89	84	86	77	336	1
5	王政力	男	培训部	本科	工程师	86.25	82	89	94	80	345	1
6	黄国立	男	开发部	硕士	工程师	85.25	82	80	90	89	341	
7	孙英	女	行政部	大专	助工	85.00	91	82	84	83	340	
8	张在旭	男	工程部	本科	工程师	90.00	84	93	97	86	360	1
9	金翔	男	开发部	博士	工程师	92.75	94	90	92	95	371	2
10	王春晓	女	销售部	本科	高工	86.25	95	80	90	80	345	
11	王青林	男	工程部	本科	高工	87.00	83	86	88	91	348	1
12	程文	女	行政部	硕士	高工	84.75	77	86	91	85	339	
13	姚林	男	工程部	本科	工程师	54.25	60	62	50	45	217	
14	张雨涵	女	销售部	本科	工程师	89.00	93	86	86	91	356	2
15	钱述民	男	开发部	本科	助工	78.75	81	81	78	75	315	1
					最高	92.75					受嘉奖人数	9
					最低	54.25					受嘉奖人次	14
					平均	82.23						

考评成绩 打印 Sheet2 Sheet3

图 5.59 可供打印的“公司员工综合素质考评表”

【任务目标】

◈ 掌握切换和复制工作表的方法。

◈ 能进行页面的相关设置。

◈ 了解打印预览及打印相关的设置和操作。

◈ 理解和熟练使用 5 种基本函数完成计算。

◈ 掌握快速设置表格格式的方法，能进行字体、对齐方式、底纹、行高和列宽的设置。

◈ 学会套用表格格式和设置条件格式。

【任务流程】

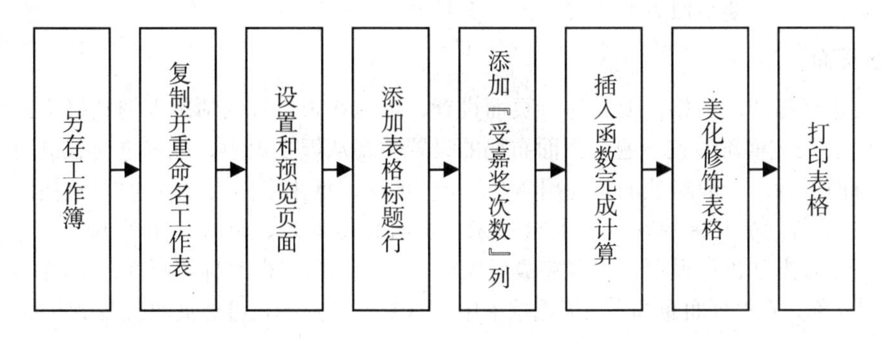

【任务解析】

1. 切换、移动和复制工作表

要多次使用一个表格的数据做不同的工作，我们通常会将该表复制几份来分别进行不同的操作，而不是每个工作表另存一个工作 ，这就需要使用到复制工作表或数据区域的操作；工作表较多时，会切换工作表以激活需要操作的工作表；要调整工作表的排列顺序，则需移动工作表。

（1）切换工作表。当工作 中工作表较多时，有些工作表标签显示不出来，可单击标签左侧的导航按钮，实现以最前一张、往前一张、往后一张、最后一张的方式浏览工作表标签，单击某工作表的标签便可切换到其中去。

（2）移动或复制工作表。以下 2 种方法，可以将一个工作表的内容和格式都一起移动或复制。

① 用鼠标右键单击需要复制的工作表标签，从快捷菜单中选择【移动或复制…】命令，如图 5.60 所示，打开如图 5.61 所示的“移动或复制工作表”对话框，在其中设置将选定工作表移动或复制（不 选【建立副本】为移动， 选【建立副本】为复制）到哪个工作 （下拉列表中选择已经打开的工作 ）、移至下列选定工作表（列表框中列出的工作表）之前。

图 5.60 移动或复制工作表的快捷菜单

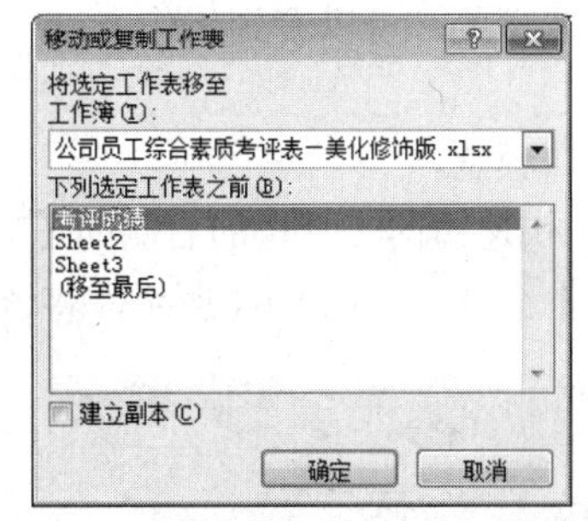

图 5.61 “移动或复制工作表”对话框

② 选择需要移动的工作表标签，用鼠标左键将其拖曳到需要放置的位置，释放鼠标。如需复制工作表，则按住【Ctrl】键进行上述操作，复制出的工作表会在原工作表名称后自动加上编号“(1)、(2)、…”。

（3）移动或复制工作表的数据区域。这种方式，是将原数据表中需要移动或复制的数据区域选中后进行【剪切】或【复制】，然后单击目标工作表的标签切换到目标工作表中，在目标区域的起始单元格处【粘贴】即可。

需要注意的是，这样的复制，好处是准确复制了需要的区域部分，原表其余部分不会跟随到目标表中去。但是，有时无法保持原表中的全部数据格式。Excel 会自动在目标工作表中以合适的方式来排列数据，如果要与原表的格式一致，需要重新调整行高、列宽等。

2. 设置页面

对于需要进行打印的表格，要先进行页面设置，以免在未设置的情况下调整好格式后，因为不适应打印的纸张又重新调整一遍。页面布局的设置主要从纸张大小、纸张方向、页边距、打印相关设置等方面进行。一般默认的是使用 A4 大小的纸张，纸张方向为“纵向”，页边距为上 1.91 厘米、下 1.91 厘米、左 1.78 厘米，右 1.78 厘米、页眉 0.76 厘米、页脚 0.76 厘米。

可用以下 2 种方法进行设置，设置完成后表格中会出现虚线框来标识页面的分隔。

（1）工具按钮。在“页面布局”功能选项卡中，如图 5.62 所示，可对页面的多个方面进行设置。

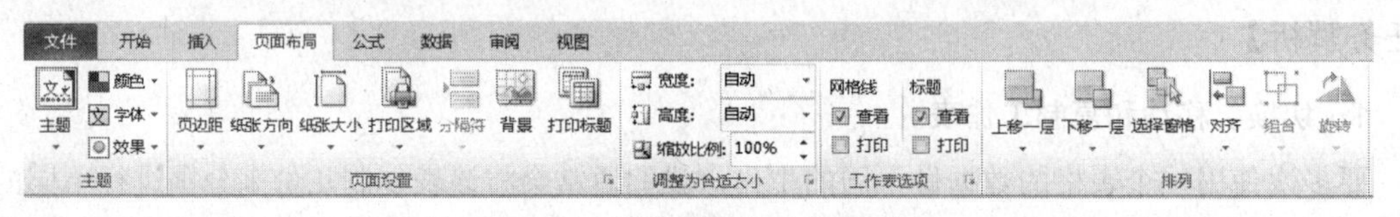

图 5.62 “页面布局”功能选项卡

（2）单击【页面布局】→【页面设置】→【页面设置】按钮，打开如图 5.63 所示的“页面设置”对话框，在其中的“页面”、“页边距”、“页眉/页脚”和“工作表”选项卡中分别进行对应设置。

提示：页面设置对页边距、页眉/页脚等的设置，在工作表编辑时候看不到效果，只有在打印预览视图或打印出来能看到效果。

3. 打印预览和分页预览

提示：工作表中没有输入任何内容，或没有连接设置了驱动程序的打印机时，打印预览无法实现。

使用打印预览，可以看到工作表付 于打印的效果；而分页预览可以查看和调整多页面的分页效果。

（1）打印预览。

① 单击快速访问工具栏的右侧的【自定义快速访问工具栏】按钮，从下拉列表中选择【打印预览及打印】命令，如图 5.64 所示，将该按钮添加至快速访问工具栏。

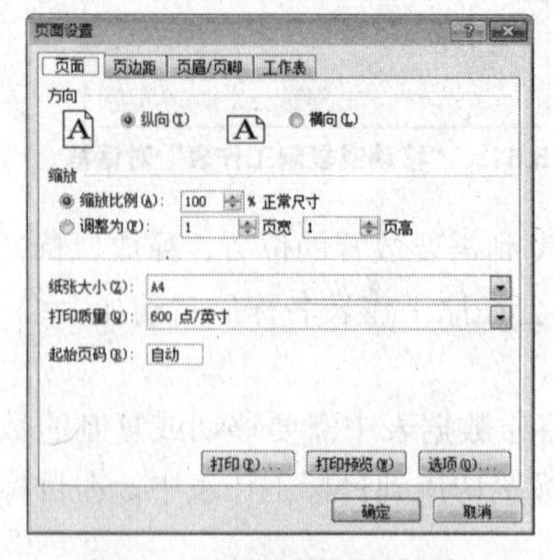

图 5.63 “页面设置”对话框

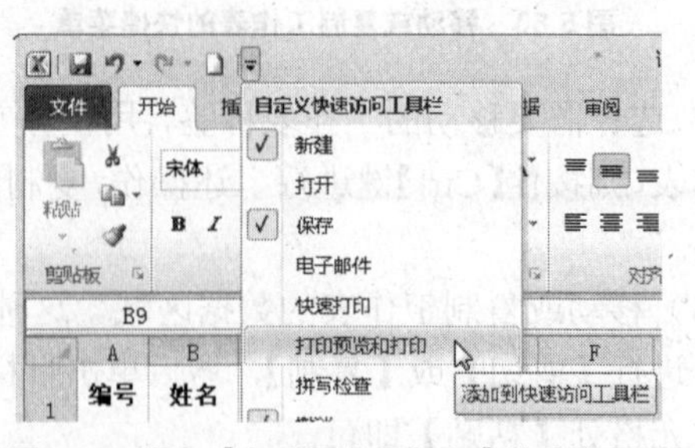

图 5.64 添加【打印预览及打印】快速访问按钮

② 单击快速访问工具栏的【打印预览】按钮，切换到“打印”视图，如图 5.65 所示。需要按这样的布局打印，则单击【打印】按钮实现。若还需调整布局或内容，则单击除【文件】外的其他功能选项卡，回到工作表的编辑状态。

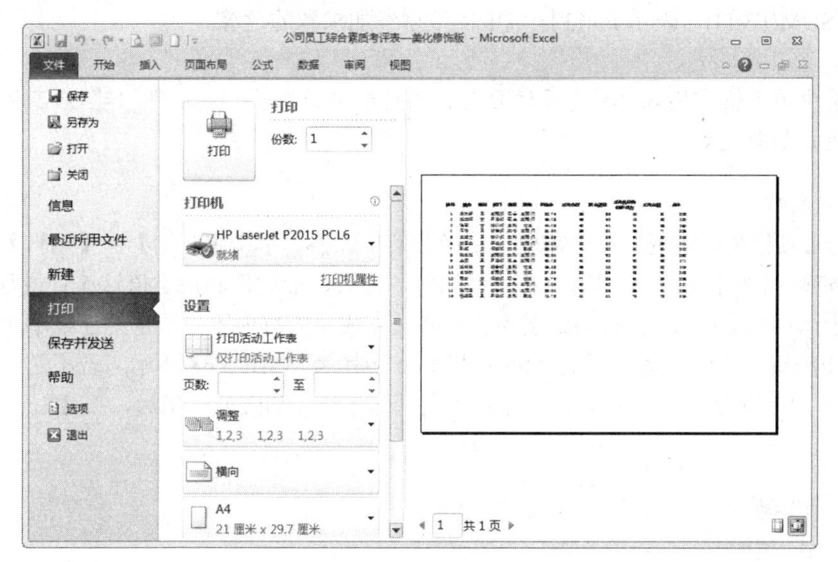

图 5.65 打印视图

（2）分页预览。

分页预览是显示要打印的区域（白色区域）和分页符（蓝色线）位置的工作表视图。

单击窗口右下角“缩放控制”处的【分页预览】按钮，以明显的分页形式显示工作表中已有内容的区域，如图 5.66 所示。这时可以通过鼠标单击并拖曳蓝色的分页符来调整分页。单击【普通】按钮，回到正常编辑状态。

图 5.66 分页预览

4. 使用函数

（1）函数的含义。

函数一般是由函数名，小括号和参数组成的，格式为“函数名(参数)”。函数名一般是英文单词或缩写，参数即参加该函数运算的单元格、区域、数值或表达式，参数一般会是单元格名称、区域名称、具体的数值或运算符号。若不连续的区域参加运算，用英文状态下的逗号“,”分隔开多个区域名称。

如函数 SUM(F3:I3)，表示 F3:I3 区域中的数据参加求和的运算。

提示： 选中单元格，插入函数，系统自动在函数前添加“=”，表示将“=”后函数计算的结果返回该单元格。

（2）插入函数。

① 使用工具栏按钮实现。选中需要使用函数的单元格，单击【开始】→【编辑】→【 自动求和】Σ 自动求和 · 下拉按钮，可调用求和、平均值、计数、最大值和最小值这 5 种最常用的函数，如图 5.67 所示。这时 Excel 会自动识别该单元格上方或左侧有内容为数字的连续单元格区域（类似于 Word 中构造公式时自动识别的 Above 和 Left 范围），如图 5.68 所示，若不是要参与计算的区域，需要使用鼠标左键拖曳以选取正确的区域。确定函数和区域正确后，按【Enter】键确定，得到结果。

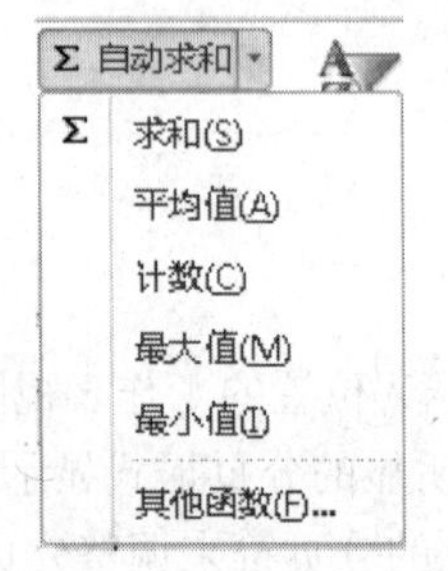

图 5.67 调用 5 种最常用函数

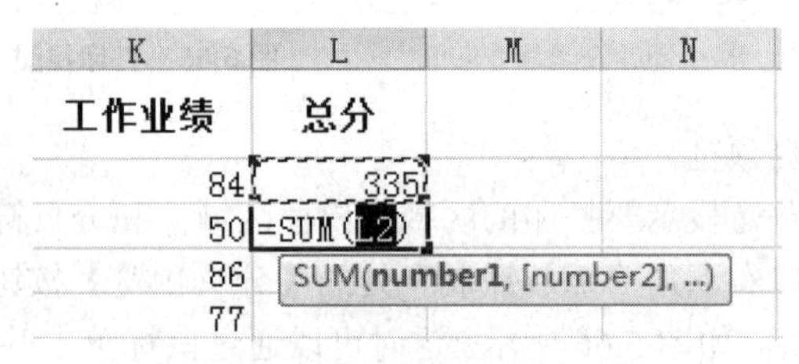

图 5.68 插入函数后自动识别参数区域

5 种常用函数分别如下：

a．求和函数 SUM。返回参数区域中所有数值之和。

语法：SUM(number1,number2, ...)

number1, number2, ...为 1 ~255 个需要求和的参数区域。

b．平均值函数 AVERAGE。返回参数区域中所有数值的平均值（算术平均值）。

c．计数函数 COUNT。返回参数区域中包含数字的单元格的个数。

d．最大值函数 MAX。返回参数区域中值最大的单元格数值。

e．最小值函数 MIN。返回参数区域中值最小的单元格数值。

② 使用编辑栏【插入函数】按钮实现。选中需要使用函数的单元格，单击编辑栏左侧【插入函数】按钮 fx，可以打开“插入函数”对话框，在“或选择类别”的下拉列表中选择函数类别，再从“选择函数”列表中选择需要使用的函数，如图 5.69 所示。插入函数后，打开如图 5.70 所示的“函数参数”对话框，在其中看到函数的参数区域数值及该函数的运算结果。可在对参数区域进行确认或重选后单击【确定】，以得到运算结果。

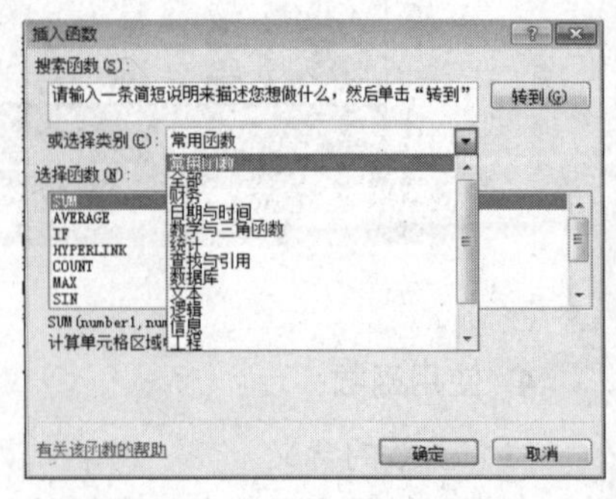

图 5.69 “插入函数”对话框

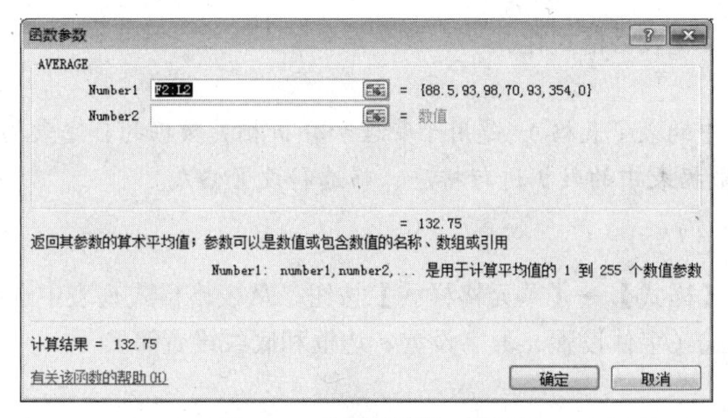

图 5.70 “函数参数”对话框

③ 使用【公式】功能选项卡实现。选中需要使用函数的单元格，单击【公式】→【函数库】中的各类函数按钮或【插入函数】按钮，如图 5.71 所示，调用此类函数中的某个具体函数，打开“插入函数”对话框，进一步设置后得到计算结果。

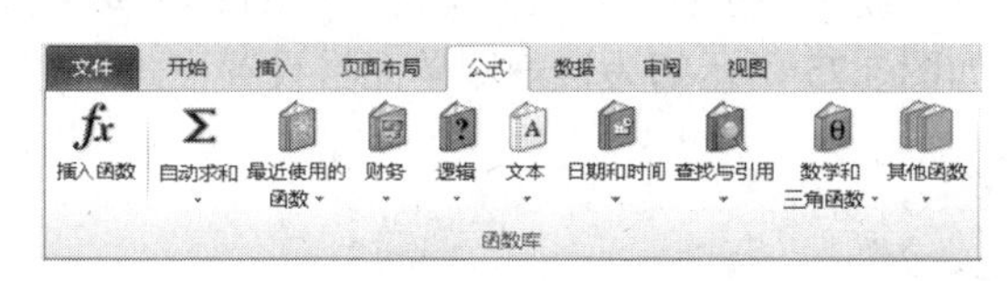

图 5.71 【公式】功能选项卡中的【函数库】中的函数按钮

④ 重新设置参数区域时，可分以下情况。

a. 若重新 取参数区域，可将“函数参数”对话框中的参数区域“Number1”处的区域删除，重新使用鼠标左键拖曳工作表中准确的参数区域，或单击区域的 取按钮至工作表中重新用鼠标左键拖曳选取参数区域，此时“函数参数”对话框变为如图 5.72 所示，选择完区域后自动回到如图 5.69 所示“函数参数”对话框。

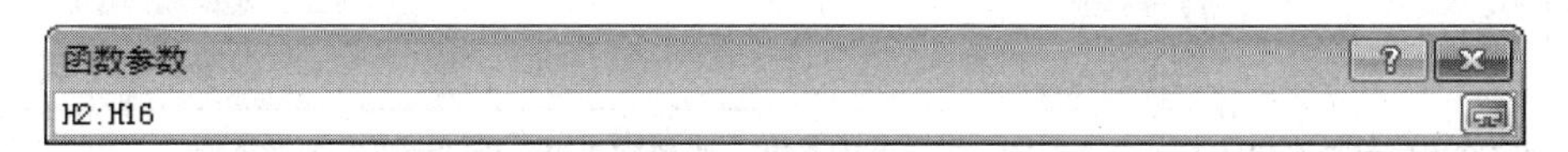

图 5.72 重新拾取参数区域

b. 若需要添加不连续的区域，在选取好“Number1”后，在“Number2”的区域文本框中单击，自动出现“Number3”的区域待选区，以供选择区域，如图 5.73 所示，要再增加区域，以此类推。

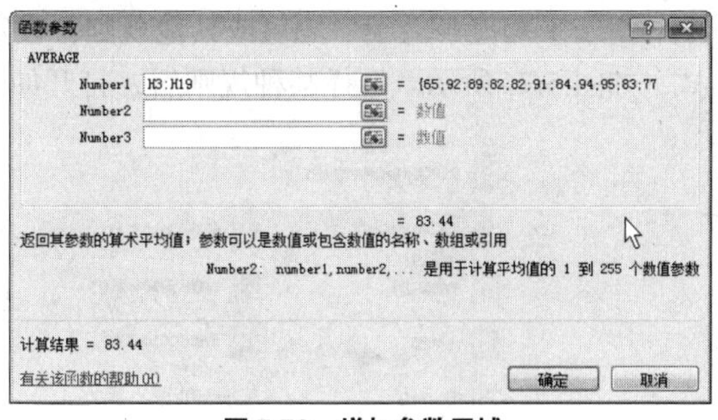

图 5.73 增加参数区域

5. 快速设置表格格式

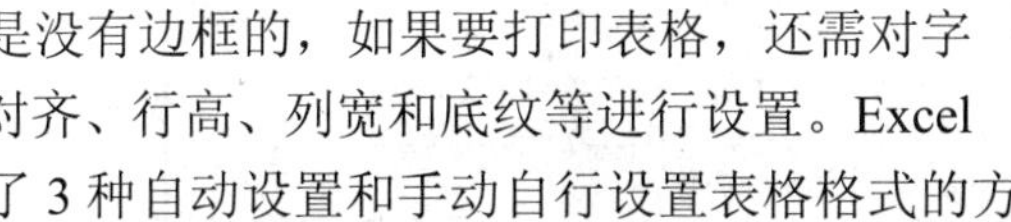

从打印预览效果可见，默认情况下，Excel 表格是没有边框的，如果要打印表格，还需对字体、对齐、行高、列宽和底纹等进行设置。Excel 提供了 3 种自动设置和手动自行设置表格格式的方法。

（1）套用表格格式。

通过选择预定义表样式，快速设置一组单元格的格式（字体设置、数字设置、边框和底纹设置等），并将其转换为表。单击【开始】→【样式】→【套用表格格式】按钮，打开表格样式列表，选择适合的样式快速实现表格格式化。

提示： Excel2010 中的表（表格），是用于管理和分析相关数据的独立表格，通过使用表，可以方便地对数据表中的数据进行排序、筛选和设置格式。

（2）单元格样式。

单击【开始】→【样式】→【单元格样式】按钮，从表格样式列表中选择调用预定义的样式来快速设置单元格格式（字体设置、数字设置、边框和底纹设置等）。

（3）条件格式。

使用条件格式，可实现根据条件使用数据条、色阶和图标集，以突出显示相关单元格，强调异常值，以及实现数据的可视化效果。

单击【开始】→【样式】→【条件格式】按钮，从下拉列表中选择多种突出显示单元格的方式。

① 突出显示单元格规则。可使用大于、小于、介于、等于、文本包含、发生日期、重复值或其他规则，设定要将满足以上设置的条件的单元格显示为怎样的特殊格式，如图 5.74 所示；进行某种规则选择之后，打开如图 5.75 所示的为该规则单元格设置格式的对话框进一步设置。

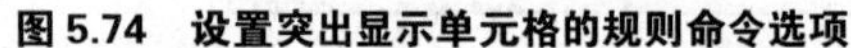

图 5.74　设置突出显示单元格的规则命令选项　　**图 5.75　设置突出显示为“大于”的对话框**

② 项目选取规则。可使用值最大的 10 项、值最大的 10%项、值最小的 10 项、值最小的 10%项、高于平均值、低于平均值或其他规则，设定选取哪些满足条件的单元格设置为怎样的特殊格式，如图 5.76 所示。选择某种规则后，打开如图 5.77 所示的对话框进一步设置。

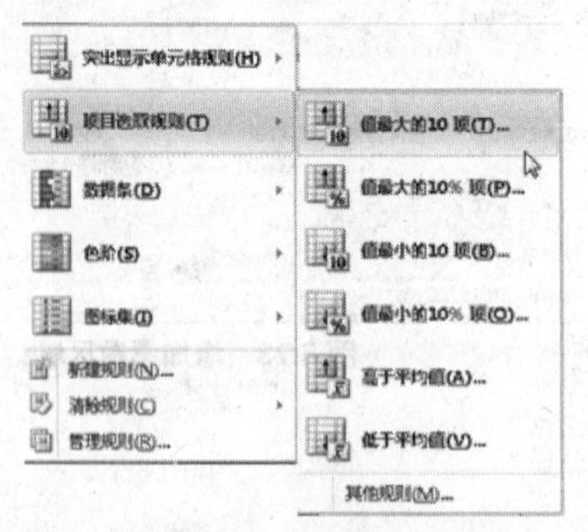

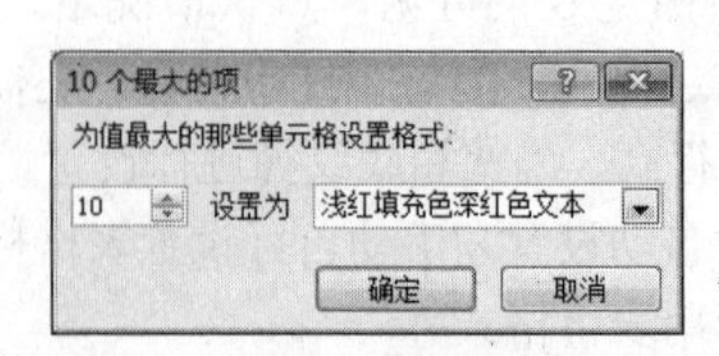

图 5.76　突出显示单元格规则的命令选项　　**图 5.77　设置“10 个最大的项”对话框**

③ 数据条。查看单元格中带颜色的数据条。数据条的长度表示单元格值的大小。如图 5.78 所示。

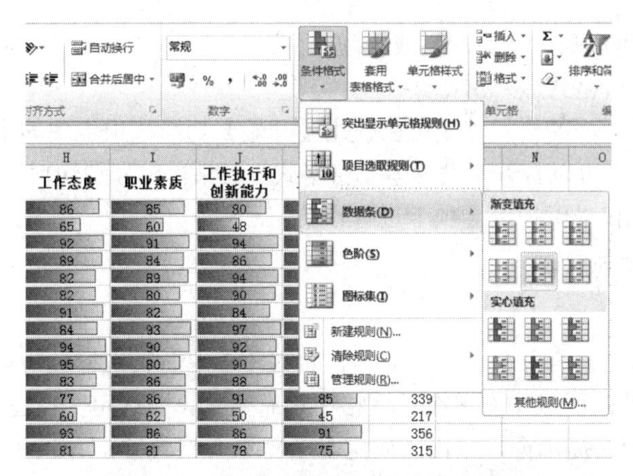

图 5.78　使用数据条突出显示每个成绩值

④ 色阶。在单元格区域中显示双色或三色 变。颜色的底纹表示单元格中的值，如图 5.79 所示。

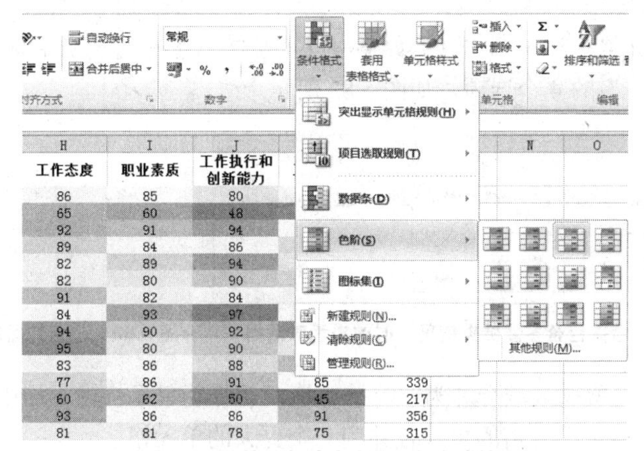

图 5.79　使用色阶突出显示每个成绩

⑤ 图标集。在每个单元格中显示图标集中的一个图标，如图 5.80 所示。

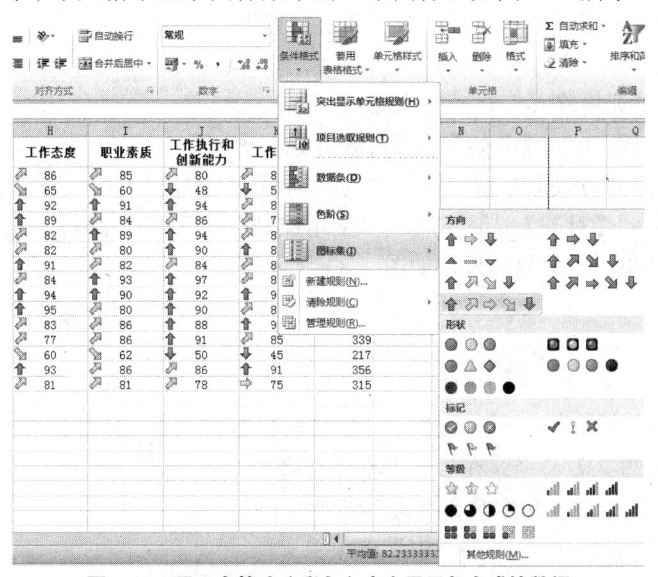

图 5.80　用五向箭头（彩色）突出显示每个成绩数据

⑥ 其他。可以新建规则、清除规则或管理规则。

（4）自行设置单元格格式。

自行设置单元格或区域的格式，既可以使用【开始】功能选项卡中的【字体】和【对齐方式】工具栏上的按钮实现，也可以打开“设置单元格格式”对话框，分别切换到“数字”、“对齐”、“字体”、“边框”、“填充”和“保护”选项卡进行设置。

6. 合并单元格和跨列居中

（1）合并单元格。

有时需要将几个单元格合并为一个单元格，如本任务中的表格标题所在的区域 A1:M1 合并为一个单元格 A1。若合并的区域中有多个单元格中都有数据，即选定区域包含多重数值，执行合并时会弹出如图 5.81 所示的提示框，单击【确定】会将单元格合并，并只保留区域中最左上角的数据，而合并后的单元格名称为原区域中最左上角单元格的名称。

合并单元格可使用工具按钮或“设置单元格格式”对话框来完成。

① 利用工具按钮实现。

选中待合并的单元格区域，单击【开始】→【对齐方式】→【合并后居中】下拉按钮，列表中列出了“合并后居中”的 4 个选项，如图 5.82 所示。

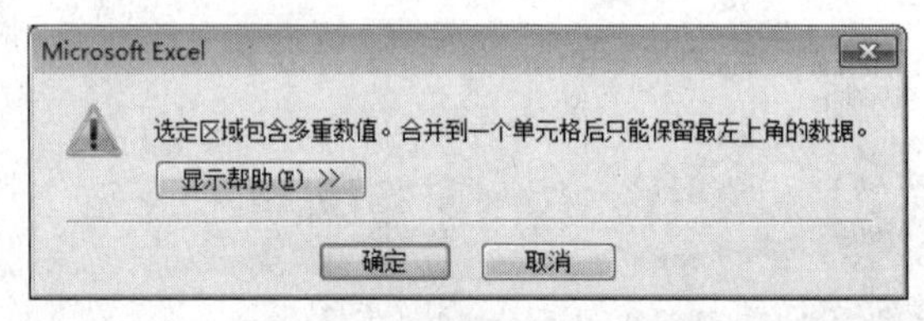

图 5.81　合并包含多重数据值区域时的提示对话框

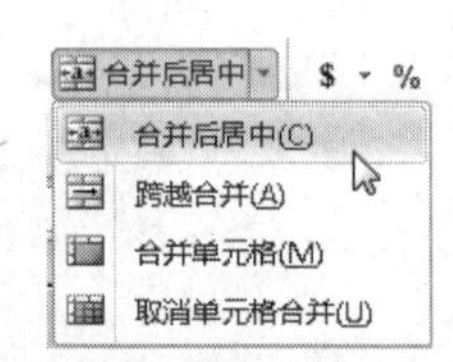

图 5.82　【合并后居中】的 4 个功能选项

a．合并后居中：将所选区域合并为一个单元格，并将新单元格内容居中对齐。

b．　越合并：将所选单元格的每行合并到一个更大的单元格。

c．合并单元格：将所选单元格合并为一个单元格。

d．取消单元格合并：取消已经执行的合并单元格操作，恢复多个单元格。只是其中因合并而未保留的数据无法恢复。

② 利用“设置单元格格式”对话框实现。

选中待合并的区域，单击【开始】→【对齐方式】→【设置单元格格式：对齐方式】按钮，打开“设置单元格格式”对话框，切换到【对齐】选项卡，在“文本控制”选项组中选择【合并单元格】复选框，如图 5.83 所示，即可实现区域合并。

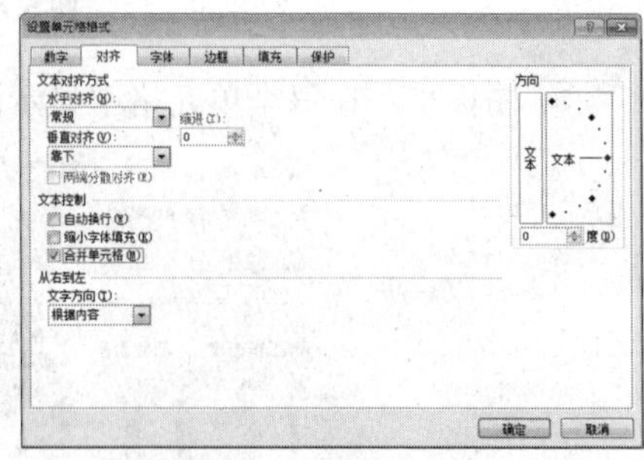

图 5.83　设置合并单元格

（2）　列居中。

设置一个单元格的数据置于选中的多列范围的正中，但不合并单元格，则可单击【开始】→【对齐方式】→【设置单元格格式：对齐方式】命令，在“设置单元格格式”对话框的【对齐】选项卡的“文本对齐方式”选项组中选择“水平对齐”下拉列表中的“　列居中”选项来实现，如图 5.84 所示。

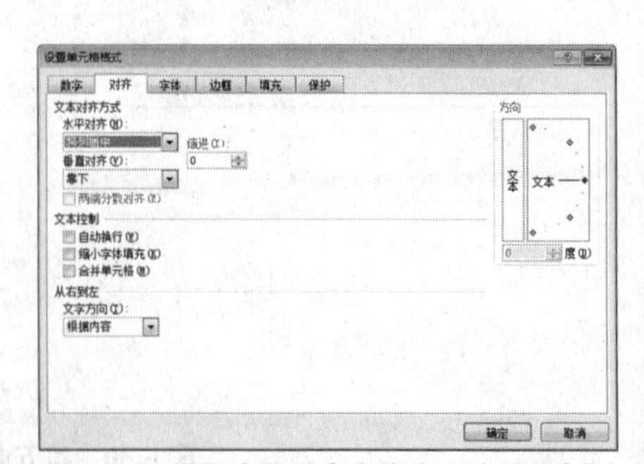

图 5.84　设置水平对齐方式为“跨列居中”

【任务实施】

步骤 1　另存工作簿

（1）打开“D：\科源有限公司\人力资源部\员工综合素质考评”文件夹中的“公司员工综合素质考评表.xlsx”。

（2）选择【文件】→【另存为】命令，将该工作　以“公司员工综合素质考评表-美化修饰版.xlsx”为名保存至原文件夹中。

步骤 2　复制并重命名工作表

① 复制工作表。用鼠标右键单击“考评成绩”工作表标签，从弹出的快捷菜单中选择【移动和复制工作表】命令，打开“移动或复制工作表”对话框，其中“工作　”保持本文档不变，在移至“下列选定工作表之前”列表中选择 Sheet2 工作表，选中“建立副本”选项，如图 5.85 所示，单击【确定】按钮实现工作表的复制，复制出的工作表自动命名为“考评成绩（2）”，如图 5.86 所示。

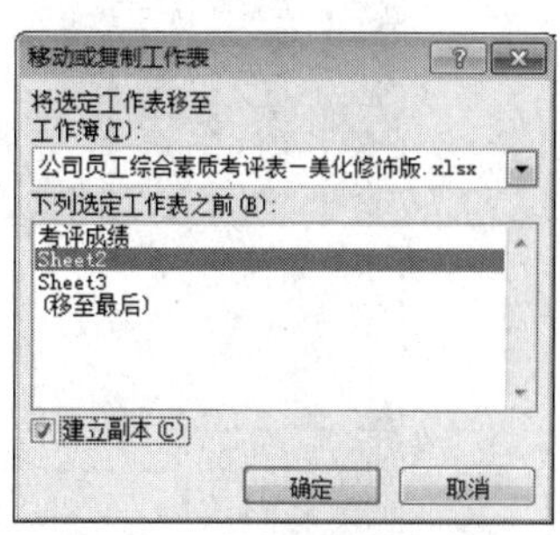

图 5.85　复制工作表的设置

图 5.86　复制后自动命名的工作表标签

② 工作表重命名。双击以激活工作表标签“考评成绩　(2)”，输入“打印”，按【Enter】键确认。

步骤 3　设置和预览页面

（1）设置页面。

① 切换到【页面布局】功能选项卡，单击【页面设置】→【纸张大小】下拉按钮，从下拉列表中选择“A4”命令，如图 5.87 所示。

② 选择【页面设置】→【纸张方向】→【横向】命令，将纸张变为横向。

③ 选择【页面设置】→【页边距】→【自定义边距】命令，打开“页面设置”对话框，设置页边距为上、下、左和右均为 2 厘米，如图 5.88 所示，单击【确定】按钮。

④ 切换到“页眉/页脚”选项卡，从“页脚”的下拉列表中选择“第 1 页，共？页”选项，如图 5.89 所示，其余默认，单击【确定】按钮。

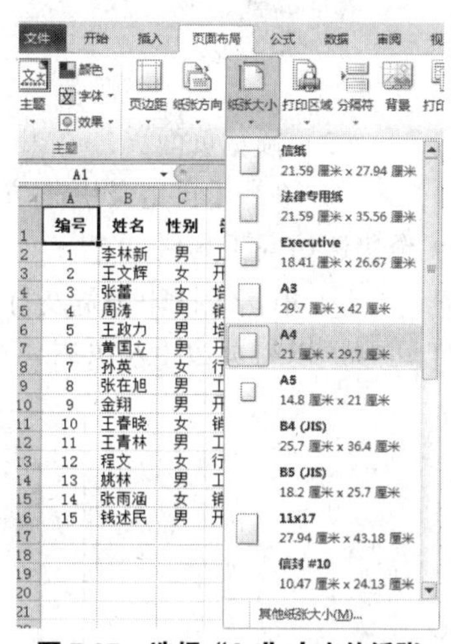

图 5.87　选择“A4”大小的纸张

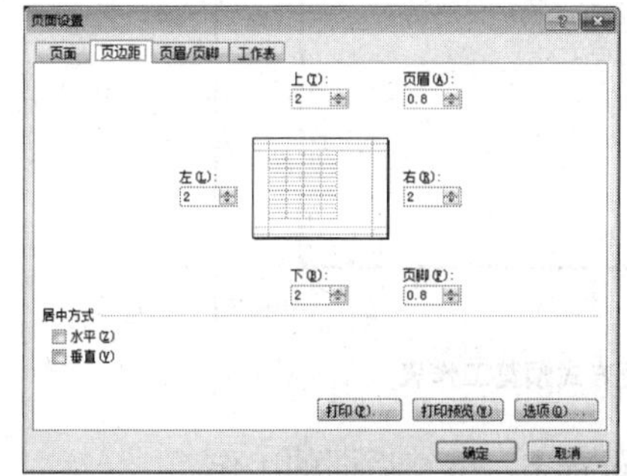

图 5.88　在“页面设置”对话框中设置页边距

图 5.89　在“页面设置”对话框中自定义页脚

⑤ 完成页面设置后，用鼠标拖曳窗口右下角“缩放控制”的【缩放级别】→【显示比例】游标以缩小显示比例，可以看到页面设置的分页效果，如图 5.90 所示，查看完成恢复显示比例为 100%。

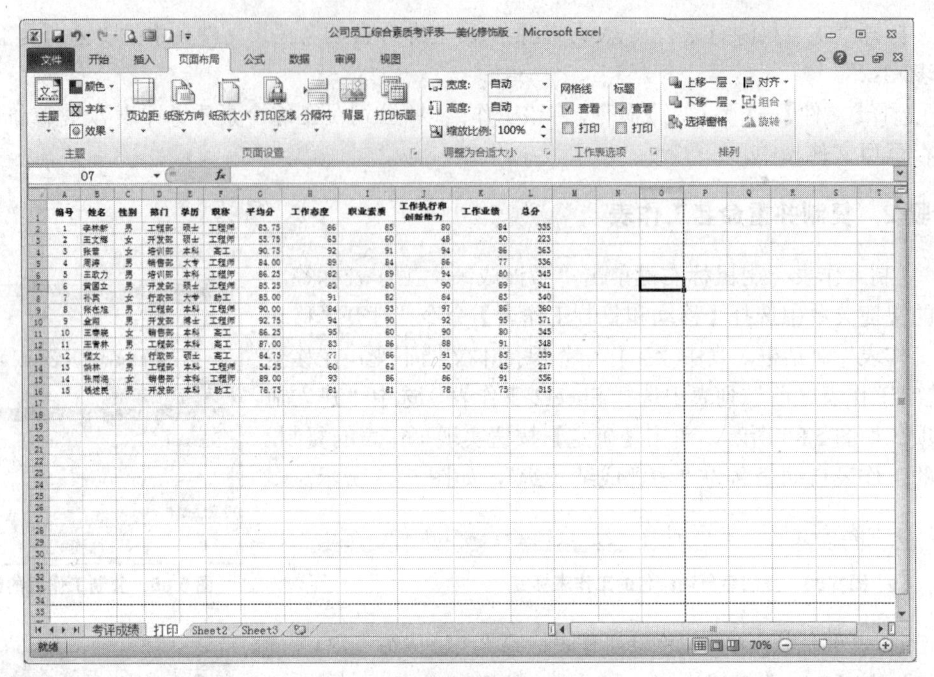

图 5.90 页面设置好后的工作表

（2）预览页面。

① 单击【自定义快速访问工具栏】按钮，从中选中【打印预览及打印】命令，将该按钮添加至快速访问工具栏。

② 单击【打印预览及打印】按钮，切换到打印视图，并单击窗口右下角的【显示边距】按钮，以将页边距及页眉、页脚一起显示的方式查看工作表的打印效果，如图 5.91 所示。

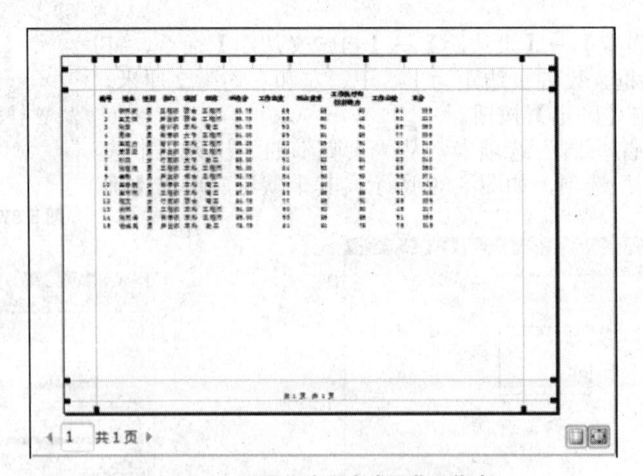

图 5.91 以显示边距方式预览工作表

③ 单击【开始】功能选项卡，回到工作表编辑状态，继续后面的工作。

步骤 4　添加表格标题行

（1）插入表格标题行。选中 A1 单元格，选择【开始】→【单元格】→【插入】→【插入工作表行】命令，插入一个空行。

（2）在 A1 单元格中输入表格标题“公司员工综合素质考评表”，如图 5.92 所示。

A1　　f_x　公司员工综合素质考评表

	A	B	C	D	E	F	G	H	I	J	K	L
1	综合素质考评表											
2	编号	姓名	性别	部门	学历	职称	平均分	工作态度	职业素质	工作执行和创新能力	工作业绩	总分

图 5.92　插入第 1 行表格标题

步骤 5　添加“受嘉奖次数”列

（1）在 M2 单元格中添加列标题“受　　次数”。

（2）在 M3:M17 区域中输入如图 5.93 所示的“受　　次数”数据。

	A	B	C	D	E	F	G	H	I	J	K	L	M
1	综合素质考评表												
2	编号	姓名	性别	部门	学历	职称	平均分	工作态度	职业素质	工作执行和创新能力	工作业绩	总分	受嘉奖次数
3	1	李林新	男	工程部	硕士	工程师	83.75	86	85	80	84	335	2
4	2	王文辉	女	开发部	硕士	工程师	55.75	65	60	48	50	223	
5	3	张蕾	女	培训部	本科	高工	90.75	92	91	94	86	363	3
6	4	周涛	男	销售部	大专	工程师	84.00	89	84	86	77	336	1
7	5	王政力	男	培训部	本科	工程师	86.25	82	89	94	80	345	1
8	6	黄国立	男	开发部	硕士	工程师	85.25	82	80	90	89	341	
9	7	孙英	女	行政部	大专	助工	85.00	91	82	84	83	340	
10	8	张在旭	男	工程部	本科	工程师	90.00	84	93	97	86	360	1
11	9	金翔	男	开发部	博士	工程师	92.75	94	90	92	95	371	2
12	10	王春晓	女	销售部	本科	高工	86.25	95	80	90	80	345	
13	11	王青林	男	工程部	本科	高工	87.00	83	86	88	91	348	1
14	12	程文	女	行政部	硕士	高工	84.75	77	86	91	85	339	
15	13	姚林	男	工程部	本科	工程师	54.25	60	62	50	45	217	
16	14	张雨涵	女	销售部	本科	工程师	89.00	93	86	86	91	356	2
17	15	钱述民	男	开发部	本科	助工	78.75	81	81	78	75	315	1

图 5.93　“受嘉奖次数”列的数据

步骤 6　插入函数完成计算

这里需要统计最高平均分、最低平均分、所有人平均分的均值、受　　的人数和人次。

（1）在 F18:F20 单元格中分别输入“最高”、“最低”、“平均”，在 L18:L19 单元格中分别输入“受　　人数”和“受　　人次”。

（2）计算最高平均分。选中 G18 单元格，选择【开始】→【编辑】→【　自动求和】→【最大值（M）】命令，自动构造公式如图 5.94 所示，确认参数区域正确，按【Enter】键，得到计算结果“92.75”。

（3）计算最低平均分。选中 G19 单元格，选择【开始】→【编辑】→【　自动求和】→【最小值（I）】命令，自动构造公式如图 5.95 所示。默认选取的参数区域不正确，使用鼠标拖曳重新选择准确的参数区域 F3:F14，如图 5.96 所示，单击编辑栏上的【插入】按钮✓确

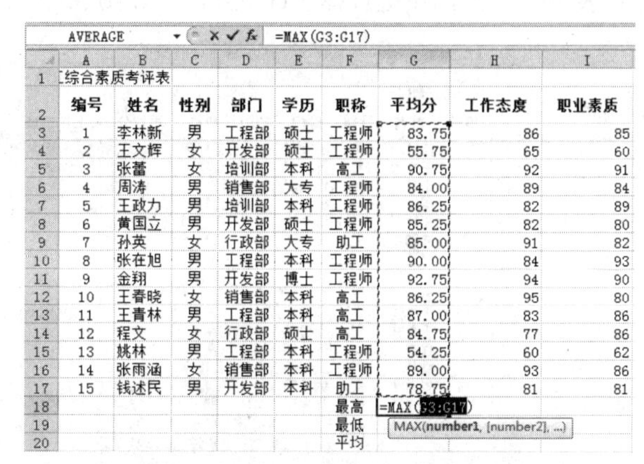

AVERAGE　　✕ ✓ f_x　=MAX(G3:G17)

	A	B	C	D	E	F	G	H	I
1	综合素质考评表								
2	编号	姓名	性别	部门	学历	职称	平均分	工作态度	职业素质
3	1	李林新	男	工程部	硕士	工程师	83.75	86	85
4	2	王文辉	女	开发部	硕士	工程师	55.75	65	60
5	3	张蕾	女	培训部	本科	高工	90.75	92	91
6	4	周涛	男	销售部	大专	工程师	84.00	89	84
7	5	王政力	男	培训部	本科	工程师	86.25	82	89
8	6	黄国立	男	开发部	硕士	工程师	85.25	82	80
9	7	孙英	女	行政部	大专	助工	85.00	91	82
10	8	张在旭	男	工程部	本科	工程师	90.00	84	93
11	9	金翔	男	开发部	博士	工程师	92.75	94	90
12	10	王春晓	女	销售部	本科	高工	86.25	95	80
13	11	王青林	男	工程部	本科	高工	87.00	83	86
14	12	程文	女	行政部	硕士	高工	84.75	77	86
15	13	姚林	男	工程部	本科	工程师	54.25	60	62
16	14	张雨涵	女	销售部	本科	工程师	89.00	93	86
17	15	钱述民	男	开发部	本科	助工	78.75	81	81
18						最高	=MAX(G3:G17)		
19						最低	MAX(number1, [number2], ...)		
20						平均			

图 5.94　调用函数自动构造的求最大值的公式

认，得到计算结果“54.25”。

F	G	H	I
职称	平均分	工作态度	职业素质
工程师	83.75	86	85
工程师	55.75	65	60
高工	90.75	92	91
工程师	84.00	89	84
工程师	86.25	82	89
工程师	85.25	82	80
助工	85.00	91	82
工程师	90.00	84	93
工程师	92.75	94	90
高工	86.25	95	80
高工	87.00	83	86
高工	84.75	77	86
工程师	54.25	60	62
工程师	89.00	93	86
助工	78.75	81	81
最高	92.75		
最低	=MIN(G3:G18)		
平均	MIN(number1, [number2], ...)		

图 5.95　自动构造的求最小值的函数公式

F	G	H	I
职称	平均分	工作态度	职业素质
工程师	83.75	86	85
工程师	55.75	65	60
高工	90.75	92	91
工程师	84.00	89	84
工程师	86.25	82	89
工程师	85.25	82	80
助工	85.00	91	82
工程师	90.00	84	93
工程师	92.75	94	90
高工	86.25	95	80
高工	87.00	83	86
高工	84.75	77	86
工程师	54.25	60	62
工程师	89.00	93	86
助工	78.75	81	81
最高	92.75		
最低	=MIN(G3:G17)		
平均	MIN(number1, [number2], ...)		

图 5.96　重新选择参数区域

（4）计算所有人平均分的均值。

① 选中 F17 单元格，单击编辑栏【插入函数】按钮 f_x，打开“插入函数”对话框，选择“常用函数”类别，从“选择函数”列表中选择函数“AVERAGE”，如图 5.97 所示，单击【确定】按钮。

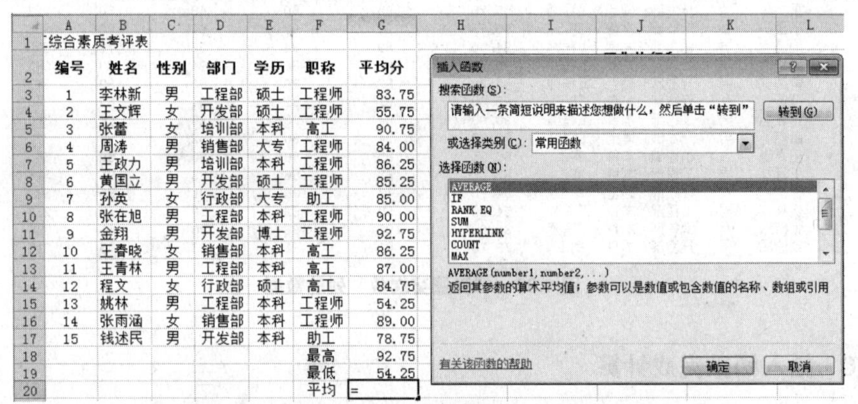

图 5.97　从“插入函数”对话框中选择“AVERAGE”函数

② 打开如图 5.98 所示的“函数参数”对话框，删除自动获取的参数区域“G33:G19”，在工作表中拖曳鼠标左键选择“G3:G17”，如图 5.99 所示，释放鼠标，返回如图 5.100 所示的状态。

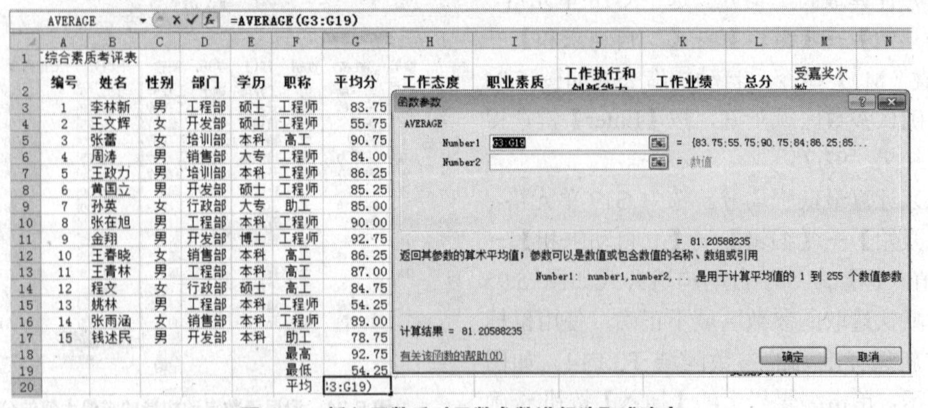

图 5.98　插入函数后对函数参数进行选取或确定

AVERAGE =AVERAGE(G3:G17)

	A	B	C	D	E	F	G	H	I	J	K	L	M
1	综合素质考评表												
2	编号	姓名	性别	部门	学历	职称	平均分	工作态度	职业素质	工作执行和创新能力	工作业绩	总分	受嘉奖次数
3	1	李林新	男	工程部	硕士	工程师	83.75						
4	2	王文辉	女	开发部	硕士	工程师	55.75						
5	3	张蕾	女	培训部	本科	高工	90.75	92	91	94	86	363	3
6	4	周涛	男	销售部	大专	工程师	84.00	89	84	86	77	336	1
7	5	王政力	男	培训部	本科	工程师	86.25	82	89	94	80	345	1
8	6	黄国立	男	开发部	硕士	工程师	85.25	82	80	90	89	341	
9	7	孙英	女	行政部	大专	助工	85.00	91	82	84	83	340	
10	8	张在旭	男	工程部	本科	工程师	90.00	84	93	97	86	360	1
11	9	金翔	男	开发部	博士	工程师	92.75	94	90	92	95	371	2
12	10	王春晓	女	销售部	本科	高工	86.25	95	80	90	80	345	
13	11	王青林	男	工程部	本科	高工	87.00	83	86	88	91	348	1
14	12	程文	女	行政部	硕士	高工	84.75	77	86	91	85	339	
15	13	姚林	男	工程部	本科	工程师	54.25	60	62	50	45	217	
16	14	张雨涵	女	销售部	本科	工程师	89.00	93	86	86	91	356	2
17	15	钱述民	男	开发部	本科	助工	78.75	81	81	78	75	315	1
18						最高	92.75					受嘉奖人数	
19						最低	54.25					受嘉奖人次	
20						平均	:3:G17)						

函数参数
G3:G17

图 5.99 重新拾取参数区域

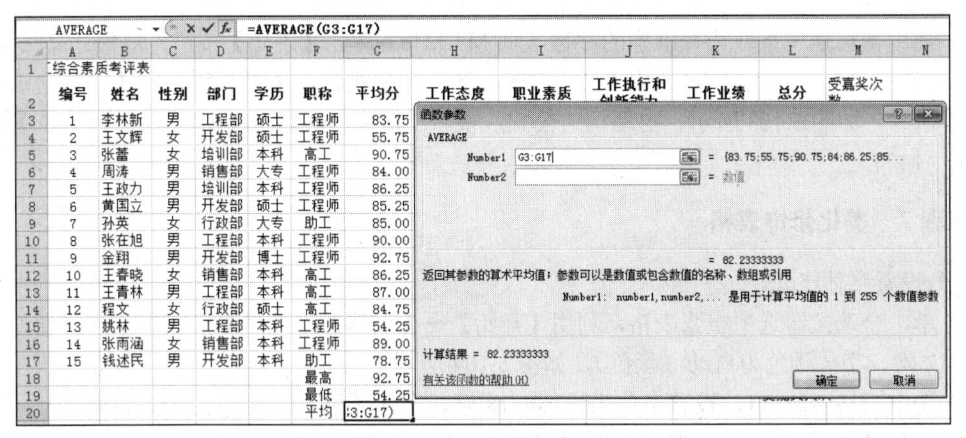
AVERAGE =AVERAGE(G3:G17)

	A	B	C	D	E	F	G
1	综合素质考评表						
2	编号	姓名	性别	部门	学历	职称	平均分
3	1	李林新	男	工程部	硕士	工程师	83.75
4	2	王文辉	女	开发部	硕士	工程师	55.75
5	3	张蕾	女	培训部	本科	高工	90.75
6	4	周涛	男	销售部	大专	工程师	84.00
7	5	王政力	男	培训部	本科	工程师	86.25
8	6	黄国立	男	开发部	硕士	工程师	85.25
9	7	孙英	女	行政部	大专	助工	85.00
10	8	张在旭	男	工程部	本科	工程师	90.00
11	9	金翔	男	开发部	博士	工程师	92.75
12	10	王春晓	女	销售部	本科	高工	86.25
13	11	王青林	男	工程部	本科	高工	87.00
14	12	程文	女	行政部	硕士	高工	84.75
15	13	姚林	男	工程部	本科	工程师	54.25
16	14	张雨涵	女	销售部	本科	工程师	89.00
17	15	钱述民	男	开发部	本科	助工	78.75
18						最高	92.75
19						最低	54.25
20						平均	:3:G17)

图 5.100 重新选择好参数区域后

③ 单击【确定】按钮，在 G20 单元格中返回该函数的计算结果“83.23”。

(5) 计算“受　　人数”。

① 选中显示受　　人数的单元格　1，选择【公式】→【函数库】→【最近使用的函数】→【COUNT】命令，如图 5.101 所示，弹出如图 5.102 所示的“函数参数”对话框。

	A	B	E	F	G	H	I	J	K	L	M
1	综合素质考评										
2	编号	姓	学历	职称	平均分	工作态度	职业素质	工作执行和创新能力	工作业绩	总分	受嘉奖次数
3	1	李林	硕士	工程师	83.75	86	85	80	84	335	2
4	2	王文	硕士	工程师	55.75	65	60	48	50	223	
5	3	张蕾	本科	高工	90.75	92	91	94	86	363	3
6	4	周涛	大专	工程师	84.00	89	84	86	77	336	1
7	5	王政	本科	工程师	86.25	82	89	94	80	345	1
8	6	黄国	硕士	工程师	85.25	82	80	90	89	341	
9	7	孙英	大专	助工	85.00	91	82	84	83	340	
10	8	张在	本科	工程师	90.00	84	93	97	86	360	1
11	9	金翔	博士	工程师	92.75	94	90	92	95	371	2
12	10	王春晓	本科	高工	86.25	95	80	90	80	345	
13	11	王青林	本科	高工	87.00	83	86	88	91	348	1
14	12	程文	硕士	高工	84.75	77	86	91	85	339	
15	13	姚林	本科	工程师	54.25	60	62	50	45	217	
16	14	张雨涵	本科	工程师	89.00	93	86	86	91	356	2
17	15	钱述民	本科	助工	78.75	81	81	78	75	315	1
18				最高	92.75					受嘉奖人数	

图 5.101 使用【公式】功能选项卡中的【最近使用的函数】调用函数

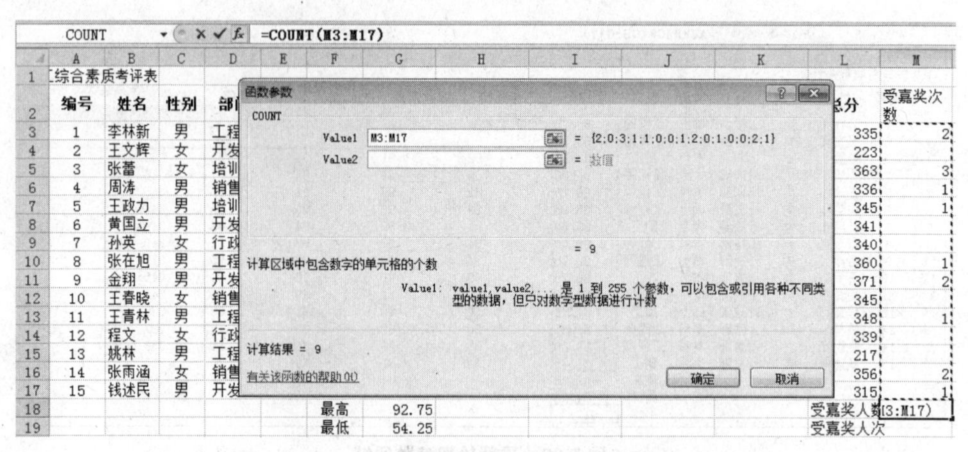

图 5.102　调用计数的“COUNT”函数

② 使用鼠标拖曳重新选择准确的参数区域 M3:M17，单击【确定】按钮，得到计算结果“9”。

（6）计算“受　　人次”。选中单元格　19，选择【公式】→【函数库】→【　自动求和】→【求和】命令，如图 5.103 所示，自动构造公式，重新　取参数区域 M3:M17，按【Enter】键，返回结果“14”。

步骤 7　美化修饰表格

（1）设置字体格式。

① 单击全选按钮选中整张表格，利用【开始】→【字体】工具栏中相应命令按钮设置字体为宋体、12 磅、字体颜色为自动（黑色），如图 5.104 所示。

② 选中表格标题 A1，设置字体为黑体、18 磅、字体颜色为深蓝　文字 2，深色 50%。

③ 按住【Ctrl】键，拖曳鼠标左键同时选中区域 F18:F20 和 L18:L19，设置字体为楷体、16 磅、倾斜；同时选中区域 G18:G20 和 M18:M19，设置字体为楷体、16 磅、倾斜、深红色。

图 5.103　调用求和函数

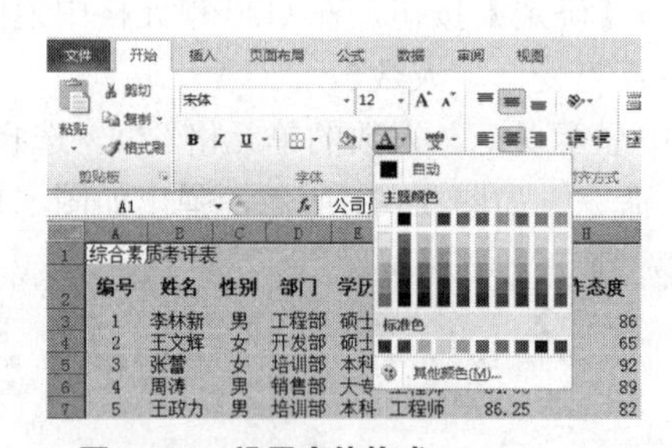

图 5.104　设置字体格式

（2）设置对齐方式。

① 整张表格。选中整张表格，利用【开始】→【对齐方式】工具栏中相应命令按钮设置单元格垂直居中、水平居中对齐。

提示：设置单元格格式，使用工具栏上的相应按钮时，有些按钮操作是可逆的，注意单击一次和再次单击的不同效果对比。

② 表格标题。选中表格标题所　越的区域 A1:M1，单击【开始】→【对齐方式】→【合并后居中】按钮，将选定区域合并为一个单元格 A1，且文字居中对齐，效果如图 5.105 所示。

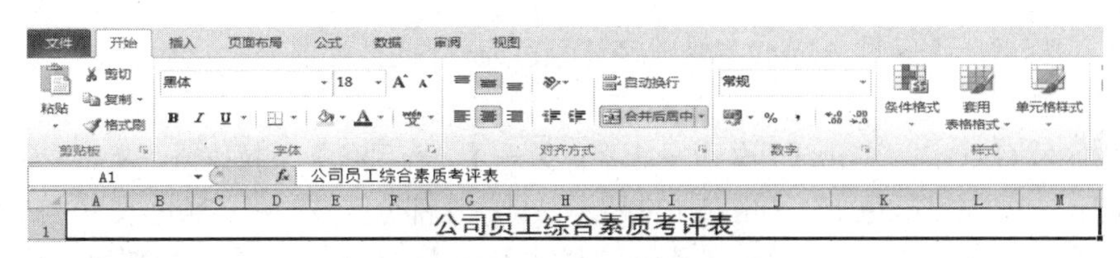

图 5.105　合并及居中的标题单元格

（3）套用表格格式。

① 选中区域 A2:M17，单击【开始】→【样式】→【套用表格格式】下拉按钮，从下拉列表中选择“表样式中等深浅 15”，如图 5.106 所示。

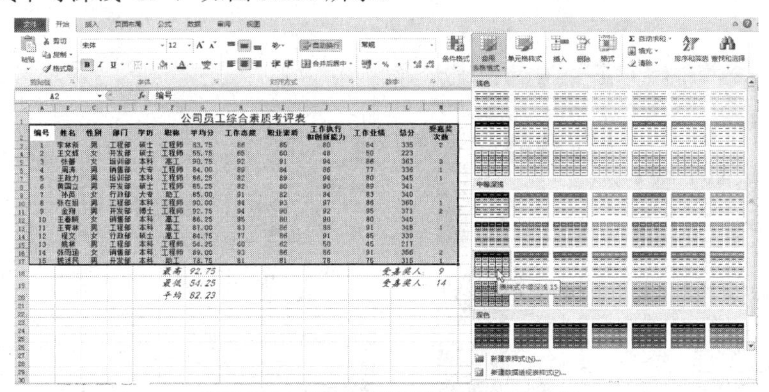

图 5.106　为数据区域设置自动套用格式

② 打开如图 5.107 所示的“套用表格式”对话框，保持默认不变，单击【确定】按钮，得到套用格式后的效果，如图 5.108 所示。

	A	B	C	D	E	F	G	H	I	J	K	L	M
1	公司员工综合素质考评表												
2	编号	姓名	性别	部门	学历	职称	平均分	工作态度	职业素质	工作执行和创新能力	工作业绩	总分	受嘉奖次数
3	1	李林新	男	工程部	硕士	工程师	83.75	86	85	80	84	335	2
4	2	王文辉	女	开发部	硕士	工程师	55.75	65	60	48	50	223	
5	3	张蕾	女	培训部	本科	高工	90.75	92	91	94	86	363	3
6	4	周涛	男	销售部	大专	工程师	[illegible]	[illegible]	[illegible]	[illegible]	77	336	1
7	5	王政力	男	培训部	本科	工程师	[illegible]	[illegible]	[illegible]	[illegible]	80	345	1
8	6	黄国立	男	开发部	硕士	工程师	[illegible]	[illegible]	[illegible]	[illegible]	89	341	
9	7	孙英	女	行政部	大专	助工	[illegible]	[illegible]	[illegible]	[illegible]	83	340	
10	8	张在旭	男	工程部	本科	工程师	[illegible]	[illegible]	[illegible]	[illegible]	86	360	1
11	9	金翔	男	开发部	博士	工程师	[illegible]	[illegible]	[illegible]	[illegible]	95	371	2
12	10	王春晓	女	销售部	本科	高工	[illegible]	[illegible]	[illegible]	[illegible]	80	345	
13	11	王青林	男	工程部	本科	高工	[illegible]	[illegible]	[illegible]	[illegible]	91	348	1
14	12	程文	女	行政部	硕士	高工	[illegible]	[illegible]	[illegible]	[illegible]	85	339	
15	13	姚林	男	工程部	本科	工程师	[illegible]	[illegible]	[illegible]	[illegible]	45	217	
16	14	张雨涵	女	销售部	本科	工程师	89.00	93	86	86	91	356	2
17	15	钱述民	男	开发部	本科	助工	78.75	81	81	78	75	315	1

套用表格式

表数据的来源(W):

=$A$2:$M$17

☑ 表包含标题(M)

确定　　取消

图 5.107　“套用表格式”对话框

	A	B	C	D	E	F	G	H	I	J	K	L	M
1	公司员工综合素质考评表												
2													
3	1	李林新	男	工程部	硕士	工程师	83.75	86	85	80	84	335	2
4	2	王文辉	女	开发部	硕士	工程师	55.75	65	60	48	50	223	
5	3	张蕾	女	培训部	本科	高工	90.75	92	91	94	86	363	3
6	4	周涛	男	销售部	大专	工程师	84.00	89	84	86	77	336	1
7	5	王政力	男	培训部	本科	工程师	86.25	82	89	94	80	345	1
8	6	黄国立	男	开发部	硕士	工程师	85.25	82	80	90	89	341	
9	7	孙英	女	行政部	大专	助工	85.00	91	82	84	83	340	
10	8	张在旭	男	工程部	本科	工程师	90.00	84	93	97	86	360	1
11	9	金翔	男	开发部	博士	工程师	92.75	94	90	92	95	371	2
12	10	王春晓	女	销售部	本科	高工	86.25	95	80	90	80	345	
13	11	王青林	男	工程部	本科	高工	87.00	83	86	88	91	348	1
14	12	程文	女	行政部	硕士	高工	84.75	77	86	91	85	339	
15	13	姚林	男	工程部	本科	工程师	54.25	60	62	50	45	217	
16	14	张雨涵	女	销售部	本科	工程师	89.00	93	86	86	91	356	2
17	15	钱述民	男	开发部	本科	助工	78.75	81	81	78	75	315	1
18						最高	92.75					受嘉奖人	9
19						最低	54.25					受嘉奖人	14
20						平均	82.23						

图 5.108　套用表格格式后的效果

③ 选中列标题所在区域 A2:M2，修改字体颜色为“白色 背景 1”。

（4）设置底纹。

① 选中区域 G3:G17，单击【开始】→【字体】→【填充颜色】下拉按钮，从“主题颜色”面板中选择“蓝色，强调文字颜色 1”，如图 5.109 所示。再将这部分区域的字体颜色改为“白色 背景 1”。

② 选中区域 M3:M17，单击【开始】→【样式】→【单元格样式】下拉按钮，从“单元格样式”面板中“主题单元格样式”处选择“强调文字颜色 1”，如图 5.110 所示，对选定区域应用预设的单元格样式。

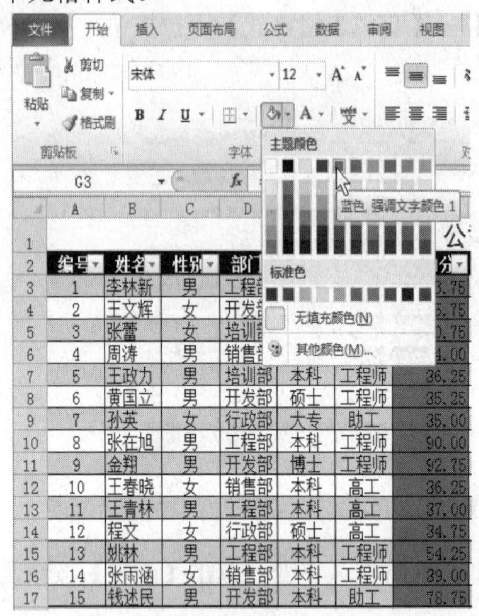

图 5.109 设置区域的填充颜色

图 5.110 “单元格样式”面板

（5）应用条件格式，将 4 门成绩中优秀（高于 90）的成绩特别标识出来。

① 选中 4 门成绩的区域 G3:J14，选择【开始】→【样式】→【条件格式】→【突出显示单元格规则】→【大于】命令，如图 5.111 所示。

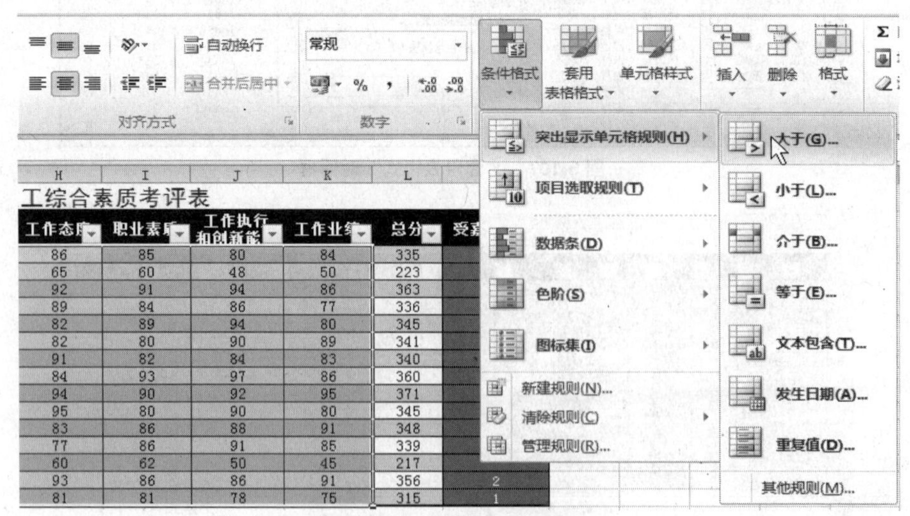

图 5.111 选择条件格式的规则

② 打开“大于”对话框，设置对比值为“90”，格式设置为“浅红填充深红色文本”，如图

5.112 所示，单击【确定】按钮，实现如图 5.59 所示的突出显示高于 90 分的成绩。

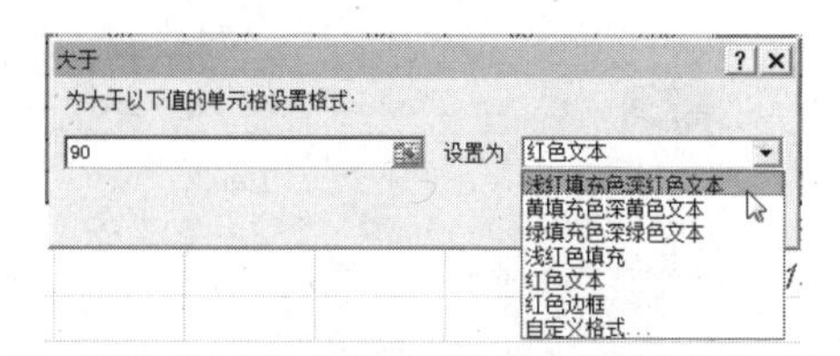

图 5.112 设置“大于”规则的对比值及满足条件单元格的格式

（6）调整行高和列宽。

① 调整表格标题的行高。将鼠标指针指向第 1 行和第 2 行交界处，按住鼠标左键向下拖曳至行高标示为“42”时，松开鼠标，如图 5.113 所示，调整好表格标题行的行高为 42。

图 5.113 鼠标拖动设置标题行的行高

② 调整列标题的行高。将鼠标指针指向第 2 行和第 3 行交界处，按住鼠标左键向下拖曳至能容纳 2 行文字的高度，松开鼠标，得到比较合适的行高。

③ 调整第 3 行~第 17 行的行高。选中第 3 行~第 17 行，选择【开始】→【单元格】→【格式】→【行高】命令，打开“行高”对话框，输入行高值“20”，单击【确定】按钮。

④ 调整最后 3 行的行高。同时选中第 18 行~第 20 行，在行的交界处拖曳鼠标调整其中任意行的行高，并控制不要超出页边距的虚线标识，释放鼠标，则这 3 行一起设置成了相同的行高。

⑤ 调整列宽。使用适当的方法，调整各列的列宽。

步骤 8 打印表格

（1）单击快速访问工具栏上的【打印预览】按钮，查看即将打印的表格效果，如图 5.114 所示。

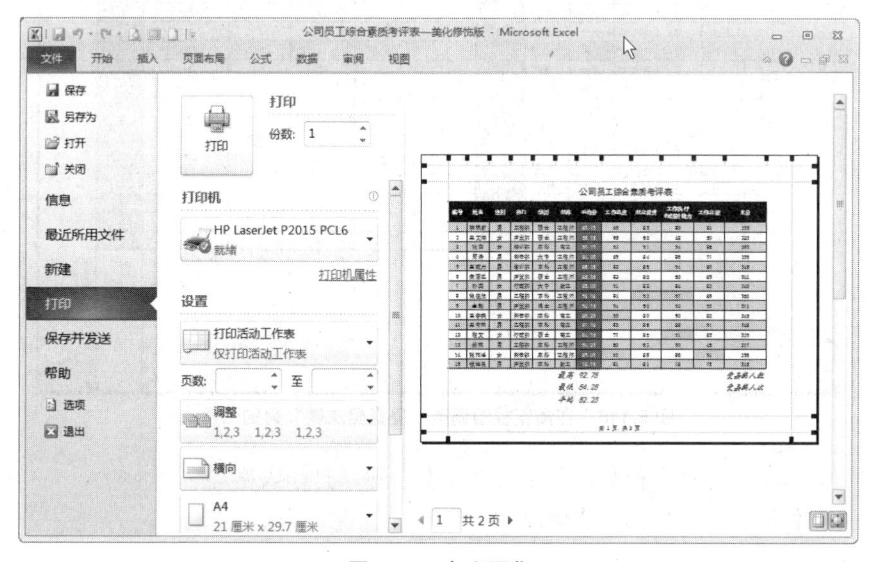

图 5.114 打印预览

（2）观察到窗口下方显示该工作表以当前页面设置一共 2 页，单击切换到下一页的按钮▸，下一页中表格的最后一列已经超出第 1 页的范围，预览效果如图 5.115 所示。

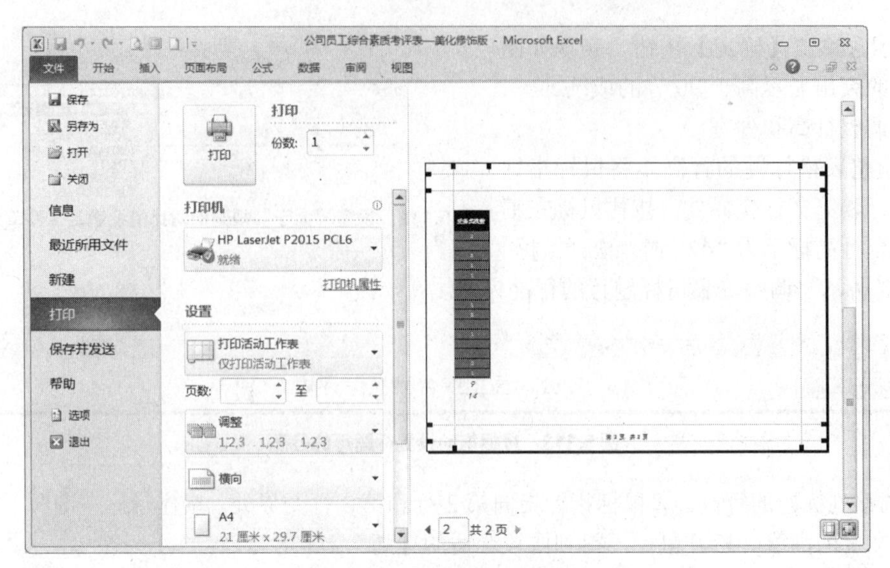

图 5.115　预览第 2 页的效果

（3）拖曳页面顶部标识列宽的点，出现双向箭头及黑色实线，以标识列宽调整后的效果，如图 5.116 所示，细微调整“受嘉奖次数”列的列宽使其容纳于第 1 页中，并恰好将页面占满。

公司员工综合素质考评表

编号	姓名	性别	部门	学历	职称	平均分	工作态度	职业素质	工作执行和创新能力	工作业绩	总分	受嘉奖次数
1	李林新	男	工程部	硕士	工程师	83.75	86	85	80	84	335	2
2	王文辉	女	开发部	硕士	工程师	55.75	65	60	48	50	223	
3	张蕾	女	培训部	本科	高工	90.75	92	91	94	86	363	3
4	周涛	男	销售部	大专	工程师	84.00	89	84	86	77	336	1
5	王政力	男	培训部	本科	工程师	86.25	82	89	94	80	345	1
6	黄国立	男	开发部	硕士	工程师	85.25	82	80	90	89	341	
7	孙英	女	行政部	大专	助工	85.00	91	82	84	83	340	
8	张在旗	男	工程部	本科	工程师	90.00	84	93	97	86	360	1
9	金翔	男	开发部	博士	工程师	92.75	94	90	92	95	371	2
10	王春晓	女	销售部	本科	高工	86.25	95	80	90	80	345	
11	王帝林	男	工程部	本科	高工	87.00	83	86	88	91	348	1
12	程文	女	行政部	硕士	高工	84.75	77	86	91	85	339	
13	姚林	男	工程部	本科	工程师	54.25	60	62	50	45	217	
14	张雨涵	女	销售部	本科	工程师	89.00	93	86	86	91	356	2
15	钱述民	男	开发部	本科	助工	78.75	81	81	78	75	315	1

最高　92.75　　受嘉奖人数　9

最低　54.25　　受嘉奖人次　14

平均　82.23

第 1 页，共 1 页

图 5.116　在预览视图调整“受嘉奖次数”列的列宽

（4）设置好打印机及打印份数，单击【打印】按钮，打印表格。

（5）保存文件的修改，关闭工作　。

【任务总结】

本任务中，通过完成复制并重命名工作表、设置和预览页面、添加行和列、利用 5 种常用函数来完成计算、美化修饰表格和打印表格等操作，最终得到可供打印的美观表格。我们学会了更灵活地使用多张工作表、根据需要进行页面设置和打印预览、编辑和修改数据、利用函数统计计算、美化修饰表格、调整效果以便打印的操作。

【知识拓展】

1. 单元格区域的命名

在 Excel 中，区域的默认名称是“起始单元格（左上角）的名称:结束单元格（右下角）的名称”。有时为了操作的方便，我们可以为选定区域定义有意义的名称，以便使用名称引用该区域。

（1）使用名称框命名。

选中要命名的区域，如“考评成绩”表的 A2:A16 区域，单击编辑栏最左侧的名称框，在其中输入“编号”，按【Enter】键确定，如图 5.117 所示。

（2）使用工具栏按钮命名。

① 选中要命名的单元格或区域，如选定“考评成绩”表的 B2:B16 区域，单击【公式】→【定义的名称】→【定义名称】命令，如图 5.118 所示，弹出如图 5.119 所示的“新建名称”对话框。

	A	B
1	编号	姓名
2	1	李林新
3	2	王文辉
4	3	张蕾
5	4	周涛
6	5	王政力
7	6	黄国立
8	7	孙英
9	8	张在旭
10	9	金翔
11	10	王春晓
12	11	王青林
13	12	程文
14	13	姚林
15	14	张雨涵
16	15	钱述民

图 5.117　在编辑栏定义名称

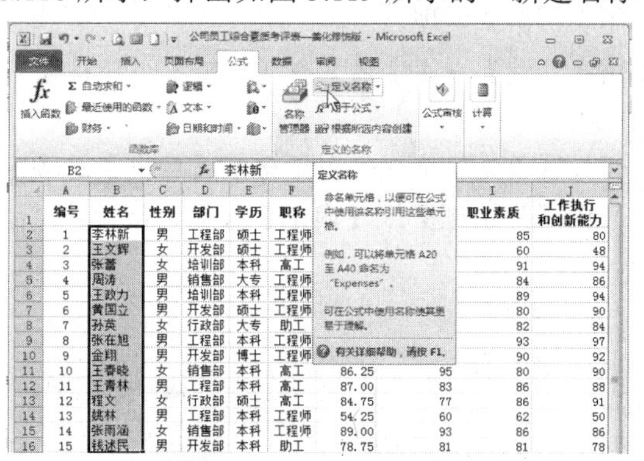

图 5.118　定义区域的名称

② 在“名称”文本框中输入“姓名”，“范围”保持“工作　”，“引用位置”显示了选中的区域，如图 5.119 所示，单击【确定】按钮，确定上述名称定义。

（3）管理名称。

① 单击名称框右侧的下拉按钮，列出已经定义好的名称，如图 5.120 所示，选择某区域的名称可在表格中将该区域框示出来。

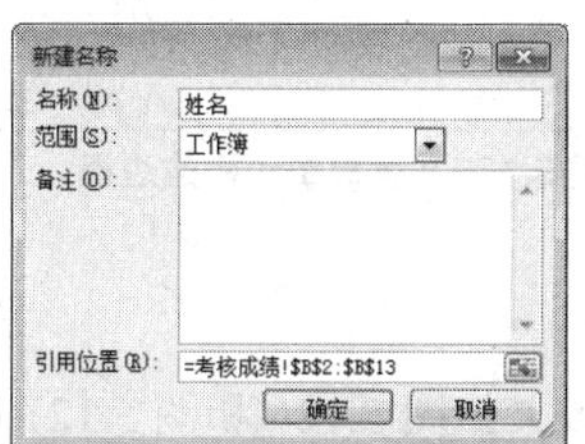

图 5.119　“新建名称”对话框

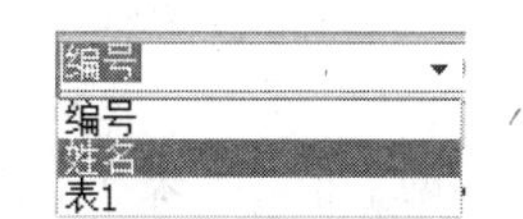

图 5.120　名称框选择区域名称

② 单击【公式】→【定义的名称】→【名称管理器】命令，打开如图 5.121 所示的“名称管理器”对话框，在其中可以查看和管理已定义的区域名称。

（4）使用名称。

① 如统计人数，则可在对编号进行计数的函数参数处输入“编号”，即调用名称“编号”所对应的区域来进行计数的计算，如图 5.122 所示。

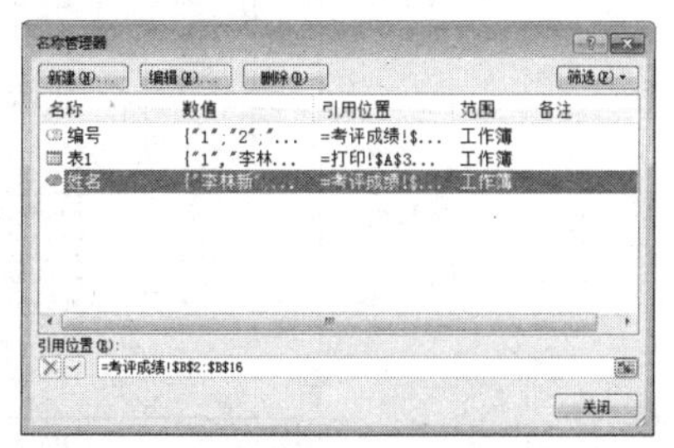

图 5.121　“名称管理器”对话框查看和管理名称

② 也可以使用【用于公式】的下拉列表选择将某个已经定义的名称应用于公式中，如图 5.123 所示。

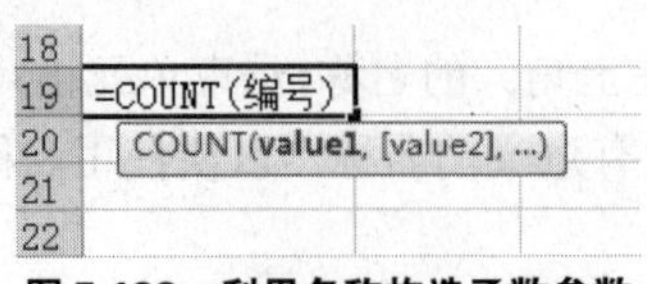

图 5.122　利用名称构造函数参数

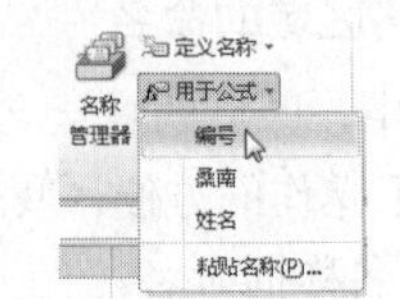

图 5.123　将已定义的名称应用于公式

2. 设置边框

默认情况下，工作表中的边框实际上是虚框，打印时是不能显示的，仅用于区隔行、列和单元格。要想打印出表格的框线，需要对选中的区域设置边框。

（1）套用表格格式实现。

（2）单击【开始】→【字体】→【边框】下拉按钮，打开“边框”面板，如图 5.124 所示，选择需要的框线。

（3）在“设置单元格格式”对话框的【边框】选项卡中选择合适的线条，如图 5.125 所示，单击“预置”的【外边框】或【内部】按钮，或单击“边框”对应位置的按钮，将该线条应用于这些边框。

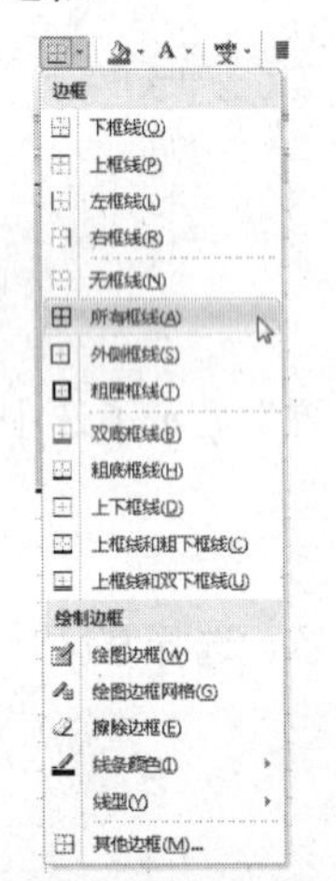

图 5.124　“边框”面板

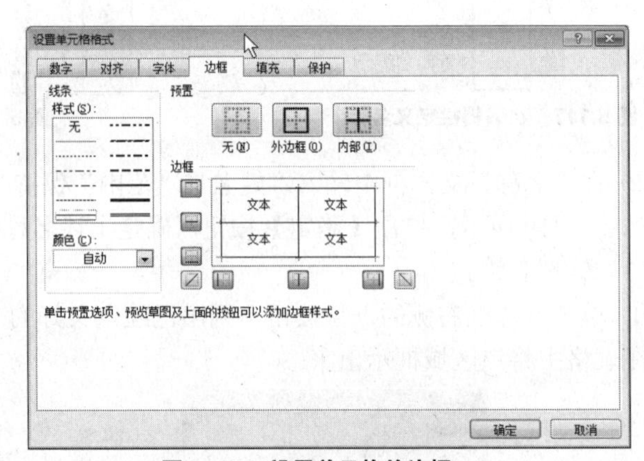

图 5.125　设置单元格的边框

【实践训练】

制作用于打印的“报名”表和“比赛成绩”表，效果如图 5.126 和图 5.127 所示。

报　名　表

项目 / 姓名	[illegible]	[illegible]	[illegible]	[illegible]	[illegible]	[illegible]
李小平	13计算机应用1班	1	1	1		2013年6月18日
常大鹏	13计算机应用1班	1		1		2013年6月19日
罗盈盈	13计算机应用1班	1	1	1	1	2013年6月20日
龙文	13计算机应用1班	1	1	1	1	
李丹丹	13计算机应用1班	1	1	1	1	2013年6月19日
华艳艳	13计算机应用1班	1	1	1	1	2013年6月21日
张丽梅	13计算机应用1班	1			1	2013年6月18日
李萍	13计算机应用1班	1			1	2013年6月19日
赵倩	13计算机应用1班				1	2013年6月18日
黄梅	13计算机应用1班			1		2013年6月18日
程玲玲	13计算机应用1班		1	1		2013年6月18日
曹俊	13计算机应用1班			1		2013年6月18日
周瑞丰	13计算机应用1班	1			1	

总计报名人次　32

文字录入比赛

图 5.126　用于打印的“报名”表

1. **复制和删除工作表。**

（1）将“比赛成绩.xlsx”中的“比赛成绩”工作表复制到“文字录入报名.xlsx”中“报名”表之后，关闭“比赛成绩.xlsx”。

（2）将“文字录入报名.xlsx”中的工作表 Sheet2 和 Sheet3 删除。

2. **在“报名”表中实现下列操作，以实现如图 5.126 所示的效果。**

（1）设置页面。设置纸张大小为 A4，方向为横向，页边距上、下、左、右均为 2；添加页脚，居中显示文字“文字录入比赛”。

（2）添加数据，并设置格式。

① 在第 1 行添加表格标题“报名表”，合并后居中，设置字体为方正　体、20 磅。

② 合并区域 B17:E17，并在合并后的单元格 B17 中，输入“总计报名人次”，设置字体为华文行楷、20 磅、倾斜，对齐方式为居中对齐。

③ 合并区域 H2:H15，并在合并后的单元格 H2 中输入“未确认者，自动放弃考试资格。”，设置字体为宋体、红色，对齐方式为竖排文字。

比赛成绩表

姓名	班级	性别	比赛项目	速度	正确率	[illegible]
李小平	13计算机应用1班	男	中文录入	97.0	93%	90.2
常大湖	13计算机应用1班	男	中文录入	77.0	91%	70.1
罗盈盈	13计算机应用2班	女	中文录入	78.0	93%	72.5
李丹丹	13计算机应用2班	女	中文录入	65.0	94%	61.1
华艳艳	13计算机应用2班	女	中文录入	66.0	89%	58.7
张丽梅	13软件技术班	女	中文录入	78.0	90%	70.2
李萍	13软件技术班	女	中文录入	73.0	97%	70.8
李小平	13计算机应用1班	男	英文录入	307.0	88%	270.2
罗盈盈	13计算机应用2班	女	英文录入	251.0	91%	228.4
李丹丹	13计算机应用2班	女	英文录入	245.0	92%	225.4
黄梅	13网络系统管理班	女	英文录入	237.0	92%	218.0
李小平	13计算机应用1班	男	日文录入	212.0	96%	203.5
常大湖	13计算机应用1班	男	日文录入	221.9	100%	221.9
罗盈盈	13计算机应用2班	女	日文录入	166.0	95%	157.7
李丹丹	13计算机应用2班	女	日文录入	144.6	91%	131.6
赵倩	13软件技术班	女	日文录入	132.3	96%	127.0
黄梅	13网络系统管理班	女	日文录入	139.0	73%	101.5
程玲玲	13网络系统管理班	女	日文录入	130.3	95%	123.8
罗盈盈	13计算机应用2班	女	数字录入	111.0	98%	108.8
李丹丹	13计算机应用2班	女	数字录入	139.3	68%	94.7
华艳艳	13计算机应用2班	女	数字录入	245.7	94%	231.0
张丽梅	13软件技术班	女	数字录入	237.0	92%	218.0
李萍	13软件技术班	女	数字录入	232.0	97%	225.0
			正确率最好		100%	
			正确率最差		68%	
			正确率平均		92%	

图 5.127　用于打印的“比赛成绩”表

（3）计算“总计比赛人次”。

① 在 F17 单元格中，利用函数计算所有报名参赛的人数，并将左侧单元格的格式应用于 F17。

② 设置表格内框线为细实线、外框线为粗　框线，并制作斜线表头 A2 的框线和内容；将列标题行的填充颜色设置为“白色，　背景 1，深色 15%”。

③ 将 C 列~F 列列宽设置为 11 磅，其余行高和列宽自行调整以适应纸张打印需要。

3. **在“比赛成绩”表中实现下列操作，以实现如图 5.127 所示的效果。**

（1）设置页面。设置纸张大小为 A4，方向为纵向，页边距除上边距为 3 外，其余均为 2；添加页眉，居中显示文字“比赛成绩表”，并设置字体为幼圆、20 磅。

（2）添加数据。在第 25 行~27 行添加数据“正确率最好”、“正确率最差”和“正确率平均”，并利用函数计算结果。

（3）格式设置。

① 将区域 A1:G24 数据套用表格格式“表样式中等深浅 1”，“正确率”列的数据设置为数据条：蓝色实心填充。

② 将第 1 行行高设置为 30 磅，其余行高和列宽自行调整以适应纸张打印需要。

任务3　分析考评数据

【任务描述】

表格除了管理和存储数据外，还要进行数据分析，如排序、自动 选、高级 选、分类汇总，以及数据透视表来查看和 选数据，使用图表更加直观地反映数据以及对比情况。

任务 1 中人力资源部工作人员制作了“公司员工综合素质考评表”，现继续对其进行数据统计分析。现按照其他部门的要求，进行如下工作。

（1）两种排序：按平均分的升序排序；查看各部门的平均分高低情况，效果如图 5.128 所示。

	A	B	C	D	E	F	G	H	I	J	K	L
1	编号	姓名	性别	部门	学历	职称	平均分	工作态度	职业素质	工作执行和创新能力	工作业绩	总分
2	13	姚林	男	工程部	本科	工程师	54.25	60	62	50	45	217
3	2	王文辉	女	开发部	硕士	工程师	55.75	65	60	48	50	223
4	15	钱述民	男	开发部	本科	助工	78.75	81	81	78	75	315
5	1	李林新	男	工程部	硕士	工程师	83.75	86	85	80	84	335
6	4	周涛	男	销售部	大专	工程师	84.00	89	84	86	77	336
7	12	程文	女	行政部	硕士	高工	84.75	77	86	91	85	339
8	7	孙英	女	行政部	大专	助工	85.00	91	82	84	83	340
9	6	黄国立	男	开发部	硕士	工程师	85.25	82	80	90	89	341
10	5	王政力	男	培训部	本科	工程师	86.25	82	89	94	80	345
11	10	王春晓	女	销售部	本科	高工	86.25	95	80	90	80	345
12	11	王青林	男	工程部	本科	高工	87.00	83	86	88	91	348
13	14	张雨涵	女	销售部	本科	工程师	89.00	93	86	86	91	356
14	8	张在旭	男	工程部	本科	工程师	90.00	84	93	97	86	360
15	3	张蕾	女	培训部	本科	高工	90.75	92	91	94	86	363
16	9	金翔	男	开发部	博士	工程师	92.75	94	90	92	95	371
17												
18	编号	姓名	性别	部门	学历	职称	平均分	工作态度	职业素质	工作执行和创新能力	工作业绩	总分
19	8	张在旭	男	工程部	本科	工程师	90.00	84	93	97	86	360
20	11	王青林	男	工程部	本科	高工	87.00	83	86	88	91	348
21	1	李林新	男	工程部	硕士	工程师	83.75	86	85	80	84	335
22	13	姚林	男	工程部	本科	工程师	54.25	60	62	50	45	217
23	7	孙英	女	行政部	大专	助工	85.00	91	82	84	83	340
24	12	程文	女	行政部	硕士	高工	84.75	77	86	91	85	339
25	9	金翔	男	开发部	博士	工程师	92.75	94	90	92	95	371
26	6	黄国立	男	开发部	硕士	工程师	85.25	82	80	90	89	341
27	15	钱述民	男	开发部	本科	助工	78.75	81	81	78	75	315
28	2	王文辉	女	开发部	硕士	工程师	55.75	65	60	48	50	223
29	3	张蕾	女	培训部	本科	高工	90.75	92	91	94	86	363
30	5	王政力	男	培训部	本科	工程师	86.25	82	89	94	80	345
31	14	张雨涵	女	销售部	本科	工程师	89.00	93	86	86	91	356
32	10	王春晓	女	销售部	本科	高工	86.25	95	80	90	80	345
33	4	周涛	男	销售部	大专	工程师	84.00	89	84	86	77	336

图 5.128　2 种排序的结果

（2）统计名次和考评结果（规则：平均分>=90 为优秀、平均分在 60 至 89 为称职、平均分<60 为不称职），效果如图 5.129 所示。

	A	B	C	D	E	F	G	H	I	J	K	L	M	N
1	编号	姓名	性别	部门	学历	职称	平均分	工作态度	职业素质	工作执行和创新能力	工作业绩	总分	名次	考评结果
2	1	李林新	男	工程部	硕士	工程师	83.75	86	85	80	84	335	12	称职
3	2	王文辉	女	开发部	硕士	工程师	55.75	65	60	48	50	223	14	不称职
4	3	张蕾	女	培训部	本科	高工	90.75	92	91	94	86	363	2	优秀
5	4	周涛	男	销售部	大专	工程师	84.00	89	84	86	77	336	11	称职
6	5	王政力	男	培训部	本科	工程师	86.25	82	89	94	80	345	6	称职
7	6	黄国立	男	开发部	硕士	工程师	85.25	82	80	90	89	341	8	称职
8	7	孙英	女	行政部	大专	助工	85.00	91	82	84	83	340	9	称职
9	8	张在旭	男	工程部	本科	工程师	90.00	84	93	97	86	360	3	优秀
10	9	金翔	男	开发部	博士	工程师	92.75	94	90	92	95	371	1	优秀
11	10	王春晓	女	销售部	本科	高工	86.25	95	80	90	80	345	6	称职
12	11	王青林	男	工程部	本科	高工	87.00	83	86	88	91	348	5	称职
13	12	程文	女	行政部	硕士	高工	84.75	77	86	91	85	339	10	称职
14	13	姚林	男	工程部	本科	工程师	54.25	60	62	50	45	217	15	不称职
15	14	张雨涵	女	销售部	本科	工程师	89.00	93	86	86	91	356	4	称职
16	15	钱述民	男	开发部	本科	助工	78.75	81	81	78	75	315	13	称职

考评成绩　排序　名次和考评结果　自动筛选　高级筛选　分类汇总　数据透视表

图 5.129　统计名次和考评结果

（3）两个自动 选：自动 选性别为“男”、平均分大于等于 85 的数据，如图 5.130 所示；查看平均分介于 80（含 80）和 90 之间的高工和助工人员数据，如图 5.131 所示。

	A	B	C	D	E	F	G	H	I	J	K	L
1	编号	姓名	性别	部门	学历	职称	平均分	工作态度	职业素质	工作执行和创新能力	工作业绩	总分
6	5	王政力	男	培训部	本科	工程师	86.25	82	89	94	80	345
7	6	黄国立	男	开发部	硕士	工程师	85.25	82	80	90	89	341
9	8	张在旭	男	工程部	本科	工程师	90.00	84	93	97	86	360
10	9	金翔	男	开发部	博士	工程师	92.75	94	90	92	95	371
12	11	王青林	男	工程部	本科	高工	87.00	83	86	88	91	348

图 5.130　自动筛选性别为“男”、平均分大于等于 85 的数据

	A	B	C	D	E	F	G	H	I	J	K	L
1	编号	姓名	性别	部门	学历	职称	平均分	工作态度	职业素质	工作执行和创新能力	工作业绩	总分
8	7	孙英	女	行政部	大专	助工	85.00	91	82	84	83	340
11	10	王春晓	女	销售部	本科	高工	86.25	95	80	90	80	345
12	11	王青林	男	工程部	本科	高工	87.00	83	86	88	91	348
13	12	程文	女	行政部	硕士	高工	84.75	77	86	91	85	339

图 5.131　查看平均分介于 80（含 80）和 90 之间的高工和助工人员数据

（4）两个高级筛选：高级筛选平均分 90 以上的男职工数据，并将筛选结果置于原数据区域下方，如图 5.132 所示；查看所有本科职工和女职工的数据，结果在原数据区域显示，如图 5.133 所示。

	A	B	C	D	E	F	G	H	I	J	K	L	M	N	O
1	编号	姓名	性别	部门	学历	职称	平均分	工作态度	职业素质	工作执行和创新能力	工作业绩	总分		性别	平均分
2	1	李林新	男	工程部	硕士	工程师	83.75	86	85	80	84	335		男	>=90
3	2	王文辉	女	开发部	硕士	工程师	55.75	65	60	48	50	223			
4	3	张蕾	女	培训部	本科	高工	90.75	92	91	94	86	363			
5	4	周涛	男	销售部	大专	工程师	84.00	89	84	86	77	336			
6	5	王政力	男	培训部	本科	工程师	86.25	82	89	94	80	345			
7	6	黄国立	男	开发部	硕士	工程师	85.25	82	80	90	89	341			
8	7	孙英	女	行政部	大专	助工	85.00	91	82	84	83	340			
9	8	张在旭	男	工程部	本科	工程师	90.00	84	93	97	86	360			
10	9	金翔	男	开发部	博士	工程师	92.75	94	90	92	95	371			
11	10	王春晓	女	销售部	本科	高工	86.25	95	80	90	80	345			
12	11	王青林	男	工程部	本科	高工	87.00	83	86	88	91	348			
13	12	程文	女	行政部	硕士	高工	84.75	77	86	91	85	339			
14	13	姚林	男	工程部	本科	工程师	54.25	60	62	50	45	217			
15	14	张雨涵	女	销售部	本科	工程师	89.00	93	86	86	91	356			
16	15	钱述民	男	开发部	本科	助工	78.75	81	81	78	75	315			
17															
18	编号	姓名	性别	部门	学历	职称	平均分	工作态度	职业素质	工作执行和创新能力	工作业绩	总分			
19	8	张在旭	男	工程部	本科	工程师	90.00	84	93	97	86	360			
20	9	金翔	男	开发部	博士	工程师	92.75	94	90	92	95	371			
21															

考评成绩　排序　名次和考评结果　自动筛选　自动筛选（2）　高级筛选　分类汇总　数据透

图 5.132　使用高级筛选查看平均分 90 以上的男职工数据

	A	B	C	D	E	F	G	H	I	J	K	L
23	学历	性别										
24	本科											
25		女										
26	编号	姓名	性别	部门	学历	职称	平均分	工作态度	职业素质	工作执行和创新能力	工作业绩	总分
28	2	王文辉	女	开发部	硕士	工程师	55.75	65	60	48	50	223
29	3	张蕾	女	培训部	本科	高工	90.75	92	91	94	86	363
31	5	王政力	男	培训部	本科	工程师	86.25	82	89	94	80	345
33	7	孙英	女	行政部	大专	助工	85.00	91	82	84	83	340
34	8	张在旭	男	工程部	本科	工程师	90.00	84	93	97	86	360
36	10	王春晓	女	销售部	本科	高工	86.25	95	80	90	80	345
37	11	王青林	男	工程部	本科	高工	87.00	83	86	88	91	348
38	12	程文	女	行政部	硕士	高工	84.75	77	86	91	85	339
39	13	姚林	男	工程部	本科	工程师	54.25	60	62	50	45	217
40	14	张雨涵	女	销售部	本科	工程师	89.00	93	86	86	91	356
41	15	钱述民	男	开发部	本科	助工	78.75	81	81	78	75	315

考评成绩　排序　名次和考评结果　自动筛选　自动筛选（2）　高级筛选　分类汇总　数据透视表

图 5.133　使用高级筛选查看所有本科职工和女职工的数据

（5）分类汇总：汇总各职称工作业绩的均值，并只查看 2 级，如图 5.134 所示。

	A	B	C	D	E	F	G	H	I	J	K	L
1	编号	姓名	性别	部门	学历	职称	平均分	工作态度	职业素质	工作执行和创新能力	工作业绩	总分
6						高工 平均值					85.5	
16						工程师 平均值					77.44444444	
19						助工 平均值					79	
20						总计平均值					79.8	
21												

考评成绩　排序　名次和考评结果　自动筛选　自动筛选（2）　高级筛选　分类汇总　数据透视表

图 5.134　汇总各职称工作业绩均值并只查看 2 级数据

（6）数据透视表：查看各部门女职工的最高总分，如图 5.135 所示。

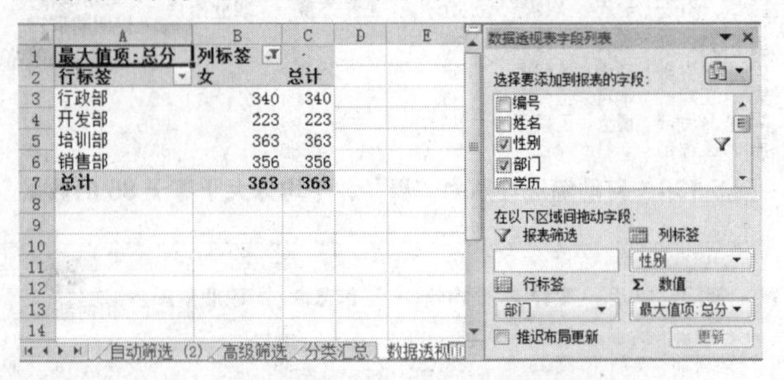

图 5.135　查看各部门女职工的最高总分

（7）制作 2 个图表：查看　林新 4 个项目成绩对比图，如图 5.136 所示；参评人员平均分对比图，如图 5.137 所示。

编号	姓名	性别	部门	学历	职称	平均分	工作态度	职业素质	工作执行和创新能力	工作业绩	总分
1	李林新	男	工程部	硕士	工程师	83.75	86	85	80	84	335
2	王文辉	女	开发部	硕士	工程师	55.75	65	60	48	50	223
3	张蕾	女	培训部	本科	高工	90.75	92	91	94	86	363
4	周涛	男	销售部	大专	工程师	84.00	89	84	86	77	336
5	王政力	男	培训部	本科	工程师	86.25	82	89	94	80	345
6	黄国立	男	开发部	硕士	工程师	85.25	82	80	90	89	341
7	孙英	女	行政部	大专	助工	85.00	91	82	84	83	340
8	张在旭	男	工程部	本科	工程师	90.00	84	93	97	86	360
9	金翔	男	开发部	博士	工程师	92.75	94	90	92	95	371
10	王春晓	女	销售部	本科	高工	86.25	95	80	90	80	345
11	王青林	男	工程部	本科	高工	87.00	83	86	88	91	348
12	程文	女	行政部	硕士	高工	84.75	77	86	91	85	339
13	姚林	男	工程部	本科	工程师	54.25	60	62	50	45	217
14	张雨涵	女	销售部	本科	工程师	89.00	93	86	86	91	356
15	钱述民	男	开发部	本科	助工	78.75	81	81	78	75	315

图 5.136　查看李林新 4 个项目成绩对比图

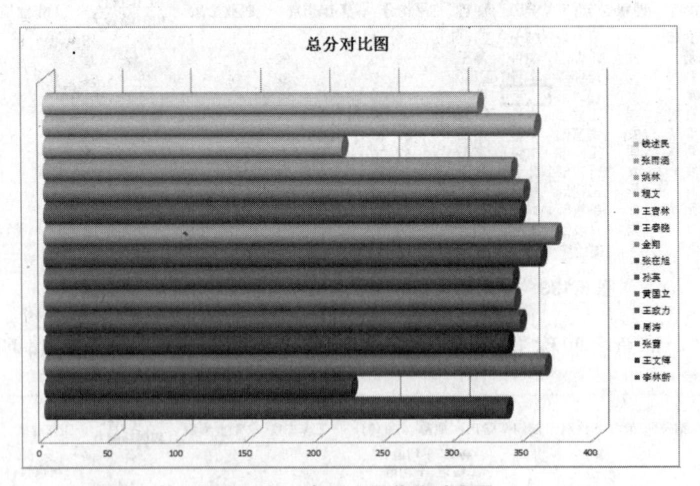

图 5.137　参评人员总分对比图

【任务目标】

- ◈ 熟悉增加和删除工作表的方法
- ◈ 理解并掌握一个关键字或多个关键字排序的操作
- ◈ 理解和使用 RANK.EQ 函数和 IF 函数进行计算
- ◈ 掌握自动　选和高级　选的启用和条件的构造
- ◈ 能进行分类汇总
- ◈ 理解和熟练制作及运用数据透视表
- ◈ 熟练掌握图表的制作

【任务流程】

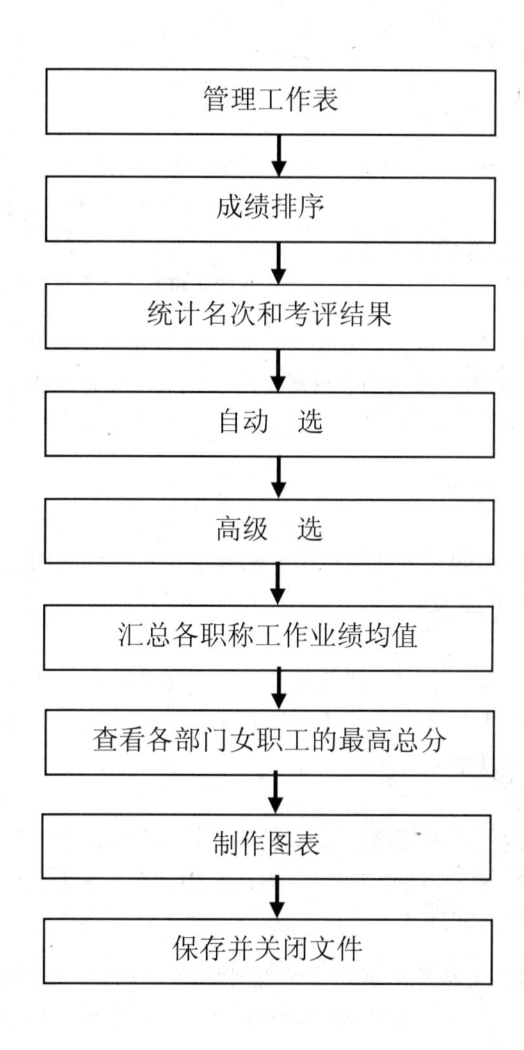

【任务解析】

1. 增加和删除工作表

Excel 工作　默认包含 3 张工作表，根据需要，可以增加新的工作表或删除不再需要的工作表。

（1）增加工作表。

① 在工作表的标签处，单击【插入工作表】按钮，在所有工作表的最后增加了一张工作表，自动命名 SheetN，N 为当前工作表的最后一个 Sheet 的数值+1。

② 单击【开始】→【单元格】→【插入】下拉按钮，从列表中选择【插入工作表】命令。

③ 用鼠标右键单击工作表标签，从快捷菜单中选择【插入】命令，打开如图 5.140 所示的“插入”对话框，在“常用”选项卡中选择“工作表”，单击【确定】按钮，插入一张新工作表。

（2）删除工作表。

① 切换到待删除的工作表，选择【开始】→【单元格】→【删除】→【删除工作表】命令，若待删工作表中有数据，则弹出如图 5.139 所示的提示对话框，单击【删除】按钮，可永久删除该工作表。

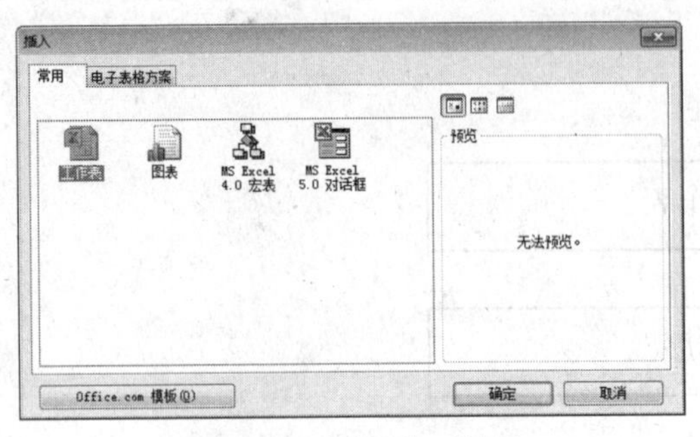

图 5.138 “插入”对话框

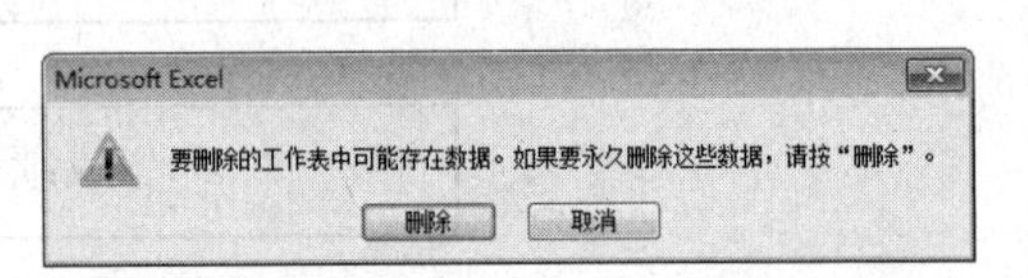

图 5.139 提示删除工作表中存在数据的对话框

② 用鼠标右键单击待删工作表标签，从快捷菜单中选择【删除】命令，删除该工作表。

提示：删除工作表的操作是不可撤销的，被删除的工作表从文件中彻底删除掉了，所以在使用该操作时须谨慎。

2. 排序

排序是将数据区域按照指定的某列（关键字）的升序（从小到大递增）或降序（从大到小递减）为依据，重新排列数据行的顺序。

（1）以一个关键字排序。

将鼠标定位于排序依据的数据列中任意单元格，单击【开始】→【编辑】→【排序和 选】下拉按钮，从下拉列表中选择【升序】或【降序】命令。也可以单击【数据】→【排序和 选】→【升序】或【降序】按钮实现。

（2）以多个关键字排序。

将鼠标定位于数据区域内任意单元格，选择【开始】→【编辑】→【排序和筛选】→【自定义排序 自定义排序(U)...】命令，在弹出的“排序”对话框中设置“主要关键字”、“次要关键字”和更多的“次要关键字”及顺序来实现。

提示：为了获得最佳结果，要排序的区域应该有列标题，以便于排序时在“排序”对话框中的“数据包含标题”处可以勾选 ☑ 数据包含标题(H) 以使关键字的下拉列表中可以将数据区域第一行作为选项列出。

若没有标题行，则在选择关键字时，我们只能看到如图 5.140 所示的“列 A”、“列 B”这样的选项，不利于选择关键字。

有多个排序关键字时，先按主要关键字的指定顺序排序，若这个关键字没有相同的值，则后面的关键字都不起作用；若这个关键字有相同的值，则以次要关键字的指定顺序排序；若主要和次要关键字都相同，则以再次要关键字的指定顺序排序。

图 5.140　无标题行的关键字下拉列表

（3）排序关键字的顺序。

① 数字：以 0、1、2、3、4、5、6、7、8、9 的自然数顺序为升序。

② 日期：先发生的日期小于在其后的日期。日期是特殊的数字。

③ 文本：单字以拼音的递增顺序为升序，如“张”、“　”、“　”和“　”字的拼音分别为“zhang”、“lu”、“li”和“liu”，故升序为“　、　、　、张”。多个字的词语，先以第一字的拼音排序，遇相同，则以第二字排序，以此类推。

④ 优先级：由低到高为无字符、空格、数字、文本字符。

3. RANK.EQ 函数和 IF 函数

（1）RANK.EQ 函数。

提示： 为了使函数的功能与预期保持一致并让函数名称更准确地描述其功能，Microsoft Excel 2010 中对一些函数进行了更新和重命名，并新增了一些函数，如这里的 RANK.EQ 函数。为了保持向后的兼容性，重命名前的函数仍会以原来的名称提供，如 RANK 函数。

RANK.EQ 函数，用于返回一个数字在数字列表中的排位。其大小与列表中的其他值相关。如果多个值具有相同的排位，则返回该组数值的最高排位。

语法：RANK.EQ(Number,Ref,[Order])

① Number：需要找到排位的数字。

② Ref：数字列表数组或对数字列表的引用。Ref 中的非数值型值将被　略。

③ Order：指明数字排位的方式。如果 Order 为 0（零）或省略，对数字的排位是基于 Ref 按照降序排列的列表；如果 Order 不为零，对数字的排位是基于 Ref 按照升序排列的列表。

（2）IF 函数。

IF 函数，用于根据指定条件满足与否而返回不同的结果。如果指定条件的计算结果为 TRUE，IF 函数将返回某个值；如果该条件的计算结果为 FALSE，则返回另一个值。例如=IF(A1=0,"零","非零")，若 A1 等于 0，返回“零”；若 A1 大于 0，将返回“非零”。

语法：IF(Logical_test, [Value_if_true], [Value_if_false])

① Logical_test：计算结果可能为 TRUE 或 FALSE 的任意值或表达式。例如，A1=0 就是一个逻辑表达式；若单元格 A1 中的值为 0，表达式的结果为 TRUE；若 A1 中的值为其他值，结果为 FALSE。

② Value_if_true：当 Logical_test 参数的计算结果为 TRUE 时所要返回的值。若省略，则返回 0（零）。

③ Value_if_false：当 Logical_test 参数的计算结果为 FALSE 时所要返回的值。

这里，由于返回值是文本，用英文状态下的双引号括起来，如果返回值是数字、日期、公式的计算结果，都不用任何符号括起来。

4. 筛选

执行 选操作，可将满足 选条件的行保留，其余行隐藏以便查看满足条件的数据。 选完成后，保留的数据行的行号会变成蓝色。 选可以分为自动 选和高级 选两种。

提示： 一次只能对工作表中的一个区域应用筛选。若要在一张工作表中的多个区域实现筛选，可以使用“表格”功能。

（1）自动 选。它适用于简单条件的 选，可实现升序排序、降序排序、按颜色排序、 选该列中的某值或按自定义条件进行 选，如图 5.141 所示。Excel 会根据应用 选的列中的数据类型，自动变为“数字 选”、“文本 选”或“日期 选”。

① 将光标定位于要待 选区域内任意单元格，选择【开始】→【编辑】→【排序和 选】→【 选 】命令，启用自动 选，在数据区域的列标题处出现可设置 选条件的按钮，单击该按钮，打开列 选器，在其中选择需要进行的操作。构造了 选条件的列旁边的箭头按钮会变成。

也可以单击【数据】→【排序和 选】→【 选】命令，或按组合键【Ctrl】+【Shift】+【L】来启用自动 选。

② 如进行数字的 选条件设置，可选择等于、不等于、大于、大于或等于、小于、小于或等于、介于、10 个最大的值（N 个最大或最小的项或百分比）、高于平均值、低于平均值或自定义 选。

构造 选条件有以下两点需要特别说明：

a.10 个最大的值：用于 选最大或最小的 N 个项，或百分之 N，选择这个选项，打开如图 5.142 所示的“自动 选前 10 个”对话框，可在其中设置进行 选设置。

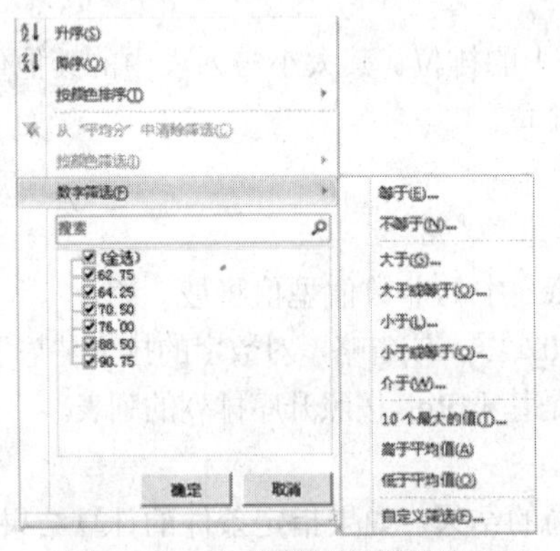

图 5.141 自动筛选的列筛选器　　图 5.142 “自动筛选前 10 个”对话框

b. 大部分的 选条件，都要利用“自定义自动 选方式”对话框来进行设置。

自定义的条件可以进行等于、不等于、大于、大于或等于、小于、小于或等于、开头是、开头不是、结尾是、结尾不是、包含、不包含等条件的构造。同一列若为 2 个条件，可利用“与”或“或”关系来连接，若为多个条件，还可以使用通配符。如图 5.143 所示，表示 选同时满足平均分大于或等于 60，“与”平均分小于 90 的数据，即 选 60 平均分 90 的数据。

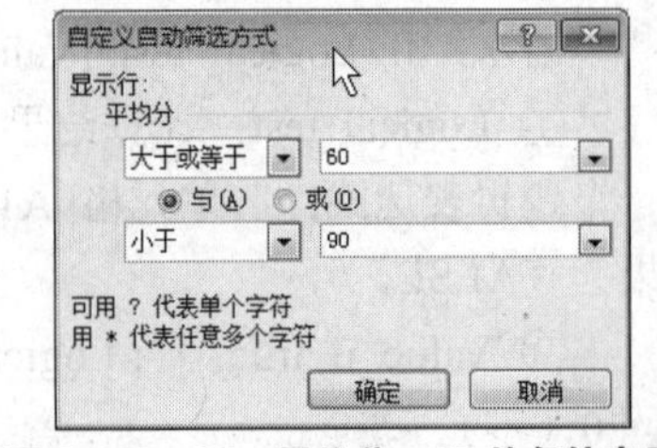

图 5.143 60≤平均分＜90 的条件表示

提示：分析和构造条件，要善于区别和总结中文说法与计算机表达式之间的不同和规律。

表 5.1 中列出的通配符可作为 选以及查找和替换内容时的比较条件。

表 5.1　　条件中可使用的通配符

通配符	含义	举例
?（问号）	任何单个字符	sm?th ：查找“smith”和“smyth”
*（星号）	任何字符数	*east ：查找“Northeast”和“Southeast”
~（波形符）后跟 ?、* 或 ~	问号、星号或波形符	fy91~?：查找“fy91?”

③ 若多列中设置了 选条件，则各条件之间为“与”的关系，即保留同时满足各列条件的数据行；若要不同列之间满足任意条件的“或”关系，则只能使用高级 选完成。

（2）高级 选。高级 选可以指定复杂条件，限制查 结果集中要包括的记录，常用于多个条件满足“或”关系的情况。单击【数据】→【排序和 选】→【高级 高级】按钮，启用高级 选。

如本任务步骤 4 中的“本科职工和女职工”，则可以将条件分别表示为“本科的职工”或“女职工”，均为 选要保留的数据。

① 高级 选需要先在原始数据区域之外的单元格区域中输入 选条件，条件必须包含所在列的列标题和条件表达式。书写条件时，若两（多）个条件写在同一行，表示两（多）个条件同时满足，即为“与”的关系；若写在不同行，则表示两（多）个条件任意满足一个，即“或”的关系。

如图 5.144 所示，区域 A1:B2 表示本科的女职工（同时满足性别为“女”与学历为“本科”）；区域 D1:D3 表示本科和大专的职工（学历为本科或大专）；区域 F1:G3 表示本科女职工和大专女职工。

	A	B	C	D	E	F	G
1	性别	学历		学历		性别	学历
2	女	本科		本科		女	本科
3				大专		女	大专

图 5.144　筛选条件的构造

② 可将 选的结果放置于原有数据区域或其他区域。若选择【在原有区域显示 选结果】，则原数据区域中会将满足条件的数据行保留并以蓝色标识行标题，隐藏不满足条件的数据行；若选择【将 选结果复制到其他位置】，则从选定的单元格开始将 选结果排列出来。

提示：将结果复制到其他位置时，由于不知道结果会有多少行，因此我们通常选择数据的起始单元格，即结果区域最左上角的单元格，结果数据会自动向下向右排列。

（3）取消 选。

① 取消自动 选：单击【数据】→【排序和 选】→【清除】按钮，清除某列的 选效果；再次单击【 选】按钮，停用整张表的自动 选，回复原始数据的状态。

② 取消高级 选：若结果在原有数据区域显示，则可单击【数据】→【排序和 选】→【清除】按钮回复原数据；若结果复制到了其他位置，则直接将结果区域全部删除即可。

5. 分类汇总

单击【数据】→【分级显示】→【分类汇总】按钮，可调用分类汇总，将通过为所选单元格区域自动插入小计和合计，汇总多个相关数据行。

（1）该命令是分类和汇总（统计）两个操作的集合，故需先按分类字段排序，将该字段中相同值的数据行排列到一起后，再执行分类汇总命令，确定分类字段和进行汇总字段及方式的设置。

（2）得到分类汇总的结果后，Excel 将分级显示列表、小计和合计，以便显示和隐藏明细数据行。工作表左上角会出现一个 3 级的分级显示符号，单击123按钮可以分别查看 1 级汇总情况、2 级汇总情况和 3 级明细情况。也可以通过单击+和-按钮来收　或展开各级明细数据。

6. 数据透视表

数据透视表是交互式报表，可以方便地排列和汇总复杂数据，并可进一步查看详细信息。可以将原表中某列的不同值作为查看的行或列，在行和列的交叉处体现另外一个列的数据汇总情况。

数据透视表可以动态地改变版面布局，以便按照不同方式分析数据，也可以重新安排行标签、列标签和值字段及汇总方式，每一次改变版面布局，数据透视表会立即按照新的布局重新显示数据。

数据透视表的使用中需注意以下操作：

（1）选择要分析的表或区域：既可以使用本工作　中的表或区域，也可以使用外部数据源（其他文件）的数据。

（2）选择放置数据透视表的位置：既可以生成一张新工作表，并从该表 A1 单元格开始放置生成的数据透视表，也可以选择现有工作表的某单元格开始的位置来放置。

（3）设置数据透视表的字段布局：选择要添加到报表的字段，并在行标签、列标签、数值的列表框中拖动字段来修改字段的布局。

（4）修改数值汇总方式：一般数值自动默认汇总方式为求和，文本默认为计数，如需修改，可单击“数值”处的字段按钮，从弹出的快捷菜单中选择【值字段设置】命令，打开“值字段设置”对话框，在其中进行选择或修改。

（5）对数据透视表的结果进行　选：对于上述设置完成的数据透视表，还可以单击行标签和列标签处的下拉按钮，打开　选器，进行　选设置。

7. 制作图表

图表具有较好的视觉效果，可直观地查看和对比数据的差异和预测趋势。制作图表要注意以下环节：

（1）选择图表类型和子图表的类型。

（2）选择制作图表的数据源，一般使用【Ctrl】键选择连续或不连续的多个区域作为数据源。

提示： 选择列作为数据源，最好将列标题一起选中，它们会用于坐标轴或图示的文字显示。

（3）确定系列产生在“行”，还是“列”。图表中的每个数据系列具有唯一的颜色或图案，并且在图表的图例中表示，可以在图表中绘制一个或多个数据系列。

（4）插入图表后，会激活【图表工具】的【设计】、【布局】和【格式】3 个功能选项卡，如图 5.145、5.146 和 5.147 所示，可以分别对图表的具体细节进行设置和修改。

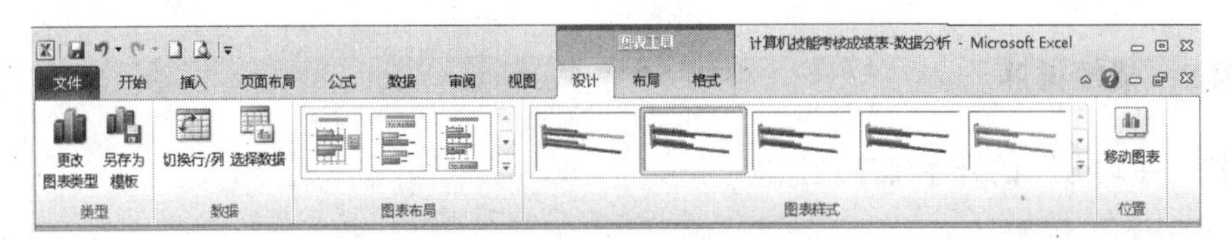

图 5.145　图表的【设计】功能选项卡

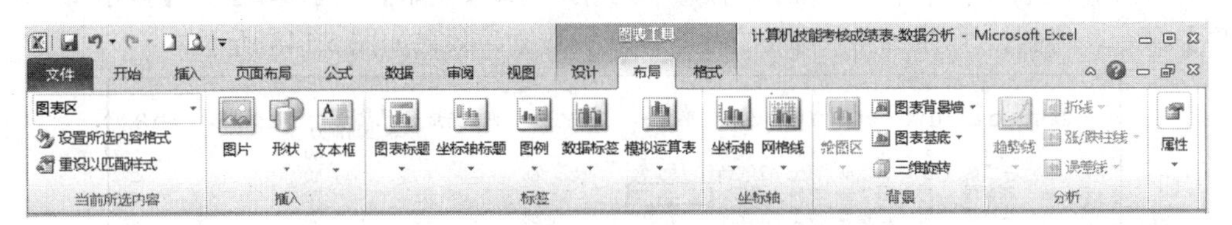

图 5.146　图表的【布局】功能选项卡

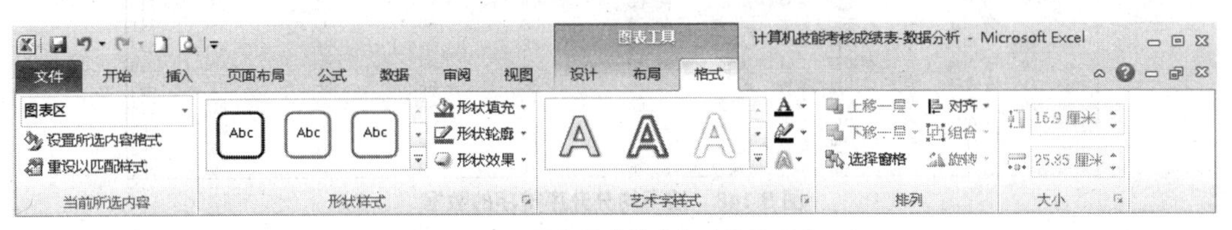

图 5.147　图表的【格式】功能选项卡

【任务实施】

步骤 1　管理工作表

（1）从“公司员工综合素质考评表”中复制“考评成绩”工作表。

① 新建工作　“公司员工综合素质考评表-数据分析.xlsx”，保存至计算机中的“D：\科源有限公司\人力资源部\员工综合素质考评”文件夹中。

② 将“公司员工综合素质考评表.xlsx”的“考评成绩”工作表复制到“公司员工综合素质考评表-数据分析.xlsx”的 Sheet1 工作表之前，并自动切换到“公司员工综合素质考评表-数据分析.xlsx”工作　中。

③ 关闭“公司员工综合素质考评表.xlsx”。

（2）复制并重命名工作表。

① 复制“考评成绩”整张工作表的数据区域，再切换到 Sheet1 工作表，选中单元格 A1，将所有数据粘贴至 Sheet1 工作表；将 Sheet1 工作表重命名为“排序”。

② 复制“考评成绩”工作表，将复制出的工作表“考评成绩 (2)”放于“Sheet2”工作表之前，并将“考评成绩 (2)”重命名为“名次和考评结果”。

③ 按住【Ctrl】键，用鼠标单击并向右拖曳“名次和考评结果”工作表标签，释放鼠标，复制出工作表“名次和考评结果（2）”，将其重命名为“自动　选”。

④ 使用适当的方法将“自动　选”工作表复制 2 份，并分别重命名为“高级　选”和“分类汇总”。

⑤ 将工作表 Sheet2 重命名为“数据透视表”。

（3）删除工作表。

用鼠标右键单击 Sheet3 工作表标签，从快捷菜单中选择【删除】命令，将 Sheet3 永久删除。

步骤 2 成绩排序

1. 按“平均分”的升序排序数据。

（1）切换到工作表“排序”中。

（2）将光标定位于“平均分”列中的任意单元格，选择【开始】→【编辑】→【排序和 选】→【升序】命令，得到按平均分从小到大的顺序排列的数据，效果如图 5.148 所示。

	A	B	C	D	E	F	G	H	I	J	K	L
1	编号	姓名	性别	部门	学历	职称	平均分	工作态度	职业素质	工作执行和创新能力	工作业绩	总分
2	13	姚林	男	工程部	本科	工程师	54.25	60	62	50	45	217
3	2	王文辉	女	开发部	硕士	工程师	55.75	65	60	48	50	223
4	15	钱述民	男	开发部	本科	助工	78.75	81	81	78	75	315
5	1	李林新	男	工程部	硕士	工程师	83.75	86	85	80	84	335
6	4	周涛	男	销售部	大专	工程师	84.00	89	84	86	77	336
7	12	程文	女	行政部	硕士	高工	84.75	77	86	91	85	339
8	7	孙英	女	行政部	大专	助工	85.00	91	82	84	83	340
9	6	黄国立	男	开发部	硕士	工程师	85.25	82	80	90	89	341
10	5	王政力	男	培训部	本科	工程师	86.25	82	89	94	80	345
11	10	王春晓	女	销售部	本科	高工	86.25	95	80	90	80	345
12	11	王青林	男	工程部	本科	高工	87.00	83	86	88	91	348
13	14	张雨涵	女	销售部	本科	工程师	89.00	93	86	86	91	356
14	8	张在旭	男	工程部	本科	工程师	90.00	84	93	97	86	360
15	3	张蕾	女	培训部	本科	高工	90.75	92	91	94	86	363
16	9	金翔	男	开发部	博士	工程师	92.75	94	90	92	95	371

图 5.148 按平均分升序排序的数据

2. 按“部门”升序和“平均分”降序排序，查看各部门的平均分高低情况。

（1）将区域 A1:L16 复制到同一工作表的区域 A18:L33 中。

（2）按“部门”升序和“平均分”降序排序。

① 将鼠标定位于区域 A18:L33 中的任意单元格中，单击【数据】→【排序和 选】→【排序】按钮，打开“排序”对话框，设置主关键字为“部门”，排序依据为“数值”，次序为“升序”。

② 单击【添加条件 添加条件(A)】按钮，出现次要关键字，设置为“平均分”、“数值”和“降序”，构建好两个排序关键字，如图 5.149 所示，单击【确定】按钮，排序结果如图 5.150 所示。

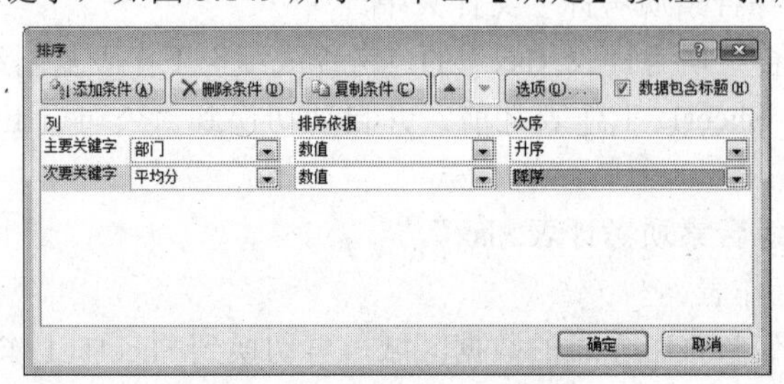

图 5.149 “排序”对话框

	A	B	C	D	E	F	G	H	I	J	K	L
17												
18	编号	姓名	性别	部门	学历	职称	平均分	工作态度	职业素质	工作执行和创新能力	工作业绩	总分
19	8	张在旭	男	工程部	本科	工程师	90.00	84	93	97	86	360
20	11	王青林	男	工程部	本科	高工	87.00	83	86	88	91	348
21	1	李林新	男	工程部	硕士	工程师	83.75	86	85	80	84	335
22	13	姚林	男	工程部	本科	工程师	54.25	60	62	50	45	217
23	7	孙英	女	行政部	大专	助工	85.00	91	82	84	83	340
24	12	程文	女	行政部	硕士	高工	84.75	77	86	91	85	339
25	9	金翔	男	开发部	博士	工程师	92.75	94	90	92	95	371
26	6	黄国立	男	开发部	硕士	工程师	85.25	82	80	90	89	341
27	15	钱述民	男	开发部	本科	助工	78.75	81	81	78	75	315
28	2	王文辉	女	开发部	硕士	工程师	55.75	65	60	48	50	223
29	3	张蕾	女	培训部	本科	高工	90.75	92	91	94	86	363
30	5	王政力	男	培训部	本科	工程师	86.25	82	89	94	80	345
31	14	张雨涵	女	销售部	本科	工程师	89.00	93	86	86	91	356
32	10	王春晓	女	销售部	本科	高工	86.25	95	80	90	80	345
33	4	周涛	男	销售部	大专	工程师	84.00	89	84	86	77	336

图 5.150 按“部门”升序和“平均分”降序排序结果

步骤 3　统计名次和考评结果

在“名次和考评结果”工作表的最后添加两列“名次”和“考评结果”，利用 RANK.EQ 函数和 IF 函数（规则：平均分>=90 为优秀、平均分在 60 至 89 为称职、平均分<60 为不称职），将统计结果填入相应单元格。

① 在 M1 和 N1 单元格中分别输入列标题“名次”和“考评结果”。

② 单击选中单元格 M2，从【公式】→【函数库】→【其他函数】→【统计】命令的列表中选择函数“RANK.EQ”，打开“函数参数”对话框，在“Number”处选择单元格 G2，在“Ref”处选择区域 G2:G16，并按【F4】键将区域修改为绝对引用“$G$2:$G$16”，如图 5.151 所示，单击【确定】按钮，得到该区域中第一个人的名次结果。

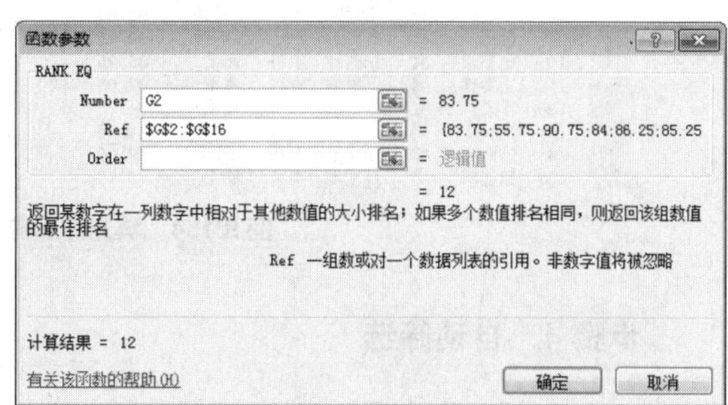

图 5.151　设置 RANK.EQ 函数的参数

③ 选中单元格 N2，选择【公式】→【函数库】→【逻辑函数】→【IF】命令，打开“函数参数”对话框，按图 5.152 所示设置第一个考评规则的参数。

IF　=IF(G2>=90,"优秀")

	A	B	C	D	E	…	M	N
1	编号	姓名	性别	部门	学历	…	名次	考评结果
2	1	李林新	男	工程部	硕士	…	12	"优秀")
3	2	王文辉	女	开发部	硕士			
4	3	张蕾	女	培训部	本科			
5	4	周涛	男	销售部	大专			
6	5	王政力	男	培训部	本科			
7	6	黄国立	男	开发部	硕士			
8	7	孙英	女	行政部	大专			
9	8	张在旭	男	工程部	本科			
10	9	金翔	男	开发部	博士			
11	10	王春晓	女	销售部	本科			
12	11	王青林	男	工程部	本科			
13	12	程文	女	行政部	硕士			
14	13	姚林	男	工程部	本科			
15	14	张雨涵	女	销售部	本科			
16	15	钱述民	男	开发部	本科			

函数参数
IF
Logical_test G2>=90 = FALSE
Value_if_true "优秀" = "优秀"
Value_if_false = 任意
= FALSE
判断是否满足某个条件，如果满足返回一个值，如果不满足则返回另一个值。
Value_if_true 是 Logical_test 为 TRUE 时的返回值。如果忽略，则返回 TRUE。IF 函数最多可嵌套七层。
计算结果 = FALSE

图 5.152　设置第一层 IF 函数的参数

④ 将光标定位于第三个参数“Value_if_false”的参数框中，单击名称框中的“IF”函数名，嵌入第二层 IF 函数，设置如图 5.153 所示的参数，此时，从编辑栏中可见公式“=IF(G2>=90,"优秀",IF(G2>=60,"称职","不称职"))”。

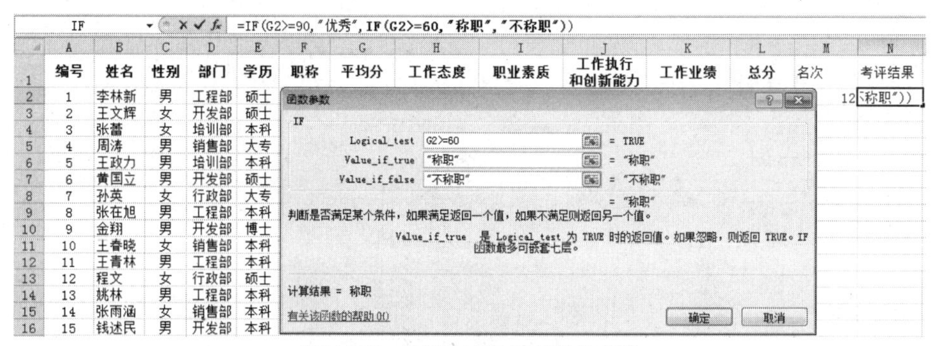

图 5.153　设置第二层 IF 函数的参数

⑤ 单击【确定】按钮，得到该区域中第一个人的考评结果。

⑥ 选中区域 M2:N2，使用填充柄自动填充其他人的名次和考评结果，如图 5.154 所示。

	A	B	C	D	E	F	G	H	I	J	K	L	M	N
1	编号	姓名	性别	部门	学历	职称	平均分	工作态度	职业素质	工作执行和创新能力	工作业绩	总分	名次	考评结果
2	1	李林新	男	工程部	硕士	工程师	83.75	86	85	80	84	335	12	称职
3	2	王文辉	女	开发部	硕士	工程师	55.75	65	60	48	50	223	14	不称职
4	3	张蕾	女	培训部	本科	高工	90.75	92	91	94	86	363	2	优秀
5	4	周涛	男	销售部	大专	工程师	84.00	89	84	86	77	336	11	称职
6	5	王政力	男	培训部	本科	工程师	86.25	82	89	94	80	345	6	称职
7	6	黄国立	男	开发部	硕士	工程师	85.25	82	80	90	89	341	8	称职
8	7	孙英	女	行政部	大专	助工	85.00	91	82	84	83	340	9	称职
9	8	张在旭	男	工程部	本科	工程师	90.00	84	93	97	86	360	3	优秀
10	9	金翔	男	开发部	博士	工程师	92.75	94	90	92	95	371	1	优秀
11	10	王春晓	女	销售部	本科	高工	86.25	95	80	90	80	345	6	称职
12	11	王青林	男	工程部	本科	高工	87.00	83	86	88	91	348	5	称职
13	12	程文	女	行政部	硕士	高工	84.75	77	86	91	85	339	10	称职
14	13	姚林	男	工程部	本科	工程师	54.25	60	62	50	45	217	15	不称职
15	14	张雨涵	女	销售部	本科	工程师	89.00	93	86	86	91	356	4	称职
16	15	钱述民	男	开发部	本科	助工	78.75	81	81	78	75	315	13	称职

图 5.154　填充好所有人的名次和考评结果数据

步骤 4　自动筛选

1. 自动筛选性别为“男”、平均分大于等于 85 的数据。

（1）切换到工作表 “自动　选”中，将光标定位于数据区域中任意单元格，选择【开始】→【编辑】→【排序和　选】→【　选】命令启用自动　选，如图 5.155 所示。

	A	B	C	D	E	F	G	H	I	J	K	L
1	编号	姓名	性别	部门	学历	职称	平均分	工作态度	职业素质	工作执行和创新能力	工作业绩	总分
2	1	李林新	男	工程部	硕士	工程师	83.75	86	85	80	84	335
3	2	王文辉	女	开发部	硕士	工程师	55.75	65	60	48	50	223
4	3	张蕾	女	培训部	本科	高工	90.75	92	91	94	86	363
5	4	周涛	男	销售部	大专	工程师	84.00	89	84	86	77	336
6	5	王政力	男	培训部	本科	工程师	86.25	82	89	94	80	345
7	6	黄国立	男	开发部	硕士	工程师	85.25	82	80	90	89	341
8	7	孙英	女	行政部	大专	助工	85.00	91	82	84	83	340
9	8	张在旭	男	工程部	本科	工程师	90.00	84	93	97	86	360
10	9	金翔	男	开发部	博士	工程师	92.75	94	90	92	95	371
11	10	王春晓	女	销售部	本科	高工	86.25	95	80	90	80	345
12	11	王青林	男	工程部	本科	高工	87.00	83	86	88	91	348
13	12	程文	女	行政部	硕士	高工	84.75	77	86	91	85	339
14	13	姚林	男	工程部	本科	工程师	54.25	60	62	50	45	217
15	14	张雨涵	女	销售部	本科	工程师	89.00	93	86	86	91	356
16	15	钱述民	男	开发部	本科	助工	78.75	81	81	78	75	315

图 5.155　启用自动筛选

（2）单击“性别”列的下拉按钮，从列　选器中选择“男”，如图 5.156 所示。

（3）选择【平均分】→【数字　选】→【大于或等于】命令，如图 5.157 所示，打开“自定义自动　选方式”对话框，在其中构造平均分“大于或等于 80”的条件，如图 5.158 所示，单击【确定】按钮，得到如图 5.130 所示的　选结果。

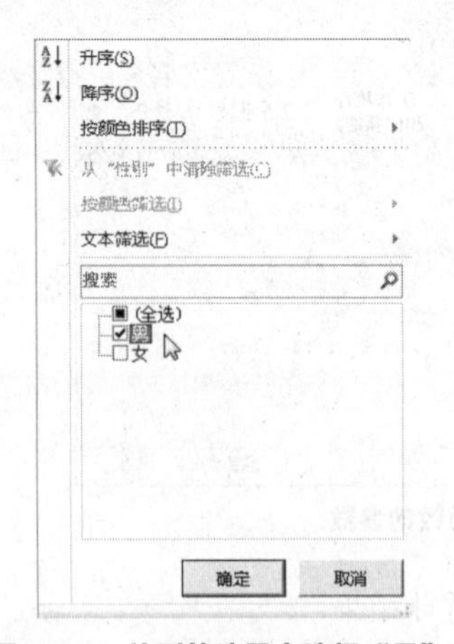

图 5.156　从列筛选器中选择“男”

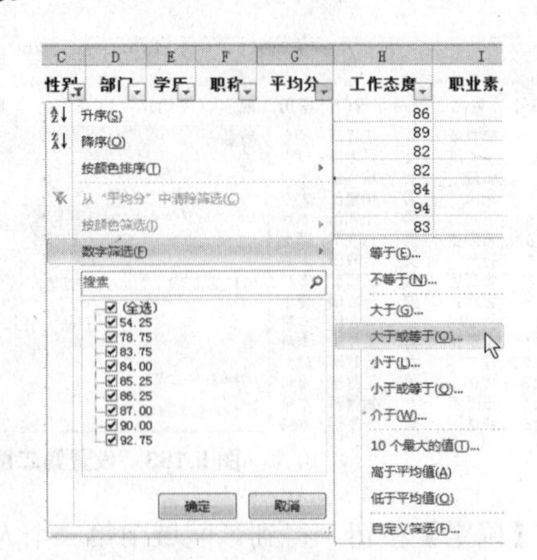

图 5.157　选择“大于或等于”筛选条件

2. 查看平均分介于 80（含 80）和 90 之间的高工和助工人员数据。

（1）复制“自动　选”工作表为“自动　选（2）”，并切换到工作表“自动　选（2）”中。

（2）单击【数据】→【排序和　选】→【清除】按钮，清除已有的自动　选效果。

（3）选择【职称】→【文本　选】→【结尾是】命令，打开“自定义自动　选方式”对话框，在其中构造学历“结尾是”“工”的条件，如图 5.159 所示，单击【确定】。

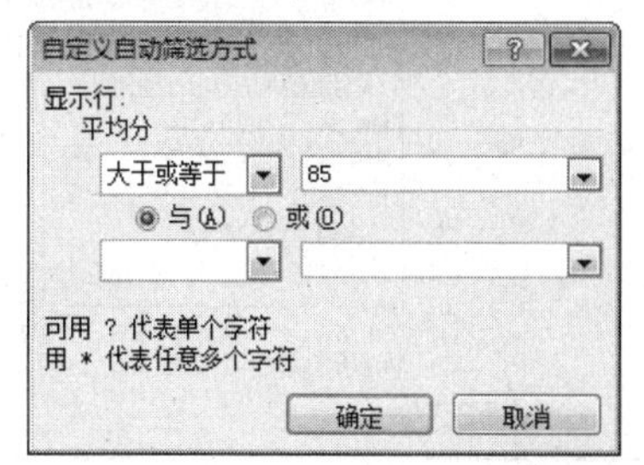

图 5.158　平均分“大于或等于 80”的自定义条件

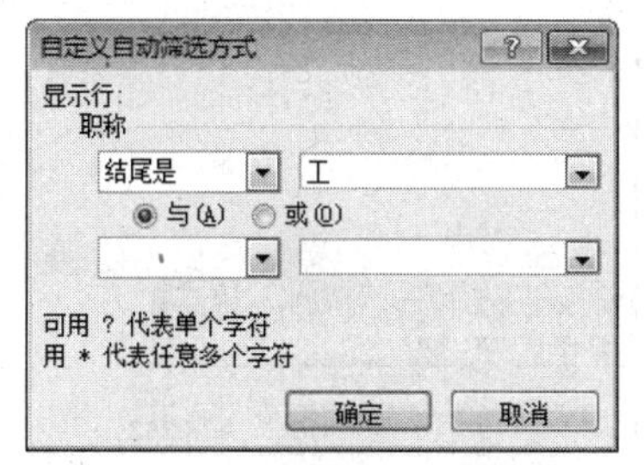

图 5.159　构造职称的筛选条件

（4）选择【平均分】→【数字筛选】→【介于】命令，打开“自定义自动筛选方式”对话框，在其中构造平均分的条件，如图 5.160 所示，单击【确定】，得到如图 5.131 所示的筛选结果。

步骤 5　高级筛选

1. 高级筛选平均分 90 以上的男职工数据，并将筛选结果置于原数据区域下方。

（1）切换到“高级　选”工作表中，在数据区域右侧的 N1:O2 区域中输入高级　选的条件，如图 5.161 所示。

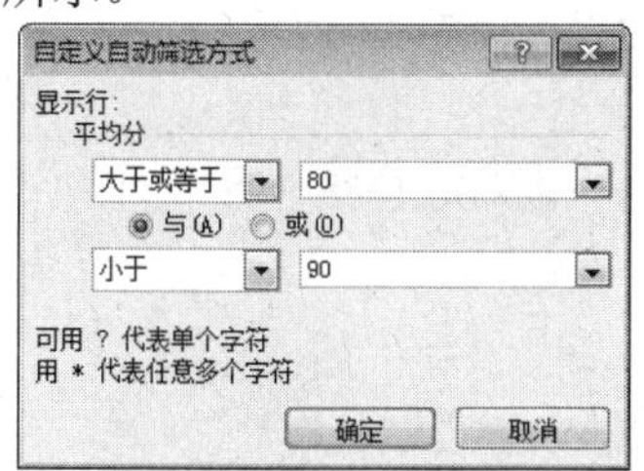

图 5.160　平均分介于 80（含 80）与 90 之间的条件

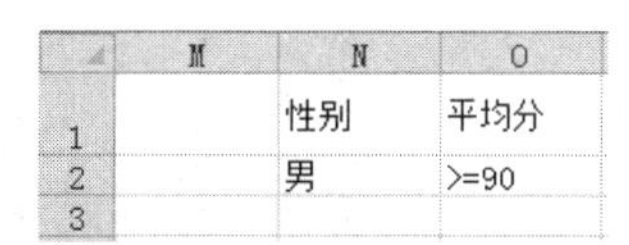

	M	N	O
1		性别	平均分
2		男	>=90
3			

图 5.161　“平均分 90 以上的男职工”条件区域

（2）将光标定位于待　选数据区域的任意单元格，单击【数据】→【排序和　选】→【高级】按钮 高级，打开如图 5.162 所示的“高级　选”对话框，系统自动选取了光标所在的数据区域作为列表区域。

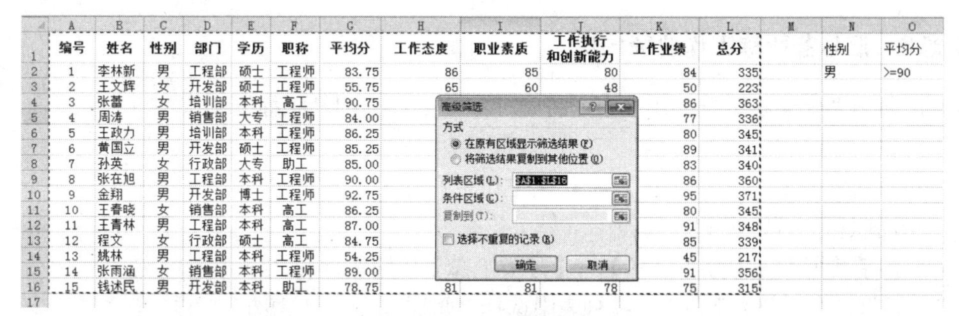

图 5.162　启用高级筛选

（3）将光标置于“条件区域”文本框中，并用鼠标选取条件区域 N1:O2，如图 5.163 所示，选取准确后单击【 取】按钮，回到“高级 选”对话框。

（4）在“方式”中选择“将 选结果复制到其他位置”选项，激活“复制到”文本框，将光标置于其中，用鼠标在工作表中单击结果数据区域的起始单元格 A18，如图 5.164 所示。

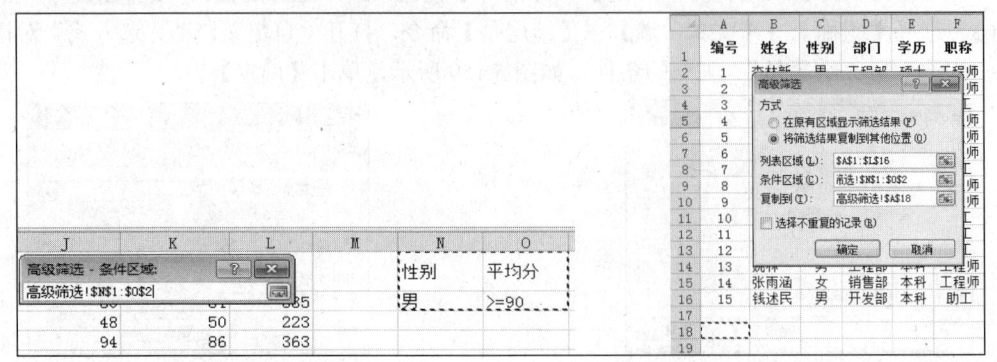

图 5.163 选取条件区域　　　　图 5.164 选择筛选结果复制到的起始单元格

（5）单击【确定】按钮，实现 选，结果如图 5.132 所示，其中的 A18:L20 区域为 选结果。

2. 查看所有本科职工和女职工的数据，结果在原数据区域显示。

（1）将区域 A1:L16 复制到 A23:L38，在数据区域上方插入 3 个空行以输入高级 选的条件。

（2）将光标定位于待 选数据区域的任意单元格，单击【数据】→【排序和 选】→【高级】按钮，打开“高级 选”对话框，删除系统自动选取的列表区域$A$1:$L$16，使用鼠标拖拽选择正确的区域“高级 选!$A$26:$L$41”。

（3）同样地，重新选择条件区域 A23:B25，如图 5.165 所示。

图 5.165 高级筛选

（4）选择【在原有区域显示 选结果】的“方式”，单击【确定】，得到如图 5.133 所示的结果。

步骤 6 汇总各职称工作业绩均值

（1）切换到“分类汇总”工作表中，将光标定位于分类列“职称”的任意单元格。

（2）选择【数据】→【排序和 选】→【升序】命令按“职称”排序，使相同职称的行汇聚到一起。

（3）单击【数据】→【分级显示】→【分类汇总】按钮，打开“分类汇总”对话框，在“分类字段”下拉列表中选择“职称”，在“汇总方式”下拉列表中选择“平均值”，在“选定汇总项”列表框中选中“工作业绩”，如图 5.166 所示。

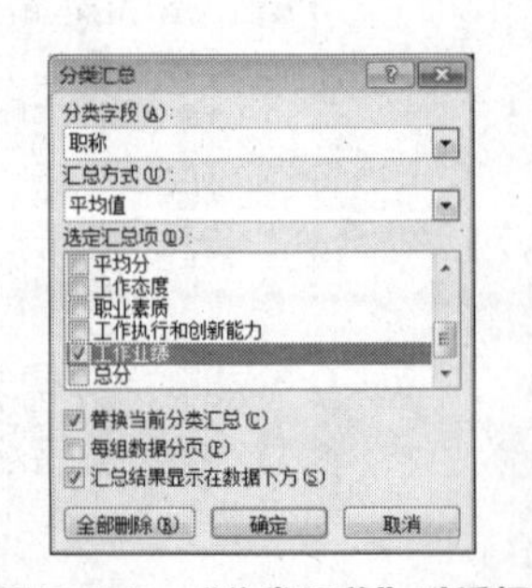

图 5.166 “分类汇总”对话框

（4）单击【确定】后，得到分类汇总的结果，如图 5.167 所示。

	编号	姓名	性别	部门	学历	职称	平均分	工作态度	职业素质	工作执行和创新能力	工作业绩	总分
2	3	张蕾	女	培训部	本科	高工	90.75	92	91	94	86	363
3	10	王春晓	女	销售部	本科	高工	86.25	95	80	90	80	345
4	11	王青林	男	工程部	本科	高工	87.00	83	86	88	91	348
5	12	程文	女	行政部	硕士	高工	84.75	77	86	91	85	339
6						高工 平均值					85.5	
7	1	李林新	男	工程部	硕士	工程师	83.75	86	85	80	84	335
8	2	王文辉	女	开发部	硕士	工程师	55.75	65	60	48	50	223
9	4	周涛	男	销售部	大专	工程师	84.00	89	84	86	77	336
10	5	王政力	男	培训部	本科	工程师	86.25	82	89	94	80	345
11	6	黄国立	男	开发部	硕士	工程师	85.25	82	80	90	89	341
12	8	张在旭	男	工程部	本科	工程师	90.00	84	93	97	86	360
13	9	金翔	男	开发部	博士	工程师	92.75	94	90	92	95	371
14	13	姚林	男	工程部	本科	工程师	54.25	60	62	50	45	217
15	14	张雨涵	女	销售部	本科	工程师	89.00	93	86	86	91	356
16						工程师 平均值					77.44444444	
17	7	孙英	女	行政部	大专	助工	85.00	91	82	84	83	340
18	15	钱述民	男	开发部	本科	助工	78.75	81	81	78	75	315
19						助工 平均值					79	
20						总计平均值					79.8	

图 5.167　分类汇总的结果

（5）单击查看分类汇总层次的按钮 1 2 3 中的 2，只查看 2 级汇总的数据，如图 5.134 所示。

步骤 7　查看各部门女职工的最高总分

这里，将以“考评成绩”表中的部门为行、性别为列，统计各部门不同性别人员的最高总分，并最终查看各部门女职工的最高总分。

（1）切换到“数据透视表”工作表中，将光标定位于 A1 单元格，单击【插入】→【表格】→【插入数据透视表】按钮，打开“创建数据透视表”对话框，如图 5.168 所示。

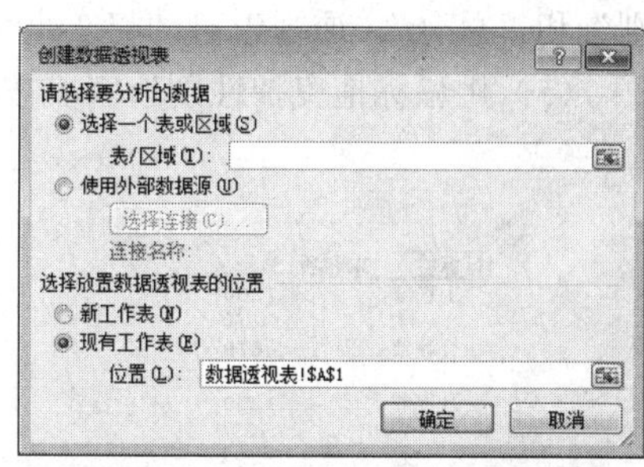

图 5.168　打开“创建数据透视表”对话框

（2）在“选择一个表或区域”的文本框中单击鼠标，并切换至“考评成绩”工作表，使用鼠标拖拽选择区域 A1:L16，如图 5.169 所示。

	编号	姓名	性别	部门	学历	职称	平均分	工作态度	职业素质	工作执行和创新能力	工作业绩	总分
2	1	李林新	男	工程部	硕士	工程师	83.75	86	85	80	84	335
3	2	王文辉	女	开发部	硕士	工程师	55.75	65	60	48	50	223
4	3	张蕾	女							94	86	363
5	4	周涛	男							86	77	336
6	5	王政力	男							94	80	345
7	6	黄国立	男	开发部	硕士	工程师	85.25	82	80	90	89	341
8	7	孙英	女	行政部	大专	助工	85.00	91	82	84	83	340
9	8	张在旭	男	工程部	本科	工程师	90.00	84	93	97	86	360
10	9	金翔	男	开发部	博士	工程师	92.75	94	90	92	95	371
11	10	王春晓	女	销售部	本科	高工	86.25	95	80	90	80	345
12	11	王青林	男	工程部	本科	高工	87.00	83	86	88	91	348
13	12	程文	女	行政部	硕士	高工	84.75	77	86	91	85	339
14	13	姚林	男	工程部	本科	工程师	54.25	60	62	50	45	217
15	14	张雨涵	女	销售部	本科	工程师	89.00	93	86	86	91	356
16	15	钱述民	男	开发部	本科	助工	78.75	81	81	78	75	315

创建数据透视表
考评成绩!$A$1:$L$16

考评成绩　排序　名次和考评结果　自动筛选　自动筛选（2）　高级筛选　分类汇总　数据透视表

图 5.169　选择数据透视表的数据区域

（3）确定“选择放置数据透视表的位置”为“现有工作表”的位置“A1”，如图 5.170 所示，单击【确定】按钮，在“数据透视表”工作表中插入一个数据透视表，如图 5.171 所示。

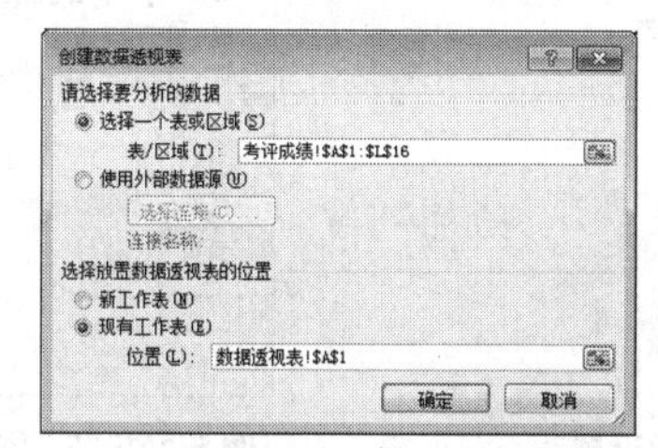

图 5.170　选择数据透视表的位置

项目五　数据处理

图 5.171　插入数据透视表

（4）在右侧的“数据透视表字段列表”对话框中，选择要添加到报表中的字段“部门”、“性别”和“总分”，透视表自动将 3 个字段排列，如图 5.172 所示。

（5）用鼠标拖曳拽性别”字段按钮至“列标签”的列表框中，如图 5.173 所示。

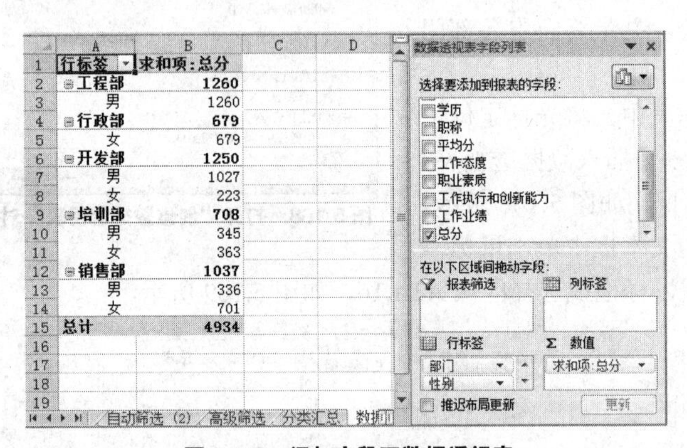

图 5.172　添加字段至数据透视表

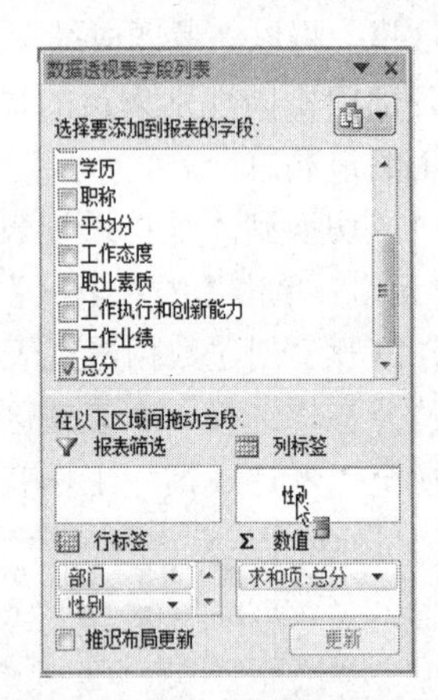

图 5.173　修改数据透视表布局

（6）单击“求和项：总分”字段按钮，从弹出的快捷菜单中选择【值字段设置】命令，如图 5.174 所示，打开“值字段设置”对话框，在“值汇总方式”选项卡的“计算类型”列表框中选择“最大值”，如图 5.175 所示，单击【确定】按钮，得到数据透视表如图 5.176 所示。

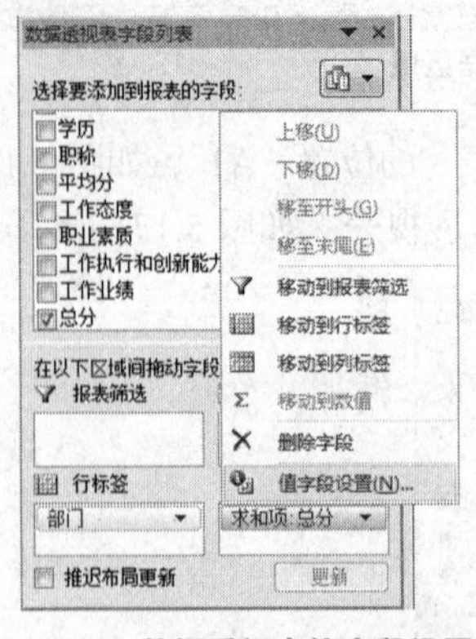

图 5.174　数据透视表值字段设置

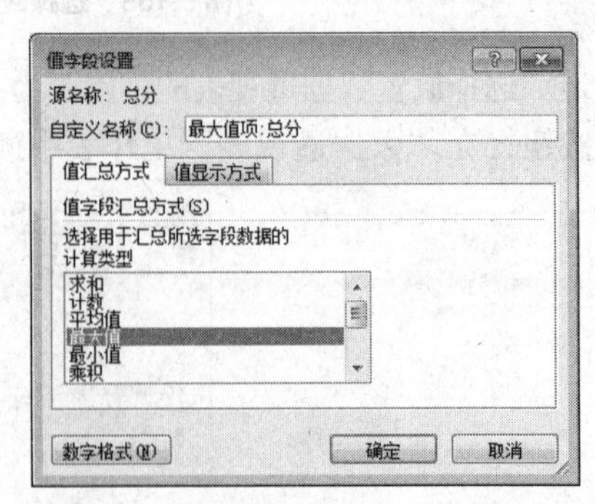

图 5.175　“值字段设置”对话框

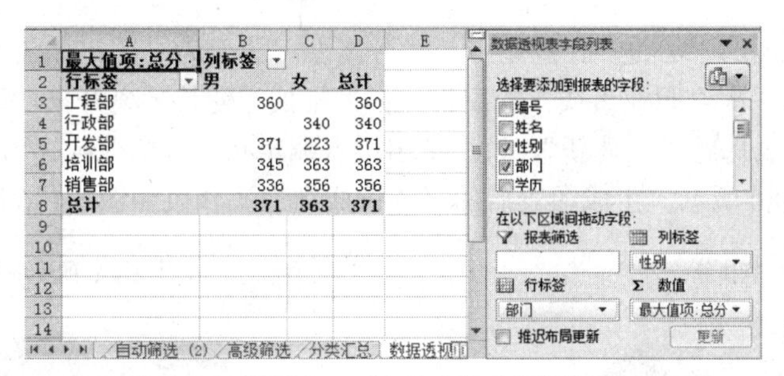

	A	B	C	D
1	最大值项:总分	列标签		
2	行标签	男	女	总计
3	工程部	360		360
4	行政部		340	340
5	开发部	371	223	371
6	培训部	345	363	363
7	销售部	336	356	356
8	总计	371	363	371

图 5.176　设置行、列和值字段后的数据透视表

（7）单击“列标签”右侧的下列按钮，在其中取消“男”的选项，单击【确定】按钮，得到如图 5.135 所示的查看各部门女职工最高总分的透视结果。

步骤 8　制作图表

1. 制作对比李林新 4 个项目成绩的分离型三维饼图。

（1）切换到“考评成绩”工作表，按住【Ctrl】键，用鼠标拖拽选中列标题和　林新的数据区域 B1:B2 和 H1:K2，选择【插入】→【图表】→【　图】→【分离型三维　图】命令，如图 5.177 所示。

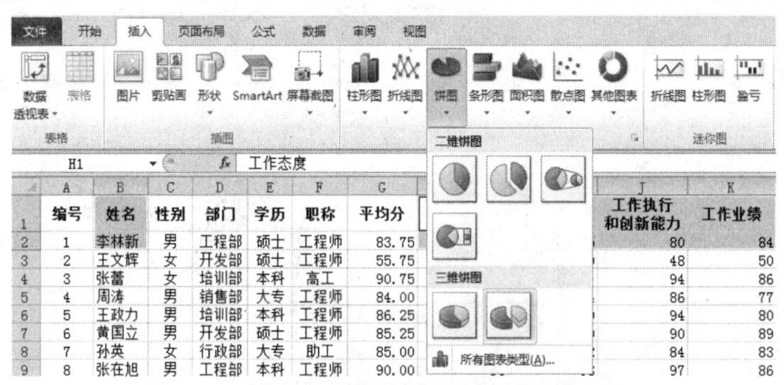

图 5.177　选中不连续的数据来源区域后插入饼图

（2）在“考评成绩”工作表中插入了一个分离型三维　图，用鼠标左键拖拽该图的外框，将其放置于 A17:H33 区域，如图 5.178 所示。

图 5.178　生成的对比李林新 4 个项目成绩的分离型三维饼图

（3）用鼠标向 图的中心拖拽任意扇形，使分离型 图变为 图，如图 5.179 所示。

（4）用鼠标单击 2 次“职业素质”的扇形，向外拖拽，使其 离开来，形成分离的扇形。

（5）单击选中图表标题“ 林新”，再次单击进入编辑状态，修改标题为“ 林新 4 个项目成绩对比图”，如图 5.180 所示。生成图表后的“考评成绩”工作表如图 5.136 所示。

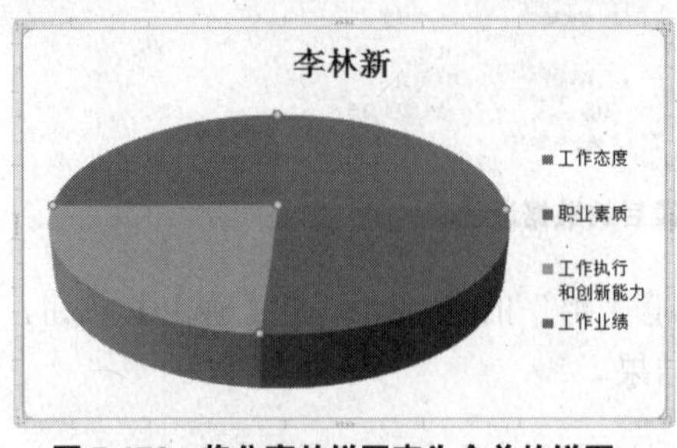

图 5.179　将分离的饼图变为合并的饼图

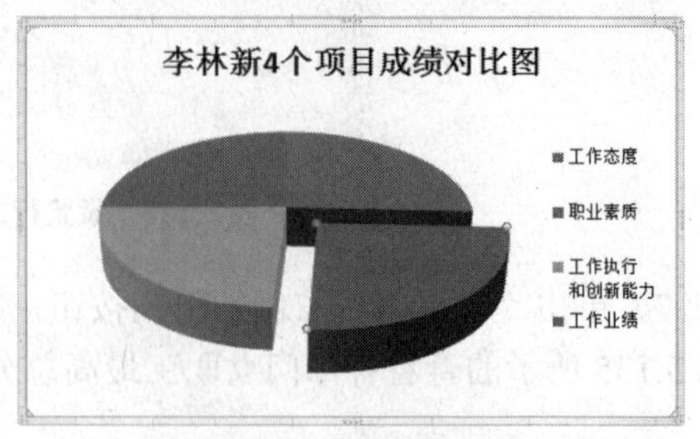

图 5.180　修改图表标题

2. 制作参评人员平均分对比图。

（1）将鼠标定位于“考评成绩”表的数据区域内，选择【插入】→【图表】→【条形图】→【 状水平圆柱图】命令，自动生成一个基于所有数据的“ 状水平圆柱图”，如图 5.181 所示。

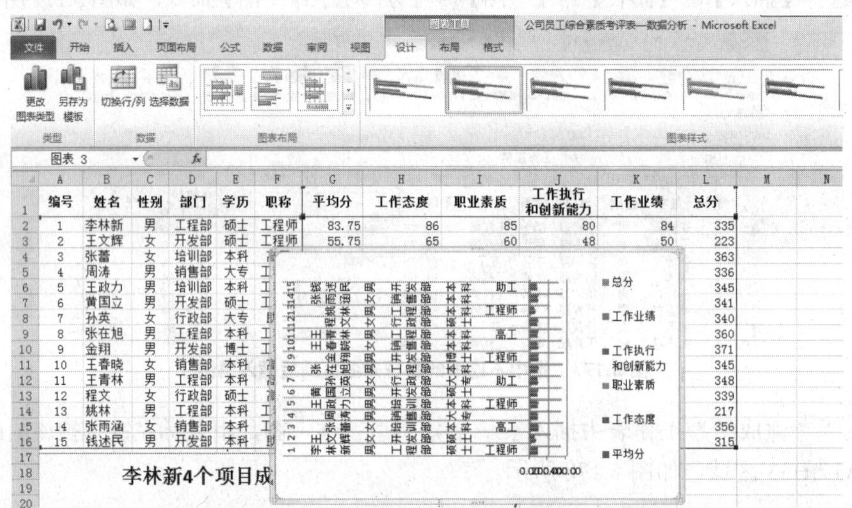

图 5.181　自动生成的基于所有数据的簇状水平圆柱图

（2）单击该图，激活图表工具，单击【设计】→【数据】→【选择数据】按钮，打开“选择数据源”对话框，将自动获取的图表数据区域删除，使用鼠标重新选取数据区域为“姓名”列和“总分”列，这时得到的图表如图 5.182 所示。

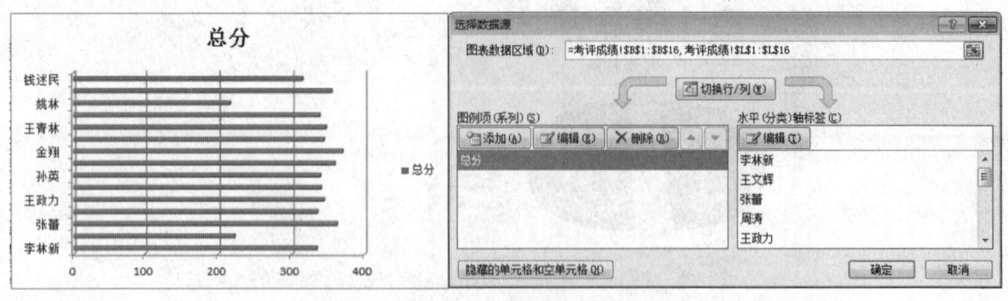

图 5.182　重新选择图表数据区域后的图表

（3）单击【切换行/列】按钮，将行和列互换，如图 5.183 所示，单击【确定】按钮。

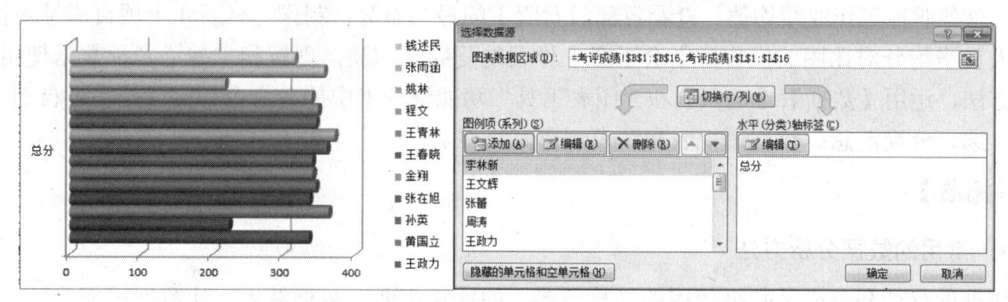

图 5.183　切换行/列

（4）从【设计】→【图表布局】的列表中选择“布局 1”，修改图表布局如图 5.184 所示，修改图表标题为“总分对比图”，将垂直（类别）轴的标志“总分”删除，如图 5.185 所示。

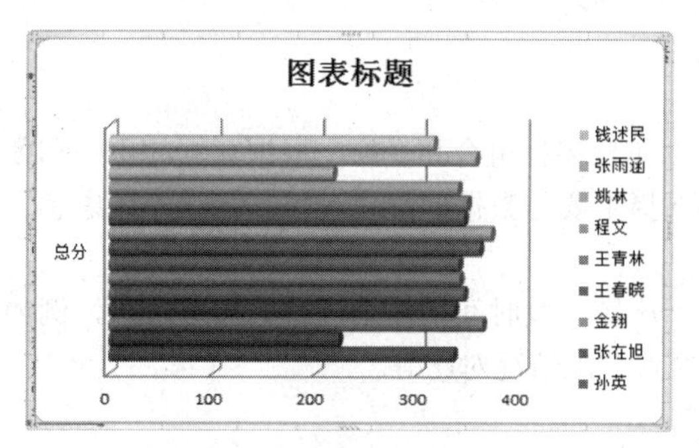

图 5.184　修改图表布局

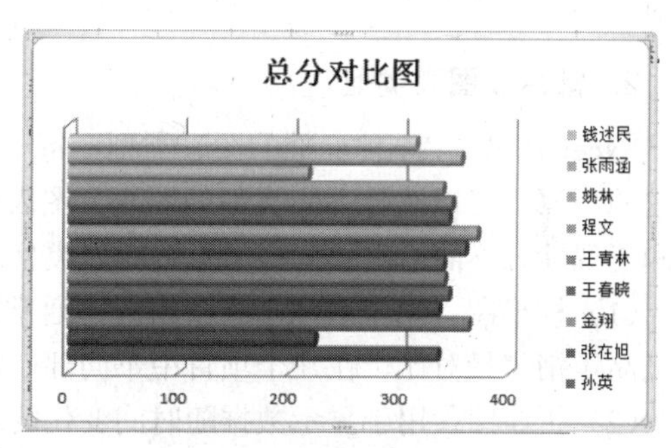

图 5.185　修改图表标题和删除垂直（类别）轴标志

（5）单击【设计】→【位置】→【移动图表】按钮，打开“移动图表”对话框，如图 5.186 所示，选中放置图表的位置为“新工作表”，将名称“Chart 1”改为“总分对比图”，完成后如图 5.137 所示。

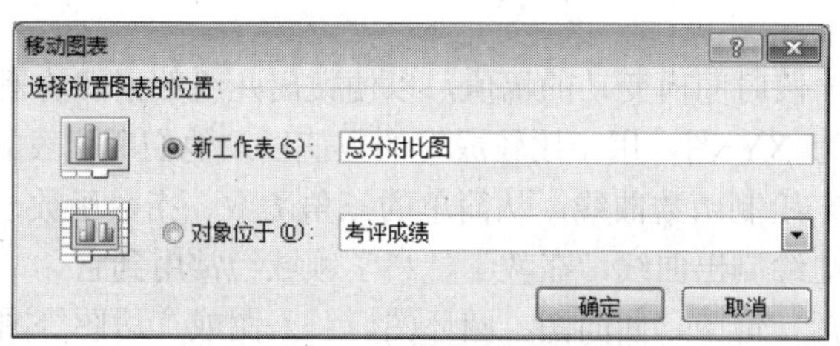

图 5.186　“移动图表”对话框

提示：Excel 默认将制作的图表作为对象插入已存在的某个工作表中，这时图表比较小；若修改为新工作表插入工作簿，图表的大小会与文档窗口相适应。

步骤 9　保存并关闭文件

保存文件的修改，关闭工作　。

【任务总结】

本任务中，通过实现按平均分的升序排序；查看各部门的平均分高低情况，并统计名次和考评结果；自动　选性别为“男”、平均分大于等于 85 的数据；查看高工和助工的平均分介于 80（含

80）和 90 的人员数据；高级　选平均分 90 以上的男职工数据；查看所有本科职工和女职工的数据；汇总各职称工作业绩均值；查看各部门女职工的最高总分；制作　林新 4 个项目成绩对比图、参评人员平均分对比图的操作，学会了多工作表的复制和切换，理解和掌握了多种数据使用和分析的方法，运用【数据】、【插入】和“图表工具”功能选项卡中的各命令，实现排序、自动　选、高级　选、分类汇总、数据透视表和图表制作。

【知识拓展】

1. 常用的数据分析方法

数据的统计和分析是数据使用的必然需要，如计算需要的数据结果、让数据按需排序、根据条件　选数据、统计汇总各类数据、动态分析和　选数据结果、直观地查看数据分析结果等，就可以选择采用函数、排序、自动　选和高级　选、分类汇总、数据透视表、图表等实现。

有时候同样的工作，可分别采用以上的方法实现，最终都可以得到分析结果并以较好的方式呈现。

2. 常用 5 图表类型

Excel 提供了 14 种标准的图表类型，每一种都包含多种组合和变换。根据数据的不同和使用要求的不同，可以选择不同类型的图表。图表的选择主要与数据的形式有关，其次才考虑感觉效果和美观性。下面给出了一些常见的图表类型：

（1）柱形图：由一系列垂直条组成，通常用于比较一段时间中多个项目的相对尺　，例如不同产品年销售量对比、在几个项目中不同部门的经费分配情况对比等。

（2）折线图：用于显示数据随时间变化的趋势。

（3）　图：用于显示每个值占总值的比例，整个　代表总和，每一个组成的值由扇形代表，如不同产品的销售量占总销售量的百分比等。

（4）条形图：由一系列水平条组成，使得对于时间轴上的某一点，两（多）个项目的相对尺　具有可比性。条形图中的每一条在工作表中是一个单独的数据点或数。它与柱形图可以互换使用。

（5）面积图：显示一段时间内变动的幅值，以便突出几组数据间的差异。

（6）散点图：也称为 XY 图，用于比较成对的数值以及他们所代表的趋势之间的关系。散点图的重要作用是可以用来绘制函数曲线，从简单的三角函数、指数函数、对数函数到更复杂的混合型函数，都可以准确地绘制出曲线，在教学、科学领域经常用到它。

（7）其他图表：包括　价图、曲面图、圆环图、　　图或　达图等图表。

【实践训练】

对第六届科技文化艺术节文字录入的比赛成绩做多角度数据分析，实现如下的操作：

（1）打开“比赛成绩.xlsx”，将工作表“比赛成绩”复制为“排序”、“自动　选”、“高级　选”、“分类汇总”、“数据透视表”，删除工作表 Sheet2 和 Sheet3。

（2）实现如下操作。

① 在“排序”表中，根据　级升序、姓名降序和比赛项目升序排序，效果如图 5.187 所示。

② 在“自动　选”表中查看参加英文或日文录入的计算机应用　女同学的成绩，如图 5.188 所示。

	A	B	C	D	E	F	G
1	姓名	班级	性别	比赛项目	速度	正确率	速度*正确率
2	常大湖	13计算机应用1班	男	日文录入	221.9	100%	221.9
3	常大湖	13计算机应用1班	男	中文录入	77.0	91%	70.1
4	李小平	13计算机应用1班	男	日文录入	212.0	96%	203.5
5	李小平	13计算机应用1班	男	英文录入	307.0	88%	270.2
6	李小平	13计算机应用1班	男	中文录入	97.0	93%	90.2
7	华艳艳	13计算机应用2班	女	数字录入	245.7	94%	231.0
8	华艳艳	13计算机应用2班	女	中文录入	66.0	89%	58.7
9	李丹丹	13计算机应用2班	女	日文录入	144.6	91%	131.6
10	李丹丹	13计算机应用2班	女	数字录入	139.3	68%	94.7
11	李丹丹	13计算机应用2班	女	英文录入	245.0	92%	225.4
12	李丹丹	13计算机应用2班	女	中文录入	65.0	94%	61.1
13	罗盈盈	13计算机应用2班	女	日文录入	166.0	95%	157.7
14	罗盈盈	13计算机应用2班	女	数字录入	111.0	98%	108.8
15	罗盈盈	13计算机应用2班	女	英文录入	251.0	91%	228.4
16	罗盈盈	13计算机应用2班	女	中文录入	78.0	93%	72.5
17	李萍	13软件技术班	女	数字录入	232.0	97%	225.0
18	李萍	13软件技术班	女	中文录入	73.0	97%	70.8
19	张丽梅	13软件技术班	女	数字录入	237.0	92%	218.0
20	张丽梅	13软件技术班	女	中文录入	78.0	90%	70.2
21	赵倩	13软件技术班	女	日文录入	132.3	96%	127.0
22	程玲玲	13网络系统管理班	女	日文录入	130.3	95%	123.8
23	黄梅	13网络系统管理班	女	日文录入	139.0	73%	101.5
24	黄梅	13网络系统管理班	女	英文录入	237.0	92%	218.0

图 5.187 “排序”表

	A	B	C	D	E	F	G
1	姓名	班级	性别	比赛项目	速度	正确率	速度*正确率
4	罗盈盈	13计算机应用2班	女	中文录入	78.0	93%	72.5
5	李丹丹	13计算机应用2班	女	中文录入	65.0	94%	61.1
6	华艳艳	13计算机应用2班	女	中文录入	66.0	89%	58.7
10	罗盈盈	13计算机应用2班	女	英文录入	251.0	91%	228.4
11	李丹丹	13计算机应用2班	女	英文录入	245.0	92%	225.4
15	罗盈盈	13计算机应用2班	女	日文录入	166.0	95%	157.7
16	李丹丹	13计算机应用2班	女	日文录入	144.6	91%	131.6
20	罗盈盈	13计算机应用2班	女	数字录入	111.0	98%	108.8
21	李丹丹	13计算机应用2班	女	数字录入	139.3	68%	94.7
22	华艳艳	13计算机应用2班	女	数字录入	245.7	94%	231.0

图 5.188 “自动筛选”表

③ 在“高级　选”表中实现在原位置查看正确率介于 80%~90%（含）的女生成绩，如图 5.189 所示。

	A	B	C	D	E	F	G	H	I	J	K
1	姓名	班级	性别	比赛项目	速度	正确率	速度*正确率		性别	正确率	正确率
6	华艳艳	13计算机应用2班	女	中文录入	66.0	89%	58.7				
7	张丽梅	13软件技术班	女	中文录入	78.0	90%	70.2				

图 5.189 “高级筛选”表

④ 在“分类汇总”表中查看各比赛项目的速度、正确率和速度*正确率的最好成绩，如图 5.190 所示。

	A	B	C	D	E	F	G
1	姓名	班级	性别	比赛项目	速度	正确率	速度*正确率
9				中文录入 最大值	97.0	97%	90.2
14				英文录入 最大值	307.0	92%	270.2
20				数字录入 最大值	245.7	98%	231.0
28				日文录入 最大值	221.9	100%	221.9
29				总计最大值	307.0	100%	270.2

图 5.190 “分类汇总”表

⑤ 在“数据透视表”表中，以 I1 为起始单元格制作数据透视表，其中以　级为行标签、比赛项目为列标签，查看速度*正确率的最高值，并　选出日文和英文项目的对比数据，效果如图 5.191 所示。

⑥ 利用“分类汇总”表中的 2 级数据，制作三维　状柱形图，并修改图表的选项，效果如图 5.192 所示，将图表放置于工作表“图表”中，并移至最后。

	A	B	C	D	E	F	G	H	I	J	K	L
1	姓名	班级	性别	比赛项目	速度	正确率	速度*正确率		最大值项:速度*正确率	列标签		
2	李小平	13计算机应用1班	男	中文录入	97.0	93%	90.2		行标签	日文录入	英文录入	总计
3	常大湖	13计算机应用1班	男	中文录入	77.0	91%	70.1		13计算机应用1班	221.9	270.16	270.16
4	罗盈盈	13计算机应用2班	女	中文录入	78.0	93%	72.5		13计算机应用2班	157.7	228.41	228.41
5	李丹丹	13计算机应用2班	女	中文录入	65.0	94%	61.1		13软件技术班	127.008		127.008
6	华艳艳	13计算机应用2班	女	中文录入	66.0	89%	58.7		13网络系统管理班	123.785	218.04	218.04
7	张丽梅	13软件技术班	女	中文录入	78.0	90%	70.2		总计	221.9	270.16	270.16
8	李萍	13软件技术班	女	中文录入	73.0	97%	70.8					
9	李小平	13计算机应用1班	男	英文录入	307.0	88%	270.2					
10	罗盈盈	13计算机应用2班	女	英文录入	251.0	91%	228.4					
11	李丹丹	13计算机应用2班	女	英文录入	245.0	92%	225.4					
12	黄梅	13网络系统管理班	女	英文录入	237.0	92%	218.0					
13	李小平	13计算机应用1班	男	日文录入	212.0	96%	203.5					
14	常大湖	13计算机应用1班	男	日文录入	221.9	100%	221.9					
15	罗盈盈	13计算机应用2班	女	日文录入	166.0	95%	157.7					
16	李丹丹	13计算机应用2班	女	日文录入	144.6	91%	131.6					
17	赵倩	13软件技术班	女	日文录入	132.3	96%	127.0					
18	黄梅	13网络系统管理班	女	日文录入	139.0	73%	101.5					
19	程玲玲	13网络系统管理班	女	日文录入	130.3	95%	123.8					
20	罗盈盈	13计算机应用2班	女	数字录入	111.0	98%	108.8					
21	李丹丹	13计算机应用2班	女	数字录入	139.3	68%	94.7					
22	华艳艳	13计算机应用2班	女	数字录入	245.7	94%	231.0					
23	张丽梅	13软件技术班	女	数字录入	237.0	92%	218.0					
24	李萍	13软件技术班	女	数字录入	232.0	97%	225.0					

图 5.191 “数据透视表”表

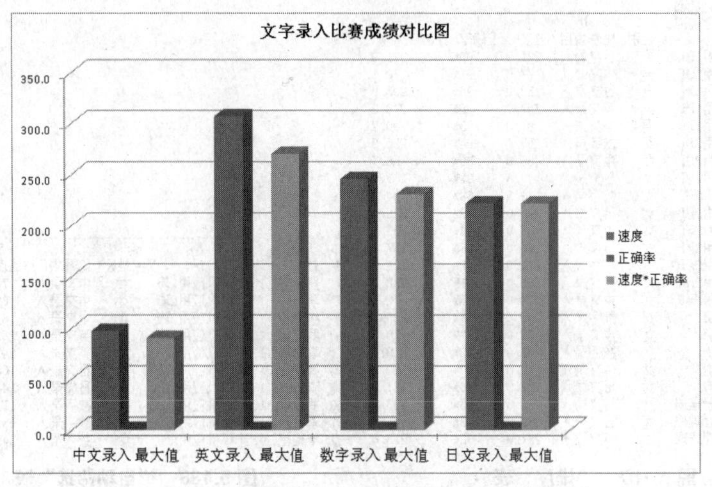

图 5.192 “图表”工作表

【思考练习】

1. Excel 的工作表中，每一行和列交叉处为（　　）。

A. 表格　　B. 单元格　　C. 工作表　　D. 工作簿

2. 在同一个工作簿中要引用其他工作表某个单元格的数据(如 Sheet8 中 D8 单元格中的数据)，下面的表达方式中正确的是（　　）。

A. =Sheet8!D8　　B. =D8(Sheet8)　　C. +Sheet8!D8　　D. $Sheet8>$D8

3. 在 A1 单元格中输入=SUM(8,7,8,7)，则其值为（　　）。

A. 15　　B. 30　　C. 7　　D. 8

4. 如果某个单元格中的公式为"=$D2"，这里的$D2 属于（　　）引用。

A. 绝对　　B. 相对

C. 列绝对行相对的混合　　D. 列相对行绝对的混合

5. 若 A1 单元格中的字符串是，"暨南大学"，A2 单元格的字符串是"计算机系"，希望在 A3 单元格中显示"暨南大学计算机系招生情况表"，则应在 A3 单元格中键入公式为（　　）。

A. =A1&A2&"招生情况表"　　B. =A2&A1&"招生情况表"

C. =A1+A2+"招生情况表"　　D. =A1–A2–"招生情况表"

6. 在 Excel 中,如果要在同一行或同一列的连续单元格使用相同的计算公式，可以先在第一单元格中输入公式，然后用鼠标拖动单元格的（　　）来实现公式复制。

A. 列标　　B. 行标　　C. 填充柄　　D. 框

7. 在 Excel 中，如果单元格 A5 的值是单元格 A1、A2、A3、A4 的平均值，则不正确的输入公式为（　　）。

A. =AVERAGE(A1:A4)　　B. =AVERAGE(A1,A2,A3,A4)

C. =(A1+A2+A3+A4)/4　　D. =AVERAGE(A1+A2+A3+A4)

8. Excel 中，下列（　　）是正确的区域表示法。

A. A1#B4　　B. A1、、D4　　C. A1:D4　　D. A1 > D4

9. 在单元格中输入公式时，编辑栏上的“√”按钮表示（　　）操作。

A. 拼写检查　　B. 函数向导　　C. 确认　　D. 取消

10. 下列说法不正确的是（　　）。

A. 在缺省情况下，一个工作簿由 3 个工作表组成
B. 可以调整工作表的排列顺序
C. 一个工作表对应一个磁盘文件
D. 一个工作簿对应一个磁盘文件

11. 在 Excel 的工作表中，每个单元格都有其固定的地址，如“A5”表示（　　）。
A. “A”代表“A”列，“5”代表第“5”行
B. “A”代表“A”行，“5”代表第“5”列
C. “A5”代表单元格的数据
D. 以上都不是

12. 新建工作簿文件后，默认第一张工作簿的名称是（　　）。
A. Book　　B. 表　　C. Book1　　D. 表 1

13. Excel 工作表是一个很大的表格，其左上角的单元是（　　）。
A. 11　　B. AA　　C. A1　　D. 1A

14. 若在数值单元格中出现一连串的“###”符号，希望正常显示则需要（　　）。
A. 重新输入数据　　B. 调整单元格的宽度
C. 删除这些符号　　D. 删除该单元格

15. 在 Excel 操作中，将单元格指针移到 AB220 单元格的最简单的方法是（　　）。
A. 拖动滚动条　　B. 按 Ctrl+AB220 键
C. 在名称框输入 AB220 后按回车键
D. 先用 Ctrl+→键移到 AB 列，然后用 Ctrl+↓键移到 220 行

16. 当前工作表的第 7 行、第 4 列，其单元格地址为（　　）。
A. 74　　B. D7　　C. E7　　D. G4

17. Excel 工作表单元格中，系统默认的数据对齐是（　　）。
A. 数值数据左对齐，正文数据右对齐
B. 数值数据右对齐，文本数据左对齐
C. 数值数据、正文数据均为右对齐
D. 数值数据、正文数据均为左对齐

18. 如下正确表示 Excel 工作表单元绝对地址的是（　　）。
A. C125　　B. $BB$59　　C. $DI36　　D. FE$7

19. 在 A1 单元格输入 2，在 A2 单元格输入 5，然后选中 A1:A2 区域，拖动填充柄到单元格 A3:A8，则得到的数字序列是（　　）。
A. 等比序列　　B. 等差序列　　C. 数字序列　　D. 小数序列

20. 在同一个工作簿中区分不同工作表的单元格，要在地址前面增加（　　）来标识。
A. 单元格地址　　B. 公式　　C. 工作表名称　　D. 工作簿名称

21. 已知 C2：C6 输入数据 8、2、3、5、6，函数 AVERAGE(C2：C5)=（　　）。
A. 24　　B. 12　　C. 6　　D. 4.5

22. Excel 函数的参数可以有多个，相邻参数之间可用（　　）分隔。
A. 空格　　B. 分号　　C. 逗号　　D. /

23. 在 Excel 工作表中，正确表示 if 函数的表达式是（　　）。
A. IF("平均成绩">60，"及格"，"不及格")
B. IF(e2>60，"及格"，"不及格")

C. IF(f2>60、及格、不及格)

D. IF(e2>60，及格，不及格)

24. Excel 工作表中，单元格 A1、A2、B1、B2 的数据分别是 11、12、13、"x"，函数 SUM（A1:A2）的值是（　　）。

A. 18　　B. 0　　C. 20　　D. 23

25. 下面是几个常用的函数名，其中功能描述错误的是（　　）。

A. SUM 用来求和　　B. AVERAGE 用来求平均值

C. MAX 用来求最小值　　D. MIN 用来求最小值

项目检测

1. 在考生文件夹中新建工作簿文件 EXCEL.XLSX，在 Sheet1 工作表中创建如图 5.193 所示的数据表。将工作表 sheet1 的 A1：C1 单元格合并为一个单元格，水平对齐方式设置为居中；计算各类人员的合计和各类人员所占比例（所占比例=人数/合计），保留小数点后 2 位，将工作表命名为“人员情况表”。

	A	B	C
1	某单位人员情况表		
2	学历	人数	所占比例
3	大专	69	
4	本科	136	
5	硕士	67	
6	博士	46	
7	合计		

图 5.193　“人员情况表”数据

2．选取“人员情况表”的“学历”和“所占比例”两列的内容（合计行内容除外）建立"三维　图"，标题为"人员情况图"，图例位置靠上，数据标志为显示百分比，将图插入到工作表的 A9：D20 单元格区域内。

项目六
演示文稿制作

【项目情境】

距离公司五周年庆典的日子越来越近了，节日的　　　　在公司的每个角落，鲜花、　球、红地　装点着庆典的现场。负责庆典宣传报道小组的同志们也利用 PowerPoint 软件为这场盛会精心设计和制作了演示文稿，用在庆典活动中进行播放。

任务 1　制作公司五周年庆典演示文稿

【任务描述】

为了保证五周年庆典演示文稿的精美和适用，宣传报道组认真进行了演示文稿内容的规划和设计。搜集素材、整理资料、精选内容、确定风格……每一步都做得一　不　。接下来就需要用 PowerPoint 软件进行幻灯片设计、编辑和制作了。图 6.1 为公司五周年庆典演示文稿的效果图。

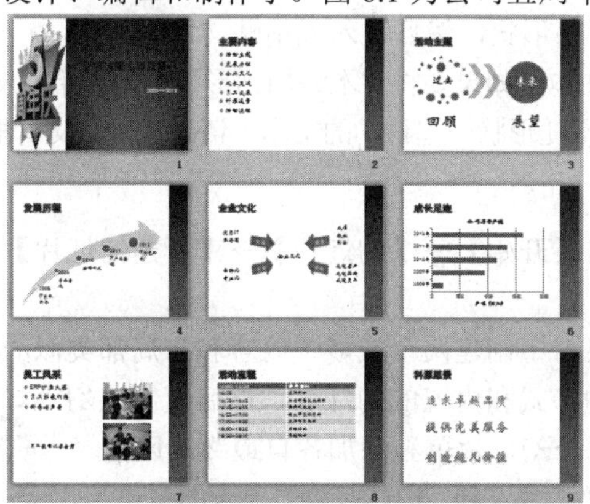

图 6.1　“公司五周年庆典演示文稿”效果图

【任务目标】

- ◈ 熟练启动 PowerPoint 2010 程序及创建、保存文档。
- ◈ 熟悉 PowerPoint 2010 的操作界面。
- ◈ 能应用幻灯片主题、版式来统一演示文稿风格。
- ◈ 熟练完成幻灯片的创建、添加、移动等编辑操作。
- ◈ 熟练使用各种图形对象及表格来增强演示文稿的感染力。
- ◈ 能为幻灯片添加备注。

【任务流程】

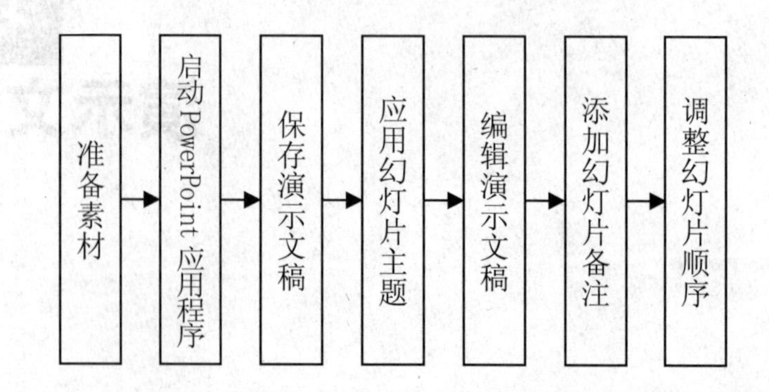

【任务解析】

1. 向幻灯片中添加文本

向幻灯片中添加文本可以向文本占位符、文本框和形状中添加文本。

（1）添加正文或标题文本。单击文本占位符，然后键入或粘贴文本。

提示： 如果文本大小超过占位符的大小，Microsoft PowerPoint 2010 会在您键入时逐渐减小字号和行距以使文本符合占位符的大小。

（2）在文本框中添加文本。选择【插入】→【文本】→【文本框】按钮，在幻灯片中要添加文本的地方插入文本框，再键入或粘贴文本。

（3）在形状中添加文本。

① 添加作为形状组成部分的文本。正方形，圆形，标注、批注框和箭头总汇等形状可以包含文本。在形状中键入文本时，该文本会附加到形状中并随形状一起移动和　转。若要添加作为形状组成部分的文本，请选择该形状，然后键入或粘贴文本。

② 添加独立于形状的文本。如果要将文本添加到形状中但不希望文本附加到形状上，则使用文本框会非常方便。若要添加不随形状一起移动的文本，请添加一个文本框，然后键入或粘贴文本。

2. 幻灯片的基本操作

（1）插入幻灯片。单击【开始】→【幻灯片】→【新建幻灯片】按钮，即可插入一张空白幻灯片。

（2）复制幻灯片。如果希望创建两个或多个内容和布局都类似的幻灯片，则可以通过创建一个具有多个幻灯片都共享的格式和内容的幻灯片，然后复制该幻灯片来保存工作，最后向每个幻灯片单独添加各自最终的风格。

① 在普通视图中包含“大纲”和“幻灯片”选项卡的窗格上，单击“幻灯片”选项卡。

② 用鼠标右键单击要复制的幻灯片，然后单击【复制幻灯片】命令，在选择的幻灯片之后插入一张幻灯片副本。

（3）重新排列幻灯片的顺序。

① 在普通视图中包含“大纲”和“幻灯片”选项卡的窗格上，先单击“幻灯片”选项卡，再单击要移动的幻灯片，然后将其拖动到所需的位置。

② 要选择多个幻灯片，先单击某个要移动的幻灯片，按住

图 6.2　“幻灯片版式”列表

【Ctrl】键并单击要移动的其他幻灯片，然后将其拖动到所需的位置。

（4）删除幻灯片。在普通视图中包含“大纲”和“幻灯片”选项卡的窗格上，单击“幻灯片”选项卡，用鼠标右键单击要删除的幻灯片，然后单击【删除幻灯片】命令。

3. 使用幻灯片版式

单击【开始】→【幻灯片】→【版式】按钮，打开如图 6.2 所示的“幻灯片版式”列表，单击所需版式即可。

4. 向幻灯片添加图形

（1）添加形状：在【开始】→【绘图】组中，单击选择所需形状，然后在幻灯片中的任意位置，按住鼠标左键拖动绘制形状。

（2）添加 SmartArt 图形。

① 单击【插入】→【插图】→【SmartArt】按钮，打开“选择 SmartArt 图形”对话框。

② 选择所需的类型和布局，单击【确定】。

③ 单击 SmartArt 图形中的图框，然后键入文本。

【任务实施】

步骤 1　准备素材

（1）收集五周年庆典演示文稿制作中需要用到的各种素材。

（2）将演示文稿中需要用到的“五周年庆 Logo”、“ERP　盘比赛”、“拓展训练”等图片，以及“员工歌　比赛.MP3”保存在“D:\科源有限公司\五周年庆典\素材”文件夹中。

步骤 2　启动 PowerPoint 2010 应用程序

（1）单击【开始】按钮，打开【开始】菜单，选择【所有程序】→【Microsoft Office】→【Microsoft PowerPoint 2010】命令，启动 PowerPoint 2010 应用程序。

提示： *启动 PowerPoint 2010 的方法与启动 Word 2010 及 Excel 2010 类似。*

（2）启动 PowerPoint 后，系统将自动新建一个空白文档“演示文稿 1”，如图 6.3 所示。其窗口由标题栏、菜单栏、工具栏、大纲窗格、幻灯片窗格、备注窗格和任务窗格等部分组成。

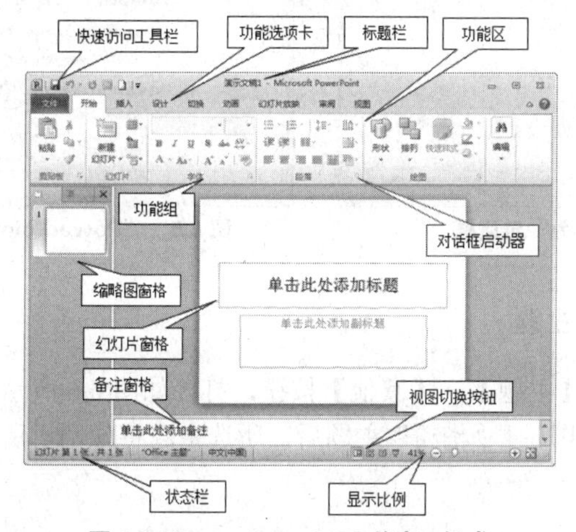

图 6.3　PowerPoint 2010 的窗口组成

提示： 由于同为 Microsoft Office 系列软件，PowerPoint 2010 的窗口与 Word 2010 以及 Excel 2010 工作窗口基本相同，所不同的是它的工作窗口分为 3 个部分。

（1）缩略图窗格：显示的每个完整大小幻灯片的缩略图版本。添加其他幻灯片后，可以单击“幻灯片”选项卡上的缩略图使该幻灯片显示在“幻灯片”窗格中。也可以拖动缩略图重新排列演示文稿中的幻灯片，还可以在“幻灯片”选项卡上添加或删除幻灯片。

（2）幻灯片窗格：用于编辑和显示幻灯片的内容，可以在其中键入文本或插入图片、图表和其他对象（对象：表、图表、图形、等号或其他形式的信息。例如，在一个应用程序中创建的对象，如果链接或嵌入另一个程序中，就是 OLE 对象）。

（3）备注窗格：可以键入关于当前幻灯片的备注。可以将备注分发给观众，也可以在播放演示文稿时查看“演示者”视图中的备注。

用户可以用鼠标拖拽窗格之间的分界线，以改变各个窗格的大小。

步骤 3　保存演示文稿

（1）单击【文件】→【保存】命令，打开“另存为”对话框。

（2）将演示文稿以“公司五周年庆典演示文稿”为名，保存在“D：\科源有限公司\五周年庆典”文件夹中，保存类型为“PowerPoint 演示文稿”，如图 6.4 所示。

（3）单击【保存】按钮。

提示： 在项目 4 图文排版中，强调了及时保存文档的重要性，也介绍了其他保存方式，这些方法同样适用于本项目的文档保存工作。此外，也可使用自动保存功能，方法是单击【文件】→【选项】命令，打开“PowerPoint 选项”对话框，在左侧的列表中选择“保存”选项后进行设置，如图 6.5 所示。

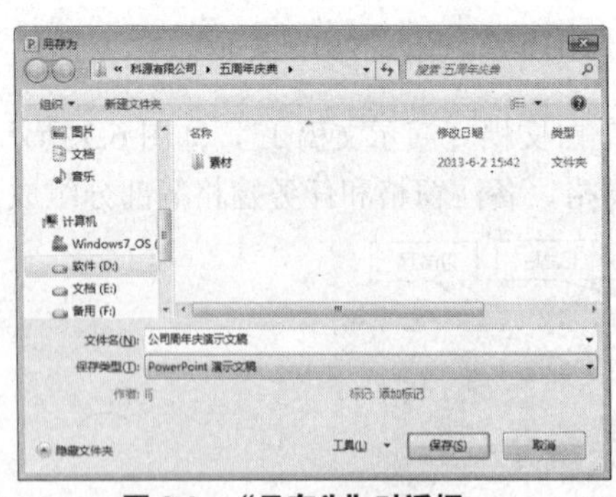
图 6.4　“另存为”对话框

图 6.5　“PowerPoint 选项”对话框

步骤 4　应用幻灯片主题

（1）单击【设计】→【主题】→【其他】按钮，打开如图 6.6 所示的“主题”下拉菜单。

（2）在“内置”列表中选择“华丽”主题后，所选主题将应用于所有幻灯片中，效果如图 6.7 所示。

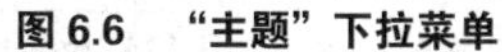

图 6.6 “主题”下拉菜单　　图 6.7 应用“华丽”主题的效果

提示：在演示文稿中应用主题可以简化具有专业设计师水准的演示文稿的创建过程。不仅可以在 PowerPoint 中使用主题颜色、字体和效果，而且还可以在 Excel、Word 和 Outlook 中使用它们，这样您的演示文稿、文档、工作表和电子邮件就可以具有统一的风格。此外，用户也可自定义 PowerPoint 2010 中的主题。

步骤 5　编辑演示文稿内容

1. 制作封面幻灯片

默认情况下，演示文稿的第 1 张幻灯片的版式为图 6.7 所示的“标题幻灯片”版式，此类版式一般可作为演示文稿的封面。

（1）在“单击此处添加标题”占位符中输入庆典的标题“科源有限公司五周年庆典”。

（2）在副标题占位符中输入“2008—2013”。

（3）插入图片“五周年庆 Logo”。

① 单击【插入】→【图像】→【图片】按钮，打开“插入图片”对话框。

② 选择“D:\科源有限公司\五周年庆典\素材”的“五周年庆 Logo”图片，如图 6.8 所示。单击【插入】按钮，将图片插入到幻灯片中。

③ 适当减小图片的宽度后，将其移至幻灯片左侧的灰色区域中，如图 6.9 所示。

图 6.8 “插入图片”对话框

图 6.9 封面幻灯片

提示：在项目 4 图文排版中，我们学习了文字录入等操作，类似的方法同样适用于演示文稿中文字的录入。

2. 制作目录幻灯片（即第 2 张幻灯片）

（1）单击【开始】→【幻灯片】→【新建幻灯片】按钮，插入一张“标题和内容”版式的空白幻灯片。

（2）分别在标题和文本占位符中输入如图 6.10 所示的标题和 7 项主要内容。

提示： 插入新幻灯片也可使用其他快捷方法，例如使用【Ctrl】+【M】组合键，或用鼠标单击缩略图窗格区空白处，按【Enter】键。

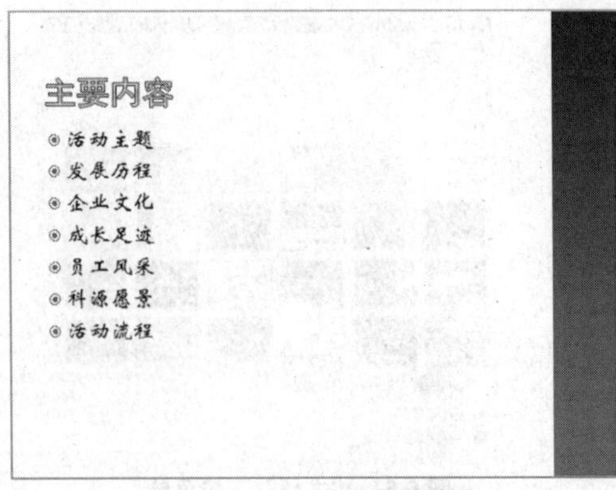

图 6.10　第 2 张幻灯片效果

3. 制作第 3 张新幻灯片

（1）单击【开始】→【幻灯片】→【新建幻灯片】按钮，插入一张“标题和内容”版式的空白幻灯片。

（2）单击标题占位符，输入标题“活动主题”。

（3）在内容图标组中单击“插入 SmartArt 图形”图标，在打开的“选择 SmartArt 图形”对话框中，从左侧的列表框中选择“流程”，从中间的列表中选择“随机至结果流程”图形，如图 6.11 所示。

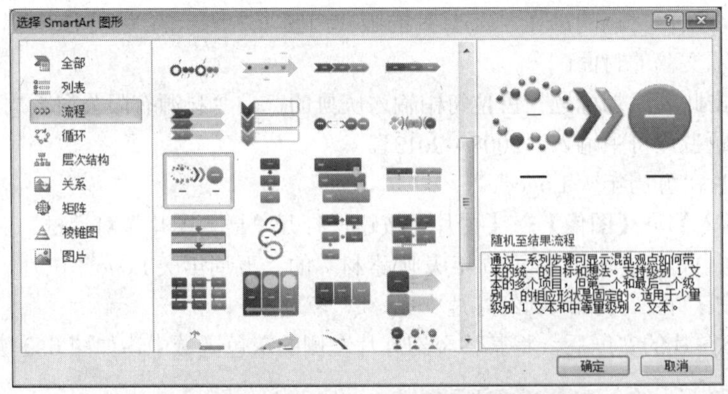

图 6.11　“选择 SmartArt 图形”对话框

（4）单击【确定】按钮，插入一个如图 6.12 所示的流程图。

（5）在流程图中录入相应内容，如图 6.13 所示。

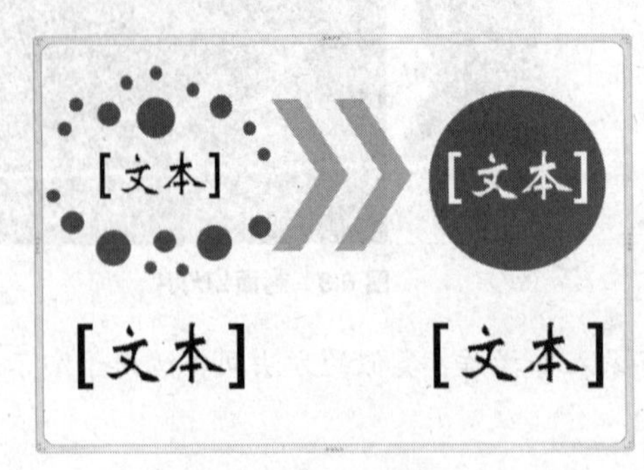

图 6.12　插入的流程图

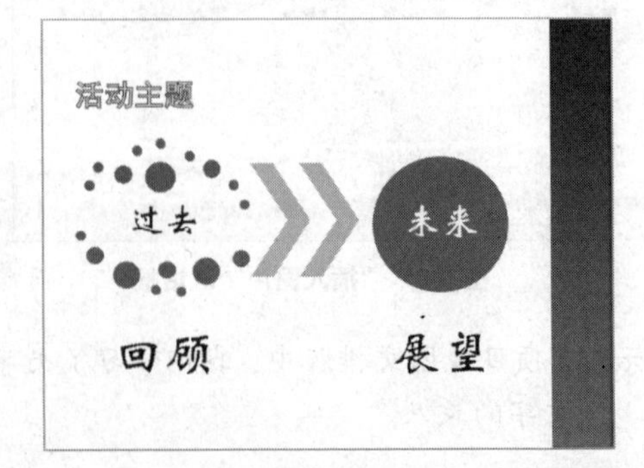

图 6.13　第 3 张幻灯片文字录入及插入流程图效果

4. 制作第 4 张幻灯片

（1）单击【开始】→【幻灯片】→【新建幻灯片】下拉按钮，插入一张“标题和内容”版式的空白幻灯片。

（2）单击标题占位符，输入标题“成长历程”。

（3）在内容图标组中单击“插入 SmartArt 图形”图标，在打开的“选择 SmartArt 图形”对话框中，从左侧的列表框中选择“流程”，从中间的列表中选择“向上箭头”图形。

（4）单击【确定】按钮，插入一个“向上箭头”图形，两次执行单击【SmartArt 工具】→【设计】→【创建图形】→【添加形状】按钮，为图形添加两个图框，输入如图 6.14 所示的文本内容。

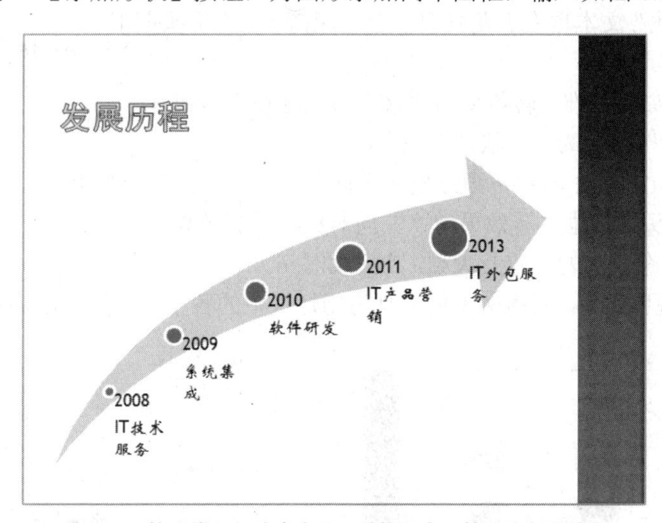

图 6.14 第 4 张幻灯片文字录入及插入向上箭头流程图效果

5. 制作第 5 张幻灯片

（1）复制第 4 张幻灯片。在演示文稿左侧的缩略窗格中用鼠标右键单击第 4 张幻灯片，从弹出的快捷菜单中选择【复制幻灯片】命令，在第 4 张幻灯片之后插入一张幻灯片的副本。

（2）将原标题“发展历程”修改为“企业文化”。

（3）删除幻灯片中原有的流程图。选中流程图，单击键盘上的【Delete】键，将流程图删除，同时删除幻灯片中的文本占位符。

（4）制作所需的图形。

① 添加“企业文化”文本框。单击【插入】→【文本】→【文本框】按钮，将文本框绘制在幻灯片中心位置，输入文字“企业文化”。

② 添加“定位”向右箭头形状。

a. 单击【插入】→【插图】→【形状】按钮，打开如图 6.15 所示的“形状”列表。

b. 选择“箭头总汇”中的“向右箭头”形状，拖拽鼠标在“企业文化”文本框左上角画出一个箭头。

c. 用鼠标右键单击“向右箭头”，从弹出的快捷菜单中选择【添加文字】命令，输入“定位”。

d. 设置“向右箭头”的三维　转效果。选中“定位”向右箭头，

图 6.15 “形状”列表

单击【绘图工具】→【格式】→【形状样式】→【形状效果】按钮，打开如图 6.16 所示的“形状效果”下拉列表，选择【三维　转】→【极左极大透视】效果。

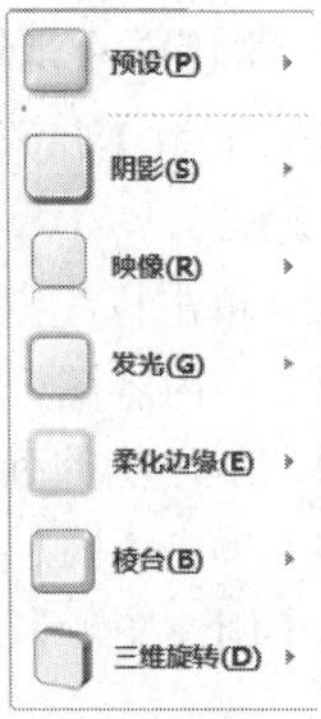

图 6.16　“形状效果”下拉列表

③ 添加“目标”向右箭头形状。

a. 在“企业文化”文本框左下角画出一个向右箭头，在箭头图形上添加文字“目标”。

b. 设置向右箭头的三维　转效果为“右向对比透视”效果。

④ 添加“理念”向左箭头形状。

a. 在“企业文化”文本框右上角画出一个向左箭头，在箭头图形上添加文字“理念”。

b. 设置向左箭头的三维　转效果为“极右极大透视”效果。

⑤ 添加“使命”向左箭头形状。

a. 在“企业文化”文本框右下角画出一个向左箭头，在箭头图形上添加文字“使命”。

b. 设置向左箭头的三维　转效果为“左向对比透视”效果。

⑥ 适当调整 4 个箭头的位置及大小，效果如图 6.17 所示。

（5）添加图形说明文字。利用文本框工具为幻灯片中的各个箭头图形添加说明文字，如图 6.18 所示。

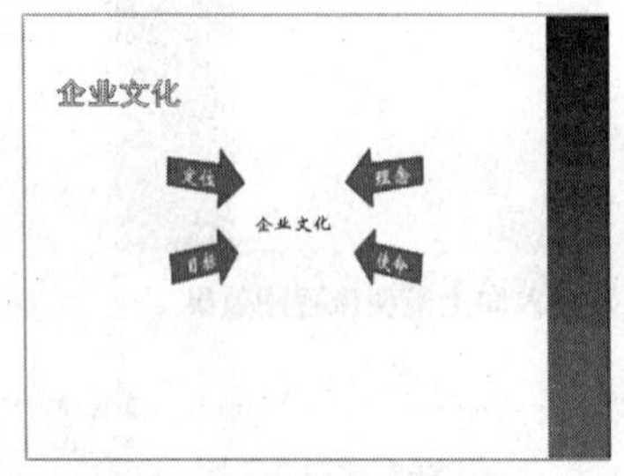

图 6.17　在第 5 张幻灯片中添加图形

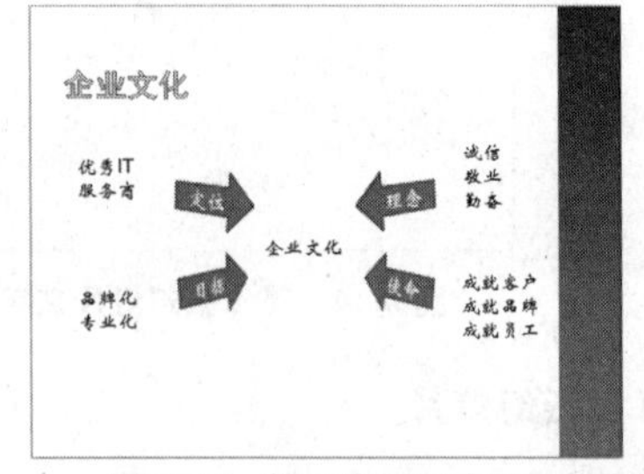

图 6.18　第 5 张幻灯片图形制作效果

6. 制作第 6 张幻灯片

（1）单击【开始】→【幻灯片】→【新建幻灯片】下拉按钮，插入一张“标题和内容”版式的空白幻灯片。

（2）单击标题占位符，输入标题“成长足迹”。

（3）在内容图标组中单击“插入图表”图标，打开如图 6.19 所示的“插入图表”对话框。

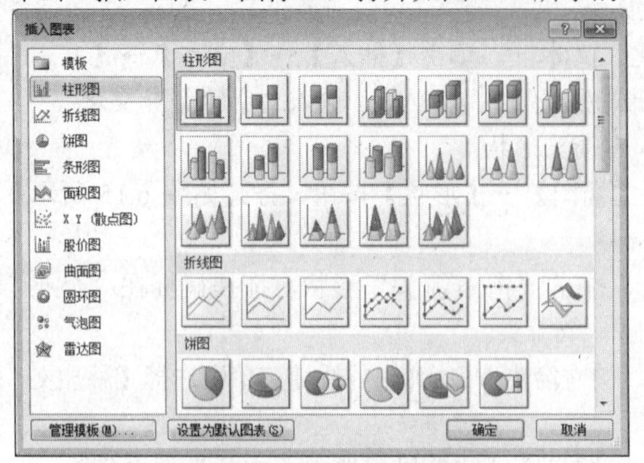

图 6.19　“插入图表”对话框

（4）先在左侧的列表框中选择“条形”，再从右侧的列表中选择“ 状条形图”。

（5）单击【确定】按钮，出现如图 6.20 所示的系统预设的图表及 Excel 数据表。

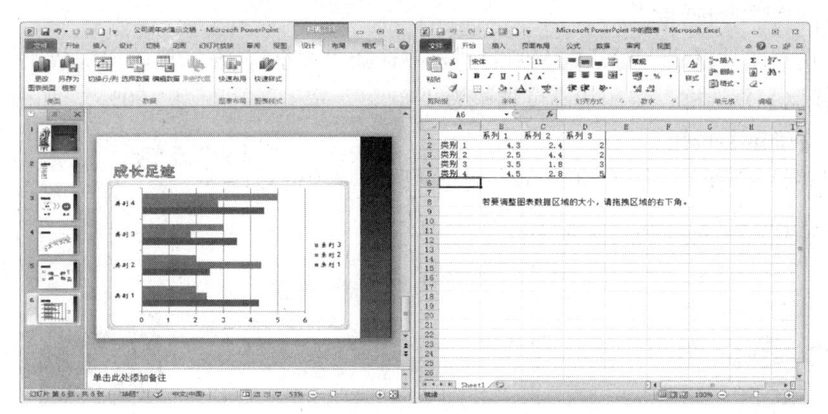

图 6.20　系统预设的图表及 Excel 数据表

（6）编辑数据表。按图 6.21 所示编辑表中的数据，关闭 Excel 数据表。

（7）将图表标题修改为“公司历年产值”，不显示图例，并添加横 标标题“产值（万元）”，如图 6.22 所示。

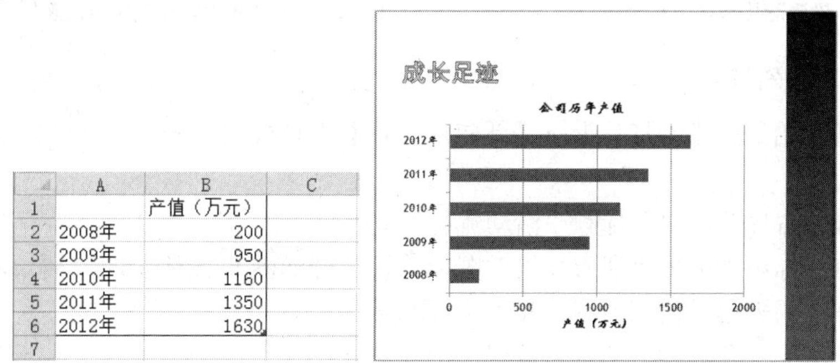

	A	B	C
1		产值（万元）	
2	2008年	200	
3	2009年	950	
4	2010年	1160	
5	2011年	1350	
6	2012年	1630	
7			

图 6.21　编辑表中的数据　　图 6.22　第 6 张幻灯片文字录入及图表制作效果

提示：图表的操作与项目 5 数据处理中的图表操作类似，可参考学习。

7. 制作第 7 张幻灯片

（1）单击【开始】→【幻灯片】→【新建幻灯片】下拉按钮，插入一张“两栏内容”版式的空白幻灯片。

（2）单击标题占位符，输入标题“员工风采”。

（3）添加文本。在左侧的文本占位符中添加 3 项内容：“ERP 盘大赛”、“员工拓展训练”和“科源好声音”。

（4）在幻灯片左下方再添加一个文本框，输入文字“员工歌 比赛音频”，

（5）添加“ERP 盘大赛”图片。单击右侧工具图标组中的“插入来自文件的图片”图标，在打开的“插入图片”对话框中选择“D：\科源有限公司\五周年庆典\素材”的“ERP 盘大赛”图片文件，单击【插入】按钮，将图片插入到幻灯片中。

（6）添加“拓展训练”图片。单击【插入】→【图像】→【图片】按钮，打开“插入图片”对话框。选择“D：\科源有限公司\五周年庆典\素材”的“拓展训练”图片，单击【插入】按钮，将图片插入到幻灯片中。

（7）调整图片的大小。

① 用鼠标右键单击插入的“拓展训练”图片，从快捷菜单中选择【设置图片格式】命令，打开“设置图片格式”对话框。

② 在“设置图片格式”对话框左侧的列表中选择“大小”，在右侧的“缩放比例”栏中，选中【锁定纵横比】复选框，将图片高度调整为“90%”，宽度随之变为“90%”，如图 6.23 所示。

③ 单击【确定】按钮。

（8）调整图片位置。按图 6.24 所示，调整两张图片的位置。

图 6.23 “设置图片格式”对话框

图 6.24 第 7 张幻灯片文字录入及插入图片效果

8. 制作第 8 张幻灯片

（1）单击【开始】→【幻灯片】→【新建幻灯片】下拉按钮，插入一张“标题和内容”版式的空白幻灯片。

（2）单击标题占位符，输入标题“活动流程”。

（3）在内容图标组中单击“插入表格”图标，打开如图 6.25 所示的“插入表格”对话框，插入一个 8 行 2 列的表格，输入如图 6.26 所示的内容。

提示：表格的内容编辑与格式化操作、插入符号操作均与项目 4 中的此类操作类似，可参考学习。

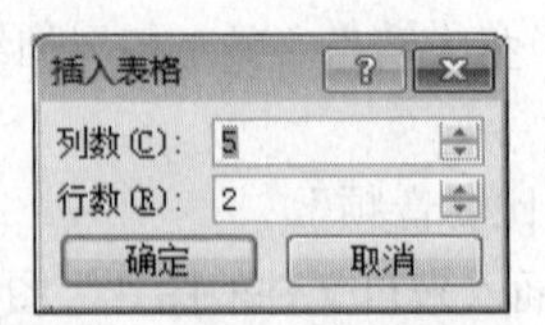

图 6.25 “插入表格”对话框

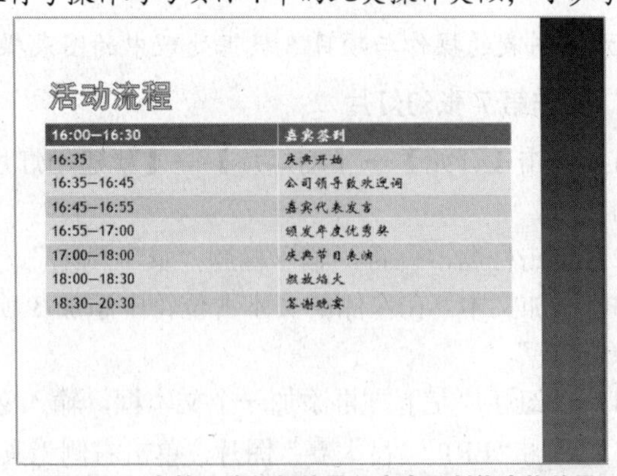

图 6.26 在第 8 张幻灯片录入文字及制作表格效果

9. 制作第 9 张幻灯片

（1）单击【开始】→【幻灯片】→【新建幻灯片】下拉按钮，插入一张“仅标题”版式的空白幻灯片。

（2）在标题占位符处输入标题“科源愿景”。

（3）插入艺术字。

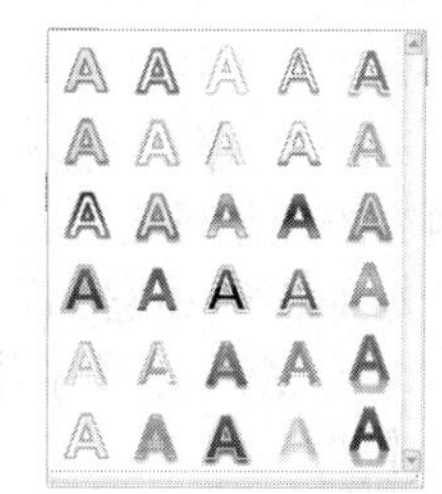

图 6.27 “艺术字”列表

① 插入艺术字“追求　越品质”。单击【插入】→【文本】→【艺术字】按钮，打开如图 6.27 所示的“艺术字”列表，选择第 4 行第 2 列的“　变填充—橙色，强调文字颜色 6，内部阴影”，输入艺术字文本“追求　越品质”。

② 插入艺术字“提供完美服务”。单击【插入】→【文本】→【艺术字】按钮，打开“艺术字”列表，选择第 5 行第 3 列的“填充–紫色，强调文字颜色 2，　色粗　棱台”，输入艺术字文本“提供完美服务”。

③ 插入艺术字“创造超　价值”。单击【插入】→【文本】→【艺术字】按钮，打开“艺术字”列表，选择第 5 行第 3 列的“　变填充–金色，强调文字颜色 4，映像”，输入艺术字文本“创造超　价值”。

第 9 张幻灯片效果如图 6.28 所示。

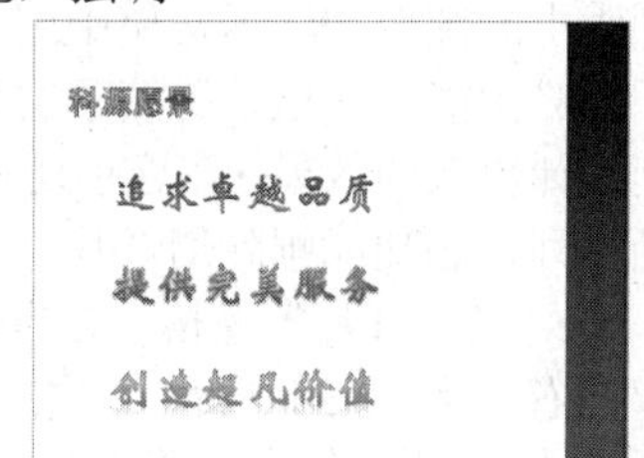

图 6.28　第 9 张幻灯片艺术字插入效果

步骤 6　为封面幻灯片添加备注

（1）在幻灯片的普通视图下，将光标定位于第 1 张幻灯片的“备注”窗格中。

（2）输入备注文字“此演示文稿主要用于　台两侧的屏幕播放”。

步骤 7　调整幻灯片的顺序

幻灯片内容编辑完成后，通常需要查看和　理整个文档的结构，根据需要做相应的调整。

（1）将第 8 张幻灯片与第 9 张幻灯片顺序互换。

① 在演示文稿的“缩略图”窗格中，选中第 8 张幻灯片。

② 按住鼠标左键将其拖至第 9 张幻灯片下方，释放鼠标。

提示：调整幻灯片的顺序，复制或删除幻灯片等幻灯片编辑操作也可在将幻灯片视图切换为“幻灯片浏览”视图后进行。

（2）保存演示文稿。单击快速访问工具栏上的保存按钮，保存所制作的演示文稿。

【任务总结】

本任务通过制作“公司五周年庆典演示文稿”，介绍了 PowerPoint 2010 的操作界面，学习了启动 PowerPoint 2010 程序、创建与保存的演示文档、应用幻灯片主题及版式来统一演示文稿风格以及幻灯片的插入、复制、移动等基本常规操作，同时了解并使用了组织结构图、艺术字、文本框、表格、图片以及 SmartArt 图形等元素来丰富演示文稿。

【知识拓展】

1. PowerPoint 的视图

Microsoft PowerPoint 2010 中可用于编辑、打印和放映演示文稿的视图有普通视图、幻灯片浏览视图、备注页视图、阅读视图、幻灯片放映视图和母版视图。

（1）用于编辑演示文稿的视图。

① 普通视图。它是主要的编辑视图，可用于撰写和设计演示文稿，如图 6.29 所示。普通视

图有 4 个工作区域。

a. “大纲”选项卡。此区域是开始撰写内容的理想场所。在这里，可以 获灵感，计划如何表述它们，并能移动幻灯片和文本。“大纲”选项卡以大纲形式显示幻灯片文本。

b. “幻灯片”选项卡。在编辑时以缩略图大小的图像在演示文稿中观看幻灯片。使用缩略图能方便地遍历演示文稿，并观看任何设计更改的效果。在这里还可以轻松地重新排列、添加或删除幻灯片。

c. “幻灯片”窗格。在 PowerPoint 窗口的右上方，“幻灯片”窗格显示当前幻灯片的大视图。在此视图中显示当前幻灯片时，可以添加文本，插入图片、表格、SmartArt 图形、图表、图形对象、文本框、电影、声音、超链接和动画。

图 6.29　幻灯片普通视图

d. “备注”窗格。在“幻灯片”窗格下的“备注”窗格中，可以键入要应用于当前幻灯片的备注。以后，可以将备注打印出来并在放映演示文稿时进行参考。您还可以将打印好的备注分发给受众，或者将备注包括在发送给受众或发布在网页上的演示文稿中。

② 幻灯片浏览视图。幻灯片浏览视图可查看缩略图形式的幻灯片。通过此视图，在创建演示文稿以及准备打印演示文稿时，将可以轻松地对演示文稿的顺序进行排列和组织，如图 6.30 所示。

③ 备注页视图。“备注”窗格位于“幻灯片”窗格下。可以键入要应用于当前幻灯片的备注。以后，可以将备注打印出来并在放映演示文稿时进行参考，还可以将打印好的备注分发给受众，或者将备注包括在发送给受众或发布在网页上的演示文稿中。

④ 母版视图。母版视图包括幻灯片母版视图、讲义母版视图和备注母版视图。它们是存储有关演示文稿的信息的主要幻灯片，其中包括背景、颜色、字体、效果、占位符大小和位置，如图 6.31 所示。使用母版视图的一个主要优点在于，在幻灯片母版、备注母版或讲义母版上，可以对与演示文稿关联的每个幻灯片、备注页或讲义的样式进行全局更改。

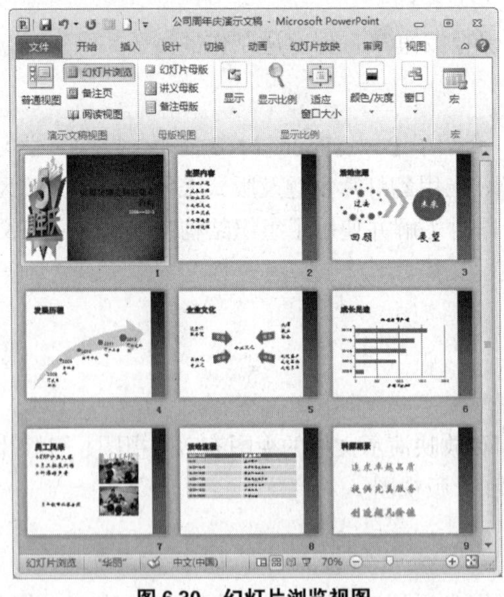

图 6.30　幻灯片浏览视图

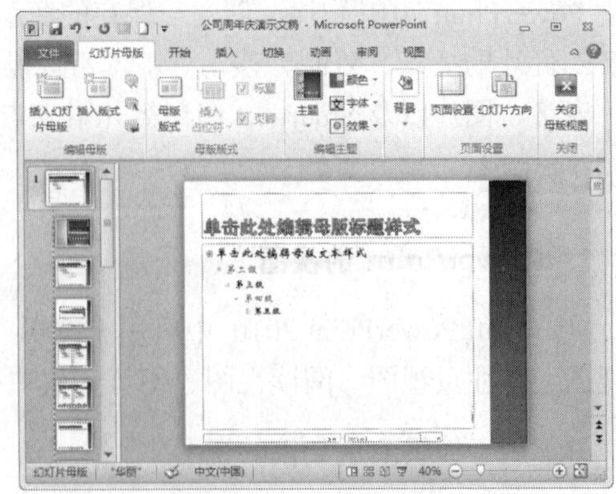

图 6.31　幻灯片母版视图

（2）用于放映演示文稿的视图。

① 幻灯片放映视图。幻灯片放映视图可用于向受众放映演示文稿。幻灯片放映视图会占据整个计算机屏幕，这与受众观看演示文稿时在大屏幕上显示的演示文稿完全一样，可以看到图形、计时、电影、动画效果和切换效果在实际演示中的具体效果。按【Esc】键，可退出幻灯片放映视图。

② 演示者视图。演示者视图是一种可在演示期间使用的基于幻灯片放映的关键视图。借助两台监视器，可以运行其他程序并查看演示者备注，而这些是受众所无法看到的。若要使用演示者视图，请确保计算机具有多监视器功能，同时也要打开多监视器支持和演示者视图。

③ 阅读视图。阅读视图用于向用自己的计算机查看演示文稿的人员而非受众（例如，通过大屏幕）放映演示文稿。如果希望在一个设有简单控件以方便审阅的窗口中查看演示文稿，而不想使用全屏的幻灯片放映视图，则也可以在自己的计算机上使用阅读视图。如果要更改演示文稿，可随时从阅读视图切换至某个其他视图。

（3）视图切换的方法如下。

① 单击【视图】→【演示文稿视图】和【母版视图】中的相应按钮，可进行视图的切换，如图 6.32 所示。

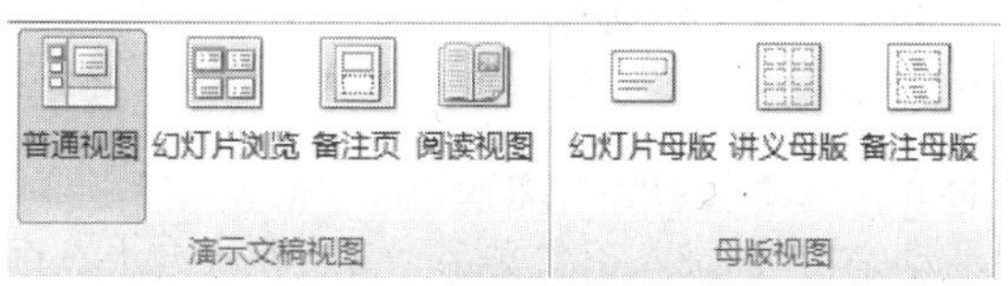

图 6.32 演示文稿的视图

② 在 PowerPoint 窗口底部有一个易用的栏，其中提供了各个主要视图（普通视图、幻灯片浏览视图、阅读视图和幻灯片放映视图），单击相应按钮可实现相应视图的切换。

2. 幻灯片的版式

幻灯片版式包含要在幻灯片上显示的全部内容的格式设置、位置和占位符。版式也包含幻灯片的主题、字体、效果和背景等。

PowerPoint 中包含 9 种内置幻灯片版式，也可以创建满足特定需求的自定义版式，并与使用 PowerPoint 创建演示文稿的其他人共享。

3. 占位符

占位符是版式中的容器，可容纳如文本（包括正文文本、项目符号列表和标题）、表格、图表、SmartArt 图形、影片、声音、图片及剪贴画等内容。

4. PowerPoint 模板

PowerPoint 模板是您另存为.potx 文件的一张幻灯片或一组幻灯片的图案或蓝图。模板可以包含版式（版式：幻灯片上标题和副标题文本、列表、图片、表格、图表、形状和视频等元素的排列方式）、主题颜色（主题颜色：文件中使用的颜色的集合。主题颜色、主题字体和主题效果三者构成一个主题）、主题字体（主题字体：应用于文件中的主要字体和次要字体的集合。主题字体、主题颜色和主题效果三者构成一个主题）、主题效果（主题效果：应用于文件中元素的视觉属性的集合。主题效果、主题颜色和主题字体三者构成一个主题）和背景样式，甚至还可以包含内容。

PowerPoint 含有多种不同类型的内置免费模板。此外，也可以创建自己的自定义模板，然后存储、重用以及与他人共享它们。还可以在 Office.com 和其他合作伙伴网站上获取可以应用于您的演示文稿的数百种免费模板。

【实践训练】

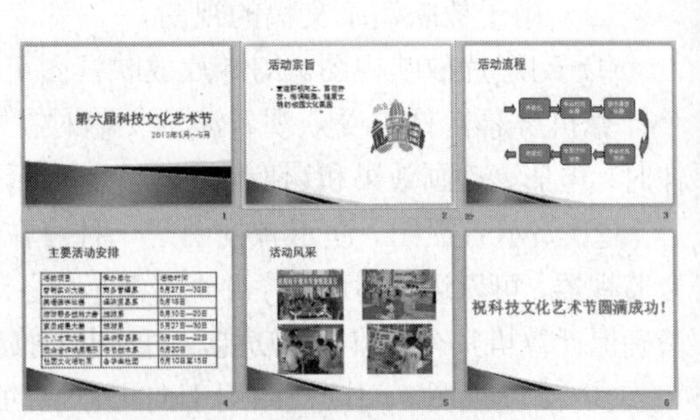

图 6.33 “第六届科技文化艺术节”演示文稿基本制作效果图

制作第六届科技文化艺术节现场播放演示文稿，效果如图 6.33 所示。

1. 创建“第六届科技文化艺术节”演示文稿

（1）新建并保存文档。新建一份 PowerPoint 2010 文档，并以“第六届科技文化艺术节演示文稿”为名保存在“D:\第六届科技文化艺术节\宣传”文件夹中。

（2）选择名为“聚合”的幻灯片主题应用到所有幻灯片中。

2. 编辑首张幻灯片片

（1）录入标题文字“第六届科技文化艺术节”

（2）录入副标题文字“2013 年 5 月～6 月”

3. 编辑第 2 张幻灯片

（1）幻灯片版式为“标题，文本与内容”版式。

（2）录入标题文字“活动宗旨”，录入正文文字“营造积极向上、百花齐放、格调高　、健文明的校园文化　围”。

（3）插入剪贴画。可自选与“校园”主题相关的一张剪贴画，并适当调整剪贴画的大小。

4. 编辑第 3 张幻灯片

（1）幻灯片版式为“仅标题”版式。

（2）录入标题文字“活动流程”。

（3）绘制 6 个流程图矩形框及 7 个流程图箭头，分别录入文字“开幕式”、“专业技能比赛”、“综合素质比赛”、“专业成果展示”、“社团文化活动”、“闭幕式”，如图 6.34 所示。

5. 编辑第 4 张幻灯片

（1）幻灯片版式为“标题和内容”版式。

（2）录入标题文字“主要活动安排”。

（3）插入 1 个 8 行 3 列的表格，并输入如图 6.35 所示的内容。

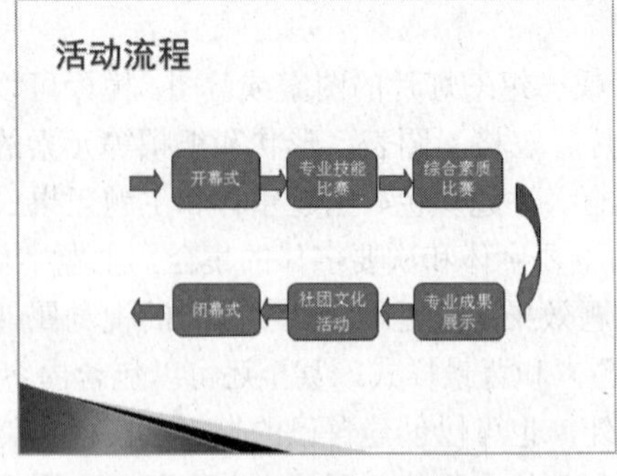

图 6.34 “科技文化艺术节演示文稿”第 3 张幻灯片效果图

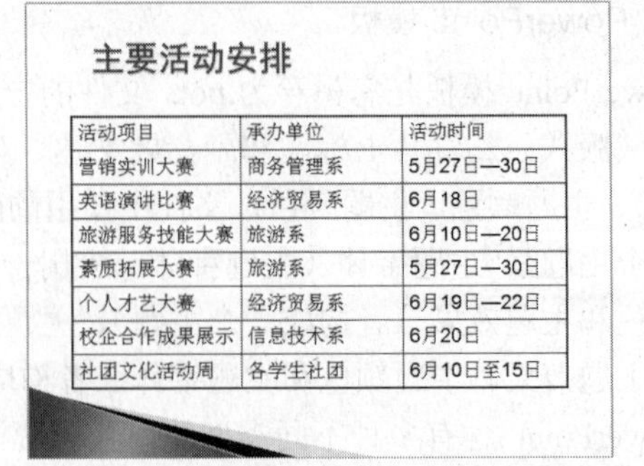

活动项目	承办单位	活动时间
营销实训大赛	商务管理系	5月27日—30日
英语演讲比赛	经济贸易系	6月18日
旅游服务技能大赛	旅游系	6月10日—20日
素质拓展大赛	旅游系	5月27日—30日
个人才艺大赛	经济贸易系	6月19日—22日
校企合作成果展示	信息技术系	6月20日
社团文化活动周	各学生社团	6月10日至15日

图 6.35 “科技文化艺术节演示文稿”第 4 张幻灯片效果图

6. 编辑第 5 张幻灯片

（1）幻灯片版式为“仅标题”版式。

（2）录入标题文字“活动风采”。

（3）从“D:\第六届科技文化艺术节\照片”文件夹中插入 4 张图片到该页。

7. 编辑第 6 张幻灯片

（1）幻灯片版式为“空白”版式。

（2）插入艺术字。选择“艺术字”样式列表第 5 行第 2 列的“填充–深红，强调文字颜色 6，色粗　棱台”，并编辑文字“祝科技文化艺术节圆满成功！”。

8. 保存演示文稿

保存编辑好的演示文稿。

任务 2　修饰与播放周年庆演示文稿

【任务描述】

在任务 1 中，公司周年庆宣传报道组完成了“公司五周年庆典演示文稿”演示文稿的基本制作工作。为了使演示文稿更加美观，更加富有感染力，他们将使用 PowerPoint 2010 提供的幻灯片的修饰功能对演示文稿外观及各项内容做进一步的修饰，如为演示文稿添加动画、音频等元素，并且设置适宜的放映方式，为公司五周年庆典中该演示文稿的播放做好充分的准备。演示文稿修饰后的效果如图 6.36 所示。

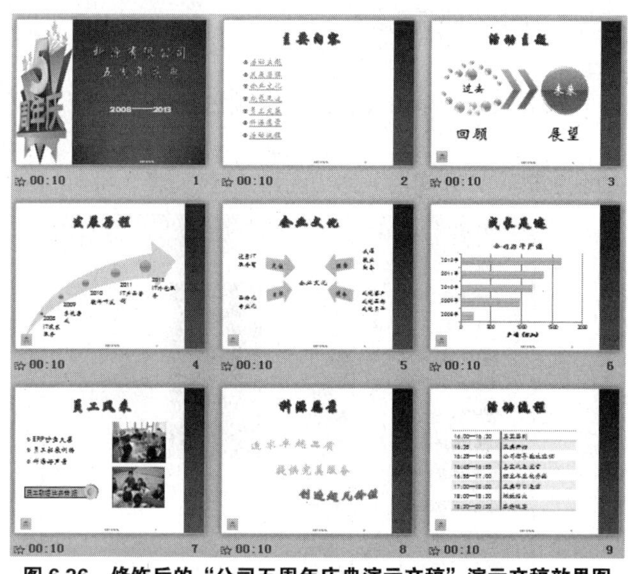

图 6.36　修饰后的“公司五周年庆典演示文稿”演示文稿效果图

【任务目标】

◇　熟练打开、查阅已有的 PowerPoint 2010 文档。

◇　能熟练进行修改幻灯片的主题颜色、背景格式。

◈ 格式化幻灯片的各项内容。
◈ 熟练设置幻灯片适宜的动画效果。
◈ 掌握设置幻灯片放映方式。
◈ 了解幻灯片插入音频、视频等文件的方式。

【任务流程】

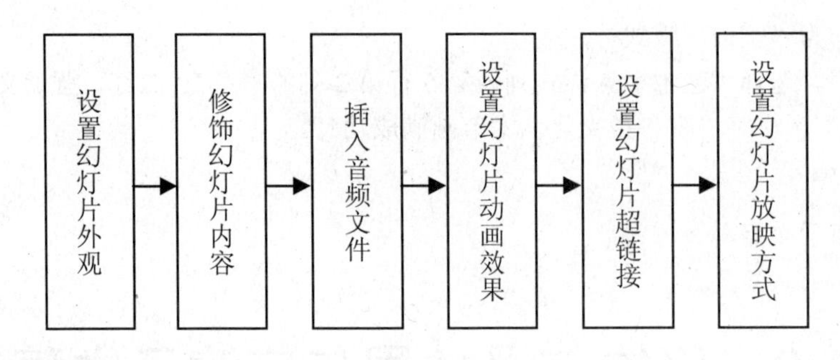

【任务解析】

1. 修改主题颜色

修改主题颜色对演示文稿的更改效果最为显著。通过更改主题颜色，可将演示文稿的色调从随意更改为正式或进行相反的更改。

主题颜色包含 12 种颜色槽。前 4 种水平颜色用于文本和背景。用浅色创建的文本总是在深色中清晰可见，而用深色创建的文本总是在浅色中清晰可见。接下来的 6 种强调文字颜色，它们总是在 4 种潜在背景色中可见。最后 2 种颜色应用于超链接和已访问的超链接。

（1）应用内置的主题颜色。单击【设计】→【主题】→【颜色】按钮，打开如图 6.37 所示的“主题颜色”列表，单击可选择适宜的颜色组。

（2）自定义主题颜色。

① 在“主题颜色”列表的底部，单击【新建主题颜色】命令，打开如图 6.38 所示的“新建主题颜色”对话框。

② 单击需要修改的颜色槽，打开如图 6.39 所示的颜色列表，可对相应部分的颜色进行更改。

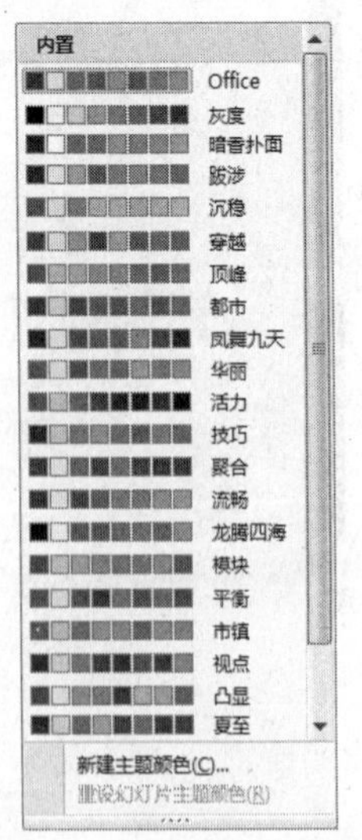

图 6.37 “主题颜色”列表

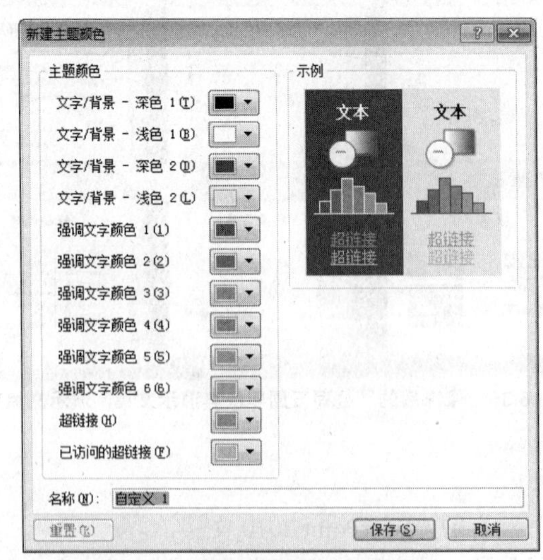

图 6.38 “新建主题颜色”对话框

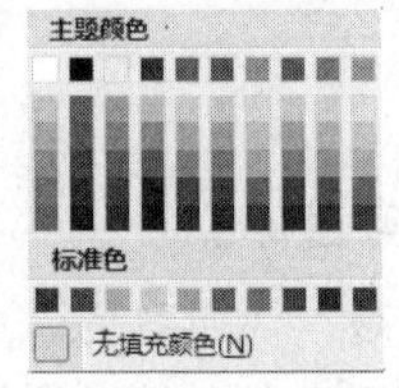

图 6.39 颜色列表

③ 单击【保存】按钮，将修改的颜色保存到对应的颜色库，使用该主题颜色的所有文档内容也将发生更改。

2. 添加影片或声音

（1）插入声音文件。

① 单击要添加音频剪辑的幻灯片。

② 单击【插入】→【媒体】→【音频】下拉按钮，可从列表中选择【文件中的音频】、【剪贴画音频】、或【录音音频】，找到要添加的文件或在“剪贴画”任务窗格中找到所需的音频剪辑，将其添加到幻灯片中。

（2）插入视频文件。

① 单击要添加视频的幻灯片。

② 单击【插入】→【媒体】→【视频】下拉按钮，可从列表中选择【文件中的视频】、【剪贴画视频】、或【来自网站的视频】，找到要添加的文件或在“剪贴画”任务窗格中找到所需的视频剪辑，将其添加到幻灯片中。

3. 设置动画

在 Microsoft PowerPoint 2010 演示文稿中，可将文本、图片、形状、表格、SmartArt 图形和其他对象制作成动画，　予它们进入、退出、大小或颜色变化甚至移动等视觉效果。

（1）添加动画效果。

① 选择要制作成动画的对象。

② 单击【动画】→【动画】→【其他】按钮，打开“动画”列表，然后选择所需的动画效果。

提示： 如果需要其他的进入、退出、强调或动作路径动画效果，请单击“更多进入效果”、“更多强调效果”、“更多退出效果”或“其他动作路径”。

若要对同一对象应用多个动画效果，则选择要添加多个动画效果的文本或对象。单击【动画】→【高级动画】→【添加动画】按钮。

（2）移除动画效果。

① 单击包含要移除动画的对象。

② 单击【动画】→【动画】→【其他】按钮，打开“动画”列表，然后选择“无”。

4. 设置幻灯片之间的切换效果

幻灯片切换效果是在演示期间从一张幻灯片移到下一张幻灯片时在“幻灯片放映”视图中出现的动画效果。可以控制切换效果的速度，添加声音，甚至还可以对切换效果的属性进行自定义。

（1）添加切换效果。

① 在普通视图的“缩略图”窗格中，选择要向其应用切换效果的幻灯片的缩略图。

② 单击【切换】→【切换到此幻灯片】→【其他】按钮，打开“幻灯片切换”列表，然后选择所需的切换效果。

提示： 若要对演示文稿中的所有幻灯片应用相同的幻灯片切换效果，在添加单张幻灯片切换效果的基础上，单击【切换】→【计时】→【全部应用】按钮。

（2）删除切换效果。

① 在普通视图中的“幻灯片”选项卡上，单击要删除切换效果的幻灯片的缩略图。

② 单击【切换】→【切换到此幻灯片】→【其他】按钮，打开“幻灯片切换”列表，然后选择“无”。

提示：若要从演示文稿中的所有幻灯片中删除幻灯片切换效果，在删除单张幻灯片切换效果的基础上，单击【切换】→【计时】→【全部应用】按钮。

5. 设置超链接

在 PowerPoint 中，超链接可以是从一张幻灯片到同一演示文稿中另一张幻灯片的链接，也可以是从一张幻灯片到不同演示文稿中另一张幻灯片、到电子邮件地址、网页或文件的链接。可以从文本或对象（如图片、图形、形状或艺术字）创建超链接。

（1）添加超链接。

① 在“普通”视图中，选择要添加超链接的文本或对象。

② 单击【插入】→【链接】→【超链接】按钮，打开如图 6.40 所示的“插入超链接”对话框。

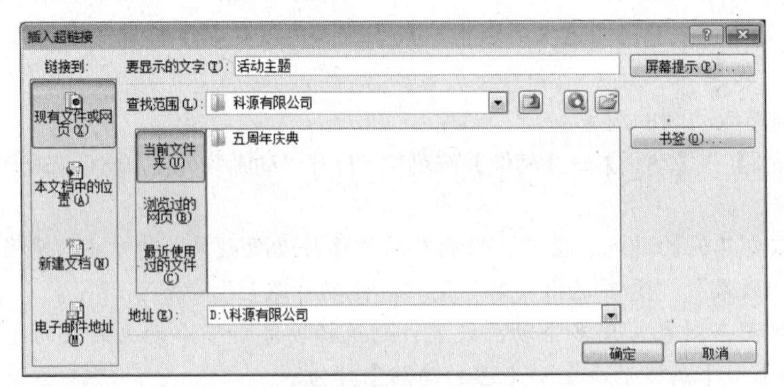

图 6.40 “插入超链接”对话框

③ 在“链接到”列表框中，根据链接的目标，可分别选择“现有文件或网页”、“本文档中的位置”、“新建文档”或者“电子邮件地址”，再选择用作超链接目标的对象。

（2）删除超链接。用鼠标右键单击需删除超链接的对象，从弹出的快捷菜单中选择【删除超链接】命令。

（3）编辑超链接。用鼠标右键单击需编辑超链接的对象，从弹出的快捷菜单中选择【编辑超链接】命令，打开“编辑超链接”对话框，可对此链接重新进行编辑。

提示：（1）在 Microsoft PowerPoint 2010 中，超链接可以设置为链接到文稿内容的某一页，也可设置为一个幻灯片到另一个幻灯片、网页或文件的链接。

（2）在创建带有指向几个文件链接的演示文稿时，最好的方法是将所有文件都放在计算机上的同一文件夹中，即使该文件夹路径发生改变，也无须修改链接。

（3）超链接本身可以是文本或对象（例如图片（图片：可以取消组合并作为两个或多个对象操作的文件（如图元文件），或作为单个对象（如位图）的文件）、图形、形状或艺术字（艺术字：使用现成效果创建的文本对象，并可以对其应用其他格式效果））。

【任务实施】

步骤 1　设置幻灯片外观

1. 打开演示文稿

打开任务 1 制作的“公司五周年庆典演示文稿”。

2. 为幻灯片更改“主题颜色”

（1）单击【设计】→【主题】→【颜色】按钮，打开如图 6.37 所示的“主题颜色”列表。

（2）选择列表中的“基本”颜色组，将选定的颜色组应用到所有幻灯片中。封面幻灯片效果如图 6.41 所示。

图 6.41　应用新主题颜色后的封面幻灯片

3. 插入幻灯片编号和日期

（1）单击【插入】→【文本】→【幻灯片编号】按钮，打开如图 6.42 所示的“页眉和页脚”对话框。

（2）选中【幻灯片编号】复选框。

（3）选中【日期和时间】复选框，并选择【自动更新】单选按钮。

（4）单击【全部应用】按钮，在每张幻灯片中插入幻灯片编号和日期。

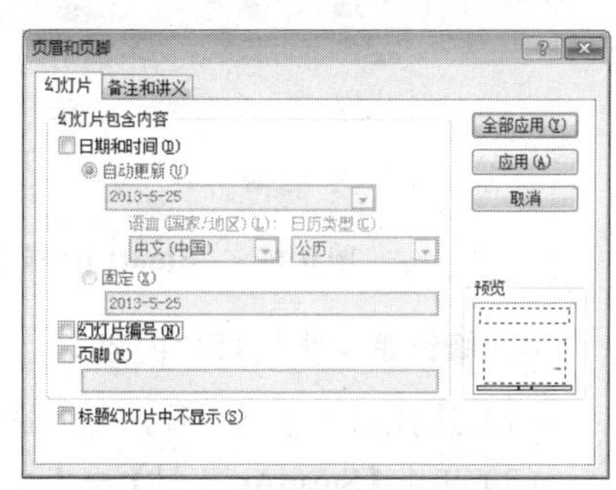

图 6.42　“页眉和页脚”对话框

步骤 2　修饰幻灯片内容

1. 修饰第 1 张幻灯片内容

（1）修改标题格式。

① 选择第 1 张幻灯片，选中标题文字。

② 将标题文字的字体设置为华文行楷、60 磅、加粗、色、居中对齐。

（2）修改副标题格式。

① 选中副标题文字。

② 将标题文字的字体设置为方正　体、36 磅、加粗、居中对齐。

③ 将副标题文本框适当下移。

修饰后的幻灯片效果如图 6.43 所示。

图 6.43　修饰后的第 1 张幻灯片

提示：文字格式化，如字体、字号等设置与项目 4 中的此类操作基本相同。设置多个相同格式的对象，也可使用“格式刷”工具来完成。

2. 修饰第 2 张幻灯片内容

（1）选择第 2 张幻灯片中的文本。

（2）将其字号设置为 32 磅。

（3）将文本框适当右移。

3. 修饰第 3 张幻灯片内容

（1）选择第 3 张幻灯片，单击选中流程图。

（2）单击【SmartArt 工具】→【设计】→【SmartArt 样式】→【更改颜色】按钮，打开“颜色”列表。

（3）选择“ 色”中的“ 色范围-强调文字颜色 4 至 5”。

（4）单击【SmartArt 工具】→【设计】→【SmartArt 样式】→【其他】按钮，打开如图 6.44 所示的“SmartArt 样式”列表。

（5）选择“三维”中的“优 ”样式。修饰后的第 3 张幻灯片效果如图 6.45 所示。

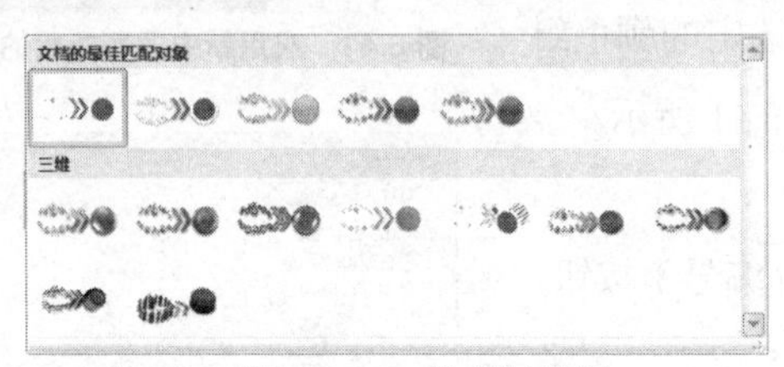

图 6.44 “SmartArt 样式”列表

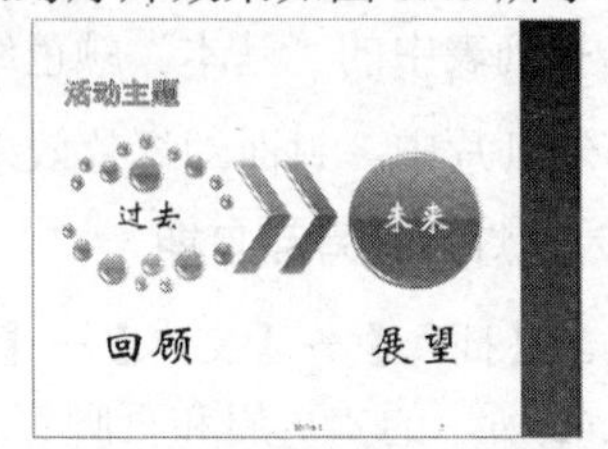

图 6.45 修饰后的第 3 张幻灯片

4. 修饰第 4 张幻灯片内容

（1）选择第 4 张幻灯片，单击选中流程图。

（2）单击【SmartArt 工具】→【设计】→【SmartArt 样式】→【更改颜色】按钮，打开“颜色”列表。

（3）选择“ 色”中的“ 色范围-强调文字颜色 5 至 6”。

（4）单击【SmartArt 工具】→【设计】→【SmartArt 样式】→【其他】按钮，打开“SmartArt 样式”列表。

（5）选择“文档的最佳匹配对象”中的“中等效果”样式。

（6）将流程图中文字的字号设置为 22 磅，并将文本框适当下移。修饰后的第 4 张幻灯片效果如图 6.46 所示。

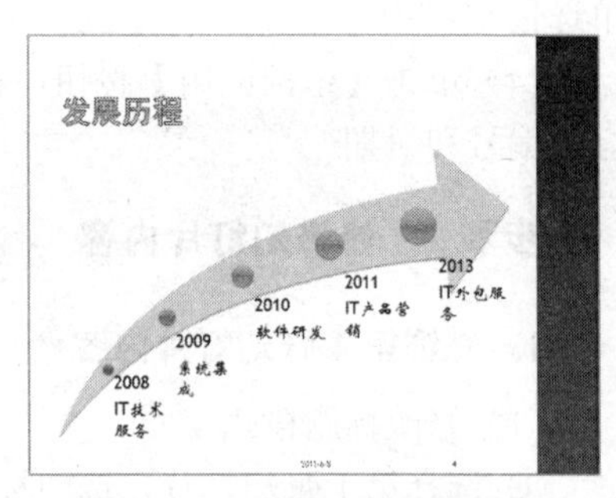

图 6.46 修饰后的第 4 张幻灯片

5. 修饰第 5 张幻灯片内容

（1）设置形状格式。

① 选择第 5 张幻灯片，按住【Shift】键依次选中幻灯片中所有的箭头，单击【绘图工具】→【格式】→【形状格式】→【形状填充】按钮，打开如图 6. 47 所示的“形状填充”下拉菜单，将形状填充为“橙色”。

② 按住【Shift】键依次选中幻灯片中所有的形状，单击【绘图工具】→【格式】→【形状格式】→【形状轮 】按钮，打开如图 6.48 所示的“形状轮 ”下拉菜单，将形状轮 设置为“浅绿”。

③ 单击【绘图工具】→【格式】→

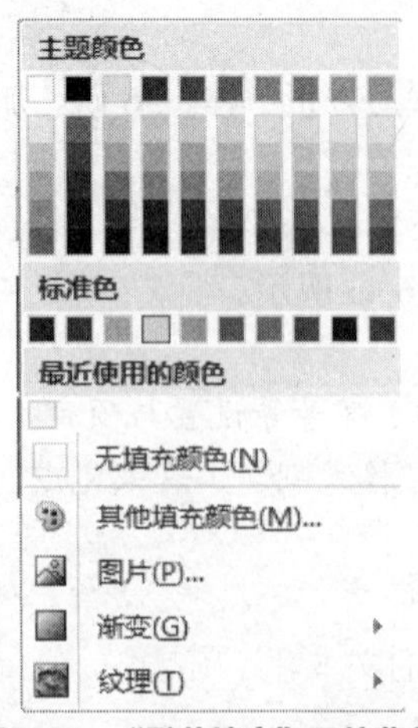

图 6.47 “形状填充”下拉菜单

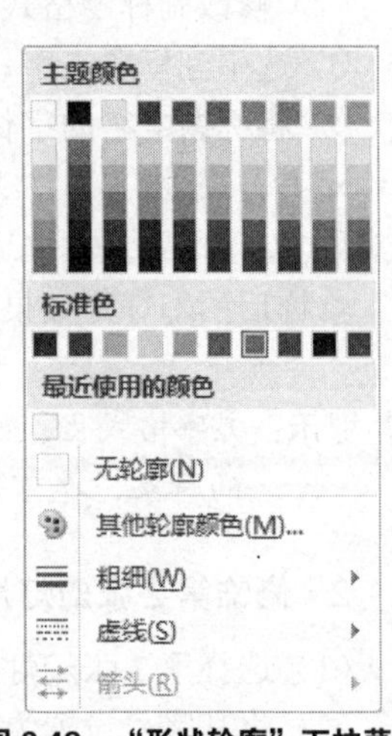

图 6.48 “形状轮廓”下拉菜单

【形状格式】→【形状效果】按钮，打开“形状效果”下拉列表，设置阴影效果为“外部”中的“向左偏移”。

（2）设置图形中文字的格式为28磅、加粗、黑色。

（3）组合图形。按住【Shift】键依次选中所有的箭头和文本框对象（除标题外），单击鼠标右键，从快捷菜单中选择【组合】→【组合】命令，将选中的图形组合成一个图形。修饰后的第5张幻灯片如图6.49所示。

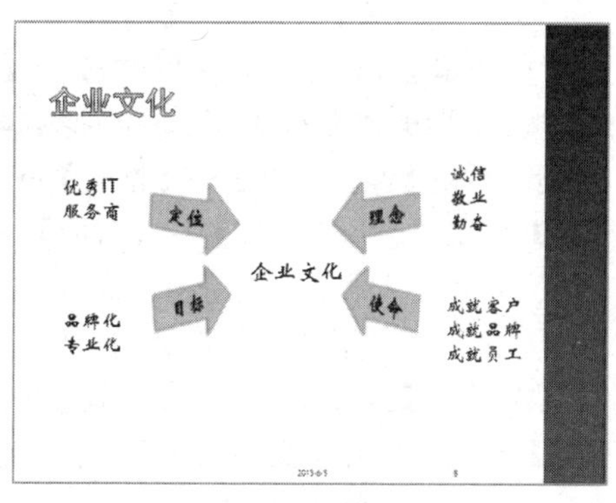

图6.49　修饰后的第5张幻灯片

提示：同时选中多个对象也可用鼠标在所选区域拖曳的方式进行。多个相关联对象的“组合”和“取消组合”等操作与项目4中的此类操作相似，我们可参考学习。

6. 修饰第6张幻灯片内容

（1）选择第6张幻灯片，单击选中图表中的数据系列，再单击【图表工具】→【格式】→【形状样式】→【其他】按钮，打开如图6.50所示的“形状样式”列表，选择“中等效果–金色，强调颜色2”。

（2）选中图标标题，设置其字号为28磅，颜色为“红色”。修饰后的第6张幻灯片如图6.51所示。

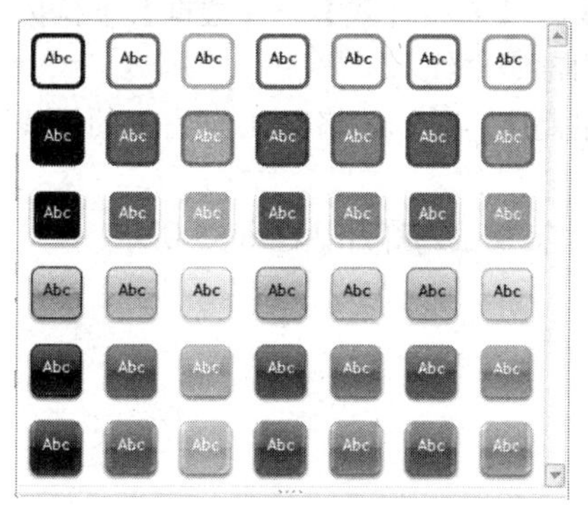
图6.50　“形状样式”列表

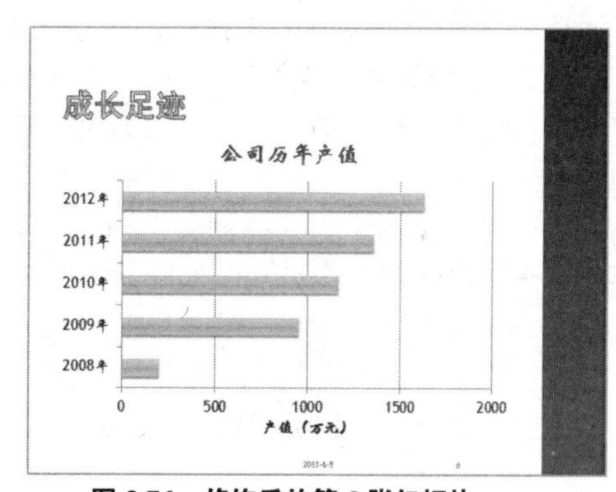

图6.51　修饰后的第6张幻灯片

7. 修饰第7张幻灯片内容

（1）选择第7张幻灯片，选中左侧的文本框，适当减小文本框的高度后，单击【开始】→【段落】→【对齐文本】按钮，从打开的下拉列表中选择“中部对齐”。

（2）选中文字“员工歌　比赛音频”，将其字体更改为黑体、24磅、深蓝色。选中文本框，将文本框填充颜色设置为“橙色”，线条设置为黑色、2.25磅。修饰后的第7张幻灯片如图6.52所示。

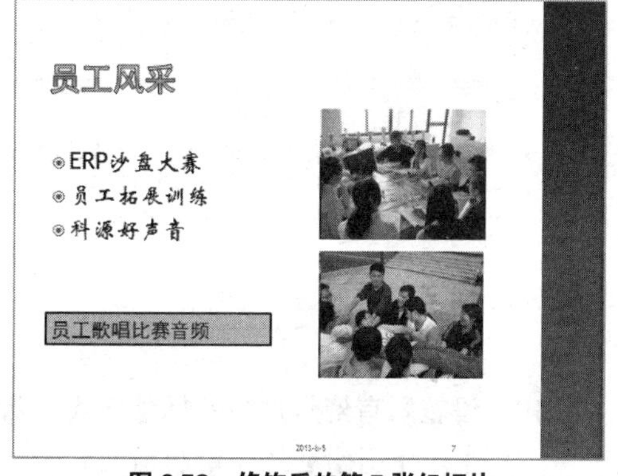

图6.52　修饰后的第7张幻灯片

8. 修饰第8张幻灯片内容

（1）修改艺术字“追求　越品质”的格式。

① 选中艺术字“追求　越品质”。

② 单击【绘图工具】→【格式】→【艺术字样式】→【文本填充】按钮，打开“文本填充”下拉列表，设置填充颜色为“橙色”。

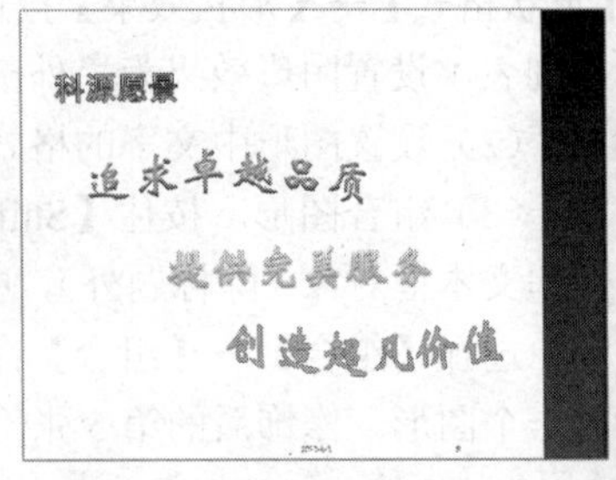

图 6.53　修饰后的第 8 张幻灯片

③ 单击【绘图工具】→【格式】→【艺术字样式】→【文本效果】按钮，选择【转换】→【弯曲】→【倒 V 型】。

（2）修改艺术字“创造超　价值”的格式。

① 选择选中艺术字“创造超　价值”。

② 单击【绘图工具】→【格式】→【艺术字样式】→【文本填充】按钮，打开“文本填充”下拉列表，设置填充颜色为“金色，强调文字颜色 2”。

③ 单击【绘图工具】→【格式】→【艺术字样式】→【文本效果】按钮，选择【转换】→【弯曲】→【正 V 型】。

④ 单击【绘图工具】→【格式】→【艺术字样式】→【文本效果】按钮，选择【映像】→【无映像】。

（3）按图 6.53 所示，调整 3 行艺术字的位置。

9. 修饰第 9 张幻灯片内容

（1）选择第 9 张幻灯片，选中整张表格，单击【表格工具】→【设计】→【表格样式】→【其他】按钮，打开如图 6.54 所示的“表格样式”列表，选择“浅色样式 1 - 强调 2”。

（2）选中整张表格，单击【表格工具】→【设计】→【表格样式】→【边框】下拉按钮，从“边框”下拉列表中选择“内部竖框线”，为表格添加内部竖框线。

（3）单击选中表格，适当减小表格宽度、增加表格高度，移动表格第 1 列右侧的框线，减小第 1 列宽度。

（4）选中整张表格，设置为楷体、24 磅。修饰后的第 9 张幻灯片如图 6.55 所示。

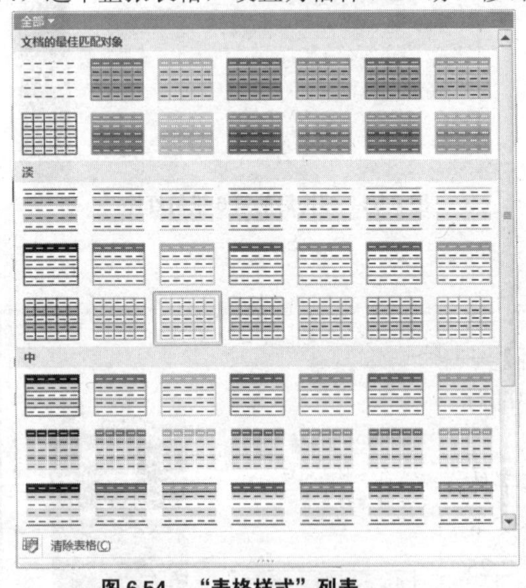

图 6.54　“表格样式”列表

图 6.55　修饰后的第 9 张幻灯片

10. 设置所有幻灯片中的标题格式（除标题幻灯片外）

（1）单击【视图】→【母版视图】→【幻灯片母版】按钮，将幻灯片视图切换到幻灯片母版视图。

（2）选中左侧窗格中的第 1 个缩略图，再选择右边母版中的“单击此处编辑母版标题样式”标题，将其格式设置为华文行楷、54 磅、加粗，蓝色，居中，并设置“对齐文本”为“中部对齐”。

（3）单击【幻灯片母版】→【关闭】→【关闭母版视图】按钮，返回普通视图。设置幻灯片母版中的标题格式后，所有幻灯片标题都具有相同的格式，效果如图 6.56 所示。

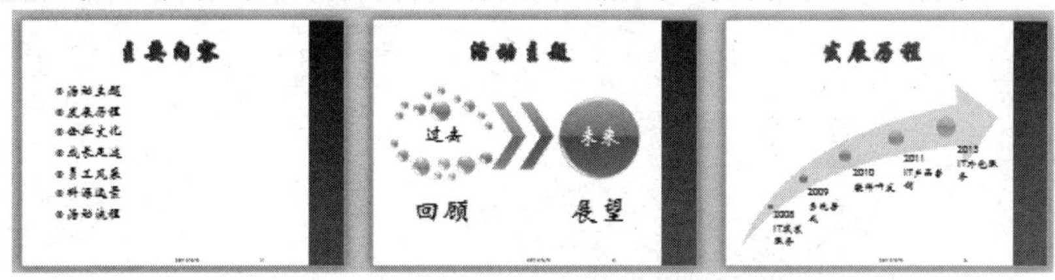

图 6.56　运用幻灯片母版设置幻灯片标题格式

步骤 3　插入音频文件

（1）选择第 7 张幻灯片。将光标插入点放置于“员工歌　比赛音频”文字后，选择【插入】→【媒体】→【音频】下拉按钮，从下拉列表中选择【文件中的音频】，打开如图 6.57 所示的“插入音频”对话框。

图 6.57　“插入音频”对话框

（2）在“插入音频”对话框中选择“D:\科源有限公司\五周年庆典\素材”文件夹中的“员工歌　比赛.mp3”文件，单击【插入】按钮，将选中的音频文件插入到幻灯片中。

（3）选中插入的音频文件的图标，单击【音频工具】→【格式】→【图片样式】→【其他】按钮，打开如图 6.58 所示的“图片样式”列表。

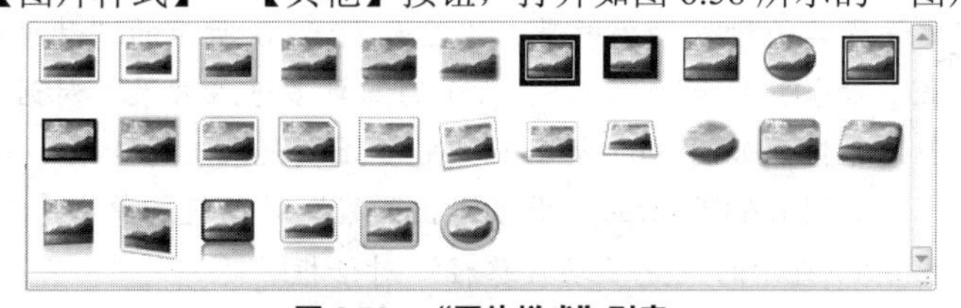

图 6.58　“图片样式”列表

（4）从“图片样式”列表中选择“金属　圆”样式，并适当移动音频图标的位置。插入音频文件后的第 7 张幻灯片如图 6.59 所示。

图 6.59　插入音频文件后的第 7 张幻灯片

步骤 4　设置幻灯片动画效果

1. 设置封面幻灯片动画效果

（1）设置标题动画效果。

① 选中标题文本“科源有限公司五周年庆典”，单击【动画】→【动画】→【其他】按钮，打开如图 6.60 所示的“动画样式”列表。

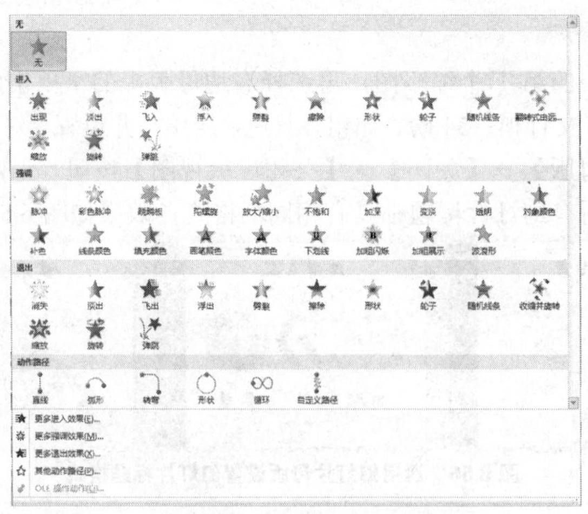

图 6.60 “动画样式”列表

提示：PowerPoint 提供有对象进入、强调及退出的动画效果，此外还可设置动作路径，将对象动画按设定路径进行展现。

② 单击选中“进入”中的“随机线条”效果。

③ 单击【动画】→【动画】→【效果选项】按钮，打开“效果选项”列表，从列表中选择方向为“垂直”。

④ 设置动画速度。设置【动画】→【计时】→【持续时间】为“2”秒（即中速）。

提示：（1）利用 PowerPoint 2010 提供的“动画刷”功能，可进行动画效果的复制。即先将某个对象应用动画效果后，单击【动画】→【高级动画】→【动画刷】按钮 动画刷，再将动画刷在其他对象上刷过，双击【动画刷】按钮，可将设置的动画效果复制到演示文稿中的多个对象。

（2）如需要设置其他进入动画效果，单击如图 6.60 所示的“动画样式”列表中的【更多进入效果】命令，打开如图 6.61 所示的“更多进入效果”对话框。单击【更多强调效果】命令，可打开如图 6.62 所示的“更多强调效果”对话框。单击【更多退出效果】命令，可打开如图 6.63 所示的“更多退出效果”对话框。单击【其他动作路径】命令，可打开如图 6.64 所示的“更多动作路径”对话框。

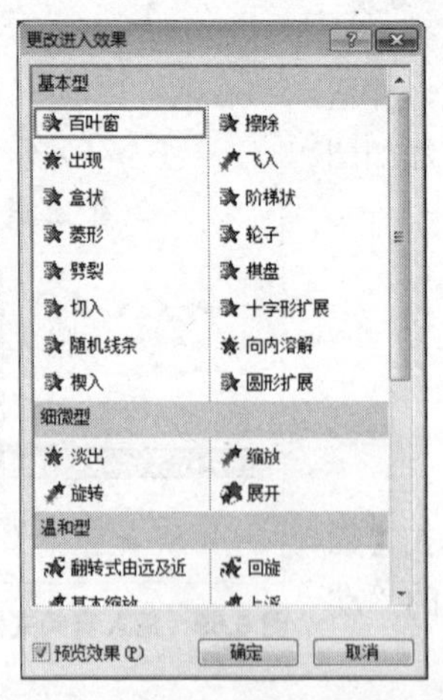

图 6.61 “更多进入效果”对话框

图 6.62 “更多强调效果”对话框

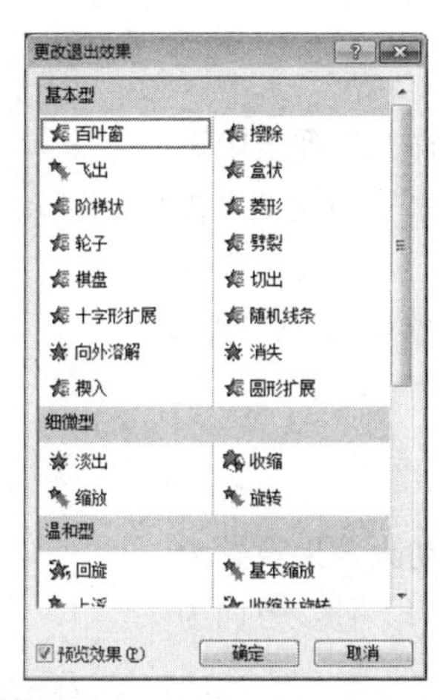

图 6.63 “更多退出效果”对话框

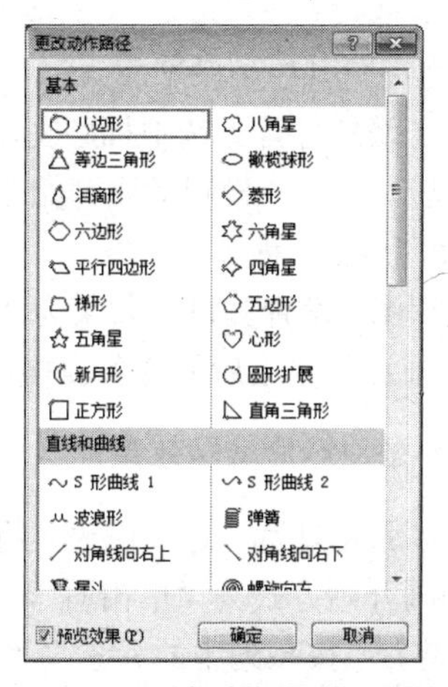

图 6.64 “更多动作路径”对话框

（3）单击【动画】→【高级动画】→【动画窗格】按钮，可打开如图 6.65 所示的“动画窗格”，在动画窗格中列出了已设置的动画效果。如需预览动画设置后的效果，可在“动画窗格”中单击【播放】按钮。

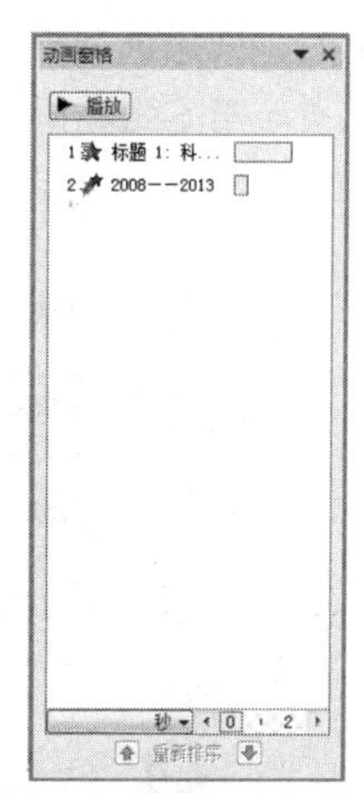

图 6.65 动画窗格　　图 6.66 封面幻灯片设置后的动画窗格

（2）设置副标题的动画效果。选中幻灯片副标题，采用同样的操作方式，在“动画样式”列表中将其动画效果设置为“飞入”，方向为“自底部”，持续时间为“0.5”秒。封面动画设置完成后的任务窗格如图 6.66 所示。

2. 设置第 2 张幻灯片动画效果

选择第 2 张幻灯片，同时选中标题和文本占位符，单击【动画】→【高级动画】→【添加动画】按钮，打开“动画样式”列表，选择【更多进入效果】命令，在“更多进入效果”对话框中选择“向内　解”动画效果，单击【确定】按钮，将动画效果应用到该幻灯片所有文本中。

3. 设置第 3 张幻灯片动画效果

（1）将标题设置为“飞入”动画效果，方向为“自左侧”，持续时间为“1”秒。

（2）设置流程图的动画效果。

① 选中流程图，设置其动画效果为“擦除”。

② 单击【动画】→【动画】→【效果选项】按钮，打开如图 6.67 所示的“效果选项”列表。设置方向为“自顶部”，序列为“一次级别”。

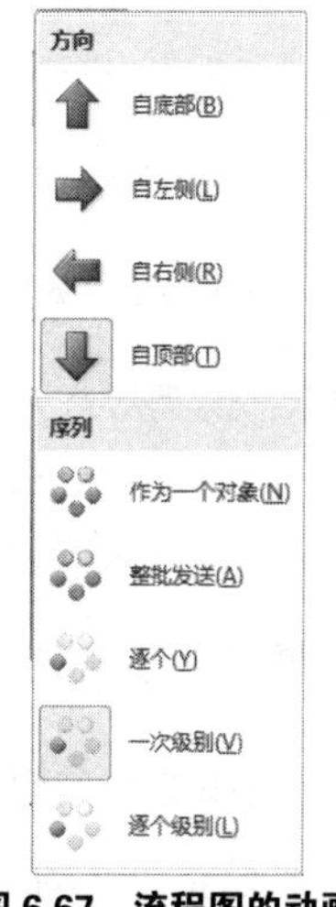

图 6.67 流程图的动画“效果选项”列表

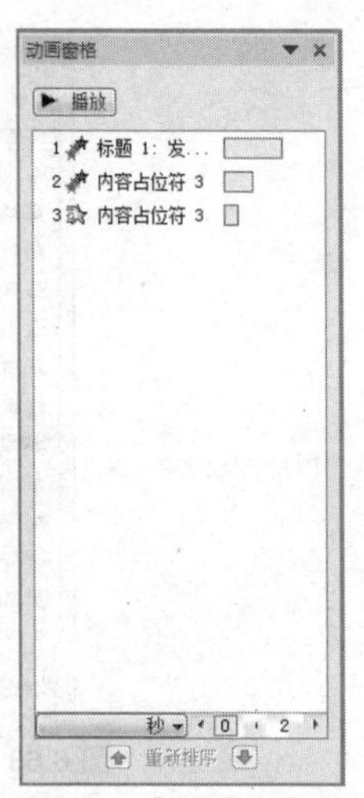

图 6.68 第 4 张幻灯片动画设置任务窗格

4. 设置第 4 张幻灯片动画效果

（1）选择第 4 张幻灯片。选中标题文本，在“动画样式”列表中选择“进入”效果为“飞入”，设置动画开始方式为“单击时”，方向为“自左侧”，持续时间为“2”秒。

（2）选中流程图，设置其进入效果为“上　”、强调效果为“脉冲”。第 4 张幻灯片动画设置完成后的任务窗格如图 6.68 所示。

5. 设置第 6 张幻灯片动画效果

（1）选择第 6 张幻灯片，选中图表，将图表的进入动画效果设置为“擦除”，设置动画开始方式为“单击时”，持续时间为“1”秒，方向为“自左侧”，，效果为“按系列中的元素”。

（2）单击【动画】→【动画】→【效果选项】按钮，打开如图 6.69 所示的“效果选项”列表。设置方向为“自左侧”，序列为“按系列中的元素。第 6 张动画设置完成后的幻灯片如图 6.70 所示。

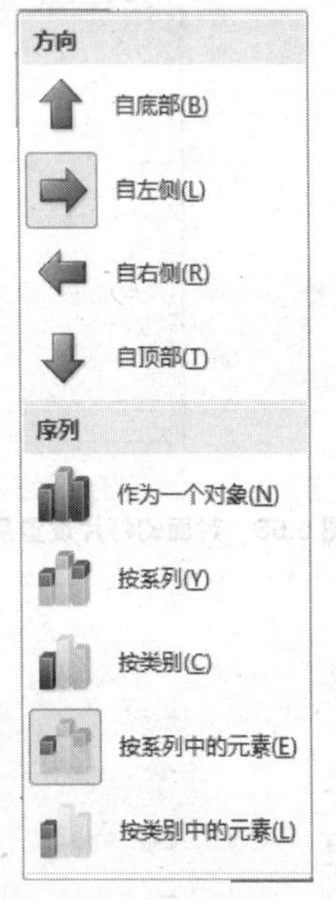

图 6.69 图表的动画“效果选项”列表

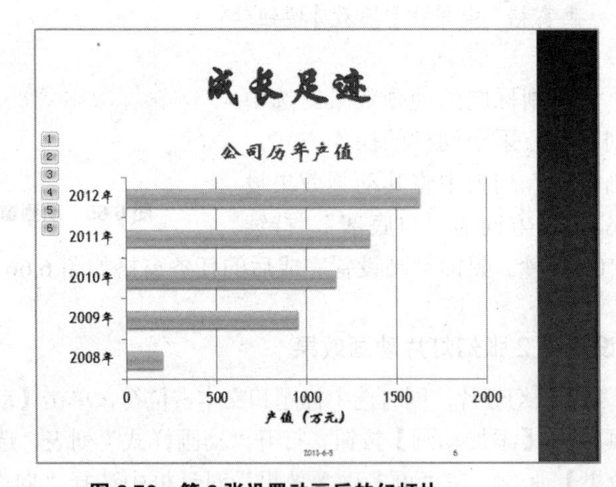

图 6.70 第 6 张设置动画后的幻灯片

提示：设置幻灯片对象的动画效果后，幻灯片中将显示动画效果的编号，该编号为动画效果的序号。如果需要重新调整动画顺序，可单击动画窗格的底部的【重新排序】按钮或进行排序。

步骤 5 设置幻灯片超链接

1. 将第 2 张幻灯片中的主要内容设置超链接到相应的幻灯片

（1）设置“活动主题”链接。

① 选择第 2 张幻灯片，选中文字“活动主题”，单击【插入】→【链接】→【超链接】按钮，打开如图 6.71 所示的“插入超链接”对话框。

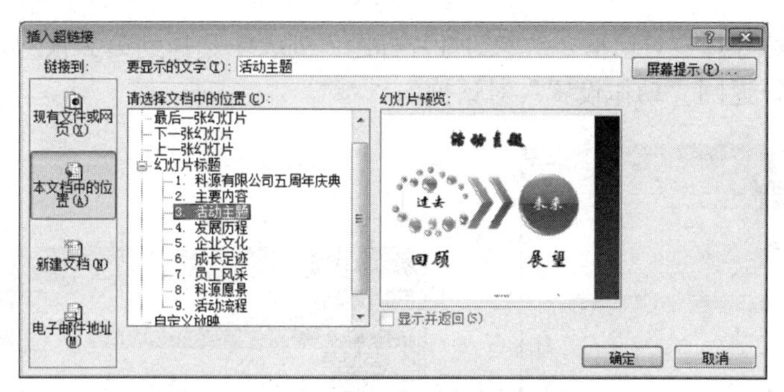

图 6.71 “插入超链接”对话框

② 在“插入超链接”对话框中，选择链接到“本文档中的位置”，再从“请选择文档中的位置”列表中选择“3.活动主题”幻灯片，单击【确定】按钮。

（2）依此类推，将文本“发展历程”链接到第 4 张幻灯片，文本“企业文化”链接到第 5 张幻灯片，文本“成长足迹”连接到第 6 张幻灯片，文本“员工风采”链接到第 7 张幻灯片，文本“科源愿景”链接到第 8 张幻灯片，文本“活动流程”链接到第 9 张幻灯片。完成设置后的第 2 张幻灯片如图 6.72 所示。

提示： 设置超链接后，文本的字体颜色将变为幻灯片主题颜色组中对应的超链接颜色，如果对此颜色不满意，可单击【设计】→【主题】→【颜色】按钮，在打开的“主题颜色”下拉列表中，选择【新建主题颜色】命令，打开“新建主题颜色”对话框，对超链接颜色进行重新设置，如图 6.73 所示。

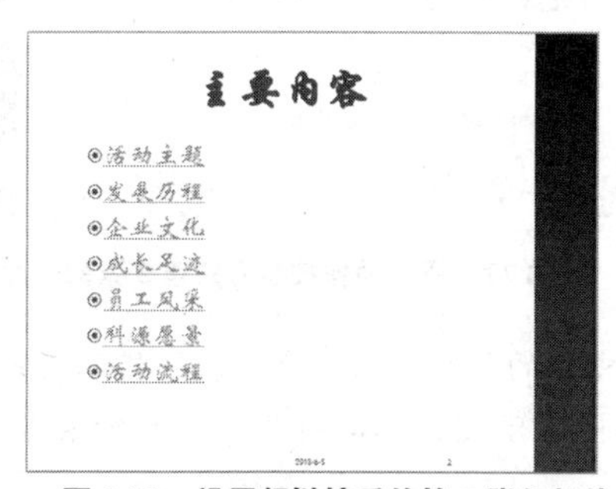

图 6.72 设置超链接后的第 2 张幻灯片

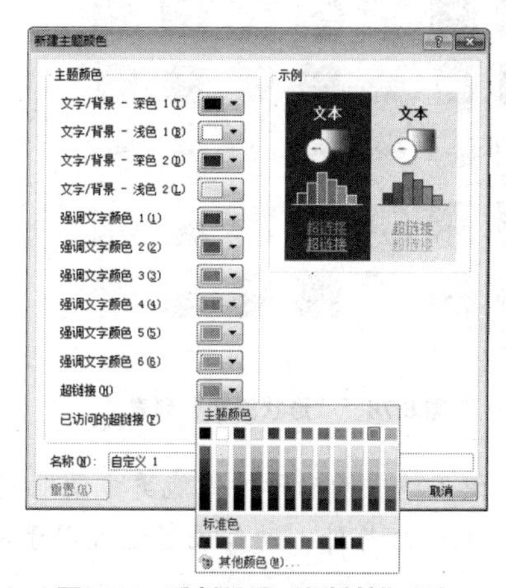

图 6.73 重新设置“超链接”颜色

2. 为演示文稿设置动作按钮

为了使演示过的幻灯片能跳转返回到第 2 张幻灯片，可为这些幻灯片添加相应的动作按钮，实现幻灯片的跳转。

（1）设置第 3 张幻灯片的命令按钮。

① 选择第 3 张幻灯片，单击【插入】→【插图】→【形状】按钮，打开形状下拉列表，从“动作按钮”中选择“动作按钮：第一张”，按住鼠标左键在幻灯片的左下角插入动作按钮，此时，将弹出如图 6.74 所示的“动作设置”对话框。

② 单击选择对话框的【超链接到】单选按钮，从下拉列表中选择“幻灯片…”，打开如图 6.75

所示的“超链接到幻灯片”对话框，从“幻灯片标题”列表中选择到第2张幻灯片“2.主要内容”。单击【确定】按钮，返回“动作设置”对话框。

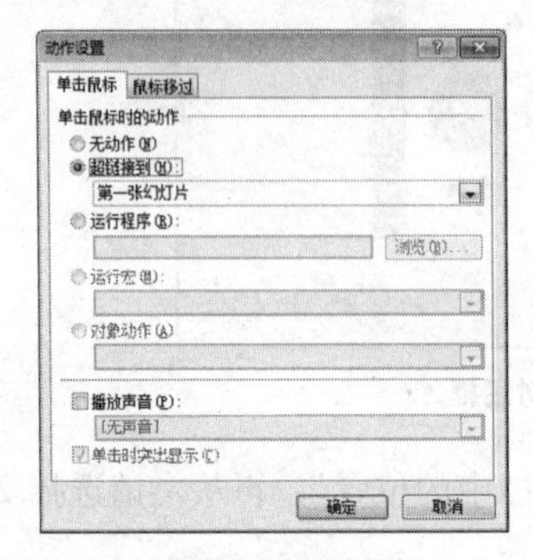

图 6.74 “动作设置”对话框

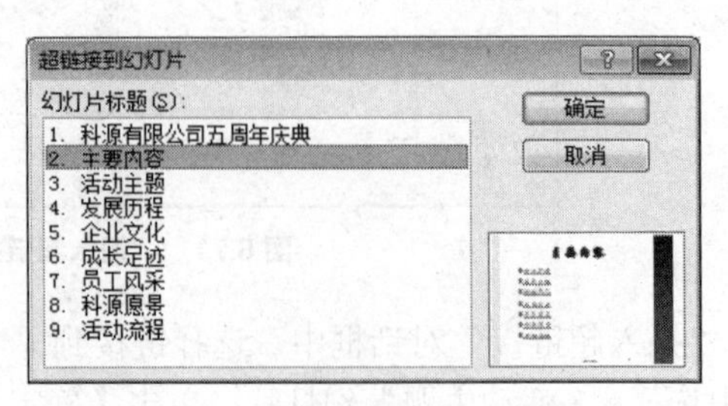

图 6.75 “超链接到幻灯片”对话框

③ 再单击【确定】按钮，完成设置。

（2）选中添加的动作按钮，单击【绘图工具】→【格式】→【形状样式】→【其他】按钮，打开如图 6.76 所示的“形状样式”列表，选择“中等效果-金色，强调颜色 2”。

（3）选定做好动作按钮，将该动作按钮分别复制到第 4 张～第 9 张幻灯片。在放映时，单击此按钮就能返回到第 2 张目录幻灯片。添加动作按钮后的第 9 张幻灯片如图 6.77 所示。

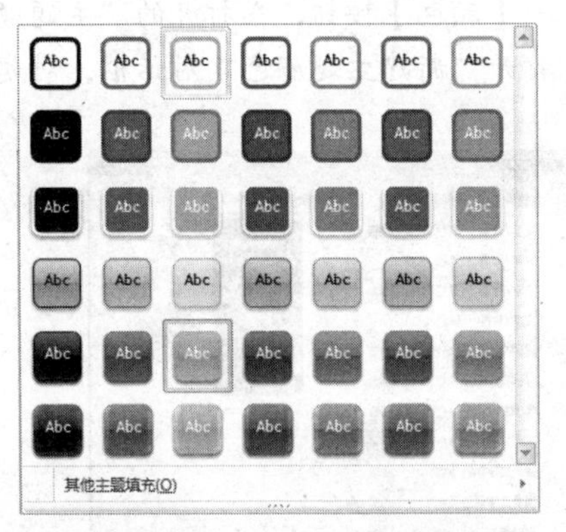

图 6.76 “形状样式”列表

图 6.77 添加动作按钮后的第 9 张幻灯片

提示：使用适宜的动作按钮能更方便地完成演示文稿的放映工作。除了能链接到当前演示文稿的幻灯片外，动作设置还可用于链接到其他演示文稿、运行程序、运行宏等动作。

步骤 6 设置幻灯片放映方式

1. 设置幻灯片切换方式

（1）单击【切换】选项卡，显示如图 6.78 所示的“切换”功能区。

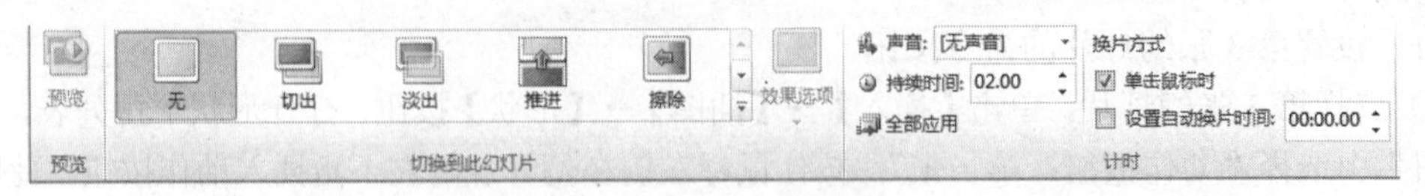

图 6.78 “切换”功能区

（2）在“切换到此幻灯片”列表中选择“随机线条”效果，在【切换】→【计时】功能组中，设置持续时间为“1.5”秒，换片方式为“设置自动换片时间 10 秒”。

（3）单击【切换】→【计时】→【全部应用】按钮，可将幻灯片切换效果应用到每一张幻灯片。

2. 设置放映方式

单击【幻灯片放映】→【设置】→【设置幻灯片放映】按钮，在弹出的“设置放映方式”对话框中进行各项设置：放映类型为“演讲者放映（全屏幕）”，绘图笔颜色为默认的“红色”、激光笔颜色为的“蓝色”，放映全部幻灯片，换片方式为“如果存在排练时间，则使用它”，如图 6.79 所示。

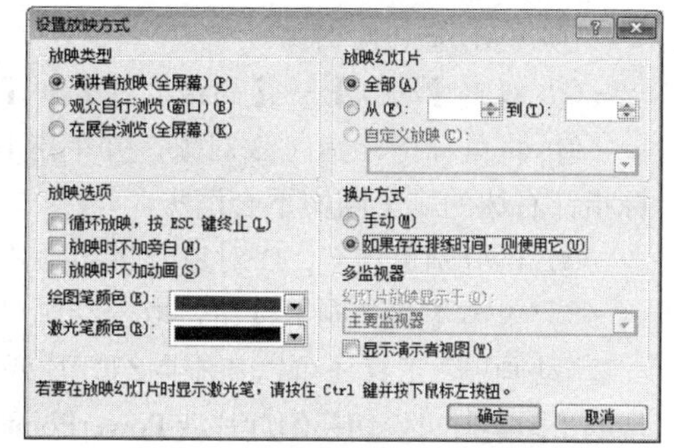

图 6.79 “设置放映方式”对话框

3. 播放幻灯片

单击【幻灯片放映】→【开始放映幻灯片】→【从头开始】按钮，可观看幻灯片的播放。按照前面的放映设置，单击鼠标进行各张幻灯片的切换。

提示： 播放幻灯片也可采用其他操作方式。

（1）单击演示文稿窗口右下角的【幻灯片放映】视图按钮。

（2）按下键盘上的【F5】功能键。

4. 保存演示文稿

单击快速访问工具栏上的按钮，保存美化和修饰后的演示文稿。

【任务总结】

本任务通过对“公司五周年庆典演示文稿”的修饰和美化，介绍了更改主题颜色以及对幻灯片内容的美化修饰，如文本的字体、颜色，表格及形状、SmartArt 图形等各项设置。在此基础上，使用“动画”和“高级动画”功能对演示文稿进行了动画效果的设置、超链接设置、动作按钮设置以及幻灯片播放时的切换速度、切换效果、放映类型等设置，以便在播放时达到更好的效果。此外，为了进一步增强演示文稿的感染力，在文稿中添加了音频文件。

【知识拓展】

1. 动画刷

PowerPoint2010 中新增一个“动画刷”工具，功能有点类似于以前的格式刷，但是动画刷主要用于动画格式的复制应用，可以利用它快速设置动画效果。

（1）将动画效果复制到单个对象上。如果 A 对象是一个已经设置了动画效果的对象，现在要让 B 对象也拥有 A 对象的动画效果，可进行如下操作。

① 单击选中 A 对象。

② 单击【动画】→【高级动画】→【动画刷】按钮，此时如果把鼠标指针移入幻灯片中，指针图案的右边将多一个刷子的图案。

③ 将鼠标指针指向 B 对象，并单击 B 对象，则 B 对象将会拥有 A 对象的动画效果，同时鼠标指针右边的刷子图案会消失。

（2）将动画效果复制到多个对象上。如果 A 对象是一个已经设置了动画效果的对象，现在要让 B、C、D 对象也拥有 A 对象的动画效果，可进行如下操作。

① 单击选中 A 对象。

② 双击【动画】→【高级动画】→【动画刷】按钮，指针图案的右边将多一个刷子的图案。

③ 将鼠标指针指向 B 对象，并单击 B 对象，则 B 对象将会拥有 A 对象的动画效果，同时鼠标指针右边的刷子图案不会消失。

④ 再分别单击 C、D 对象，将动画效果复制到 C、D 对象。

⑤ 单击【动画刷】按钮，取消动画刷功能。

“动画刷”工具还可以在不同幻灯片或 PowerPoint 文档之间复制动画效果。当鼠标指针右边出现刷子图案时可以切换幻灯片或 PowerPoint 文档以将动画效果复制到其他幻灯片或 PowerPoint 文档。

2. 排练计时

排练计时功能可以帮助用户更好地安排与演示文稿播放时一同进行的演讲或讲解等工作。排练计时可分为手动计时与自动记录时间两种方式。

（1）手动设置排练时间。

① 在普通视图的“幻灯片”选项卡上，选择需要设置排练时间的幻灯片。

② 在【切换】→【计时】功能组中的“换片方式”栏中，选中“设置自动换片时间”复选框，再输入幻灯片应在屏幕上显示的秒数。

（2）自动记录排练时间。

① 单击【幻灯片放映】→【设置】→【排练计时】按钮。

② 幻灯片按预览方式开始播放，在屏幕的左上角，出现一个时间控制窗口，时间按秒计算。当觉得合适的时候，按【Enter】键，继续下个播放时间的控制。当觉得合适的时候，再按【Enter】键。

③ 到达幻灯片末尾时，会弹出提示信息框，单击【是】以保留排练时间，或单击【否】以重新开始计时。

3. 打印幻灯片或演示文稿讲义

（1）单击【文件】→【打印】命令，显示如图 6.80 所示的“打印”窗格。

（2）在“打印设置”下的“份数”框中，输入要打印的份数。

（3）在“打印机”下，选择要使用的打印机。

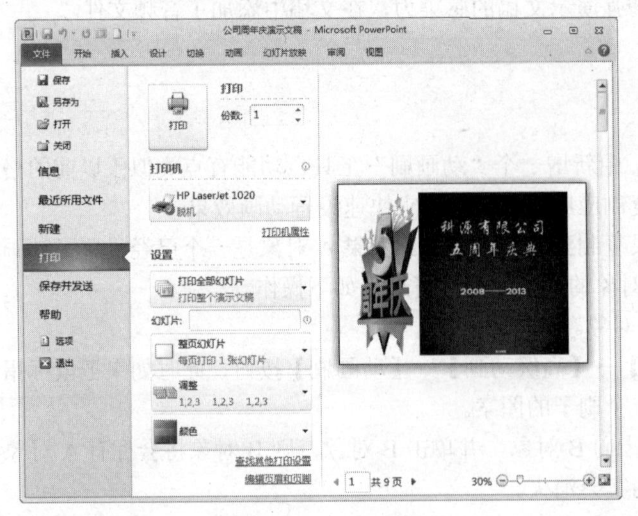

图 6.80 “打印”窗格

（4）在“设置”下，可进行以下打印设置。

① 设置“打印范围”。单击【打印全部幻灯片】右侧的下拉按钮，打开如图 6.81 所示的打印范围列表，根据需要选择相应选项。

② 设置“打印版式”。单击“整页幻灯片”下拉按钮，在“打印版式”下可设置为“整页幻灯片”、“备注页”、“大纲”，如图 6.82 所示。

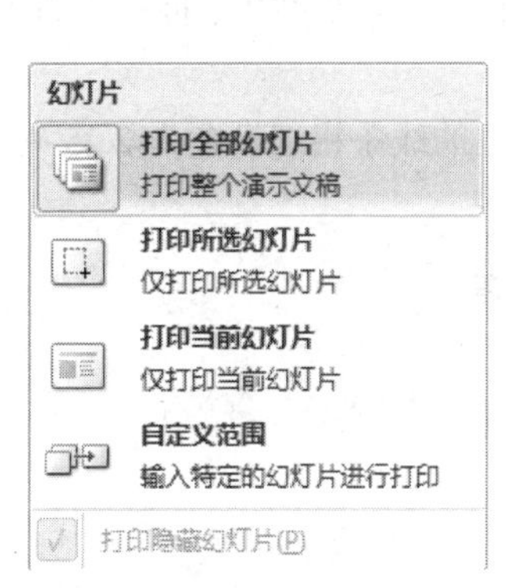

图 6.81　打印范围列表

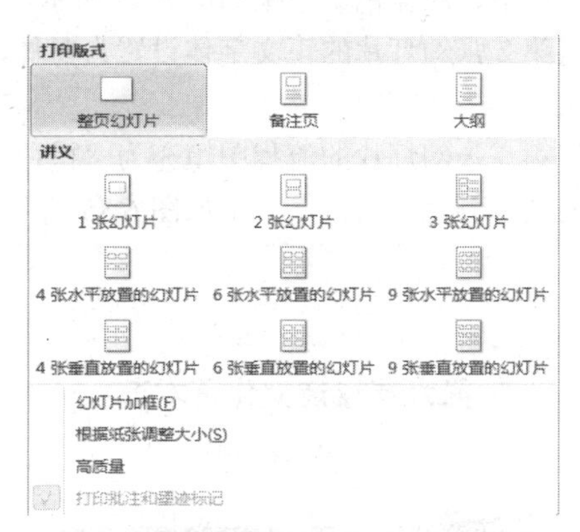

图 6.82　打印版式

③ 设置讲义打印格式。要以讲义格式在一页上打印一张或多张幻灯片，单击“整页幻灯片”下拉按钮，在“讲义”下单击每页所需的幻灯片数，以及希望按垂直还是水平顺序显示这些幻灯片。

④ 若要在幻灯片周围打印一个细边框，选择【幻灯片加框】。

⑤ 若要在为打印机选择的纸张上打印幻灯片，选择【根据纸张调整大小】。

⑥ 设置完毕，单击【打印】按钮可进行打印。

【实践训练】

修饰和播放第六届科技文化艺术节的演示文稿，效果如图 6.83 所示。

图 6.83　“第六届科技文化艺术节”演示文稿效果图

1. 设置幻灯片的外观

（1）打开“第六届科技文化艺术节演示文稿”。

（2）将幻灯片主题颜色更换为“华丽”。

（3）设置第 1 张幻灯片的背景为“新闻纸”纹理。

（4）为幻灯片插入幻灯片编号（标题幻灯片中不显示）。

2. 修饰幻灯片内容

（1）将第1张幻灯片的标题设置为黑体、60磅、加粗、居中、红色；副标题设置为宋体、32磅、加粗、居中、深蓝色。效果如图6.84所示。

（2）将第2张幻灯片的正文字体设置为黑体、32磅、加粗，并设置文本框格式为“根据文字调整形状大小”。

（3）将第3张幻灯片的流程图填充为“橙色”，形状轮　的线条粗细设置为2.25磅、浅绿色，流程图中的文字颜色为黑色，效果如图6.85所示。

图6.84　修饰后的第1张幻灯片

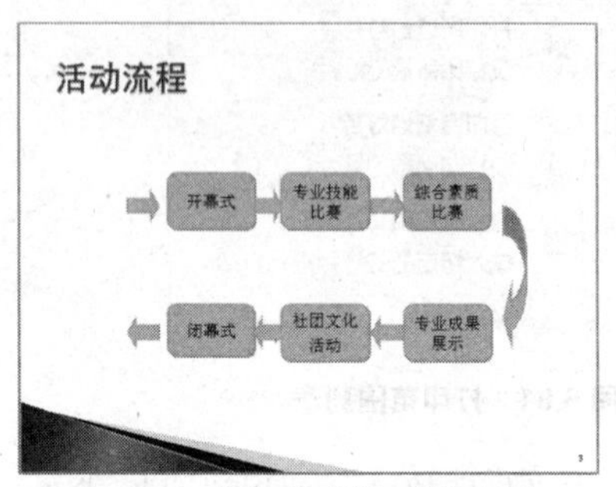

图6.85　修饰后的第3张幻灯片

（4）将第4张幻灯片的表格套用“中等样式3－强调1”的表格样式，将表格标题行填充“紫色，强调文字颜色2，淡色60%”的底纹，内容居中对齐，并为表格添加内部框线。

3. 设置动画效果

（1）将第1张幻灯片主标题与副标题动画效果设置为“飞入”，方向为“自底部”，持续时间为“1.5”秒。

（2）将第2张幻灯片的文字动画方案设置为“　盘”方式、图片动画为“轮子”。

（3）为第2张～第6张幻灯片添加动作按钮“第一张”，放置在幻灯片左下角，使得每张幻灯片在播放时都能跳转到首张幻灯片。

4. 设置幻灯片切换方式

（1）将所有幻灯片切换方式设置为“随机线条”方式，持续时间为“2”秒。

（2）播放幻灯片，自动换片，换片时间为8秒。

5. 保存演示文稿

单机快速访问工具栏上的【保存】按钮，保存美化和修饰后的演示文稿。

【思考练习】

1．在幻灯片浏览视图中不能进行的操作是（　　）。

A．删除幻灯片　　B．编辑幻灯片内容

C．移动幻灯片　　D．设置幻灯片的放映方式

2．要给每张幻灯片添加一个相同的标题，应该在（　　）中进行操作。

A．大纲视图中　　B．普通视图　　C．幻灯片母版　　D．幻灯片浏览视图

3．PowerPoint 2010幻灯片文件扩展名为（　　）。

A．.docx　　B．.txt　　C．.potx　　D．.pptx

4．在下列常用工具按钮中，能插入竖排的文本框的是（　　）。

A.　　　　B.　　　　C.　　　　D.

5．关于“幻灯片切换”对话框中，下列说法正确的是（　　）。

A．只能设定切换时间　　　　B．只能设定切换的音效

C．只能设定音效和动画效果　　　　D．以上说法均不正确

6．在幻灯片放映中，要播放下一张幻灯片，不正确的操作是（　　）。

A．单击鼠标左键　　　　B．按空格键

C．按【Esc】键　　　　D．按回车键

7．PowerPoint 2010 程序窗口右下角有四个显示方式切换按钮：“普通视图”、“幻灯片放映”、“阅读视图”和（　　）。

A．全屏显示　　B．主控文档　　C．幻灯片浏览　　D．文本视图

8．在幻灯片母板中插入的对象，只能在（　　）中可以修改。

A．幻灯片视图　　B．幻灯片母板　　C．讲义母板　　D．大纲视图

9．当一张幻灯片要建立超级链接时（　　）说法是错误的。

A．可以链接到其他的幻灯片上　　　　B．可以链接到本页幻灯片上

C．可以链接到其他演示文稿上　　　　D．不可以链接到其他演示文稿上

10．在打印演示文稿时，在一页纸上能包括几张幻灯片缩图的打印内容称为（　　）。

A．讲义　　B．幻灯片　　C．备注页　　D．大纲视图

11．在某个幻灯片文件的首张幻灯片上设置一个超级链接到本文件的最末张幻灯片，选择链接到（　　）。

A．原有文件或 Web 页　　　　B．新建文档

C．本文档中的位置　　　　D．电子邮件地址

12．（　　）不是合法的“打印内容”选项。

A．幻灯片浏览　　　　B．备注页

C．讲义　　　　D．幻灯片

13．PowerPoint 2010 中，在（　　）视图中，可以轻松地按顺序组织幻灯片，进行插入、删除、移动等操作。

A．备注页视图　　　　B．幻灯片浏览视图

C．幻灯片视图　　　　D．黑白视图

14．如要终止幻灯片的放映，可直接按（　　）键。

A．【Ctrl】+【C】　　　　B．【End】

C．【Esc】　　　　D．【Alt】+【F4】

15．PowerPoint 中，在幻灯片浏览视图下，按住【Ctrl】键并拖动某幻灯片，可以完成（　　）操作。

A．移动幻灯片　　　　B．复制幻灯片

C．删除幻灯片　　　　D．选定幻灯片

项目检测

1．在考生文件夹下新建演示文稿 yswg.pptx，编辑如图 6.86 所示的 3 张幻灯片。

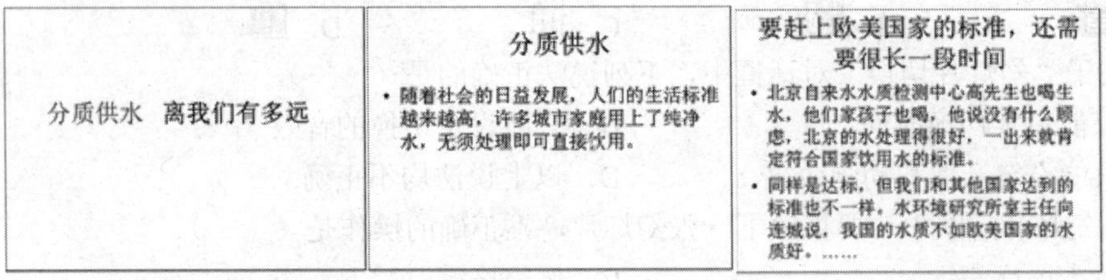

分质供水　离我们有多远

分质供水

- 随着社会的日益发展，人们的生活标准越来越高，许多城市家庭用上了纯净水，无须处理即可直接饮用。

要赶上欧美国家的标准，还需要很长一段时间

- 北京自来水水质检测中心高先生也喝生水，他们家孩子也喝，他说没有什么顾虑，北京的水处理得很好，一出来就肯定符合国家饮用水的标准。
- 同样是达标，但我们和其他国家达到的标准也不一样。水环境研究所室主任向连城说，我国的水质不如欧美国家的水质好。……

图 6.86　演示文稿 yswg

2．将第 1 张幻灯片的标题设置为黑体、54 磅、加粗。第 2 张幻灯片版式改为“垂直排列标题与文本”，在第 2 张幻灯片的备注区输入“最近上海十几个新建小区用上了分质供水”。将第 2 张幻灯片移动为演示文稿的第 3 张幻灯片。

3．插入新幻灯片，作为最后一张幻灯片，版式为“标题和内容”，标题输入“美　花园”，在内容区插入剪贴画“buildings，homes，houses，lakes”，剪贴画的动画效果设置为“轮子”、“　转”、“擦除”、“　盘”。

4．将所有幻灯片的背景纹理设置为“水　”，切换效果设置为“　流”。